제3판

토목재료학

류만용 · 윤영철

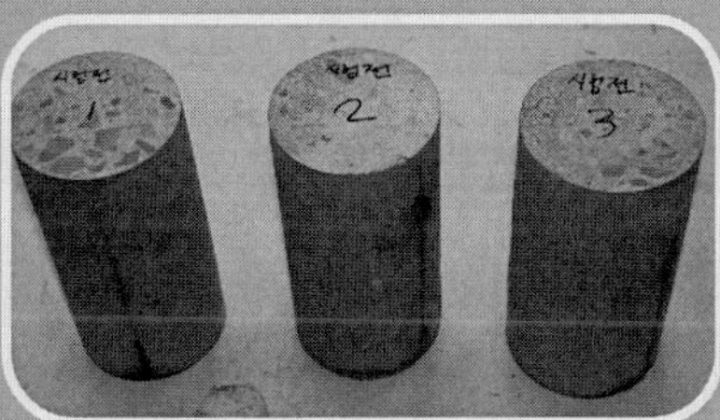

도서출판 구미서관

머리말 | PREFACE

최근 국내 건설회사의 해외 진출 뿐 만 아니라 국외의 유수한 건설회사의 국내 진출이 빈번해 지면서 건설분야의 국제화가 빠른 속도로 진행되고 있으며, 이에 따라 건설기술이 변화하는 속도도 점점 빨라지고 있다. 국내의 건설(토목·건축)재료 분야에서도 이에 발맞춰 기존 건설재료를 개선하는 연구 뿐 만 아니라, 새로운 건설재료의 개발에 대한 연구가 활발하게 이루어지고 있다. 건설 구조물은 가혹한 기상조건과 환경의 영향을 받는 경우가 많기 때문에 구조물의 설계부터 실제 완공할 때까지 사용하는 건설재료에 관한 정확한 지식을 갖추는 것이 매우 중요하다. 즉, 건설재료의 기본성질을 정확히 이해하고 적재적소에 효과적으로 활용해야만 경제적이고 합리적인 구조물을 설계·시공할 수 있다. 또한, 단순히 기존의 건설재료를 구조물에 합리적으로 사용하는 것에서 더 나아가 새롭게 요구되는 사용목적과 용도에 맞는 건설재료의 개발이 학문적 관점 뿐 만 아니라 비즈니스적 관점에서도 중요해지고 있다. 이와 같은 관점에서 건설분야에 종사하는 기술자들에게 토목재료학의 학문적 기초를 쌓고 건설재료에 대한 이해를 높이는 것은 매우 중요하다고 말할 수 있다.

본 교재에서는 토목·건축 구조물을 설계, 시공 및 유지관리 하는 관점에서 빈번하게 사용되는 토목재료들의 역학적인 특성 뿐 만 아니라 경제성, 시공성 등의 일반적인 특성과 적용방법을 포괄적으로 기술하고자 노력했으며, 새로운 건설재료의 개발에 관한 추세와 전망에 관한 정보를 담기 위해 노력했다. 교재의 내용과 난이도는 전문대학과 4년제 대학의 토목·건축 분야를 전공하는 학생들이 교재로 사용하기에 부족함 없는 수준으로 만들기 위해 노력했으며, 현장실무 기술자들도 참고서로 활용할 수 있도록 최근 개정된 콘크리트표준시방서, 콘크리트구조기준 및 한국산업규격(KS)을 반영하여 기술했다. 이 책을 집필하고 보니 체계적이고 실무중심적인 토목재료학 교재와 실무 현장에서도 참고할 수 있는 참고서를 만들기 위해 노력하였으나 부족한 부분이 많다고 생각되지만, 앞으로 계속해서 수정·보완해 나갈 것을 약속드리면서 독자 여러분의 지도와 편달을 부탁드린다. 본 교재가 나오기까지 원고정리에 애써주신 김경단 기술사와 출판을 위해서 애써주신 구미서관 관계자 여러분께 진심으로 감사드린다.

차례 | CONTENTS

CHAPTER 01 총 론

CHAPTER 02 시멘트

CHAPTER 03 혼화재료

CHAPTER 04 골재 및 물

CHAPTER 05 콘크리트

CHAPTER 06 콘크리트 배합설계

CHAPTER 13 목 재

CHAPTER

01

총 론

CHAPTER

01 총론

1.1 개요

토목재료란 건설공사 전반에 사용되는 재료를 총괄하여 일컬으며, 재료란 구조물을 만드는데 필요한 원료라는 의미 이외에도 중요한 의미를 갖는다. 토목재료를 넓은 의미에서 보면 구조물에 직접적으로 사용되는 재료 이외에도 간접적으로 사용되는 가설공사용의 자재 및 구조물의 장치에 이용되는 모든 재료를 포함한다. 재료는 건설 분야뿐만 아니라 산업계의 전반에서 필수적인 요소이다. 최근 토목구조물의 종류나 용도 및 공법이 매우 다양해짐에 따라 각각 필요한 조건들을 만족시키는 구조물을 건설하기 위한 재료도 다양해지고 있다. 특히, 토목구조물과 건축구조물의 규모가 대형화, 고층화되어 가는 추세에 따라 다양한 재료를 대량으로 사용하게 되었다. 토목재료는 경제성과 대량 공급의 가능성, 운반, 취급 및 가공이 용이하고, 사용 환경에 대하여 안정성, 내구성, 작업성, 강도 등의 사용 목적에 알맞은 공학적 성질을 갖는 조건을 만족시켜야 하는데, 이와 같은 성질을 콘크리트와 철강 재료가 비교적 잘 만족시키기 때문에 현재까지도 가장 많이 사용되고 있다.

1.2 토목재료의 분류

1.2.1 용도에 의한 분류

(1) 구조 주재료

구조물의 주체가 되는 것으로서 강도와 내구성이 필요한 재료를 말한다. 예를 들면 석재, 콘크리트, 시멘트 2차 제품, 금속재료, 역청재료 등이다.

(2) 구조 부재료

구조용 주재료에 첨가 또는 부가하여 보조적 역할을 하는 피복, 절연, 단열, 장식 등의 목적으로 사용되는 재료로서 유리, 페인트, 합성수지 및 경금속재료 등이 있다.

1.2.2 생산에 의한 분류

(1) 천연재료

목재, 석재, 골재, 점토 천연시멘트, 천연섬유 등

(2) 인공재료

각종 도료접착제, 합성수지, 플라스틱, 시멘트, 콘크리트, 금속, 역청재료 등

1.2.3 화학 조성에 의한 분류

(1) 유기재료

목재, 역청재료, 고분자재료 등

(2) 무기재료

① 금속재료 : 철금속재료(주철, 강, 연철, 합금강 등), 비철금속재료(구리, 아연, 알루미늄, 납 등)
② 비금속재료 : 석재, 골재, 시멘트, 콘크리트, 혼화재료, 점토제품 등

1.3 재료의 성질

1.3.1 기계적 성질

(1) 탄성(Elasticity)과 소성(Plasticity)

물체에 외력이 작용하면 변형이 발생하는데, 이 외력을 제거할 때 원래의 모양과 크기로 되돌아가는 성질을 탄성이라 한다. 외력을 제거한 후에도 변형되기 전의 모양과 크

기로 되돌아가지 않고 잔류변형이 남는 현상을 소성이라 한다. 일반적으로 완전한 탄성체 또는 소성체는 존재하지 않지만, 많은 구조재료는 공학적으로 사용되는 범위에서는 탄성체로 취급되는 경우가 많다.

(2) 강도(Strength)

물체에 하중이 작용할 때 그 하중에 의하여 부재 내부에 발생되는 응력이 하중에 저항하는 능력을 재료의 강도라 한다. 즉, 재료에 하중을 가하여 파괴에 도달했을 때의 하중을 그 공시체의 최초 단면적으로 나눈 값으로 공칭응력(nominal stress)이라 하며 일반적으로 이를 강도라 부르기도 한다. 일반적으로 단위는 MPa 또는 N/mm^{2}과 같이 응력의 단위를 갖는다. 강도는 하중재하 속도 및 작용방법에 따라 정적 강도, 충격 강도, 피로강도, 크리프 강도 등으로 구별된다.

1) 정적 강도(Static strength)

재료에 느린 속도로 하중을 가하여 파괴되었을 때 파괴시의 응력을 정적 강도라 하며, 압축강도(compressive strength), 인장강도(tensile strength), 휨강도(flexural strength), 전단강도(shearing strength), 비틀림강도(torsional strength), 지압강도(bearing strength) 등이 있다.

2) 충격강도(Impact strength)

재료에 충격하중이 작용할 때 이에 대한 저항성을 충격강도라 하며 정적 강도와 구별된다. 충격강도는 재료의 파괴에 요구되는 에너지로 나타내며 이것을 충격치(impact value)라 한다. 즉, 시험편에 충격적인 힘을 가하여 파괴에 소요되는 에너지를 가리킨다.

3) 피로강도(Fatigue strength)

하중이 반복해서 작용할 때 재료는 정적 강도보다 낮은 강도에서 파괴되는데 이와 같은 현상을 피로파괴라고 한다. 즉, 응력(또는 정적 강도에 대한 응력의 비)과 반복회수(응력에 대응하는 파괴까지의 반복 회수)로 결정하며 소정의 반복회수를 견뎌내는 응력을 구하여 피로강도로 사용한다.

(3) 응력-변형률 곡선(Stress-strain curve)

예를 들어, 어떤 강재를 인장했을 때 종축에는 응력(stress), 횡축에는 변형률(strain)을 표시하여 재료의 외력과 변형과의 관계를 나타내는 것을 응력-변형률 곡선이라 부른다.

1) 응력

어떤 물체에 외력이 작용했을 때 생기는 내력(internal force)을 원래의 단면적으로 나눈 값을 말한다. 단위는 단위면적당 작용하는 힘의 크기를 나타내는 MPa을 자주 사용한다.

2) 변형률

물체가 외력을 받아 변형되는 양을 단위길이당 변형량으로 나타낸 것을 변형률이라 부른다. 쉽게 말해 원래 길이에 대해 변화된 길이를 나타내기 때문에 단위는 무차원으로 나타난나. 또한, 진류변형률이란 응력이 탄성범위를 초과하여 작용한 경우 응력을 제거해도 남게 되는 변형률을 말하며 소성거동을 동반한다. 응력-변형률 곡선은 보통 시험편에 가해진 힘을 원래의 면적으로 나눈 공칭응력 값과 표적점 사이의 거리변화를 측정하여 구한 공칭변형률을 사용하여 작성하며, 각 점의 명칭은 다음과 같다(그림 1.1 참조).

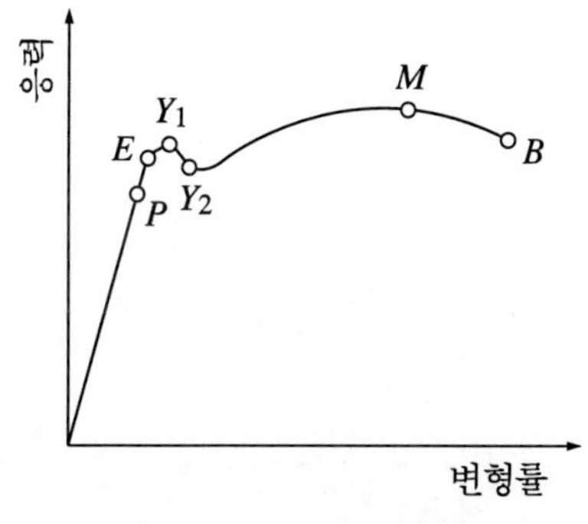

그림 1.1 응력-변형률 곡선

① 비례한도(Proportional limit) : 탄성한도 내에서 응력과 변형률이 비례하는 최대 한도(P점)

② 탄성한도(Elastic limit) : 외력을 제거해도 영구변형하시 않고 원래의 상태로 돌아

가는 응력의 최대한도(E점)

③ 항복점(Yield point) : 외력은 증가하지 않는데 변형이 급격히 증가 할 때의 응력 (Y_1은 상항복점, Y_2는 하항복점)

④ 극한강도(Ultimate strength) : 응력의 최대 값(M점)

⑤ 파괴점(Breaking point) : 재료가 파괴되는 점(B점)

한편 재료에 따라서는 항복점이 명확하지 않은 경우가 있으며 이런 때에는 그림 1.2에서와 같이 탄성영역의 기울기(탄성계수)를 이용하여 원점에서 0.2% 만큼 이동 시켜 그렸을 때 원래의 곡선과 만나는 점을 항복응력으로 취하는 경우가 많다. 즉, 잔류 변형률의 0.2%를 유발하는 선형응력으로 볼 수 있다.

(4) 탄성계수(Modulus of elasticity)

재료의 탄성한도 내에서 응력은 변형률에 비례하는데, 이러한 성질을 후크의 법칙(Hooke'law)이라 부른다. 응력-변형률 곡선에서 탄성한도내의 경사각(θ)의 탄젠트(tan) 값으로서, 응력과 변형률의 관계를 만들어 주는 역할을 한다. 즉, 후크의 법칙에 따라 아래의 식과 같이 응력(f)을 구성하기 위한 변형률(ε)에 대한 비례상수를 탄성계수 또는 영계수(Young'modulus)라고 부른다.

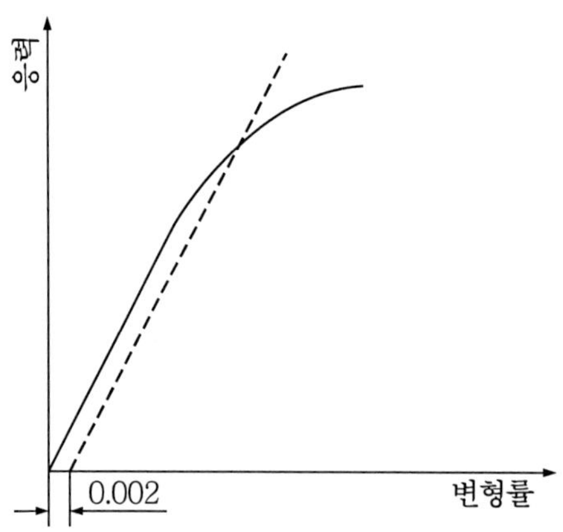

그림 1.2 항복점이 명확하지 않는 응력-변형률 곡선

$$E = \frac{f}{\epsilon} = \frac{\frac{P}{A}}{\frac{\Delta l}{l}} = \frac{P \cdot l}{A \cdot \Delta l} \tag{1.1}$$

여기서, P는 하중, A는 재료의 단면적, l은 재료의 원래 길이, Δl은 길이의 변화량을 나타낸다.

1) 전단탄성계수

어떤 재료가 전단력 Q를 받을 때 전단응력 τ와 전단변형률 γ는 비례하며 이때의 비례상수를 전단탄성계수(G, shear modulus of elasticity)라고 한다.

$$G = \frac{\tau}{\gamma} = \frac{\frac{Q}{A}}{\frac{e}{l}} = \frac{Q \cdot l}{A \cdot e} \tag{1.2}$$

2) 체적탄성계수

어떤 물체에 크기가 같고 서로 직교하는 방향으로 외력이 작용하면, 체적에 변화가 일어날 수 있다. 이 때, 외력과 체적의 변화량은 비례하며 그 비례상수를 체적탄성계수(K, modulus of elasticity of volume 또는 bulk modulus)라고 부른다.

$$K = \frac{P}{\Delta V / V} = \frac{PV}{\Delta V} \tag{1.3}$$

여기서, P는 외력, V는 원래의 체적, ΔV는 체적변화를 나타낸다.

(5) 포아송비(Poisson's ratio)

탄성체는 인장력이나 압축력이 작용할 때 그 응력의 방향으로 변형이 일어남과 동시에 그 직각 방향으로도 변형이 생긴다. 이 두 변형률의 비를 포아송비 ν라고 하며, 그 역수를 포아송수(Poission's number) $m\left(=\frac{1}{\nu}\right)$라고 한다.

$$\nu = \frac{1}{m} = \frac{\text{횡방향 변형률(가로)}}{\text{종방향 변형률(세로)}} \tag{1.4}$$

여기서, 강재 및 콘크리트의 포아송비 ν는 각각 0.3 및 0.17~0.2 정도이다. 한편, 보통 재료에서 m은 3~4 값을 갖는다.

또한, 탄성계수(E)와 포아송비(ν) 및 전단탄성계수(G) 사이에는 식 (1.5)와 같은 관계가 성립하는 것을 주목할 필요가 있다.

$$E = 2G(1+\nu) \ (\text{또는 } G = \frac{E}{2(1+\nu)}) \tag{1.5}$$

(6) 크리프(Creep)

그림 1.3과 같이 재료에 장시간 지속적으로 하중이 작용할 때 시간의 경과에 따라서 변형이 증가하는 현상을 크리프라고 하며, 이로 인하여 재료가 파괴되는 현상을 크리프 파괴(creep rupture)라 한다. 일정한 온도에서 장시간동안의 크리프 변형률 속도가 0으로 되는 응력 가운데서 최대인 값 또는 이와 같은 지속 응력의 한계를 크리프 한계(creep limit)라고 부른다. 또한, 어느 규정시간 내에 크리프 파괴를 일으키는 응력을 크리프 강도라고 한다.

(7) 릴랙세이션(Relaxation)

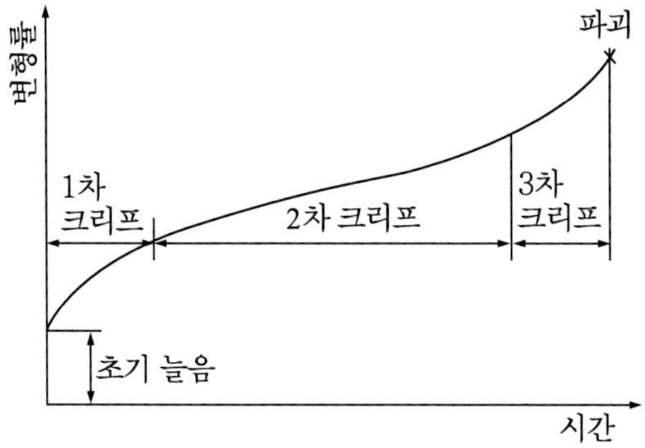

그림 1.3 일반적인 크리프 곡선

재료에 외력을 작용시키고 변형을 억제하면 시간이 경과함에 따라 재료의 응력이 감소하는 현상이 나타나는데 이것을 릴랙세이션 또는 응력완화라고 한다. 크리프는 하중의 증가 없이도 변형이 증가하는 현상을 말하는데 반해 응력완화는 변형의 감소 없이도 응력이 감소하는 현상을 가리킨다.

(8) 기타 재료의 성질

① 강성(Rigidity) : 외력을 받아도 변형을 적게 일으키는 재료는 강성이 큰 재료이다. 강성은 탄성계수와 관계가 있으나 강도와는 직접적인 관계가 없다. 즉, 변형이 쉬운 철제 스프링은 강도는 높으나 강성은 낮다고 볼 수 있다.

② **연성**(Ductility) : 인장력을 받아서 파괴될 때까지 길게 늘어나며 변형할 수 있는 재료를 연성이 풍부하다고 한다. (예 : 고무, 압연강 등)

③ **취성**(Brittleness) : 상대적으로 작은 변형에도 파괴하는 성질을 취성이라고 한다. 취성은 충격 강도와 밀접한 관계가 있고, 재료가 취성을 가지면 갑자기 파괴될 위험성이 있다. (예 : 주철, 유리, 콘크리트 등)

④ **인성**(Toughness) : 어떤 재료가 하중을 받아 파괴될 때까지 높은 응력에 견디며 큰 변형을 나타내는 성질을 말한다.

⑤ **전성**(Malleability) : 재료를 두들길 때 엷게 펴지는 성질을 전성이라 한다.(예 : 금, 납 등)

⑥ **경도**(Hardness) : 재료를 긁을 때, 자국, 절단, 마모 등에 대한 저항성을 말한다. 그림 1.4는 취성, 인성, 연성을 가진 재료의 응력-변형률 곡선의 특징을 나타낸 것이다.

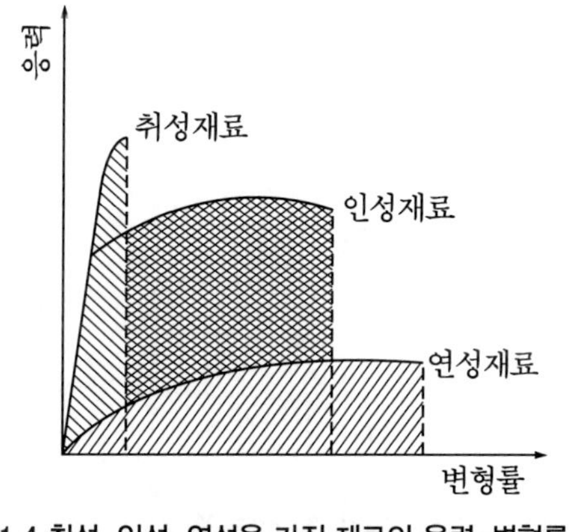

그림 1.4 취성, 인성, 연성을 가진 재료의 응력-변형률 곡선

1.3.2 물리적 성질

(1) 중량에 관한 성질

1) 비중(Specific weight)

재료의 중량과 동일한 체적의 4℃ 물의 중량으로 나눈 값을 말한다. 재료내의 공극이나 수분을 제외한 비중을 진비중이라 하고, 공극과 수분을 제외하지 않는 비중은 겉보기비중이라 한다. 단위는 무차원이다.

2) 단위질량(Unit mass)

단위용적당의 중량으로서 kg/m^3, kg/cm^3, kg/l 등의 단위를 사용한다.

3) 함수율(Water content)

재료 중에 포함되어 있는 물의 중량을 재료의 건조중량으로 나눈 값이다. 완전히 건조된 재료는 함수율이 0이다.

4) 흡수율(Rate of absorption)

재료의 흡수량(표면수는 포함하지 않음)을 재료의 건조중량으로 나눈 값이다.

(2) 열에 관한 성질

1) 비열(Specific heat)

중량 1g의 재료의 온도를 1℃ 상승 시키는데 필요한 열량을 비열이라고 한다. 물의 비열은 1cal/g·℃이다. 비열은 가열이나 냉각을 산정할 때 중요한 인자가 된다. 총열량은 비열에 중량을 곱하여 산정하므로 콘크리트와 같이 비열과 중량이 비교적 큰 재료일수록 많은 열을 축적한다.

2) 열전도율(Thermal conductivity)

단위두께를 갖는 재료의 두 면에 단위온도차를 주었을 때 단위시간에 전달된 열량인 단위가 cal/cm·sec·℃ 또는 kcal/m·h·℃인 것을 말한다. 또한, 열전도율의 역수를 열전도비저항이라고 하고, 재료의 단열성을 나타내며, 단위는 m·h·℃/kcal이다.

3) 열팽창계수(Coefficient of thermal expansion)

재료가 온도변화에 따라서 팽창, 수축하는 비율을 말한다. 두 점 사이의 거리인 경우를 선팽창계수, 물체의 체적의 변화에 대한 경우 체적팽창계수라고 하며, 일반적으로 체적팽창계수는 선팽창계수의 3배이고, 단위는 m/℃이다.

4) 연화점(Softening point)과 인화점(Flash point)

아스팔트와 같은 재료에 열을 가하면 점차 물러지기 시작하여 액체로 되는 온도를 연화점이라 한다. 다시 열을 더 가하면 증발 가스가 발생하여 불이 붙는 온도를 인화점이라 한다.

5) 전기비저항(Electric specific resistance)

일정한 길이와 단위면적을 가진 재료에 전류를 흐르게 하였을 때 발생하는 전기적 저항을 말한다. 또한 이것의 역수를 비전도도 또는 전기전도율(electric conductivity)이라 한다.

(3) 화학적 성질과 내구성(Durability)

재료의 화학적 성질에는 재료의 화학성분이나 조직, 화학반응, 화학약품에 대한 저항성 등이 있으며 재료가 건습, 동결 융해, 마모, 기계적 작용이나 화학적 작용 등에 저항하는 성질을 내구성이라 한다.

1) 내후성

동결융해, 건습, 온도 변화 등 풍화 작용에 대해 저항하는 성질

2) 내마모성

유수, 유사, 기계적 작용 등의 마모 작용에 대해 저항하는 성질

3) 내식성

철강의 녹, 목재의 부식 등의 작용에 대해 저항하는 성질

4) 내화학약품성

산, 알칼리, 염류, 기름 등의 작용에 대해 저항하는 성질

5) 내생물성

충류, 균류 등의 작용에 대해 저항하는 성질.

1.4 산업표준화 및 규격

생산능률의 증진, 유통 및 경제성, 재료의 절약, 교환성의 확보, 품질개량, 기술향상, 소비사용의 합리화를 위하여 산업표준화를 실시하고 있다. 우리나라에서는 1962년에 한국산업규격(KS, Korean Industrial Standards)이 제정되었으며, 제정 후 매 5년

마다 산업 표준 심의회에서 확인을 거치게 되며 필요할 때는 개정 또는 폐지할 수 있도록 되어 있다. 토목재료를 포함한 공산품에 대한 일정한 규격을 정하여 동일 종류의 재료의 품질, 모양, 크기, 시험 방법 등을 나라별 또는 국제적으로 통일함으로써 생산자와 수요자에게 경제적 설계 및 시공에 이익과 편의를 가져오며 아울러 불량품의 도태와 제품의 질적 향상에 큰 공헌을 하게 된다.

토목재료의 규격도 각국마다 얼마간의 차이는 있으나 그 제정 목적은 대체로 같다고 할 수 있다. 1947년 국제표준화기구(ISO, International Organization for Standardization)가 설립되어 세계 각국의 산업규격을 통일시키고자 노력하고 있다. KS 표시 허가제도는 표준화법 제 15조에 의하여 국가가 KS에 의한 제품품질 및 가공기술을 보증함으로써 소비자에게 제품에 대한 신뢰성을 부여하고 생산자에게도 표준화와 품질관리를 통한 품질향상, 원가절감, 생산성을 도모하기 위한 제도이다.

1995년 한국산업규격을 살펴보면 표 1.1과 같이 15부분으로 나누어져 있다. 이 가운데 건설(토목, 건축)에 해당되는 규격은 F라는 약자로 쓰이고 있으며, 외국의 규격으로써 토목재료와 관계있는 규격 또는 규격 제정 기관은 표 1.2와 같다.

표 1.1 한국산업규격(KS)의 분류

분류기호	부 문	분류기호	부 문	분류기호	부 문
A	기본	F	토목, 건축	M	화 학
B	기계	G	일 용 품	P	의 료
C	전기	H	식 료 품	R	수송기계
D	금속	K	섬 유	V	조 선
E	광산	L	요 업	W	항 공

표 1.2 외국의 규격 및 제정 기관명

국 명	약 자	제 정 기 관 명
국 제	ISO	International Organization for Standardization
미 국	ASTM	American Society of Testing and Materials
영 국	BS	British Standards
독 일	DIN	Deutsche Industrie Norm
프랑스	NF	Norm Francaise
일 본	JIS	Japanese Industrial Standards
한 국	KS	Korean Industrial Standards

이외에도 국제재료시험협회(International Association for Testing Materials, IATM), 미국주도로기술자협회(American Association of States Highway and Transportation Officials, AASHTO), 미국콘크리트학회(American Concrete Institute, ACI), 일본콘크리트학회(Japan Concrete Institute, JCI), 한국콘크리트학회(Korean Concrete Institute, KCI) 등 다양한 규격관련 협회가 있다.

CHAPTER

02

시멘트

CHAPTER

02 시멘트

2.1 개요

시멘트(Cement)란 물질과 물질을 접합시키는 성질을 가진 모든 무기질 결합재를 의미한다. 건설현장에서 일반적으로 시멘트라고 부르는 것은 포틀랜드시멘트(portland cement) 및 포틀랜드시멘트계의 혼합시멘트를 말한다. 시멘트의 어원은 라틴어의 부순물이라는 의미의 caementum이 cement로 바뀌었다고 하며, 독일에서는 zement, 프랑스에서는 ciment, 일본에서는 세멘트로 불린다.

시멘트의 역사는 약 5000년 전에 건설된 이집트의 피라미드에서 소석고와 모래를 섞은 모르타르를 석재의 줄눈에 사용한 것이 시초라고 할 수 있다. 1756년 영국의 John seaton이 점토분이 함유되어 있는 석회석을 구우면 수경성의 석회가 되는 것을 발견하여 수경성석회(hydraulic lime)로 시멘트의 시초를 열었다. 같은 원리로 1796년 영국의 James Parker에 의해 로만시멘트(Roman cement)가 발명되었다. 또한, 1818년 프랑스의 Vicat는 석회석과 점토질 암석을 혼합 소성(burning)한 천연시멘트(natural cement)를 발명, 이것이 포틀랜드시멘트(portland cement)의 시작이라고 볼 수 있다. 오늘날 사용되고 있는 시멘트는 1824년 영국의 벽돌공 Joseph Aspdin (1779~1855)이 석회석을 분쇄한 후 구워서 생석회를 만들고 여기에 일정비율의 점토를 혼합하여 물을 가한 후 다시 미분쇄 시키는 방법으로 특허를 얻었는데, 이것은 경화 후 외관이 당시 포틀랜드 섬에서 생산되는 석회석과 비슷하여 포틀랜드시멘트(portland cement)라 불리게 되었다. 그 후 철근 콘크리트의 기초적 원리가 확인됨에 따라 구조물의 종류, 용도 및 시공 등도 점차 다양해지게 되고 이에 따른 새로운 여러 종류의 시멘트의 개발이 진행되어 왔다.

2.2 시멘트의 종류

시멘트의 종류를 분류하면 공기 중에서 경화하는 기경성 시멘트(non-hydraulic cement)와 수분에 의해서 경화하는 수경성 시멘트(hydraulic cement)로 분류하고 있다. 그러나 시멘트는 조성 화합물의 결합상태와 함유량에 따라 경화 상태가 달라지고 그 성질과 용도에 따라 종류가 다양하다. 현재 토목・건축용으로 사용되는 시멘트는 우리나라 산업규격에 다음과 같은 종류가 있다.

(1) 포틀랜드시멘트

① 1종 : 보통 포틀랜드시멘트(ordinary portland cement, OPC; KS L 5201)
② 2종 : 중용열 포틀랜드시멘트(moderate heat portland cement; KS L 5201)
③ 3종 : 조강 포틀랜드시멘트(early strength portland cement; KS L 5201)
④ 4종 : 저열 포틀랜드시멘트(low heat portland cement; KS L 5201)
⑤ 5종 : 내황산염 포틀랜드시멘트(sulfate resisting portland cement; KS L 5201)
⑥ 백색 포틀랜드시멘트(white portland cement; KS L 5204)

(2) 혼합시멘트

① 고로슬래그시멘트(blast-furnace slag cement; KS L 5210)
② 플라이애쉬시멘트(fly-ash cement; KS L 5211)
③ 포틀랜드포졸란시멘트(portland pozzolan cement; KS L 5401)

(3) 특수시멘트(Special cement)

① 초속경(regulated-set or jet)시멘트
② 알루미나(high-alumina)시멘트(KS L 5205)
③ 팽창성 수경시멘트(KS L 5217)
④ 유정(oil well)시멘트
⑤ 콜로이드(colloid)시멘트
⑥ 석면단열시멘트(KS L 5215)
⑦ 내열시멘트(KS L 5202)

최근에는 기존 시멘트의 재료적, 물리적 특성 한계를 극복하려는 다양한 목적의 시멘트들이 대학연구기관과 산업체를 중심으로 활발히 개발되어 상용화되고 있다. 이러한 시멘트들은 내구성, 수밀특성, 강도발현 특성을 개선함은 물론 초미립자 분말도, 미세분말 혼화재 혼합 등을 통하여 단순 구조물 시공뿐만 아니라 미세균열 보수·보강, 지반보강, 급속시공, 해양구조물 시공 등 그 적용범위를 넓히고 있다.

2.3 시멘트의 특성

2.3.1 포틀랜드시멘트

포틀랜드시멘트는 보통, 중용열, 조강, 저열 및 내황산염 포틀랜드시멘트(1~5종, KS L 5201)로 구분하며 일반 포틀랜드시멘트 보다 강도가 작아 주로 장식용으로 많이 사용되어온 백색포틀랜드시멘트 등이 있다.

(1) 보통 포틀랜드시멘트(Ordinary portland cement; KS L 5201)

보통 포틀랜드시멘트는 그 원료인 석회석과 점토를 대체적으로 구하기가 쉽고, 제조과정이 간단하며, 그 성질이 대단히 우수하다. 또한 중용열 포틀랜드시멘트와 조강 포틀랜드시멘트의 중간정도의 성질을 가진 것으로서 가장 많고 폭 넓게 사용되고 있는 시멘트로서 우리나라 전 시멘트 생산량의 약 90%가 포틀랜드시멘트이며, 토목구조물, 콘크리트 제품 등 여러 가지 용도에 적합한 일반 공사용 시멘트로 다양하게 사용되고 있다. 일반적으로 시멘트 또는 포틀랜드시멘트라고 말할 때는 이 보통 포틀랜드시멘트를 가리키는 것이다.

(2) 중용열 포틀랜드시멘트(Moderate heat portland cement; KS L 5201)

수화열을 적게 하기 위하여 화학조성 중 알루민산 3칼슘(C_3A)의 양을 적게 하고 그 대신 장기강도를 발현하기 위하여 규산 2칼슘(C_2S)량을 많게 한 시멘트이다. 또한 수화열도 7일에 70cal/g 이하, 28일에 80cal/g 이하로 규정하고 있다.

표 2.1 중용열 포틀랜드시멘트의 특성 및 용도

특 성	용 도
· 경화시 수화열이 적음 · 화학적항성이 크고 내산성이 우수 · 포틀랜트시멘트 중 건조수축이 가장 작음 · 조기강도는 보통시멘트에 비해 작으나 장기강도는 보통시멘트와 같거나 약간 큼	· 수화열에 의한 균열발생을 억제하기 위해 방사선 차폐용, 댐, 항만 구조물 등의 매스콘크리트용으로 적합

(3) 조강 포틀랜드시멘트(Early strength portland cement; KS L 5201)

조강 포틀랜드시멘트란 조기에 강도를 발현시키는 시멘트로써 보통 포틀랜드시멘트가 재령 28일에 나타내는 강도를 재령 7일 정도에서 나타내고 장기강도는 보통 포틀랜드시멘트와 큰 차이가 없다. 화학성분은 보통 포틀랜드시멘트와 거의 차이가 없으나, 실리카(SiO_2), 산화철(Fe_2O_3), 알루미나(Al2O3)의 비율에 대한 석회(CaO)의 비율이 2.20~2.27 정도로 비교적 크다. 한편 조기강도를 발현하기 위하여 원료의 엄선과 배합에 유의하며 분말도를 크게 한 시멘트이다.

표 2.2 조강 포틀랜드시멘트의 특성 및 용도

특 성	용 도
· 수화속도가 빠르고 수화열이 커서 저온 시에도 강도발현이 크므로 동절기공사(동절기 공사)에 유리	· 주로 긴급공사, 시멘트 2차 제품, 프리스트레스트 콘크리트 등에 사용
· 조기 고강도를 발현하고 장기에 걸쳐 강도가 증진하며 보통 포틀랜드시멘트와 비교해서 1일 강도는 약 3배, 3일 강도가 약 2배 정도이므로 거푸집 회전율이 좋아 양생 기간 및 공사기간의 단축이 가능	· 수화열이 크므로 단면이 큰 콘크리트 구조물에는 부적당

(4) 저열 포틀랜드시멘트

매스콘크리트의 경우, 수화에 의해서 발생하는 열 때문에 내부에서의 온도 상승이 심각하여 균열을 일으킬 수 있고 초기의 강도발현이 늦을 수 있다. 저열 포틀랜드시멘트는 댐과 같은 매스콘크리트구조물에 사용되는 시멘트의 수화열 발생을 적절하게 분산시키고, 온도를 낮게 할 목적으로 개발되었다. 저열 포틀랜드시멘트는 중용열 포틀랜드시멘트보다도 수화열을 5~10% 정도 적게 한 것으로서 표 2.3에 정리된 것과 같은 특성을 갖는다.

표 2.3 저열 포틀랜드시멘트의 특성 및 용도

특성	용도
· 중용열 포틀랜드시멘트보다 수화열이 5~10% 정도 적음 · C_3S와 C_3A는 수화열이 높기 때문에 보통시멘트보다 적게 하고, C_2S는 수화열을 적게 발생시키기 때문에 양을 많이 한 시멘트 · C_3S 최대 35%, C_3A는 최대 7%가 한계이고, C_2S는 최소 4%가 요구됨	· 경화시 수화열에 의한 균열발생이 우려되는 매스 콘크리트 단면에 적용 · 중용열시멘트와 같이 댐, 항만 등 대형 콘크리트 구조물에 적합

(5) 내황산염 포틀랜드시멘트

황산염은 시멘트 수화물과 반응하여 시멘트 경화체 내부에 팽창성 물질을 생성하여 콘크리트의 표면 부분에서부터 서서히 균열, 박리, 붕괴 등의 현상을 일으켜 결국에는 전체적으로 열화하게 된다. 내황산염 포틀랜드시멘트는 황산염에 의한 이러한 콘크리트 열화 방지를 위하여 개발되었으며 표 2.4와 같은 특성을 갖는다.

표 2.4 내황산염 포틀랜드시멘트의 특성 및 용도

특성	용도
· 토양 중의 황산염이나 해수 및 공장폐수 중의 황산염에 대한 화학적 저항성을 높이기 위해 알루민산 3칼슘(C_3A)과 같이 황산염의 저항성에 약한 재료의 함유량을 줄이고 C_4AF의 함유량을 증가시켜 만든 시멘트	· 해양 콘크리트구조물이나 화학적 작용을 받는 콘크리트구조물, 하수공사의 수리구조물 등의 축조에 적합

(6) 백색 포틀랜드시멘트

시멘트의 성분 중에 원료로서 철분(Fe2O3), 마그네시아(MgO)의 함유량을 제한한 백색점토와 석회석을 원료로 하고 소성연료는 석탄 대신 중유를 사용해서 만든다. 보통 포틀랜드시멘트는 Fe_2O_3가 3% 정도인데 비하여 이 시멘트는 0.3% 이하가 되도록 극히 소량화하여 특유의 회녹색을 가진 순백의 시멘트를 만든다. 소량의 안료를 가하면 원하는 색채를 얻을 수도 있으며, 시멘트의 성질은 보통 포틀랜드시멘트와 거의 같고 주로 건축물의 표면마무리 및 도장 등에 쓰이며 경우에 따라서 구조용으로 쓰인다.

2.3.2 혼합시멘트

혼합시멘트는 포틀랜드시멘트 클링커에 적당한 포졸란 재료를 조합하여 분쇄한 것으로서, 포틀랜드시멘트의 결점을 보강하여 특유의 성질을 부여한 것이며, 고로슬래그시멘트, 실리카시멘트, 플라이애쉬시멘트 등이 있다.

(1) 고로슬래그시멘트(Blast furnace slag cement; KS L 5210)

고로슬래그시멘트는 포틀랜드시멘트 클링커에 급냉한 고로슬래그를 적당히 혼합하고 다시 석고를 가하여 미분쇄한 시멘트이다. 고로슬래그는 자신은 경화하지 않으나 포틀랜드시멘트의 수화에 의하여 생성되는 수산화칼슘 또는 석고 등의 화학작용에 의하여 수화하며 경화하는 성질, 즉 잠재수경성을 가지고 있다. 고로슬래그시멘트에 이용되는 고로슬래그는 수재이고, 그 화학성분으로서 염기도[$(CaO+MgO+Al_2O_3)/SiO_2$]가 크고 유리질량이 많을수록 잠재수경성이 우수하다. 고로슬래그의 혼합률에 따라 표 2.5와 같이 3종류로 분류하고 그 특성은 다음과 같다.

① 그림 2.1에서와 같이 초기강도는 약간 낮으나 장기강도는 보통시멘트와 거의 비슷하거나 약간 크다.
② 내화학 약품성이 좋으므로 해수, 공장폐수, 하수 등에 접하는 콘크리트에 적당하다.
③ 수화열이 비교적 적으며 내열성이 크고 수밀성이 좋다.
④ 건조수축이 약간 크다.
⑤ 콘크리트의 블리딩이 적어진다.

이러한 특성으로 인해 고로슬래그시멘트는 주로 댐, 하천, 항만 등의 토목공사에 사용되고 특히 염해를 받는 해안구조물에 유용하다.

표 2.5 고로슬래그시멘트의 종류

종 별	고로슬래그의 혼합률(%)
A종	30 이하
B종	30~60
C종	60~70

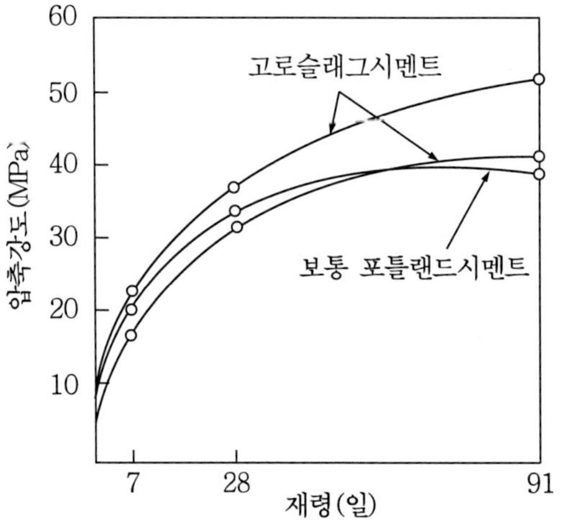

그림 2.1 고로슬래그시멘트 콘크리트의 재령과 압축강도와의 관계

(2) 플라이애쉬시멘트(fly-ash cement; KS L 5211)

플라이애쉬란 석탄을 원료로 하는 화력발전소에 미분탄을 약 1400~1500℃의 고온으로 연소시킬 때 탄분이 용융되어 고온의 연소가스와 함께 굴뚝에 이르는 도중에 급격히 냉각되어 표면장력에 의해 구형으로 생성되는 1~150μm 정도의 미세한 분말이며, 집진장치를 사용하여 포집한다. 포집된 플라이애쉬를 포틀랜드시멘트 클링커에 혼합하여 분쇄한 것을 플라이애쉬시멘트라고 한다. 이 시멘트는 댐 공사를 위시하여 일반 토목, 건축공사에 널리 사용된다. 플라이애쉬시멘트의 특성은 다음과 같다.

① 콘크리트의 워커빌리티를 증대시키며 단위수량을 감소시킬 수 있다.
② 수밀성이 좋으므로 수리구조물에 적합하다.
③ 수화열이 적고 건조수축도 적다.
④ 해수에 대한 내화학성이 크다
⑤ 초기강도는 낮지만 장기강도의 증진이 크다.

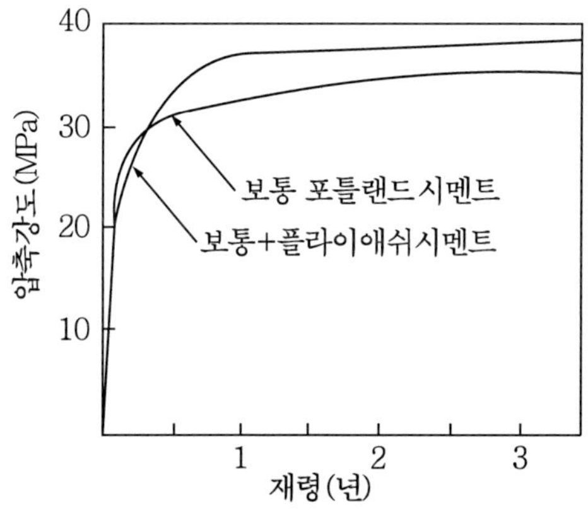

그림 2.2 보통 포틀랜드시멘트와 보통 + 플라이애쉬시멘트의 압축강도 비교

(3) 실리카시멘트

시멘트의 수화과정에서 생성되는 $Ca(OH)_2$와 결합해서 불용성화합물을 생성하는 미분말 상태의 실리카질 재료, 즉 천연산이나 인공 실리카질 혼화재료를 총칭하여 포졸란(pozzolan)이라 하며, 이로 인하여 시멘트의 성질이 개선되고 수밀성이 증가하여 장기강도가 증진된다. 포졸란을 포틀랜드시멘트 클링커에 조합하여 적당량의 석고를 가해 만든 시멘트를 실리카시멘트(silica cement)라 한다.

실리카시멘트의 특성은 콘크리트의 워커빌리티를 증가시키고 블리딩을 감소시킨다. 초기강도는 약간 작으나 장기강도는 약간 크다. 수밀성이 좋고 내구성이 풍부하다. 보통 포틀랜드시멘트보다 화학저항성이 크다. 이 시멘트는 토목, 건축공사의 구조용 시멘트 또는 도장 모르타르용 등으로 사용된다. 플라이애쉬나 실리카의 혼합률에 따라 종류를 구분하면 표 2.6과 같다.

표 2.6 플라이애쉬 및 실리카 시멘트의 종류

종 별	플라이애쉬 및 실리카의 혼합률(%)
A종	10 이하
B종	10~20
C종	20~30

2.3.3 특수 시멘트

시멘트의 제조방법이나 화학조성 등이 포틀랜드시멘트와는 매우 다르며 특수한 목적을 위하여 사용되는 시멘트를 말한다.

(1) 알루미나시멘트(Aluminous cement)

알루미나시멘트는 그 제조법이 보통 포틀랜드시멘트와 전혀 다르다. 알루미나시멘트는 보크사이트(bauxite)와 석회석을 혼합하고 전기로 또는 회전로에서 용융, 급 냉각시켜 미분쇄하는 용융법과 회전로에서 소성하여 제조하는 소성방법이 있다. 포틀랜드시멘트는 calcium silicate($CaO \cdot SiO_2$)를 주성분으로 하는 데 비하여 알루미나시멘트는 calcium aluminate($CaO \cdot Al_2O_3$)를 주성분으로 한다. 알루미나시멘트의 특징은 초조강성이며 물을 주입하여 혼합하면 급속히 반응을 시작하여 수시간 내에 경화하며 물을 가한 후 6~12시간 정도에서 보통 포틀랜드시멘트의 재령 28일 강도에 해당되는 강도를 발현하여 one day cement라고도 한다.

산류, 염류, 유류 등의 화학적 침식에 대한 저항성을 갖는 점과 한냉시의 시공에 적합하고 내화성을 갖는 등의 특징이 있다. 단, 알루미나시멘트는 온도가 높으면 경화시간이 지연되고 수화물의 전이에 의하여 장기강도가 저하될 가능성이 있으며, 알칼리성이 낮아서 철근이 부식되기 쉬운 결점이 있다는 점 등에 주의할 필요가 있다. 알루미나시멘트의 특성은 다음과 같다.

1) 산, 염류, 해수 등의 화학적 침식에 대한 저항성이 크다.
2) 발열량이 크기 때문에 긴급을 요하는 공사나 한중공사시의 시공에 적합하다.
3) 초조강성을 가지므로 1일에 40~50MPa 정도의 압축강도를 얻을 수 있다.
4) 물-결합재비가 크면 전이에 의한 강도저하가 크므로 물-결합재비를 40% 이하로 함이 바람직하다.
5) 응결, 경화속도는 20℃ 이상의 온도서 매우 지연되고, 고온에서 양생한 경우 강도저하가 현저하다.

(2) 초속경시멘트(Regulated set cement)

초속경시멘트는 초조강시멘트보다 더욱 큰 조기강도를 얻을 수 있어 물을 가한 후 2~3시간에 압축강도가 약 10~20MPa에 달하므로 거푸집을 빨리 제거할 수 있다. 재령 1일에 40MPa의 강도를 발현하며 이후에도 장기에 걸쳐 종래의 조강, 초조강시멘트와 같이 안정된 강도증진을 나타내므로 긴급을 요구하는 공사, 동절기공사, 시멘트 2차 제품, 숏크리트, 그라우트용으로 사용된다. 일본에서는 제트시멘트(jet cement)라고도 불린다. 초속경시멘트의 특성은 큰 강도를 발휘하고, 응결시간이 짧고 경화시 발열이 크다. 그러나 알루미나시멘트와 같은 전이현상이 없고, 포틀랜드시멘트와 혼합하여 사용하지 않도록 주의할 필요가 있다.

(3) 유정시멘트(Oil well cement)

유정(Oil well)을 굴착할 때 갱내에 삽입한 강관(케이싱)과 갱벽 사이에 시멘트 슬러리를 충전하는데 이 작업을 시멘팅이라 한다. 시멘팅에 사용하는 시멘트 슬러리는 펌프 압송이 종료하기까지 유동성을 잃지 않으며 압입 후에는 빠르게 경화하여 소요의 강도를 발현하는 동시에 내황산염성이 높아야 한다. 이런 목적을 달성할 수 있는 시멘트를 유정시멘트라 한다. 현재 유정시멘트에는 API(미국석유협회) 규격이 세계적으로 적용되고 있다.

(4) 팽창시멘트(Expansive cement)

포틀랜드시멘트는 건조하면 수축하는데 석고, 팽창시멘트는 보크사이트(bauxite), 탄산칼슘의 분말을 혼합, 소성한 칼슘크링커($Ca_3A_{16}O_{12}SO_4$)는 팽창성이 있어, 여기에 광재 및 포틀랜드 클링커의 혼합물을 넣으면 팽창시멘트가 된다. 팽창시멘트는 초기 재령에서 팽창하여 그 후의 건조수축을 제거하고 균열발생을 방지하는 수축보상용과 크게 팽창을 일으켜 프리스트레스 콘크리트로 이용하는 화학적 프리스트레스 도입용으로 구분된다.

팽창시멘트의 팽창기구는 종래 시멘트 경화체에 함유되어 이상팽창을 일으키고 붕괴의 원인이 되었던 시멘트 바실러스(cement bacillus ; $3CaO \cdot Al_2O_3 \cdot 3CaSO_4 \cdot 32H_2O$)의 침상결정을 다량으로 생성시켜 그때의 팽창을 이용한 것이다. 팽창성 시멘트를 사용한 팽창성 콘크리트의 특성은 응결, 블리딩 및 워커빌리티는 보통 콘크리트와 비슷하며, 수축률은 보통 콘크리트에 비하여 20~30% 작다. 또한 팽창성 콘크리트에서 양생은 매우 중요하며 또 혼합 시간이 길어지면 팽창률이 감소하므로 주의할 필요가 있다.

(5) 콜로이드시멘트(Colloid cement)

시멘트 슬러리는 각종 그라우트 공법에 이용되는데, 암반 공극 등 미세한 공극부에 주입한 경우 초미분말성의 시멘트가 요구된다. 이와 같은 목적으로 개발된 것이 최대지름 40μm 정도로 미분쇄한 콜로이드시멘트이며, 특성으로는 공극에의 침투력이 강하고, 분리저항성이 큰 것을 들 수 있다. 터널 굴착 시의 방수나 댐 방수공사에 사용되고 있다.

2.4 시멘트의 제조

2.4.1 시멘트의 원료

포틀랜드시멘트의 원료로는 석회질 재료로서 석회석과, 실리카(SiO_2)와 산화알루미늄(Al_2O_3) 및 산화철(Fe_2O_3)을 함유한 점토를 사용하며 성분 조성용으로 규석, 철광석 등이 사용된다. 이들 원료를 분쇄하고 적당한 비율로 조합하여 충분히 혼합한 후 소성로로 보내 소성한 후 냉각시킴으로써 클링커(clinker)가 얻어진다.

이 클링커에 응결조성용으로 3~5% 석고($CaSO_4 \cdot 2H_2O$)를 첨가, 분쇄하면 포틀랜드시멘트가 얻어진다. 시멘트를 제조하는데 필요한 주원료는 표 2.7과 같이 석회석, 점토, 규석, 철광석(슬래그) 및 석고로서 석회질 원료와 점토질 원료를 약 4 : 1의 비율로 섞어 원료 약 1.5ton에 중유 100ℓ, 전력 120kw/h로 소성하면 탄산가스, 수분, 유기물 등이 분해되어 없어지고 약 1ton의 시멘트가 얻어진다.

표 2.7 포틀랜드시멘트의 주원료

주원료	양	비 고
석회석	약 1,130kg	일반적으로 $CaCO_3$로서 95% 이상의 양질의 사용된다.
점 토	약 240kg	점토, 혈암, 이암, 점판암 등
규 석	약 50kg	점토중의 SiO_2가 부족할 때 보충하기 위해 첨가하는 연질규석, 가용성 백토 등
슬래그(철광석)	약 35kg	점토중의 Fe_2O_3를 보충하기 위해 구리에서 얻음. 펄라이트 신더(pearlite sinder) 등
석 고	약 33kg	응결시간을 조절할 목적으로 첨가하는 것으로 화학석고, 천연석고 등

2.4.2 제조방법

시멘트의 제조공정은 다음과 같이 구분할 수 있다.

① 원료처리공정 : 원료를 조합, 건조, 분쇄, 혼합, 저장하는 공정
② 소성공정 : 조합된 원료를 가열하여 분해, 소결한 다음 냉각하여 클링커를 얻는 공정
③ 제품공정 : 소성한 클링커에 석고를 가하여 제분한 다음 포장하는 공정

포틀랜드시멘트의 제조방법은 사용하는 원료의 처리방법에 따라 건식법, 습식법, 반건식법으로 대별되고, 열효율이 좋은 건식법이 세계적으로 널리 사용되고 있다.

1) 건식법(Dry process)

석회석, 점토, 철광석 등의 원료를 건조시킨 후 적당한 비율로 조합하여 원료 분쇄기에서 미분쇄하고, 회전로, 공기로 혼합하는 사이로 등에 투입하여 소성하는 방법을 건식법이라 한다. 석회석과 점토 원료를 따로 분쇄 조합하여 소성하는 방법이므로 효율이 좋고 품질도 좋은 장점이 있으며 습식법에 비하여 원료를 미분말화 하기가 쉽지 않고 또 먼지가 많이 나는 단점이 있다.

2) 습식법(Wet process)

원료를 건조시키지 않고 적당한 비율로 조합하고 원료 분쇄기에서 분쇄할 때 약 40%의 물을 가한 후 반죽 상태로 만들어 분쇄기 내에서 분쇄, 혼합, 균질화하여 회전로에 투입하여 소성하는 방법을 습식법이라 한다. 원료를 미분말화 하기가 쉽고 먼지가 적게 나는 반면 많은 물을 포함한 원료를 소성하므로 열량손실이 많아 최근에는 거의 사용하지 않고 있다.

3) 반건식법(Semi-dry process)

건식법과 같은 방법으로 미분쇄한 건조상태의 원료에 10~12%의 물을 가하여 지름 약 12mm의 알갱이 상태로 만들고, 이를 예열, 건조하여 소성로 안에서 소성함으로써 클링커를 제조하는 방법을 반건식법이라 한다. 회전로에서의 소성반응을 살펴보면 소성로는 보통 내화벽돌로 내부를 둘러싼 강철제의 긴 원통(직경 6m, 길이 50~200m 정도)이 3~5%의 경사로 되어 있으며, 1분에 2~3회 정도의 회전에 따라 서서히 이동하여 소성대에 도달하면 클링커가 된다.

시멘트 소성로에는 몇 가지의 형태가 있으며 최근의 경향으로는 열소비량이 적은

부유예열기(suspension preheater)가 장치되어 있는 소성로의 사용이 많다. 원료는 소성로의 상단에서 투입하고 1450℃로 소성하여 클링커를 얻는다. 소성로에서 만들어진 용융상태의 클링커는 냉각기에 의해 급냉시켜야 하며, 시멘트 분쇄기에서 3~5%의 석고와 함께 미분쇄 시킴으로써 포틀랜드시멘트가 제조된다.

2.5 시멘트의 화학성분과 클링커의 광물조성

2.5.1 시멘트의 화학성분

포틀랜드시멘트의 화학성분은 점토에 포함되어 있는 실리카(SiO_2), 알루미나(Al_2O_3)와 석회석의 석회(CaO), 산화철(Fe_2O_3)의 4가지 주요 성분 이외에 소량의 마그네시아(MaO), 아황산(무수황산; SO_3), 알칼리(K_2O, Na_2O), 탄산가스(CO_2) 및 물 등의 원소의 산화물을 포함하고 있다.

화학 분석에 의하면 시멘트의 종류뿐만 아니라 제조 공장에 따라 화학성분이 다소 다르다. 일반적으로 포틀랜드시멘트의 화학성분의 범위(%)는 표 2.4와 같이 시멘트의 종류에 따라서 약간의 차이가 있다. 포틀랜드시멘트의 가장 중요한 화학성분은 SiO_2, Al_2O_3, CaO, Fe_2O_3이고, 이 4가지 성분 중 CaO는 염기성이고 나머지 3가지는 산성성분으로서, 이 염기와 산이 소성과정에서 결합하여 조성광물로 된다. 한편, MaO는 석회석에서, K_2O+Na_2O는 점토에서 혼입되는 것이다.

표 2.8 포틀랜드시멘트의 화학성분(KS L 5201)

화학성분(%)	시멘트 종류				
	1종	2종	3종	4종	5종
산화마그네슘(MgO)	5.0 이하	5.0 이하	5.0 이하	5.0 이하	5.0 이하
삼산화황(SO_3)	3.5 이하	3.0 이하	4.5 이하	3.5 이하	3.0 이하
강열감량	–	3.0 이하	3.0 이하	3.0 이하	3.0 이하
C_3S	–	50 이하	–	–	–
C_2S	–	–	–	40 이하	–
C_3A	–	8.0 이하	–	6.0 이하	4.0 이하

비고 : 1) 화학성분을 기호로 표시할 때 C=CaO, S=SiO_2, A=Al_2O_3, F=Fe_2O_3로 한다.
따라서 $C_3A=3CaO \cdot Al_2O_3$, $C_3S=3CaO \cdot SiO_2$를 의미한다.

(1) 수경률(Hydraulic modulus; H.M)

시멘트는 원료가 되는 주성분들이 혼합비에 따라 시멘트의 여러 가지 성질들이 변하므로 각 성분의 양을 관리하기 위한 여러 성분비율이나 계수가 사용되지만 가장 일반적인 것은 수경률이다(표 2.9 참조). 수경률이 크면 규산 3석회($3CaO \cdot SiO_2$)가 많이 생성되기 때문에 초기강도가 높고 수화열이 큰 시멘트가 생기며 다음과 같이 구한다.

$$\text{수경률(H.M)} = \frac{CaO - 0.7 \times SO_3}{SiO_2 + Al_2O_3 + Fe_2O_3}$$

표 2.9 시멘트의 수경률

종류	수경률
보통 포틀랜드시멘트	2.05~2.15
조강 포틀랜드시멘트	2.20~2.27
초조강 포틀랜드시멘트	2.27~2.40
중용열 포틀랜드시멘트	1.95~2.00

이 밖에도 주요한 것은 규산율(silica modulus), 철률(iron modulus), 활동계수(activity index), 석회포화도(lime saturated degree) 등으로 다음과 같다.

$$\text{규산율(S.M)} = \frac{SiO_3}{Al_2O_3 + Fe_3O_3}$$

$$\text{활동계수(A.I)} = \frac{SiO_2}{Al_2O_3}$$

$$\text{철률(I.M)} = \frac{Al_2O_3}{Fe_2O_3}$$

$$\text{석회포화도(L.S.D)} = \frac{CaO - 0.7 \times SO_3}{2.8 \times SiO_2 + 1.2 \times Al_2O_3 + 0.65 \times Fe_2O_3}$$

규산율이 커지면 원료 배합물의 소성에 높은 온도를 필요로 하고, 소성로의 내화물을 침식하여 운전에 지장을 초래할 수 있다. 또한 완성된 클링커는 규산 2석회($2CaO \cdot SiO_2$)를 많이 함유하고 있기 때문에 강도발현이 느린 장기강도형의 시멘트가 된다. 만일 규산율이 낮으면 원료배합률의 소성은 용이하지만 알민산 3석회가 많이 생성되어 초기강노형의 시멘트가 된다. 철률이 크면 클링커 중의 알민산 3석회($3CaO \cdot Al_2O_3$)의 생성량이 많아져서 초기강도는 높지만 수화열이 크고 화학저항성이 낮은 시멘트가 된다.

(2) 강열감량(Ignition loss)

시멘트에 1,000℃의 강한 열을 가했을 때의 중량 감소량을 말하며, 주로 시멘트에 포함되어 있는 물(H_2O)과 이산화탄소(탄산가스; CO_2)가 줄어드는 것으로서 강열감량의 다소에 의해서 시멘트의 풍화정도를 판단할 수 있다. 일반적으로 신선한 시멘트의 강열감량은 보통 0.5~0.8% 정도이고, 이것은 클링커에 첨가된 석고의 결정수량과 거의 같다. 일반적으로 시멘트가 풍화되면 강열감량은 증가한다.

(3) 불용해 잔분(Insoluble residue)

시멘트를 염산 및 탄산나트륨 용액으로 처리해도 용해되지 않고 남는 부분을 말한다. 보통 포틀랜드 시멘트의 경우 불용해 잔분은 일반적으로 점토성분의 미소성에 의하여 발생되며 약 0.1~0.6% 정도이다. 시멘트원료 중 점토분은 거의 전량이 산에는 불용성분이다. 이들은 소성에 의하여 석회와 반응하여 처음으로 산에 용해되는 클링커의 화합물이 된다. 따라서 불용해 잔분의 양은 소성반응의 완전 여부를 판단하는 척도가 된다.

2.5.2 클링커의 광물조성

시멘트는 소성에 의하여 화합물을 형성하며 그 중요 화합물은 4종류의 광물로 되어 있다고 1882년 프랑스의 Le Chatlier의 현미경적 연구에 의해 발표되었으며, 이 후 1897년 스웨덴의 A. E. Tornebohm이 이 광물들을 규산 3석회, 규산 2석회, 알민산철 4석회, 알민산 3석회라고 명명하였다(표 2.10 참조).

표 2.10 시멘트의 화합물 조성

화 학 명	조성 광물명	화 학 식	약호
규산 3석회(Tricalcium Silicate)	Alite	$3CaO \cdot SiO_2$	C_3S
규산 2석회(Dicalcium Silicate)	Belite	$2CaO \cdot SiO_2$	C_2S
알민산 3석회(Tricalcium Aluminate)	Aluminate	$3CaO \cdot Al_2O_3$	C_2A
알민산철 4석회 (Tetracalcium Aluminoferrite)	Felite	$4CaO \cdot Al_2O_3Fe_2O_3$	C_4AF

이들 클링커 화합물의 특성은 표 2.11과 같다.

표 2.11 광물조성의 특성 및 함유비율

중요 화합물 (조성 광물명)	광물의 특성					화합물의 함유비율(%)		
	강도		수화열	화학 저항성	건조 수축	보통	조강	중용열
	조기	장기						
C_3S(Alite)	대	중	중(120cal/g)	중	중	48~55	59~69	41~49
C_2S(Belite)	소	대	소(60cal/g)	대	소	26~27	7~17	29~37
C_4AF(Felite)	소	소	소(100cal/g)	대	소	7~11	7~9	12~14
C_3A(Aluminate)	대	소	대(200cal/g)	소	대	8~10	8~9	3~6

2.6 시멘트의 수화(Hydration)

시멘트는 물과 접하게 되면 시멘트 중의 수경성 화합물이 화학 반응을 일으키는데 이것을 수화반응 또는 수화라 한다. 또한 이 수화반응에 의하여 수화물이 생성된다. 수화반응은 시멘트의 분말도, 수량, 온도, 혼화재료의 사용 유무 등 많은 요인들의 영향을 받으며, 그 반응과정이 복잡하여 현재까지 분명히 밝혀지지 않고 있다. 그림 2.3의 시멘트의 수화과정 설명도는 수화기구에 대한 이해를 돕기 위한 것이다.

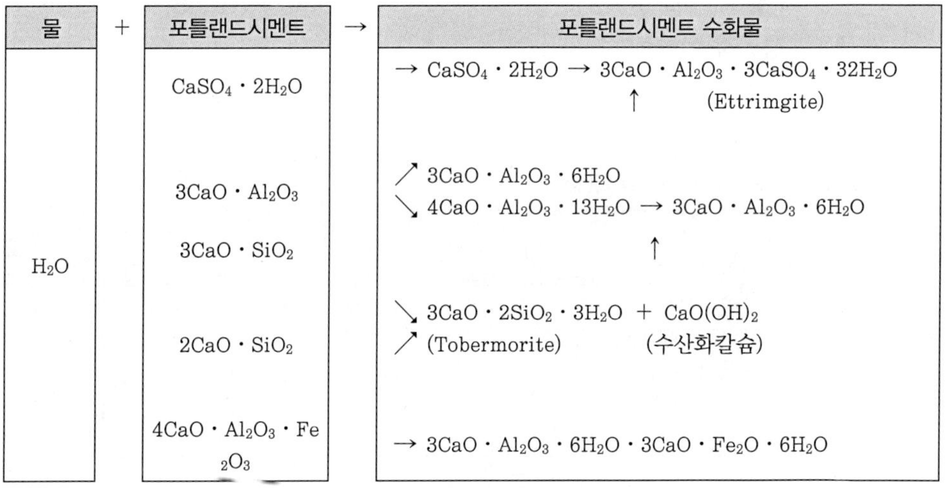

그림 2.3 시멘트의 수화과정

그림 2.3에서 $3CaO \cdot SiO_2$는 가수분해를 일으켜 토버모라이트 겔(Tobermorite gel)와 $Ca(OH)_2$가 되고, Tobermorite gel은 시멘트 입자이 표면을 얇은 층으로 씌운다. $Ca(OH)_2$는 액상으로 녹아서 몇분 사이에 포화상태에 이른다. $3CaO \cdot Al_2O_3$는 매우 급속히 수화하여 $3CaO \cdot Al_2O_3 \cdot 6H_2O$가 된다. 이때 석고가 없으면 이른바 순결(flash set)을 일으킨다. 그러나 $CaSO_4 \cdot 2H_2O$(석고)가 용액 중에 존재하기 때문에 이것이 $3CaO \cdot Al_2O_3$와 반응하여 불용해성의 칼슘설포알루미네이트(calcium sulfoa-luminate) 또는 에트린자이트(ettringite)라고 하는 물질을 생성한다.

2.7 시멘트의 일반적 성질

2.7.1 수화열

시멘트를 물로 비비면 수화하여 열이 발생한다. 이 수화에 의하여 발생하는 열을 수화열이라 한다. 수화열은 시멘트가 응결, 경화하는 과정에서 발열하며, 이 발열량은 시멘트의 종류, 화학조성, 분말도, 물-결합재비 등에 의하여 달라진다. 시멘트가 물과 완전히 반응하면 125cal/g 정도의 열을 발생한다. 이 수화열은 콘크리트의 내부온도를 상승시키므로 한중콘크리트 공사에는 유효하지만 댐과 같이 단면이 큰 콘크리트에서는 온도가 크게 상승하여 초기경화가 끝나 냉각하게 되면 내외의 온도차에 의하여 균열발생의 원인이 된다. 표 2.12에는 각종 시멘트의 수화열을 정리했으며, 표 2.13에는 시멘트의 조성화합물의 발열량을 재령 2일에서 1년 동안 재령별로 나타냈다.

표 2.12 각종 시멘트의 수화열(cal/g)

시멘트의 종별 \ 재령(일)	7	28	91
보통 포틀랜드시멘트	70~80	80~90	90~100
조강 포틀랜드시멘트	75~85	90~100	95~105
중용열 포틀랜드시멘트	55~65	70~80	75~85
고로시멘트(B종)	55~70	75~85	80~90
플라이애쉬시멘트(B종)	55~65	70~60	75~85

표 2.13 시멘트 조성화합물의 발열량(cal/g)

조성화합물	2일	7일	28일	90일	180일	360일
C_3S	98	110	114	122	121	136
C_2S	19	18	44	55	53	62
C_4AF	29	43	48	47	73	30
C_3A	170	188	202	188	218	200

2.7.2 응결과 경화

시멘트와 물이 반응하여 시간이 경과함에 따라 수화에 의하여 유동성과 점성을 상실하고 고화하는 상태를 응결(Setting)이라 하며, 보다 조직이 치밀해져 단단해지는 상태를 경화(Hardening)라 한다. 시멘트의 응결이 너무 빠르거나 늦으면 콘크리트 공사에 부적합하다. 응결시간은 Gillmore 침 또는 vicat 침을 사용하여 측정하며 한국산업규격에서는 Gillmore 침에 의해 시험 하였을 때 응결의 시작은 1시간 이상, 응결의 끝은 10시간 이내로 규정하고 있다. 일반 시멘트는 초결(initial set) 1.5~3시간, 종결(final set)은 3~6시간 정도이다. 응결이 끝난 시멘트의 경화체는 시간이 경과할수록 겔의 생성이 증대하여 시멘트 입자 사이가 치밀하게 채워지면서 경화가 진행된다.

한편, 시멘트를 물로 비빈 직후 급속응고를 일으키는 경우가 있다. 이러한 현상을 일반적으로 이상응결이라 하며, 이러한 시멘트를 사용한 모르타르나 콘크리트의 경우에도 종종 거짓응결이라 불리는 순결현상이 생기며 또한 수화의 초기에 시멘트 풀이 약간 굳어지는 현상을 나타낸다. 그러나 비비기를 계속하면 이러한 현상은 없어지고 정상적인 응결현상이 나타난다. 이상응결로 인하여 조기 균열발생, 이상 분리, 이상 레이탄스(laitance) 등의 장애가 발생하기 쉽다. 이것의 주원인으로는 시멘트 중에 첨가된 석고의 탈수에 의한 불안정한 황산칼슘의 생성, 습한 공기 중의 풍화에 의한 알칼리의 탄산화에 원인이 있는 것으로 여겨진다.

응결은 시멘트의 화학성분, 분말도, 석고의 첨가량, 풍화의 정도와 물-결합재비, 온도, 습도 등에 따라 다르지만, 일반적으로 습도가 낮거나, C_3A가 많을수록, 온도가 높을수록 또는 분말도가 클수록 응결은 빨라지고 반대로 석고의 첨가량이 많을수록, 물-결합재비가 많을수록 또는 풍화된 시멘트는 일반적으로 응결이 지연되는 경향이 있나.

2.7.3 시멘트의 풍화

시멘트는 물을 가하지 않아도 저장 중에 공기와 접촉하면 공기 중의 수분 및 이산화탄소를 흡수하여 가벼운 수화반응을 일으켜 수화 및 가수분해 작용을 한다. 이와 같은 현상을 풍화라 한다. 시멘트가 풍화되면 굳어지고, 이상응결을 일으키는 원인이 된다. 즉, 풍화과정은 시멘트 입자가 공기 중의 수분과 반응하여 $Ca(OH)_2$가 되며 이것이 공기 중의 탄산가스와 반응을 일으켜 다음과 같이 탄산칼슘이 된다. 이때 분리된 물은 다시 내부에서 가수분해 되어 풍화가 진행된다.

$$CaO + H_2O \rightarrow Ca(OH)_2 + CO_2 \rightarrow CaCO_3 + H_2O$$

시멘트의 풍화는 고온 다습한 경우에는 급속히 진행되므로 시멘트 저장에는 방습 및 공기의 유통 방지가 필요하고, 장기간 저장한 시멘트는 사용 전에 반드시 시험을 하여 그 품질을 확인해야 한다. 풍화한 시멘트는 표 2.14에서와 같이 일반적으로 강열감량이 증가하고 비중이 저하되며 응결이 지연된다. 또한 강도의 발현이 저하되는 성질이 있다. 강열감량이 4%에 달한 시멘트의 강도는 신선한 시멘트 강도의 약 60%에 불과하므로 포틀랜드 시멘트에서는 이 값을 3% 이하로 규정하고 있다.

표 2.14 시멘트의 풍화시험 예

저장기간(월)	강열감량(%)	응결(시-분)		휨강도비(%)			압축강도비(%)		
		초결	종결	3일	7일	28일	3일	7일	28일
0	1.03	1-32	2-43	100	100	100	100	100	100
3	2.23	2-10	3-30	87	81	77	81	75	63
6	3.39	2-22	3-41	76	73	67	75	67	56
10	4.47	2-50	4-57	61	68	66	62	63	55
12	5.27	3-43	6-0.1	51	54	56	60	52	43

2.7.4 건조수축

경화한 시멘트 풀은 건조시키면 시멘트 겔의 주위에 있는 미세한 모세관 속의 수분이 증발하며 모세관수의 표면장력이 커지게 되어 수축한다. 반대로 습도가 커지면 모세관이 물을 흡수하여 표면장력이 작아지며 팽창한다. 경화한 시멘트 풀의 수축에는 수화에 따른 화학적 수축, 건조에 의한 수축, 탄산화에 의한 수축 등이 있다. 이 중에서도 가장 중요한 것이 물의 증발에 의한 건조수축(Shrinkage)으로서 경화체에 균열을 발생시키는 원인이 된다.

일반적으로 시멘트 경화체의 건조수축량은 시멘트의 조성, 분말도, 석고의 첨가량, 혼화재료의 유무, 물-결합재비 및 양생조건에 따라 다르다. 표 2.15는 시멘트 조성광물의 수축률을 나타낸 것이다.

표 2.15 시멘트 조성광물의 수축률

조 성 광 물	수 축 률($\times 10^{-6}$)
C_3S(규산 3석회)	79
C_2S(규산 2석회)	79
C_4AF(알민산 철 4석회)	49
C_3A(알민산 3석회)	234

2.7.5 시멘트의 비중(Specific weight)

포틀랜드시멘트의 비중은 공장에서 생산 직후 3.2g/cm^3 정도 되고 현장 사용 시에는 점점 풍화에 의해 비중 값이 작아져서 3.05~3.10g/cm^3 정도에 이른다. 이 비중은 한국산업규격에서는 3.05g/cm^3 이상으로 규정하고 있으며, 포틀랜드시멘트의 종류에 따른 비중은 일반적으로 표 2.16과 같다. 시멘트의 비중은 일반적으로 클링커의 소성이 불충분할 때, 혼합물이 섞여 있을 때, 시멘트가 풍화되었을 때, 저장기간이 길었을 때 작아진다.

일반적으로 SiO_2, Fe_2O_3가 많으면 밀도가 크고, CaO, Al_2O_3가 많으면 비중이 작아지므로 비중은 이들 성질을 판정하는데 큰 역할을 하며, 콘크리트의 배합 및 단위질량 계산 등에 필요하다.

표 2.16 포틀랜드시멘트의 비중(　　　)

시멘트의 종류	범 위	평 균	규 정 값
보통 포틀랜드시멘트	3.10~3.18	3.15	3.05 이상
조강 포틀랜드시멘트	3.10~3.15	3.12	〃
중용열 포틀랜드시멘트	3.18~3.23	3.20	〃

2.7.6 시멘트의 분말도(Fineness)

입자의 크기정도는 분말도 또는 비표면적으로 나다내며 시멘트의 입자가 미세할수록 분말노가 크다고 말한다. 시멘트의 분말도가 높으면 콘크리트의 조기강도는 높아진다. 따라서 화학 성분이 동일할 때 조기강도를 높이려면 분말도를 높이면 된다. 분말도가 높은 시멘트를 사용하면 워커빌리티가 좋은 콘크리트가 얻어지지만 수축이 크고 균열발생의 가능성이 크며 시멘트 자체도 풍화되기 쉬운 결점이 있다.

시멘트의 성분이 일정할 경우 분말이 미세하거나 분말도가 큰 시멘트일수록 물과 혼합시 접촉 표면적이 커서 수화작용이 빠르고 초기강도가 크게 되며 강도 증진률이 높다. 또한 블리딩이 적고 밀도가 가벼워지고, 풍화하기 쉽고 건조수축이 커져서 균열이 발생하기 쉬운 성질이 있다. 시멘트의 분말도시험 방법으로는 체가름 방법과 브레인 공기투과장치(Blaine's air-permeability apparatus)방법이 있다. 즉, 시멘트 1g이 가지는 비표면적이나 표준체 44μ에 의하여 잔류되는 비율로 나타낸다.

표 2.17 포틀랜드시멘트의 분말도(cm^2/g)

시멘트의 종류	범 위	평 균	규 정 값
보통 포틀랜드시멘트	2,990~3,620	3,290	2,800 이상
중용열 포틀랜드시멘트	3,070~3,290	3,160	2,800 이상
조강 포틀랜드시멘트	4,080~4,580	4,330	3,300 이상

2.7.7 시멘트의 안정성(Soundness)

안정성이란 시멘트가 경화중에 체적이 팽창하여 팽창균열이나 휨 등이 생기는 정도를 말한다. 시멘트가 불안정하면 이상팽창 및 수축을 일으켜 콘크리트에 균열을 발생시키므로 구조물에 손상을 주게 된다. 이상팽창의 원인으로서는 시멘트 클링커의 소성불충분으로 발생한 유리석회에 의한 시멘트 바실러스(cement bacillus, $3CaO \cdot Al_2O_3 \cdot 3CaSO_4 \cdot 32H_3O$)의 생성 등을 들 수 있다.

시멘트의 안정성 시험은 KS L 5107 시멘트의 오토클레이브(autoclave) 팽창도 시험방법에 의하며 포틀랜드시멘트의 팽창도는 0.8% 이하(표 2.18 참조)로 규정되어 있다.

표 2.18 시멘트의 안정도

규 격	종 류		오토클레이브 팽창도(%) 또는 수축도(%)
KS L 5201	포틀랜드시멘트	보 통	0.80 이하
		중용열	
		조 강	
KS L 5204	백색 포틀랜드시멘트		0.80 이하
KS L 5401	포틀랜드포졸란시멘트		0.50 이하
KS L 5211	플라이애쉬시멘트		0.50 이하
KS L 5210	고로슬래그시멘트		0.20 이하

2.7.8 시멘트의 강도(Strength)

시멘트의 강도시험은 품질검사를 함과 동시에 그 결과로부터 동일한 시멘트를 사용한 콘크리트의 강도를 어느 정도 추정하기 위하여 실시한다. 시멘트의 강도는 시멘트의 조성, 물-결합재비, 재령 및 양생조건 사용수량 및 온도 등에 따라 크게 달라지고, 또한 시험체를 제작할 때 오차가 생기기 쉬우므로 시험조건을 일정하게 하여 시험결과가 보편성이 있도록 해야 한다. 시멘트의 강도시험은 KS L 5100의 방법에 의해 혼합한 모르타르로 50×50×50mm의 공시체를 만들어 23±2℃의 수중에서 양생한 후 압축강도 시험을 하도록 되어있다. 이 때 모래는 주문진 향호리에서 채취한 표준 모래를 사용하고 KS L 5102 시멘트의 반죽질기시험, KS L 5105 압축강도 및 KS L 5104 인장강도 시험 방법에 따라 실험을 한다. 우리나라 시멘트의 압축강도의 규정값은 표 2.19와 같다.

표 2.19 시멘트 모르타르의 압축강도의 규정값

항목 \ 종류			1종	2종	3종	4종	5종	백색
분말도	비표면적(cm^2/g)		2800 이상	2800 이상	3300 이상	2800 이상	2800 이상	3000 이상
응결시간	비이카	초결 분	60 이상	60 이상	45 이상	60 이상	60 이상	60 이상
		종결 시작	10 이하	10 이하	10 이하	10 이하	10 이하	10 이하
수화열 cal/g(J/g)	7일		–	70(290) 이하	–	60(250) 이하	–	–
	28일			80(340) 이하		70(290) 이하		
압축강도 MPa	1일		–	–	10 이상	–	–	–
	3일		12.5 이상	7.5 이상	20 이상	–	10 이상	12.74 이상
	7일		22.5 이상	15.0 이상	32.5 이상	7.5 이상	20 이상	19.60 이상
	28일		42.5 이상	32.5 이상	47.5 이상	22.5 이상	40 이상	28.42 이상
	91일		–	–	–	42.5 이상	–	–

2.8 시멘트의 저장

시멘트를 수송할 때는 포대 시멘트나 대용량 자루나 대형용기를 이용한 시멘트(bulk cement)로 수송해야 하고, 포대 시멘트는 종이로 한 포대당 40kg의 중량으로 포장되어 있다. 시멘트는 저장중에 공기에 접하면 공기 중의 수분을 흡수하여 가벼운 수화작용을 일으키며, 동시에 공기 중의 탄산가스를 흡수함으로써 시멘트가 풍화하므로, 포장 시멘트를 저장할 경우에는 시멘트의 방습에 주의하고 시멘트 창고는 되도록 공기의 유통이 없도록 해야 한다. 시멘트를 저장할 경우에 주의해야 할 사항은 다음과 같다.

1) 포대 시멘트를 저장할 경우에는 지상 0.3m 이상 되는 마루에 쌓아 올려서 검사나 반출에 편리하도록 배치하여 저장해야 한다.
2) 시멘트를 쌓는 높이는 13포 이하로 쌓고, 장기간 저장할 경우에는 7포 이상 쌓아 올려서는 안 된다.
3) 저장 중 약간이라도 굳은 시멘트는 공사에 사용해서는 안 된다.
4) 3개월 이상 저장한 시멘트는 사용 전에 시험을 하여 그 품질을 확인해야 한다.
5) 시멘트는 방습적인 구조로 된 창고에 품종별로 구분하여 입하 순서로 반출해야 한다.

CHAPTER 03

혼화재료

CHAPTER

03 혼화재료

3.1 개요

혼화재료는 콘크리트나 모르타르를 혼합할 때 시멘트, 물, 골재 및 섬유보강재 이외의 재료를 적당량 첨가하여 콘크리트의 성질을 개선, 향상시킬 목적으로 사용되는 재료이다. 혼화재료는 기존의 시멘트, 물, 골재만으로는 좋은 품질의 콘크리트를 제조하기에는 불충분하다는 인식하에 최근 가장 많은 변화와 발전을 하고 있는 재료이다.

혼화재료가 콘크리트 공사에 사용되기 시작한 것은 제2차 세계대전 이후부터이며, 1930년대에 미국에서 공기연행제의 미국특허와 1944년의 미국재료시험협회(ASTM)에서 시험법이 만들어진 이후 콘크리트 공사에 본격적으로 사용되었다. 포졸란질 재료로 고로슬래그의 이용은 1824년의 Joseph Aspdin의 포틀랜드 시멘트 발명보다 이전이 1774년 Loriot에 의해 소석회와 함께 모르타르에 사용한 실적이 있으며, 1865년 독일에서 처음으로 슬래그-석회 시멘트의 사용이 상업화 된 후 슬래그시멘트로 생산 사용하였다.

혼화재료의 일반적인 사용목적은 다음과 같다.

① 콘크리트의 워커빌리티 개선
② 강도의 증진 및 내구성 증진
③ 응결, 경화시간 조절
④ 발열량 저감 및 시멘트의 사용량 절약
⑤ 수밀성의 증진, 철근의 부식방지 및 콘크리트에 여러가지 특수한 성능 부여

3.2 혼화재료의 분류와 특성

미국콘크리트학회(ACI)에서는 혼화재료를 광물질 혼화재료와 화학 혼화재료로 구분하고 있으나, 국내에서는 소요의 성능을 얻기 위한 사용량에 의해 혼화재와 혼화제로 분류하고 있다. 혼화재료의 분류 방법으로는 혼화재료의 작용, 효과 또는 사용목적에 의한 방법, 재료의 조성, 화학적 작용 또는 물리화학적 작용에 의한 방법이 있다. 그러나 편의상 혼화재료의 사용량이 많고 적은 정도에 따라 혼화재와 혼화제로 분류한다.

일반적으로 콘크리트나 모르타르의 혼합 시 사용량이 시멘트 중량의 5% 이상인 것을 혼화재라 하고, 1% 전후인 것을 혼화제로 구분한다.

3.2.1 혼화재

혼화재료 중 사용량이 비교적 많아서 그 자체의 부피가 콘크리트의 배합계산에 포함되는 것으로, 일반적으로 콘크리트나 모르타르에 혼합할 때 사용량이 시멘트 중량의 5% 정도 이상 사용되는 것을 혼화재라 하고 다음과 같은 종류가 있다.

1) 포졸란 작용이 있는 것 : 플라이애쉬, 규조토, 화산재, 규산백토
2) 주로 잠재수경성이 있는 것 : 고로슬래그 미분말
3) 경화과정에서 팽창을 일으키는 것 : 팽창재
4) 오토클레이브 양생으로 고강도를 내는 것 : 규산질 미분말, 실리카흄
5) 착색시키는 것 : 착색재
6) 기타 : 고강도용 혼화재, 폴리머, 중량재 등

(1) 포졸란

포졸란(pozzolan)은 실리카물질(SiO_2)을 주성분으로 하며 그 자체는 수경성이 없으나 시멘트의 수화에 의해 생기는 수산화칼슘[$Ca(OH)_2$]과 상온에서 서서히 반응하여 불용성의 화합물을 만드는, 즉 포졸란 반응을 하는 광물질 미분말의 재료로써 혼화재의 일종이다. 포졸란은 이탈리아의 화산재 산지인 지명 Pozzoli에서 유래되어 붙여진 이름이다. 천연산으로서는 화산재, 규조토, 규산백토 등이 있고 인공재료는 고로슬래

그, 소성점토, 혈암, 플라이애쉬 등이 있다. 포졸란을 사용한 콘크리트의 일반적인 특성은 다음과 같다.

① 워커빌리티가 좋고, 블리딩 및 재료의 분리가 적다.
② 강도의 증진이 늦으나 장기강도 및 인장강도가 크다.
③ 수밀성, 내구성과 해수에 대한 화학적 저항성이 크다.
④ 발열량이 적어지므로 단면이 큰 콘크리트에 적합하다.
⑤ 입자, 모양, 및 표면상태가 좋지 않은 경우, 단위수량을 증가시켜 건조수축이 크다.

(2) 플라이애쉬

플라이애쉬는 석탄을 연료로 하는 화력발전소에서 미분탄을 보일러 내에서 약 1400~1500℃의 고온으로 완전히 연소시켰을 때 회분이 용융되어 고온의 연소 폐가스와 더불어 굴뚝에 이르는 도중에 급격히 냉각되어 표면장력에 의해 구형으로 생성되는 미세한 분말의 석탄회이다.

플라이애쉬는 최초에는 단순한 산업폐기물로서 모든 물량을 매립재 등에 사용하였으나 콘크리트 기술자들의 연구에 의하여 플라이애쉬가 혼화재료로서 우수한 복합 효과를 가진 것이 인정되었다. 그 뒤 미국 및 캐나다를 중심으로 콘크리트용 혼화재료로 댐이나 수리구조물에 사용됨에 따라 그 실용성이 높이 평가 되어 콘크리트의 성질을 개선하는 한 수단으로 유효하게 되었다. 플라이애쉬에 대한 우리나라 품질 규정은 표 3.1과 같다.

표 3.1 플라이애쉬(1종) 품질 규정

항 목	규정치
이산화규소(SiO_2) (%)	45 이상
습분(%)	1 이하
강열감량(%)	3 이하
밀도	1.95 이상
분말도(블래인 방법)(cm^2/g)	4,500 이상
플로 값 비(%)	105 이상
28일 압축강도 비(%)	90 이상

또한 국내 플라이애쉬의 화학성분은 SiO_2, Al_2O_3, Fe_2O_3, CaO, MgO, SO_3로 이루어져 있으며 이들의 화학성분 및 물리적 성질을 알아보면 표 3.2와 같다.

표 3.2 플라이애쉬의 화학성분 및 물리적 성질의 예

화학성분(%)							비중	비표면적 (m^2/kg)
SiO_2	Al_2O_3	Fe_2O_3	CaO	MgO	SO_3	Ig·loss		
66.65	22.98	1.92	1.61	0.87	–	5.35	2.15	426

플라이애쉬를 혼화재로 사용할 경우 콘크리트의 성능을 개선시키는 장점은 다음과 같다.

① 콘크리트의 워커빌리티 개선, 사용 수량 감소
② 초기강도는 작아지지만 장기강도 증가
③ 수화열에 의한 콘크리트의 온도 감소
④ 콘크리트의 수밀성 향상, 건조, 습윤에 따른 체적 변화와 동결융해에 대한 저항성 향상, 알칼리 실리카 반응의 억제 등의 효과가 있다.

한편, 플라이애쉬 사용상에 다음과 같은 주의사항이 있다.

① 플라이애쉬는 입자가 응집하여 고결하는 경우가 생기므로 저장에 유의해야 한다.
② 함유탄소분의 일부가 공기연행제를 흡착하는 성질을 가지고 있어 소요의 공기량을 얻기 위해서는 공기연행제 양이 상당히 많이 요구되는 경우가 있으므로 주의를 요한다.
③ 플라이애쉬는 부산물이기 때문에 제조공장, 시기 등에 따라 품질상의 변동이 생기기 쉬우므로 사용할 때 유의하여 품질을 확인해야 한다.

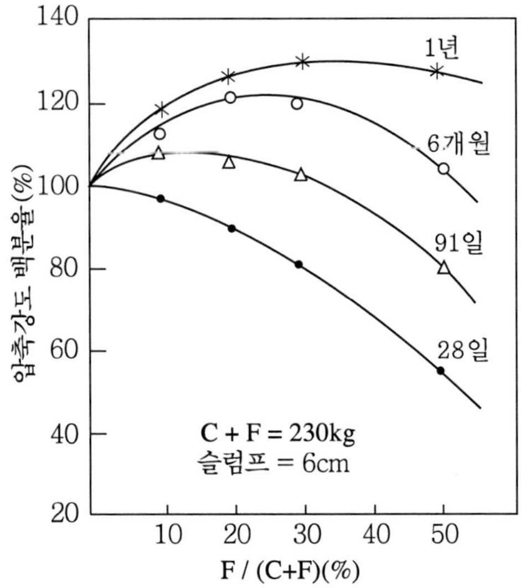

그림 3.1 플라이애쉬 사용량과 재령에 따른 콘크리트의 강도비와의 관계

(3) 고로슬래그

고로슬래그 미분말은 제철공장에서 선철을 제조할 때 생산되는 것으로서, 고로 작업시 철광석, 석회석, 코크스를 원료로 하여 적당한 비율로 조합하고 고온에서 용해하여 환원시키면 원료 중의 철분은 철로 분리되고 밀도의 차에 의해서 불순물들이 고로의 밑부분에 가라앉게 된다. 이 불순물을 고로에서 배출할 때 냉수나 차가운 공기 등으로 빠르게 냉각시키면 작은 모래알 형태인 입상의 수쇄슬래그가 형성되고 이를 분쇄기로 미분쇄하여 얻어지는 부산물이 고로슬래그이다.

고로슬래그는 비결정질의 유리질 재료로서 물과 접촉하여도 수화반응은 거의 진행되지 않으나, 시멘트 수화반응시에 생성되는 수산화칼슘[$Ca(OH)_2$]과 같은 알칼리성 물질의 자극을 받아 수화물을 생성하여 경화하는 잠재수경성을 가지고 있다. 고로슬래그 미분말을 혼합한 콘크리트의 큰 특징은 다음과 같다.

① 포틀랜트시멘트의 수화반응에서 생기는 수산화칼슘[$Ca(OH)_2$]이 감소하여 내해수성, 내화학성이 향상된다.
② 수화열에 의한 온도 상승의 대폭적인 억제가 가능하다는 점에서 매스콘크리트 공사에 적합하다.
③ 알칼리 골재반응의 억제에 대한 효과가 크다는 이점이 있다.

표 3.3 고로슬래그의 화학성분 및 물리적 성질의 예

화학성분(%)							비중	비표면적 (m^2/kg)
SiO_2	Al_2O_3	Fe_2O_3	CaO	MgO	SO_3	Ig·loss		
31.12	14.24	0.51	41.40	6.14	4.36	0.63	2.80	488

(4) 팽창재

팽창재란 시멘트 및 물과 함께 혼합하면 수화반응에 의하여 에트린가이트 또는 수산화칼슘 등을 생성하여 모르타르 또는 콘크리트를 팽창시키는 작용을 하는 혼화재료이다. 팽창재를 사용한 콘크리트의 특성은 다음과 같다.

① 수화열에 의한 온도응력 및 크리프 등에 의해 발생하는 구조물의 건조수축을 경감시킨다.
② 건조수축 발생량의 경감을 통해 균열 및 변형을 방지할 목적으로 사용된다.
③ 콘크리트의 수축보상에 따른 균열저감, 화학적 프리스트레스의 도입에 따른 균열내력 증대 및 단면 축소, 팽창력 이용에 따른 충전효과를 목적으로 사용된다.

팽창재의 사용 시 주의사항은 다음과 같다.

① 팽창재를 사용한 콘크리트는 재령 7일까지 팽창이 급속히 진행되기 때문에 재령 7일까지 충분한 습윤양생을 유지하여야 한다.
② 수밀성은 보통콘크리트에 비해서 작아지는 지는 경향이 있으며, 혼합량이 지나치게 많으면 팽창균열을 일으키게 되므로 주의해야 한다.

팽창재의 품질규정은 KS F 2562에 규정되어 있으며, 표 3.4와 같다.

표 3.4 팽창재의 품질 규정

<table>
<tr><th colspan="3">항 목</th><th>규격값</th></tr>
<tr><td>화학성분</td><td colspan="2">산화마그네슘(%)
강열감량(%)</td><td>5.0 이하
3.0 이하</td></tr>
<tr><td rowspan="8">물리적 성질</td><td colspan="2">비표면적(cm^2/g)
1.2mm체 잔분(%)</td><td>2,000 이상
0.5 이하</td></tr>
<tr><td rowspan="2">응 결</td><td>초결(min)</td><td>60 이후</td></tr>
<tr><td>종결(h)</td><td>10 이내</td></tr>
<tr><td rowspan="2">팽창성
(모르타르의 길이변화율)</td><td>7일</td><td>0.03% 이상</td></tr>
<tr><td>28일</td><td>-0.02% 이상</td></tr>
<tr><td rowspan="3">압축강도(Mpa)</td><td>3일</td><td>6.9 이상</td></tr>
<tr><td>7일</td><td>14.7 이상</td></tr>
<tr><td>28일</td><td>29.4 이상</td></tr>
</table>

(5) 실리카흄

실리카흄은 제강용의 탈산제로 사용되는 페로실리콘 합금이나 실리콘 금속 등의 규소 합금을 약 2,000℃의 전기로에서 제조할 때 발생하는 폐가스를 집진하여 얻어지는 산업부산물의 총칭이다.

1) 입경

실리카흄은 평균입경이 0.02~0.54㎛인 초미립자로 실리카(SiO2) 함유율이 90% 이상을 차지하고 있는 비결정질로서 시멘트 수화에서 생성되는 수산화칼슘과 강력한 포졸란 반응을 한다.

2) 성질

실리카흄은 대부분이 비결정질로 실리카(SiO2)량이 90% 이상이며 미소량의 성분으로 Al_2O3, Fe_2O_3, CaO 등이 함유되어 있으나 화학성분은 제품의 종류에 따라 다소 변화한다. 실리카흄의 색깔은 일반적으로 백색에 가까운 회색이며 입자의 형상은 구형의 초미립자로 비중이 약 2.1~2.2g/cm^3 정도이고, 비표면적은 약 200,000~250,000cm^2/g으로 보통포틀랜드시멘트의 70~80배이다. 단위용적 중량은 250~300kg/m^3 정도이다. 실리카흄의 화학성분 및 물리적 성질의 예를 표 3.5에 나타내었다.

표 3.5 실리카흄의 화학성분 및 물리적 성질의 예

화학성분(%)							비중	비표면적 (m^2/kg)
SiO_2	Al_2O_3	Fe_2O_3	CaO	MgO	SO_3	Ig·loss		
90.0	1.5	3.0	2.0	0.3	–	3.0	2.33	20,470

3) 강도

실리카흄을 사용한 콘크리트의 압축강도 발현성은 대단히 양호해서 고강도 콘크리트용으로 주로 사용되며, 이러한 원인은 마이크로 필러 효과 및 포졸란 반응이 동시에 작용함으로서 강도를 향상시키기 때문이다. 마이크로 필러 효과란 입경이 0.5~1.0 μm 인 초미립의 실리카흄이 시멘트 입자 둘레에 생기는 공극을 충전하여 아주 치밀한 구조를 만들어 골재와 결합재간의 부착력을 증가시켜 콘크리트의 강도가 증가되는 것을 말한다. 실리카흄의 혼합율은 시멘트 중량의 5~15% 정도에서 강도 증진효과가 크며 다른 포졸란 재료와 달리 초기에 포졸란 반응이 일어나는 특징이 있다.

4) 내구성

실리카흄의 혼합율 15% 이하에서는 적절한 공기량을 가질 경우 충분한 동결융해 저항성을 가지지만 혼합율이 20~30%에 이르게 되면 동결융해 저항성이 저하한다. 일반적으로 실리카흄을 사용하면 수밀성이 증진되므로 고강도 콘크리트 제조에 주로 사용되며, 염소이온 침투가 감소되고 염산, 황산 및 유기산에 대한 화학저항성이 향상되는 효과도 있으나 단면이 큰 콘크리트에서 수화열에 불리한 경우도 있다.

(6) 착색재

착색재는 도료나 뿜어붙이기 재료 등과는 달리 국한된 부분에 색을 입히는 것이 아니라 콘크리트나 모르타르 내부 및 외부에 색을 입히는 혼화재료로, 콘크리트 본래의 특성을 손상시키지 않으면서 마감 재료로서의 기능도 함께 갖고 있어서 착색재를 혼합한 콘크리트를 착색 콘크리트 또는 칼라 콘크리트라고도 한다. 아래에는 착색재를 적용한 콘크리트의 특성 및 주의사항을 정리했으며, 착색용 안료의 종류는 표 3.6과 같다.

① 착색재로 사용되는 안료의 입경은 시멘트의 입경보다 작기 때문에 콘크리트의 수량을 증가시키게 되어 결국 물-결합재비가 높아져 강도가 저하하는 경향을 보인다.

② 사용량이 시멘트 중량의 5% 이하일 경우 그 영향은 작고, 10% 정도까지는 실용상 좋지 않은 영향을 받지 않고 사용하는 것이 가능하다.

③ 비표면적이 큰 안료는 콘크리트의 반죽질기에 큰 영향을 미치기 때문에 혼합량은 3% 이하가 적당하다.

④ 콘크리트용 착색재로 요구되는 성질은 경제적이고, 내약품성(특히 내알칼리성) 및 내광성이 좋아야 한다.

표 3.6 콘크리트용 착색용 안료의 종류

색	명 칭	발색성분
적색	천연, 합성 산화철	산화제2철 Fe_2O_3
갈색	합성 산화철	산화제2철 Fe_2O_3
황색	합성 산화철	수산화철 $Fe_2O_3 \cdot H_2O$
녹색	산화 크롬	산화크롬
청색	ultramarine blue	유기안료
	코발트 블루	$CoO \cdot nAL_2O_3$
검정색	카본 블랙	탄소 C
	흑색 합성 산화철(철흑)	Fe_2O_4 또는 $Fe_2O_3 \cdot FeO$
백색	산화 티탄	TiO_2

3.2.2 혼화제

혼화제는 사용량이 비교적 적어 그 자체의 부피가 콘크리트의 배합계산에서 무시되며, 일반적으로 시멘트 중량의 1% 정도 이하로 사용되는 것이다. 국내 산업규격에 의한 콘크리트용 화학 혼화제(KS F 2560)는 계면(표면)활성작용에 따라 콘크리트의 성질을 개선하기 위하여 사용되는 혼화제로 규정하고 있다. 계면제를 사용할 경우 공통적으로 발생하는 계면활성작용은 크게 기포, 분산, 습윤작용으로 구분할 수 있다.

계면활성작용 중에서 특히 기포작용이 현저한 것을 공기연행제, 습윤 및 분산작용이 현저한 것을 감수제라 하며 이 두 가지 성질을 가지는 것을 공기연행 감수제, 더욱더 분산성이 뛰어난 것을 고성능 감수제로 분류하고 있다. 이외의 특수한 혼화제로서는 방청제, 방수제, 발포제 및 수중불분리성 혼화제 등이 있다. 혼화제의 특징에 따른 종류는 다음과 같다.

① 계면활성작용에 따라 워커빌리티, 내동해성을 개선시키는 것 : 공기연행제, 감수제, 공기연행 감수제, 고성능 감수제
② 응결, 경화시간을 조절하는 것 : 지연제, 촉진제, 급결제, 초지연제
③ 방수효과를 나타내는 것 : 방수제,
④ 기포의 작용에 따라 충전성의 개선 또는 중량을 경감시키는 것 : 기포제 혹은 발포제
⑤ 이외에 유동성을 좋게 하는 유동화제, 보수제, 방청제, 증점제, 수화열 저감제 등이 있다.

(1) 공기연행제

공기연행제란 계면활성제의 일종으로 미세한 크기의 독립기포(지름 0.02~0.05mm)를 콘크리트 내부에 균일하게 발생시켜 콘크리트의 워커빌리티 개선과 동결융해에 대한 저항성을 갖도록 하기 위해 사용하는 콘크리트용 혼화제이다. 1934년 미국에서 콘크리트 포장도로의 동결융해 작용에 의한 저항성을 강화하기 위해서는 독립된 미세한 공기 기포를 연행하는 것이 효과적이라는 것이 알려지면서 사용되기 시작 되었다.

콘크리트에 혼화제를 첨가하지 않아도 자연적으로 혼입되는 1% 전후의 공기를 갇힌공기라 하고, 콘크리트 중에 직경이 500~700μm 정도로서 비교적 큰 공기가 불규칙적으로 분포되어 있다. 공기연행제에 의해 콘크리트 중에 생성된 공기를 연행공기라 하며, 직경이 25~250μm 정도로 미세하며 구형으로서 시멘트, 골재입자 주위에서 볼 베어링과 같은 작용을 한다.

공기연행제는 일반적으로 액체로 되어 있으며, 기포간격계수는 150~250μm 정도로 작다. 공기연행제의 사용에 대한 국내규격은 KS F 2560의 콘크리트용 화학 혼화제에서 규정하고 있다. 콘크리트에 공기연행제가 미치는 영향과 효과는 다음과 같다.

① 공기연행제에 의한 연행공기는 볼 베어링과 같은 작용을 통해 워커빌리티를 크게 개선시킨다. 공기량이 1% 증가함에 따라서 슬럼프 값은 약 2.5cm 증가한다.
② 기포가 시멘트 및 골재의 미립자를 떠오르게 하여 단위수량을 감소시켜 블리딩 등의 재료 분리를 감소시킨다.
③ 콘크리트 공극 중의 물의 동결에 의한 팽창응력을 기포가 흡수함으로써 콘크리트의 동결융해에 대한 내구성을 현저하게 개선시킨다.
④ 일반적으로 콘크리트의 강도는 물-시멘트가 일정한 경우 공기량만을 증가시켜 주면 공기량이 1% 증가함에 따라 압축강도는 약 4~6%, 휨강도는 약 2~3%, 탄성계

수는 약 7~8×102MPa 정도 감소하고 철근과의 부착강도가 작아지는 경향이 있다(그림 3.2참조). 따라서 공기연행제를 사용한 콘크리트는 공기연행제의 종류, 사용량 및 시공방법에 따라 공기량에 영향을 미치므로 시공에 주의해야 한다.

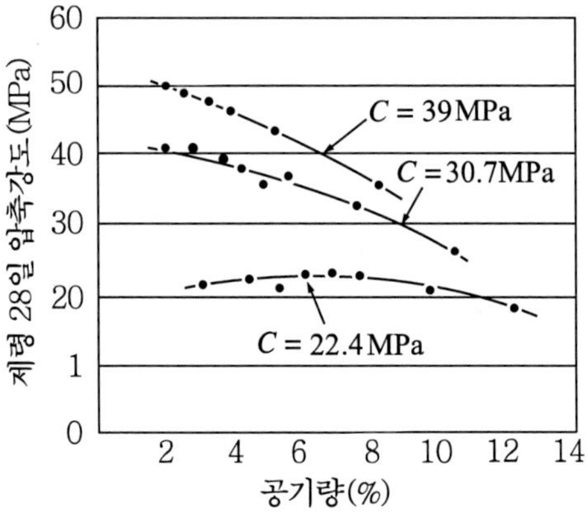

그림 3.2 공기량과 콘크리트 압축강도와의 관계

한편, 콘크리트의 내구성을 고려한 공기량 표준을 표 3.7에 정리하였다.

표 3.7 콘크리트 내구성을 고려한 연행공기량 표준

콘크리트의 종류	굵은 골재의 최대치수(mm)	적절한 공기량(%)
무근콘크리트	16 20 25 40 50 80	7.0 6.0 5.0 4.5 4.0 3.5
철근콘크리트	25~40	2.0~6.0
포장콘크리트	40이하	4.0~5.0
댐콘크리트	40 80 150	3.0~5.0 2.5~4.5 2.0~4.0

(2) 감수제, 공기연행 감수제

감수제는 계면활성제의 일종으로 기포작용을 하지 않고 분산 및 습윤작용에 의해 시멘트 입자를 분산시킴으로써 콘크리트의 소요의 워커빌리티를 얻는데 필요한 단위수량을 감소시킬 목적을 사용되는 혼화제이다. 분산작용을 가진 감수제를 사용하면 시멘트 입자는 정전기적으로 활성화하여 그 결과 시멘트 입자가 서로 반발함으로써 분산작용을 일으킨다.

시멘트 입자가 분산하면 입자 간에 물이 침투하여 시멘트풀의 반죽이 묽어지고 또 시멘트 입자가 물과 접촉하기 쉬워지므로 수화반응이 촉진되며 강도발현이 좋아진다고 한다. 감수제의 감수작용의 대부분이 시멘트 입자의 분산효과에 의하기 때문에 시멘트 분산제라고도 불린다.

공기연행 감수제란 콘크리트 중에 미세기포를 연행시켜 콘크리트의 워커빌리티를 개선하는 한편 분산효과에 의해 단위수량을 감소시키는 혼화제이다. 일반적으로 혼화제를 사용하지 않은 콘크리트와 비교해서 감수제를 첨가한 경우의 감수효과는 4~6%, 공기연행제만 첨가한 경우에는 6~8% 정도임에 비하여 공기연행 감수제를 사용한 경우에는 연행공기의 효과가 10~15%로 큰 감수효과를 얻을 수 있다. 감수제 및 공기연행감수제의 사용에 대한 국내규격은 표 3.8과 같이 KS F 2560의 콘크리트용 화학 혼화제에서 공기연행제와 함께 규정하고 있다. 또한 콘크리트용 계면활성제(공기연행제, 감수제, 공기연행 감수제)의 주요 효과를 표 3.9에 정리하였다.

(3) 고성능 감수제, 유동화제

고성능 감수제는 1960년대에 독일과 일본에서 개발된 감수제의 일종으로서 시멘트 입자의 분산 능력이 우수하다. 또한 시멘트의 응결 지연성 및 공기연행성이 없으므로, 다량을 첨가하거나 단위수량을 대폭 감소 시켜도 시멘트 입자의 분산능력이 우수한 혼화제이다. 고성능 감수제는 그 사용방법에 따라 고강도 콘크리트용 감수제와 유동화제로 나누어지지만 기본적인 성능은 동일하다. 즉, 고성능 감수제의 뛰어난 감수작용을 이용하여 보통 콘크리트와 같은 작업성능을 가지면서 물-결합재비 절감을 주목적으로 사용하는 경우는 고성능 감수제라하고, 고성능 감수제로 감수시키지 않고 동일한 물-결합재비로서 작업성능이 뛰어난 콘크리트 제조를 목적으로 하는 경우에는 일반적으로 유동화제로 불린다.

고성능 감수제의 감수효과는 첨가량의 증가에 비례하여 증가하며, 다른 화학 혼화제보다 큰 20% 이상의 감수효과가 얻어진다. 고성능 감수제의 사용량은 제조사마다 다르지만 멜라민계는 시멘트 중량의 1~1.2% 정도이고 나프탈린계는 0.5~0.7% 정도이다. 고성능 감수제를 사용한 유동화콘크리트는 경과시간에 따른 슬럼프 손실은 유동화제의 종류별로 다르지만 보통 콘크리트와 비교해서는 크기 때문에 슬럼프 손실 억제에 대한 방안을 검토해야 한다.

표 3.8 감수제 및 공기연행 감수제의 품질규성

품질항목 \ 종류		감수제			AE감수제		
		표준형	지연형	촉진형	표준형	지연형	촉진형
감수율(%)		4.0 이상	4.0 이상	4.0 이상	10 이상	10 이상	8 이상
블리딩량의 비(%)		100 이하	100 이하	100 이하	70 이하	70 이하	70 이하
응결시간의 차 (min)	초결	-60~+90	+60~+210	+30 이하	-60~+60	+60~+120	+30 이하
	종결	-60~+90	+210 이하	0 이하	-60~+60	+210 이하	0 이하
압축강도의 비 (%)	3일	115 이상	105 이상	125 이상	115 이상	105 이상	125 이상
	7일	110 이상	110 이상	115 이상	110 이상	110 이상	115 이상
	28일	110 이상	110 이상	110 이상	110 이상	110 이상	110 이상
길이변화비(%)		120 이하	120 이하	120 이하	120 이하	120 이하	120 이하
동결융해에 대한 저항성 (상대 동탄성계수, %)		-	-	-	80 이상	80 이상	80 이상

표 3.9 계면활성제의 주요 효과

주요한 효과 \ 계면활성제의 종류		공기 연행제	감수제			공기연행 감수제		
			표준형	지연형	촉진형	표준형	지연형	촉진형
굳지 않는 콘크리트	단위수량 감소	○	△	△	△	◎	◎	◎
	단위시멘트량 감소	—	◎	◎	◎	◎	◎	◎
	공기연행성	◎	—	—	—	◎	◎	◎
	위커빌리티 개선	◎	○	○	○	◎	◎	◎
	블리딩 감소	◎	△	△	△	◎	◎	◎
	콘크리트의 응결지연	—	—	×	△	—	×	△
	콘크리트의 응결촉진	—	—	×	△	—	×	△
	펌퍼빌리티 개선	○	◎	◎	◎	○	○	○
	피니셜빌리티 개선	○	○	○	○	○	○	○
	슬럼프 저하방지	—	○	◎	—	○	◎	—
경화한 콘크리트	초기강도 증대	—	○	—	◎	○	—	◎
	수화열 감소	—	○	◎	×	○	◎	×
	수밀성 증대	○	○	○	○	◎	◎	◎
	중성화에 대한 저항성 증대	○	○	○	○	◎	◎	◎
	동결융해작용에 대한 저항성 증대	◎	—	—	—	◎	◎	◎
	화학침식작용에 대한 저항성 증대	○	○	○	○	◎	◎	◎
	마찰, 마모에 대한 저항성 증대	—	○	○	○	○	○	○

(주) : ◎효과 큼, ○효과 있음, △효과 적음, ×사용불가, —관계없음

일반적으로 같은 슬럼프의 콘크리트를 만드는데 있어서 감수제의 감수율이 10~15% 정도인데 비하여 고성능 감수제는 20~30% 정도로 큰 편이고, 물-결합재비가 작아도 슬럼프가 큰 콘크리트를 만들 수 있어서 고강도콘크리트에 이용된다. 고성능 감수제를 사용하면 시멘트가 크게 분산되어 압축강도는 일반적으로 증가하여 80~100MPa 정도의 고강도콘크리트를 얻을 수 있다(표 3.10참조). 고성능 감수제에 대한 국내의 품질규정은 KS F 2560의 콘크리트용 화학 혼화제에 표 3.11에서와 같이 규정되어 있다.

표 3.10 고성능 감수제를 사용한 콘크리트의 강도

혼 화 제		W/C (%)	S/a (%)	슬럼프 (mm)	공기량 (%)	단위량 (kg/m^3)		압축강도 (MPa)		인장강도 (MPa)	
종류	사용량 (C×%)					C	W	7일	28일	7일	28일
NL-4000	0.18	28.6	25	105	1.7	700	200	80.7	99.7	4.86	5.75
MT-150	1.5	28.6	26	105	1.8	700	200	77.6	95.6	4.57	5.53

표 3.11 고성능 감수제의 품질규정

품질항목 \ 종류		고성능 감수제	
		표준형	지연형
감수율(%)		18 이상	18 이상
블리딩의 비(%)		60 이하	70 이하
응결시간 차이(분)	초결	-30~+120	+90~+240
	종결	-30~+120	+240 이하
동결융해에 대한 저항성(상대 동탄성계수, %)		80 이상	80 이상
길이변화 비(%)		110 이하	110 이하
압축강도 비(%)	재령 3일	135 이상	135 이상
	재령 7일	125 이상	125 이상
	재령 28일	115 이상	115 이상
경시변화량	슬럼프(cm)	6.0 이하	6.0 이하
	공기량(%)	±1.5 이내	±1.5 이내

일본의 경우에는 표 3.12와 같이 유동화제의 품질규준을 토목, 건축학회에서 통일하여 규정하고 있다.

표 3.12 유동화제의 품질규정

품질항목 \ 종류		감수제	
		표준형	지연형
슬럼프(mm)	베이스콘크리트	80±10	
	유동화콘크리트	180±10	
공기량(%)	베이스콘크리트	4.5±0.5	
	유동화콘크리트	4.5±0.5	
블리딩량의 차(cm^3/cm^2)		0.1 이하	0.2 이하
응결시간 차(min)	초결	−30~+90	+60~+210
	종결	−30~+90	+210 이하
압축강도 비(%)	재령 3일	90 이상	90 이상
	재령 7일	90 이상	90 이상
	재령 28일	90 이상	90 이상
동결융해에 대한 저항성(상대 동탄성계수, %)		90 이하	90 이하
길이변화 비(%)		120 이하	120 이하

(4) 촉진제

촉진제는 시멘트의 수화작용을 촉진하는 혼화제로서, 한냉시 콘크리트의 응결과 경화불량 방지 및 양생기간의 단축 등을 목적으로 사용하는 혼화제이다. 촉진제로는 염화칼슘($CaCl_2$), 염화알루미늄, 염화마그네슘, 규산나트륨 등이 있으며, 일반적으로 염화칼슘 또는 규산나트륨을 포함한 감수제가 사용되며, 구조물의 철근부식을 촉진시킬 염려가 있으므로 일반적으로 시멘트 중량의 2% 이하를 사용한다.

촉진제로 사용하는 염화칼슘은 5~10℃의 저온에서 강도증진 효과가 우수하다는 것을 알 수 있으므로 한중콘크리트에 사용함이 유효하다. 촉진제의 효과와 사용상의 주의 사항을 열거하면 다음과 같다.

① 조기강도를 증대시켜 주지만 2%이상 사용하면 큰 효과가 없고 오히려 장기강도가 감소된다.

② 조기발열의 증가, 조기강도의 증대 및 동결온도의 저하에 따라 한중콘크리트에 유

호하다. 한중콘크리트의 경우, 시멘트 중량의 1% 정도의 염화칼슘을 섞은 공기연행 콘크리트를 추천하고 있다.

③ 콘크리트의 응결이 빠르므로 운반, 타설, 다지기 작업을 신속히 해야 한다.

④ 지하철이나 전철구간에 있는 터너의 철근콘크리트는 전식의 영향으로 철근은 녹슬고 균열이 생기기 쉽다.

⑤ PSC 강재에 접촉하면 부식 내지 녹이 슬기 쉽다.

⑥ 염화칼슘을 사용한 콘크리트는 황산염에 대한 화학저항성이 적다. 특히 공업용 염화칼슘의 순도는 80%~95% 정도이므로, 사용 시 $CaCl_2$의 순량을 기준으로 사용량을 정해야 한다. 또 조해성을 가지고 있으므로 저장에 주의해야 한다.

(5) 지연제

지연제는 시멘트의 수화반응을 늦추어 응결과 초기 경화시간을 지연시킬 목적으로 사용하는 혼화제이다. 즉, 조기 경화현상을 보이는 서중콘크리트나 수송거리가 먼 레디믹스트 콘크리트에 첨가하여 사용된다. 지연제 성분은 그닌설폰산계, 옥시카본산계 및 인산염 등의 무기화합물 등이 있다. 유기질의 지연제는 분자가 매우 크고, 이것이 시멘트 입자표면에 흡착하여 시멘트와 물과의 접촉을 일시적으로 차단하여 초기 수화반응을 지연시킨다. 지연제의 응결지연 작용은 무첨가에 비해 60~210분 정도 지연되도록 하고 있으나 과다 첨가할 때 과다한 공기 연행에 의한 강도 감소현상이 발생할 수 있으므로 시멘트의 종류나 시공상의 온도 및 물-결합재비 등을 사전에 시험을 통하여 그 효과를 확인 후 사용해야한다.

지연제는 콘크리트 타설 후에 생기는 거푸집의 변형을 조절할 수 있으며, 콘크리트의 운반거리가 멀어 운반시간이 장시간 소요되는 경우에 유효하다. 또한 연속타설 할 때 시공이음의 발생 등의 방지에 유효하다. 한편, 첨가량을 사용 목적에 따라 다르게 적절히 조정하여 콘크리트의 응결시간을 수시간에서 수일까지 임의로 조정할 수 있는 초지연제가 개발되어 시판되고 있다. 초지연제는 일반적인 지연제의 사용목적과 달리 지연특성을 적극적으로 활용하여 각종 건설공법에서 야간작업을 하지 않고 연속작업을 가능케 하는 등 콘크리트 공사의 시공성 개선 등을 목적으로 사용한다.

(6) 급결제

급결제는 시멘트의 응결시간을 매우 빨리 하여 순간적인 응결과 경화가 요구되는 숏크리트 공법 및 그라우트에 의한 방수공법 등에 사용된다. 급결제의 종류는 무기계의 $CaCl_2$, Na_2CO_3, $NaAlO_2$ 등의 염화물이 있고, 유기계로는 글리세린이나 트리에탄올아민(TEA) 등이 알려져 있으며, 실제로 널리 사용되는 것은 무기계가 많다. 급결제를 사용한 콘크리트의 특징은 재령 1~2일까지의 강도증진은 매우 크지만, 장기강도는 일반적으로 느린 경우가 많고, 건조수축은 약간 작으며, 동결융해 저항성은 보통 콘크리트와 같다.

표 3.13과 3.14는 급결제를 혼입한 페이스트의 응결시간과 급결제를 혼입한 모르타르의 압축강도를 나타낸 것이다.

표 3.13 급결제를 혼입한 페이스트의 응결시간 품질기준

항목 \ 구분	초 결	종 결
응결시간	5분 이내	15분 이내

표 3.14 급결제를 혼입한 모르타르의 압축강도 품질기준

항목 \ 재령	1일(Mpa)	28일
		강도 비(%)[(1)]
응결시간	9.0	75 이상

주[(1)] 기준 모르타르의 28일 압축강도 비

(7) 방수제

방수제는 모르타르나 콘크리트의 흡수성 또는 투수성을 감소시킬 목적으로 사용되는 혼화제이다. 방수제는 토목분야에서는 토목구조물의 방수를 목적으로 콘크리트에 혼입, 도포하여 콘크리트를 방수하는데 이용되고, 건축분야에서는 주로 모르타르에 혼입하여 목욕탕, 세면장 등 지상 구조물의 한정된 장소 및 지하구조물에 이용되고 있다. 방수법에는 방수제를 콘크리트 속에 넣고 혼합하여 화학적 변화에 의하여 수밀성을 크게 하는 방법과 방수제를 도료로 사용하여 콘크리트가 물에 접촉하는 것을 방지하는 두 가지 방법이 있다. 수밀성 방수제에는 염화칼슘, 지방산비누, 규산나트륨, 분산제, 공기연행제 등이 있고, 도료에는 아스팔트, 타르, 파라핀유제 등이 있다.

방수제는 다음의 효과를 얻기 위하여 사용된다.

1) 시멘트량이 많고 물-결합재비, 단위용적 중량이 클수록 콘크리트의 방수성은 향상된다.
2) 굳지 않은 콘크리트 속에 포함되어 있는 미세공극의 충전 및 분산 세분화한다.
3) 콘크리트의 워커빌리티를 개선하고 타설시에 생기는 공극을 적게 하며 경화한 후 공극이 될 혼합수를 적게 한다.
4) 시멘트의 수화를 촉진시킨다,
5) 시멘트의 수화반응에 의하여 생기는 가용물질의 용출을 방지하고 불용성 또는 발수성 염류를 형성하게 한다.
6) 콘크리트 내부에 불투수층 또는 투수성막을 형성하게 한다.

(8) 발포제

발포제는 알루미늄이나 아연 분말을 혼합하여 시멘트의 알칼리 성분과 반응해서 수소 가스를 발생시켜 모르타르나 콘크리트 속에 미세한 기포를 발생시키는 혼화제이다. 이러한 종류의 혼화제를 발포제 또는 가스 발생제라고 한다. 이것을 프리팩트콘크리트(prepacked concrete)용 그라우트나, PS용 그라우트에 사용하면 발포작용에 의하여 부착을 좋게 한다. 즉, 모르타르나 시멘트 풀을 팽창시켜 굵은 골재의 간극이나 PS 강재의 주위에 충분히 잘 채워지도록 함으로써 부착을 좋게 한다. 또한 건축분야에서 부재의 경량화 또는 단열성을 높이기 위한 목적으로도 사용된다. 한편 다공질의 기포 콘크리트나 발포콘크리트를 제조하기 위하여 콘크리트 속에 다량의 기포를 발생하도록 사용되는 기포제도 있다.

(9) 방청제

방청제는 콘크리트 중의 염화물에 의해 철근이 부식되는 것을 억제할 목적으로 사용하는 혼화제이다. 즉, 해사를 잔골재로 사용하거나 염화칼슘을 섞는 경우, 염분이 포함된 흙에 접할 경우 콘크리트 속의 철근이 녹슬거나 부식하는 것을 방지할 목적으로 사용하는 혼화제이다. 콘크리트는 일반적으로 시멘트 수화에 의해서 생기는 수산화칼슘[$Ca(OH)_2$]에 의해서 강알칼리성(pH=12.5~13)을 나타내며, 그 속에 매입되어 있는 철근의 표면은 얇은 부동태 피막으로 피복되어 있어서 부식으로부터 보호된다. 그러나 콘크리트가 알칼리성을 상실하고, 외부에서부터 부식성 물질, 특히 염분이 침부하면 철근은 부식하게 된다. 특히 철근은 부식하게 되면 체적이 본래의 2.5배로 팽창하므로 그 팽창압에 의해서 콘크리트 피복에 균열이 생긴다.

방청제의 주성분은 아황산소다, 인산염, 염화 제1주석, 리그닌설폰 염화칼슘염 등이 있으며, 방청제의 방식방법은 철근표면의 부동태 피막을 보강하는 방법, 산소를 소비하거나 염소이온을 결합하여 고정하는 방법, 콘크리트의 내부를 치밀하게 하여 부식성 물질의 침투를 막는 방법 등이 있다. 방청제의 품질에 관한 규격은 표 3.15에서와 같이 KS F 2561의 철근콘크리트용 방청제에 규정하고 있다.

물이 있는 상태에 있어서 철의 부식은 전기화학반응에 의한 것이다. 실제로 철근 표면에는 안정된 산화피막이 존재하지만 이 피막은 결함부분이 많아 결함부분에 물이 존재하면 국부전지가 형성되어 그림 3.3과 같은 반응에 의해서 부식이 발생한다.

표 3.15 철근콘크리트용 방청제의 품질

시험항목	규정		
철근의 염수 침지시험	부식이 안 될 것		
콘크리트 중의 철근의 부식촉진시험	방청률 95% 이상		
콘크리트의 응결시간 및 압축강도 시험	응결시간 차 (min)	초결	±60 이내
		종결	
	압축강도 비 (%)	7일	90 이상
		28일	

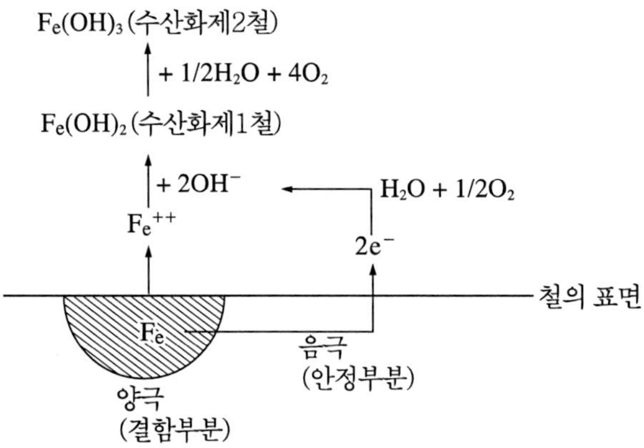

그림 3.4 철근의 부식반응 기구

(10) 수중불분리성 혼화제

수중불분리성 혼화제는 해양 및 항만공사 등의 수중공사에서 콘크리트를 타설할 경우 물속에서도 재료분리가 적은 콘크리트를 제조할 목적으로 사용하는 혼화제이다. 수중에서 타설하는 콘크리트는 물과의 접촉에서 시멘트, 잔골재, 굵은 골재의 재료분리가 발생하고 시멘트 성분의 상당량이 수중에 유출되어 콘크리트의 품질이 불균일하게 되고 강도와 수밀성이 저하되는 문제가 발생한다.

수중불분리성 혼화제의 표준사용량은 콘크리트의 경우 셀룰로스계에서 2~3kg/m^3, 아크릴계에서 3~4kg/m^3 정도이다. 수중불분리성 혼화제의 품질에 대한 규정은 표 3.16에서와 같이 KCI-AD102 "콘크리트용 수중불분리성 혼화제 품질규준" 이 있다. 수중불분리성 혼화제를 첨가한 콘크리트의 강도는 수중에서 제작한 공시체의 강도로 평가되는 것이 원칙이지만 수중과 공기 중의 강도비로서 평가되기도 한다. 수중 공시체의 압축강도에 미치는 중요한 요인은 수중불분리성 혼화제의 첨가량과 물-결합재비이다.

표 3.16 수중불분리성 혼화제를 첨가한 콘크리트의 품질규준 [KCI-AD102]

<table>
<tr><th colspan="3">항목</th><th>규준 값</th></tr>
<tr><td colspan="3">블리딩율(%)</td><td>0.1 이하</td></tr>
<tr><td colspan="2" rowspan="2">응결시간(h)</td><td>초결</td><td>5 이상</td></tr>
<tr><td>종결</td><td>30 이하[1)]</td></tr>
<tr><td rowspan="4">압축강도[2)]</td><td rowspan="2">수중 제작 공시체에 의한 압축강도(MPa)</td><td>재령 7일</td><td>130 이상</td></tr>
<tr><td>재령 28일</td><td>230 이상</td></tr>
<tr><td rowspan="2">공기중 제작 공시체에 의한 압축강도에 대한 수중 제작 공시체의 압축강도 비(%)</td><td>재령 7일</td><td>60 이상</td></tr>
<tr><td>재령 28일</td><td>70 이상</td></tr>
<tr><td rowspan="2">휨강도[2)]</td><td rowspan="2">공기중 제작 공시체에 의한 압축강도에 대한 수중 제작 공시체의 압축강도 비(%)</td><td>재령 7일</td><td>50 이상</td></tr>
<tr><td>재령 28일</td><td>60 이상</td></tr>
<tr><td rowspan="2">수중낙하시험</td><td colspan="2">현탁물질(mg/ℓ)</td><td>150 이하</td></tr>
<tr><td colspan="2">pH</td><td>12 이하</td></tr>
</table>

(주) 1) 응결지연형 수중불분리성 혼화제에 대해서는 이 값을 적용하지 않는다.
2) 이 규준에 있어서 수중제작 공시체의 수중 낙하조건은 실제의 시공조건과 비교해서 매우 엄격한 수준으로 설정하고 있다.

혼화제의 첨가율이 강도에 미치는 영향은 물에 대한 혼화제 첨가량이 8% 이상일 때 수중에서 제작한 공시체의 압축강도는 공기 중에서 제작한 공시체의 압축강도의 80% 정도 이상이 되지만 첨가량이 작아지면 급격한 강도저하가 생기는 것을 알 수 있다. 수중불분리성 혼화제를 사용한 콘크리트의 인장강도, 휨강도 및 탄성계수와 압축강도와의 관계는 보통 콘크리트에서의 관계와 같은 경향을 나타내며, 재료분리 및 블리딩이 적어 철근과의 부착강도는 향상되지만, 보수성이 높아 건조수축은 20~30% 정도 크게 되며 동결융해 저항성은 다소 떨어지는 경향이 있다. 그 밖의 혼화제에는 방동내한제, 즉시 탈형 콘크리트용 혼화제, 역방향 타설 콘크리트용 팽창성 혼화제, 수화열 억제제 등이 있다.

한편, 지금까지의 혼화제 사용량은 종류 및 용도와 제조회사 등에 따라 다소의 차이가 있지만, 일반적으로 사용되는 혼화제의 사용량은 표 3.17과 같다.

표 3.17 혼화제의 사용량

혼 화 제		사용량[시멘트 중량에 대한 백분율(%)]
공기연행제	빈졸레진(분말)	0.004~0.012
	빈졸 NVX	0.02~0.08
	다렉스(원액)	0.02~0.08
감수제	포졸리스 No.5 (일반용)	0.5
	포졸리스 No.8 (댐용)	0.25
	포졸리스 No.10 (조강용)	1
	포졸리스 No.100 (포장용)	0.2
	Mighty 150 (유동화용)	0.6~2.4
	Sanflo FBF (유동화용)	0.3~1.5
	NP 10 (유동화용)	0.24~1.2
촉진제	염화칼슘 ($CaCl_2$)	1~2
지연제	포졸리스 No.8 리타드	응결, 경화시간, 온도에 따라서 조절한다.
급결제	탄산소다, 알루민산소다, 규산소다	
발포제	알루미늄 분말	0.005~0.02

CHAPTER 04

골재 및 물

CHAPTER 04 골재 및 물

4.1 개요

콘크리트용 골재(aggregate)란 KS F 2526에 규정되어 있는 것과 같이 모르타르(mortar) 또는 콘크리트를 제조하기 위해서 시멘트 및 물과 함께 혼합하는 모래, 자갈, 부순돌, 슬래그, 기타 이와 비슷한 재료를 말한다. 콘크리트에서 골재가 차지하는 용적 비율은 약 65~85% 정도로서, 콘크리트 용적의 대부분을 차지하는 재료이기 때문에 골재의 종류나 성질에 따라 콘크리트의 성질에 미치는 영향이 크다.

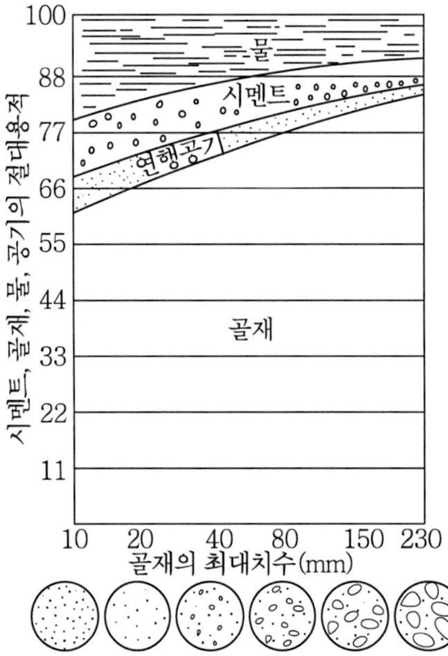

그림 4.1 골재의 절대용적 비율

과거에는 경질이고 입자 모양이 좋은 골재의 채취가 용이하였으나 최근에는 공급부족으로 산골재, 바다골재, 혹은 쇄석골재 등 여러 종류의 골재를 사용하는 형편이다. 이런 골재의 품질은 산지, 산출상태, 기상조건, 취급방법에 따라 달라지므로 항상 균일한 골재를 얻기는 어렵다. 골재의 모암에 의하여 화성암, 수성암, 변성암으로 나누며, 양질의 골재용으로는 현무암, 안산암, 경질사암, 석회암, 화강암 등을 들 수 있다.

4.2 골재의 분류

4.2.1 입경의 크기에 의한 분류

1) 잔골재(Fine aggregate)

일반적으로 콘크리트용 잔골재는 KS F 2526 규격에 적합한 것으로서 10mm체(호칭치수 9.5)를 전부 통과하고 5mm체에 거의 다 통과하며, 0.08mm체에 거의 다 남는 골재 또는 5mm체를 다 통과하고 0.08mm체에 다 남는 골재를 말한다. 건축공사 표준시방서에 의하면 중량비로 85% 이상 5mm체를 통과하는 골재를 잔골재로 정의 하고 있다.

2) 굵은 골재(Coarse aggregate)

일반적으로 콘크리트표준시방서 KS F 2526 규정에 적합한 것으로서 5mm체에 거의 디 남는 골재 또는 5mm체에 다 남는 골재를 말한다. 건축공사 표준시방서에서 중량비로 85% 이상 5mm체에 남는 골재를 굵은 골재로 정의하고 있다.

4.2.2 생산에 의한 분류

- 골재
  - 천연골재
    - 하천(강자갈, 강모래)
    - 바다(바다모래, 바다자갈)
    - 산(산모래, 산자갈, 천연경량골재)
  - 인공골재
    - 부순돌, 부순모래
    - 인공경량골재(ALA)
    - 자철광, 철편
    - 고로 슬래그(slag)

4.2.3 비중에 의한 분류

비중에 의한 구분은 명확하게 수치가 정해져 있지는 않지만 보통 많이 사용되는 골재는 비중이 2.50~2.65로서 보통골재이고, 일반적으로 비중이 2.50 이하로서 자중을 줄일 목적으로 사용하는 경량골재는 천연 경량골재와 인공경량골재로 나누어 볼 수 있으며, 콘크리트의 자중을 이용하는 구조물에 사용하는 골재를 중량골재라 하며 비중이 2.70 이상인 골재이다.

4.2.4 용도에 의한 분류

구조물용 골재, 비구조물용 골재, 모르타르용 골재, 콘크리트용 골재, 포장 콘크리트용 골재, 경량 콘크리트용 골재, 철도 선로용 골재 등이 있다.

4.3 골재의 일반적 성질

콘크리트의 성질에 영향을 미치는 가장 중요한 요소는 시멘트이나 그 부피의 대부분을 차지하는 골재도 중요하다. 일반적으로 골재의 성질은 비중, 흡수량 및 강도는 골재 원석의 석질, 풍화의 정도 등에 따라 정해지는 성질로서 판단하고, 이들 사이에는 서로 상호관계가 있다.

골재는 깨끗하고, 강하고, 내구적이고, 알맞은 입도를 가지며, 먼지, 흙, 유기불순물, 염화물 등의 유해량을 허용한도 이상 함유해서는 안 된다. 특히 내화성을 요하는 경우에는 내화적인 굵은 골재를 사용해야 한다. 일반적으로 골재를 선택할 때 유의해야 할 사항과 필요한 성질을 알아보면 다음과 같다.

1) 깨끗하고 유해물을 함유하지 않을 것.
2) 물리적, 화학적으로 안정하고 내구성이 클 것.
3) 강도는 단단하고 강한 것.
4) 모양이 입방체 또는 구형에 가까울 것.
5) 시멘트 풀과의 부착력이 큰 표면조직을 가질 것.
6) 크고 작은 알맹이의 혼합의 입도가 적당할 것.
7) 소요의 중량을 가질 것.
8) 마모에 대한 저항성이 클 것.

4.3.1 비중

골재의 비중은 콘크리트의 배합설계, 실적률, 공극률 등의 계산에 사용되며, 일반적으로 비중이 클수록 공극률이 적고 조직이 치밀하므로 강도가 크며, 흡수량이 적고, 동결에 의한 손실도 적어 내구성이 크다. 따라서 골재의 비중과 흡수량을 골재의 성질을 평가하는 한 수단으로 사용한다.

골재의 비중은 실제의 비중이 아니라 내부의 미세한 금이나 표면이 가늘게 패인 것을 포함한 상태의 비중으로서 겉보기비중을 말한다. 골재의 비중은 표면건조포화상태의 비중, 공기중건조상태의 비중 및 절대건조상태의 비중이 있다. 표면건조포화상태의 잔골재의 비중은 보통 2.50~2.65, 굵은 골재의 비중은 2.55~2.70 정도이다. 골재의 비중은 콘크리트의 단위중량에 직접적인 영향을 미친다. 각종 골재를 사용한 경우의 콘크리트의 단위중량은 표 4.1과 같다.

표 4.1 각종 골재를 사용한 콘크리트의 단위중량

골재	콘크리트의 단위중량(t/m³)
천연골재	2.3~2.35
인공경량골재	1.5~1.7
인공경량골재에 일부 보통골재를 병용	1.7~2.0
고로슬래그 굵은골재와 강모래	2.25~2.35
중량골재	2.5~5.0

또한 골재의 비중계산은 굵은 골재는 KS F 2503, 잔골재는 KS F 2504의 규정에 따라서 행한다. 골재의 비중을 알아보면 다음과 같다.

1) 진비중

순수 입자만의 무게를 순수 입자만의 부피로 나누어 이를 다시 물의 단위중량으로 나눈 것으로, 이 값은 함수량이나 공극률에 따라 변화가 있을 수 없으며, 어떠한 외부의 조건에도 일정한 값을 가지고 겉보기비중보다 크다. 단, 물의 단위중량은 온도에 따라서 변하므로 물리학에서는 4℃를 기준으로 하지만 토목설계에서는 그 지방의 연중 평균기온을 주로 사용한다.

2) 겉보기비중

골재의 입자들 사이에 있는 물 등을 포함한 무게를 공극까지 포함한 부피로 나누어 물의 단위중량으로 다시 나눈 값으로 항상 진비중보다 작아야 한다. 즉 단순히 비중이라 함은 겉보기비중을 말한다.

① **절대건조상태의 비중** : 절대건조상태의 골재의 중량을 공극을 포함한 겉보기 부피로 나눈 것

② **표면건조 포화상태의 비중** : 표면건조 포화상태의 골재의 중량을 공극을 포함한 겉보기 부피로 나눈 것

3) 골재(잔골재, 굵은 골재)의 비중은 다음과 같이 구한다.

① 잔골재의 비중(500mℓ의 플라스크와 물, 시료를 이용)

$$\text{표면건조 포화상태의 비중} = \frac{\text{중량}}{\text{부피}} = \frac{B}{A+B-C} = \frac{500}{A+500-C} \quad (4.1)$$

$$\text{진비중} = \frac{B}{A+B-C} = \frac{D}{A+500-C} \quad (4.2)$$

$$\text{겉보기비중} = \frac{D}{A+D-C} \quad (4.3)$$

단, A : (물+플라스크) 중량

B : 시료의 표면건조 포화상태의 중량(보통 500g을 사용)

C : (물+시료+플라스크) 중량

D : 시료의 노건조 중량

② 굵은 골재의 비중(최대치수 25mm 이하 2kg, 25mm 이상 5kg의 시료를 24시간 침수시킨 후 표면건조상태를 이용)표면건조 포화상태의 비중 $= \frac{B}{B-C}$

$$\text{표면건조 포화상태의 비중} = \frac{B}{B-C} \quad (4.4)$$

$$\text{진비중} = \frac{A}{B-C} \quad (4.5)$$

$$\text{겉보기비중} = \frac{A}{A-C} \quad (4.6)$$

단, A : 노건조 중량

B : 시료의 공기 중 중량

C : 시료의 수중 중량

4.3.2 함수량

골재에 함수되어 있는 모든 수분량을 함수량이라 한다. 즉 골재의 함수상태는 그림 4.2와 같이 절대건조상태, 공기중 건조상태, 표면건조포화상태 및 습윤상태 등 4가지로 분류된다.

1) 절대건조상태(Absolute dry condition)

골재의 표면 및 표면까지 연속된 공극에 전혀 수분이 존재하지 않은 상태로 골재의 내부조직에 변화가 생기지 않을 정도인 105±5℃ 정도의 건조로에서 24시간 이상 무게가 일정하게 될 때까지 골재를 건조시킨 상태로서 노건조상태(oven dry condition) 또는 절건상태라고도 한다.

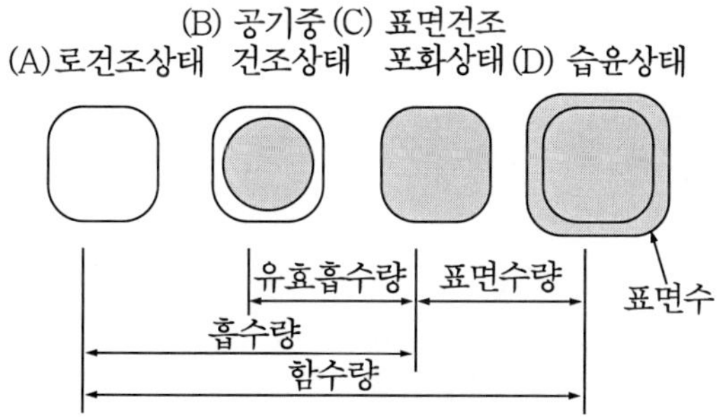

그림 4.2 골재의 함수상태

2) 공기 중 건조상태(Room dry condition)

습기가 없는 실내에서 자연 건조시킨 것으로서 골재 속에서 표면까지 연속된 모세관 공극의 일부에 수분이 있고 표면에는 수분이 없는 상태로서 기건상태라고도 한다.

3) 표면건조 포화상태(Saturated surface dry condition)

골재의 표면까지 연속된 공극에는 물이 채워져 있으나 표면에는 수분이 존재하지 않은 상태로서 표건상태라 한다.

4) 습윤상태(Wet condition)

골재 입자의 공극에 물이 채워져 있고, 표면에도 물기가 있는 상태를 습윤상태라 한다. 한편 함수량이란 골재 입자에 포함된 전수량을 말하며, 흡수량과 표면수량으로 나눌 수 있다.

5) 흡수량(Absorption)

절대건조상태에서 표면건조 포화상태가 될 때까지 흡수되는 수량을 흡수량이라 한다. 보통 24시간 침수에 의하여 절대건조상태에 있는 골재 중량에 대한 백분율로 나타낸 것을 흡수율이라 한다. 즉 골재 내부공극의 양을 나타내는 것으로서 골재 품질을 나타낸다. 또한 공기 중 건조상태에서 골재의 표면건조 포화상태로 되기까지 흡수된 물의 양을 유효흡수량이라 한다. 각종 골재의 흡수량은 표 4.2와 같다.

표 4.2 각종 골재의 흡수량(%)

골재의 종별		잔 골 재	굵은골재
보통 골재		1~6	0.5~4.0
인공 경량골재	조립형	4~11	2~9
	비조립형	7~14	6~11
천연 경량골재		7~35	15~50

골재의 흡수량을 구하는 방법은 굵은 골재(KS F 2503)와 잔골재(KS F 2504)의 비중 및 흡수량 시험 규정에 따라서 행한다.

$$\text{흡수량}(\%) = \frac{\text{표면건조 포화상태} - \text{노건조상태}}{\text{노건조상태}} \times 100 \tag{4.7}$$

$$\text{유효흡수량}(\%) = \frac{\text{표면건조 포화상태} - \text{공기중 건조상태}}{\text{공기중 건조상태}} \times 100 \tag{4.8}$$

$$(\text{전})\text{함수율}(\%) = \frac{\text{습윤상태} - \text{노건조상태}}{\text{노건조상태}} \times 100 \tag{4.9}$$

6) 표면수량(Surface moisture)

표면수량이란 골재의 표면에 묻어 있는 수량을 말한다. 일반적으로 표면건조 포화상태에 대한 시료 중량의 백분율로 나타낸다. 골재의 상태에 따라 표면수량은 표 4.3과 같다.

$$표면수량(\%) = \frac{습윤상태 - 표면건조상태}{표면건조\ 포화상태} \times 100 \tag{4.10}$$

표 4.3 골재 표면수량의 근사값(%)

골 재 상 태	표면수량(%)
젖은 자갈 또는 부순돌	1.5~2.0
많이 젖은 모래(쥐면 손이 축축해진다.)	5.0~8.0
보통 젖은 모래(쥐면 그 형상이 보존되나 손에 물이 약간 묻는다.)	2.0~4.0
습한 모래(쥐어도 형상을 이루지 않고 손바닥에 습기가 약간 남는다.)	0.5~2.0

(주) 같은 정도의 표면수량으로 보여도 거친 모래일수록 표면수는 작다.

예제 4.1 어떤 골재를 실험한 결과 습윤상태의 중량이 100g이고, 골재를 건조시켜 표면건조 포화상태에서 95g, 기건상태에서 93g, 절대건조상태에서 92g이었다면 이골재의 흡수율, 유효흡수량, 전 함수율, 표면수량은 각각 얼마인가?

[풀이]

$$흡수량(\%) = \frac{표면건조\ 포화상태 - 노건조상태}{노선소상태} \times 100$$

$$= \frac{95-92}{92} \times 100 = 3.26\%$$

$$유효흡수량(\%) = \frac{표면건조\ 포화상태 - 공기중\ 건조상태}{공기중\ 건조상태} \times 100$$

$$= \frac{95-93}{93} \times 100 = 2.15\%$$

$$(전)함수율(\%) = \frac{습윤상태 - 노건조상태}{노건조상태} \times 100 = \frac{100-92}{92} \times 100 = 8.69\%$$

$$표면수량(\%) = 표면수량(\%) = \frac{습윤상태 - 표면건조\ 포화상태}{표면건조상태} \times 100$$

$$= \frac{100-95}{95} \times 100 = 5.26\%$$

4.3.3 단위질량

골재의 단위질량이란 공기중 건조상태 1m^{3}의 골재의 중량을 말한다. 이 값은 골재의 공극률이나 배합설계 또는 골재를 현장에서 계량하는 용적배합의 계산에 필요한 것이다. 골재의 단위질량은 골재의 비중, 입형, 입도, 함수량 및 계량용기의 형상 및 크기, 또는 용기에 다져넣는 방법 등에 의하여 상당히 다르다. 특히 잔골재의 경우에는 흡수상태에 의한 부푸는 현상, 즉, 벌킹(bulking)현상이 있어서 체적에 큰 차이가 생긴다.

골재의 단위질량의 측정은 건조한 골재를 이용한다. 골재의 단위질량은 식 (4.10)과 같이 계산한다.

$$\text{골재의 단위질량} = \frac{\text{용기중의 시료의 중량}(W)}{\text{용기의용적}(\text{m}^3)} \tag{4.10}$$

한편 인공 경량골재의 단위질량은 굵은 골재 700~800kg/m^3, 잔골재 1,000~1,200 kg/m^3 정도이다. 보통 골재의 단위질량의 표준값은 표 4.4와 같다.

표 4.4 골재의 단위질량의 한 예

골재의 종류		상 태	단위질량(kg/m^3)	
			가볍게 다짐	충분히 잘 다짐
잔 골 재		건조상태	1,450~1,600	1,520~1,850
		습윤상태	1,360~1,520	-
굵은 골재	5~20mm	건조, 습윤상태	1,450~1,550	1,570~1,680
	10~20mm	건조, 습윤상태	1,450~1,510	1,480~1,600
잔, 굵은 골재의 혼합골재 최대치수 40mm		건조상태	-	1,760~2,000
		습윤상태	1,600~1,850	-

1) 공극률

골재의 단위용적 중의 공극의 비율을 백분율로 나타낸 것을 공극률 또는 간극률이라 한다. 즉,

$$\text{공극률}(v) = \left(1 - \frac{\text{단위질량}(w)}{\text{비중}(\rho)}\right) \times 100(\%) \tag{4.11}$$

골재의 공극률이 작으면 시멘트 및 혼합수량이 감소하므로 콘크리트의 비중, 마모저항, 수밀성, 내구성 및 강도가 증가된다. 또한 콘크리트의 건조수축이 적어지므로 균열발생의 위험이 줄어들며, 온도에 의한 균열이 생길 염려가 적다. 일반적으로 잔골재의 공극률은 30~45%, 굵은 골재의 공극률은 27~45% 정도이다.

2) 실적률

골재를 어떤 용기 속에 채워 넣었을 때 골재의 실제 부분의 비율을 백분율로 나타낸 것을 실적률이라 한다. 실적률은 골재입자 개개의 입형이 아니라 입자의 집합체로서의 입형을 판정하려는 것이다. 즉, 골재가 실제로 차지하고 있는 비율을 말한다. 또한, 쇄석의 규정에서는 입형 판정 실적률의 시험방법을 정하고 있는데 주로 건축용으로 쓰이는 쇄석의 경우 20~10mm와 10~5mm의 입자를 3 : 2의 비율로 섞었을 때의 실적률을 55% 이상으로 하도록 규정하고 있다. 실적률에 따라서 다음과 같은 특징이 있다.

① 실적률은 입도, 입형이 좋고 나쁨을 알 수 있는 지표가 된다.
② 동일한 입도의 경우에는 일반적으로 각형일수록 실적률이 낮다.
③ 실적률이 클수록 콘크리트의 비중, 수밀성, 내구성, 마모저항 등이 증대한다.
④ 실적률이 클수록 골재의 모양이 좋고 입도분포가 적당하여 시멘트풀의 양이 적게 든다.
⑤ 실적률이 클수록 건조수축, 수화열을 줄일 수 있어서 경제적으로 소요의 강도를 얻을 수 있다.

3) 단위용적 시험법

골재의 단위용적 시험법은 봉다지기에 의한 경우, 충격에 의한 경우가 있으나 시료를 채우는 방법은 봉다지기에 의한 경우로 한다. 다만 굵은 골재 최대치수가 너무 커서 봉다지기가 곤란한 경우 및 시료를 손상할 염려가 있는 경우는 충격에 의한다.

그 외에 이넌데이터법(inundate method)이 있는데 이 법은 수량이 16~30% 이상이 되어 모래가 완전히 물에 젖은 상태를 말한다. 이 상태가 되면 그 용적은 건조상태의 용적과 거의 같게 된다.

$$\text{실적률}(d)\ \frac{\text{단위질량}(w)}{\text{비중}(\rho)}\times 100(\%) = 100 - \text{공극률}(\%) \tag{4.12}$$

예제 4.2 단위질량이 1.65t/m^3인 굵은골재의 비중이 2.65g/cm^3일 때 이 골재의 공극률과 실적률을 각각 구하라.

[풀이]

$$공극률(v)=\left(1-\frac{1.65}{2.65}\right)\times 100 ≒ 37.74\%$$

$$실적률(d)=\left(\frac{1.65}{2.65}\right)\times 100 ≒ 62.26\%$$

4.3.4 굵은 골재의 최대치수

굵은 골재의 최대치수란 중량으로 90% 이상 통과시키는 체 중에서 최소치수의 체 눈을 공칭치수로 나타낸 굵은 골재의 치수를 말한다. 굵은 골재의 최대치수가 클수록 콘크리트의 단위수량 및 시멘트 양을 감소시킬 수 있어서 경제적이다. 굵은 골재의 최대치수가 크면 배합할 때 시멘트풀의 양이 적어지므로 시멘트 양에 대해서 물-결합재비를 낮추기 때문에 강도는 증가한다. 그러나 압축강도가 40MPa 정도로 비교적 클 경우에는 최대치수를 크게 할수록 시멘트 양이 증대된다. 또한 적당한 최대치수는 구조물의 종류, 철근의 간격, 시공 기계 등을 고려하여 정하는 것이 좋다(표 4.5 참조).

표 4.5 굵은 골재의 최대치수(콘크리트표준시방서 2.4.6)

구조물의 종류		최대치수(mm)
철근콘크리트	일반적인 경우	25
	단면이 큰 경우	40
	부재간격	· 거푸집 양 측면 사이의 최소 거리의 1/5을 초과해서 안된다 · 슬래브 두께의 1/3을 초과해서는 안 된다 · 철근 최소 순간격의 3/4를 초과해서는 안 된다
무근콘크리트		· 40 이하를 표준으로 하고, 부재 최소치수의 1/4을 초과해서는 안 된다.

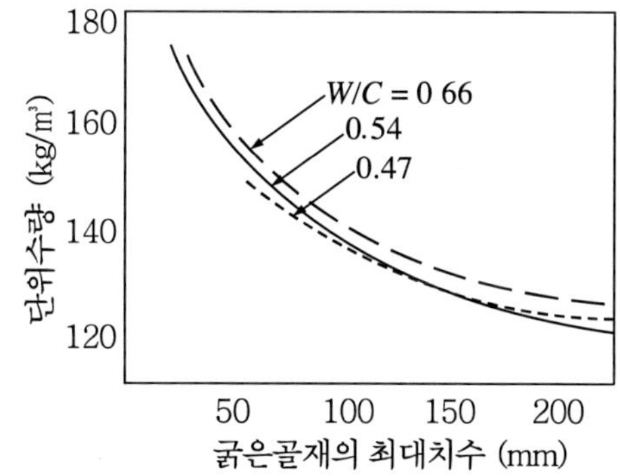

그림 4.3 굵은 골재의 최대치수와 단위수량과의 관계

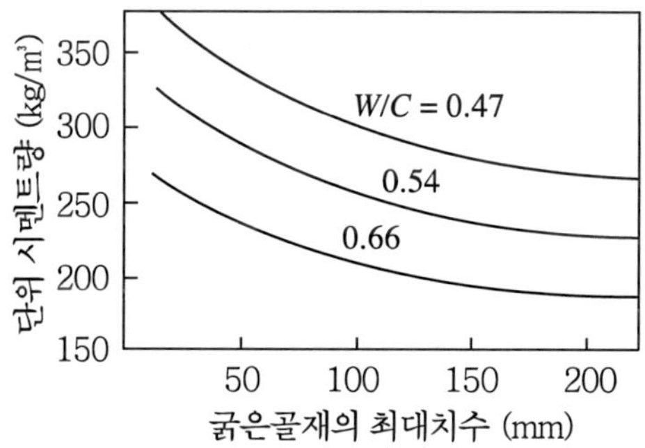

그림 4.4 굵은 골재의 최대치수와 단위시멘트량과의 관계

4.3.5 모양

골재의 모양은 콘크리트의 워커빌리티에 큰 영향이 미치므로 원형이나 입방체에 가까울수록 단위수량이 적고 좋으며, 워커빌리티가 좋은 콘크리트를 만들기 위해서는 모래가 많은 배합으로 하지 않으면 안 된다. 골재의 모양 판정을 위해서 실용적으로 널리 사용되는 지표는 실적률이다. 철근콘크리트 부재에 있어서는 편평한 골재나 가늘고 긴 골재가 철근과 철근 사이에 걸려, 많은 공극을 만들 위험이 있기 때문에, 굵은 골재는 얇은 석편이나 가늘고 긴 석편을 포함해서는 안 되며, 골재의 모양을 분류하면 표 4.6과 같다.

표 4.6 골재모양의 종류

분 류		골재의 모양
잔골재	굵은 골재	
천연 모래	둥근 것	물 또는 기타의 마모작용에 의하여 완전히 또는 충분히 모가 둥그렇게 된 것(강자갈, 바다자갈, 사막의 모래, 해안의 모래)
부순돌 부스러기	편평한 것	보통 모진 형태로 되어서, 두께가 폭이나 길이에 비하여 적은 것(납작한 암석조각)
	모진 것	거의 평면을 이룬 면으로 형성되면서 모를 가진 것(부순돌, 슬래그 부순 것)
	불규칙한 것	전체가 불규칙한 것으로 일부 마모에 따라 둥그렇게 된 것(산자갈)

4.3.6 입도

골재의 크고 작은 입자가 혼합된 정도를 골재의 입도라 한다. 골재입자의 크기는 체가름에 의해 시험한다. 골재의 체가름 시험결과는 입형, 체가름 순서 및 체가름 시간 등에 따라서 다르다. 좋은 품질의 콘크리트를 경제적으로 만들기 위해서는 크고 작은 입자가 적당히 혼합되어 있어야 한다. 입도가 적당한 골재를 사용한 콘크리트는 워커빌리티와 내구성이 증대되고, 건조수축과 재료분리가 감소되며, 단위수량 및 단위시멘트량이 적어지는 장점이 있다.

골재 입자의 크기는 KS F 2502의 골재의 체가름시험법에 의하여 구한 결과를 정리한 것이 입도곡선(그림 4.5 참조)이며, 입도곡선 대신 이것을 숫자로 나타낸 것이 조립률이다. 잔골재의 표준입도와 댐 콘크리트용 잔골재의 표준입도는 표 4.7과 표 4.8에 나타내었다. 한편 굵은 골재의 경우도 잔골재와 마찬가지로 콘크리트표준시방서에 굵은 골재의 입도의 표준을 정하고 있다(표 4.9~4.10 참조).

표 4.7 잔골재의 표준입도

체의 호칭(mm)	체를 통과한 양의 중량 백분율(%)	
	천연 골재	부순 골재
10	100	100
5	95~100	95~100
2.5	80~100	80~100
1.2	50~85	50~85
0.6	25~60	25~60
0.3	10~30	10~30
0.15	2~10	2~10

표 4.8 댐 콘크리트용 잔골재의 표준입도

체의 호칭(mm)	입경별 백분율(%)
10~5	0~8
5~2.5	5~20
2.5~1.2	10~25
1.2~0.6	10~30
0.6~0.3	15~30
0.3~0.15	12~20
0.15 이하	2~15

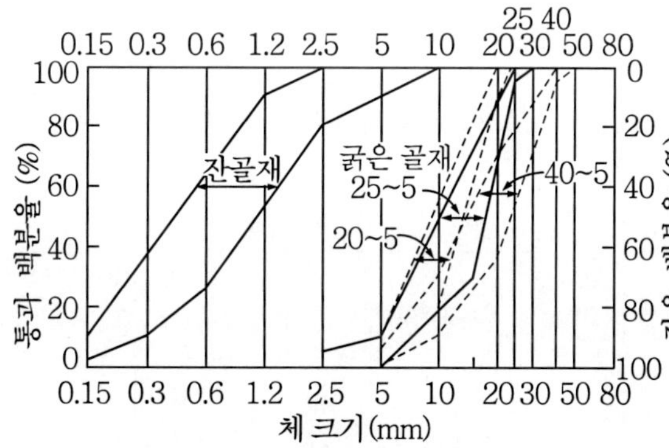

그림 4.5 골재의 표준입도곡선의 한 예

표 4.9 굵은 골재의 표준입도

골재 번호	골재의 크기 (mm)	각 체를 통과하는 것의 중량 백분율(%)												
		100	90	80	65	50	40	25	20	13	10	5	2.5	1.2
1	90~40	100	90~100		25~60		0~15		0~5					
2	65~40			100	90~100	35~70	0~15		0~5					
3	50~25				100	90~100	35~0	0~15		0~5				
357	50~5				100	90~100		35~0		10~30		0~5		
4	40~20					100	90~100	20~55	0~15		0~15			
467	40~5					100	90~100		35~70		10~20	0~5		
57	25~5						100	90~100		25~60		0~10	0~5	
67	20~5							100	90~100		20~55	0~15	0~5	
7	13~5								100	90~100	40~70	0~10	0~5	
8	10~2.5									100	85~100	10~80	0~10	0~5

(주) 골재의 크기 및 체의 호칭은 mm로 나타냄

표 4.10 포장 콘크리트용 굵은 골재의 표준입도

체의 호칭 / 골재의 크기(mm)	각 체를 통과하는 것의 중량 백분율(%)								
	50	40	30	25	20	13	10	5	2.5
40~5	100	95~100	–	–	35~70	–	10~30	0~5	–
30~5	–	100	95~100	–	40~75	–	10~30	0~10	0~5
25~5	–	100	–	95~100	–	25~60	–	0~10	0~5
20~5	–	–	–	100	90~100	–	25~55	0~10	0~5
13~5		–	–	–	100	90~100	40~70	0~15	0~5

표 4.11 댐콘크리트용 굵은 골재의 표준입도

체의 크기(mm) / 굵은 골재의 최대치수(mm)	입경별 백분율(%)					
	150~80	120~80	80~40	40~20	20~10	10~5
150	35~20	–	35~20	30~20	20~12	15~8
120	–	25~10	35~20	35~20	25~15	15~10
80	–	–	40~20	40~20	25~15	15~10
40	–	–	55~40	55~40	35~30	25~15

4.3.7 입도곡선

골재의 체가름 시험 결과를 입도곡선으로 표시해 두는 것이 좋다. 입도곡선은 세로축에 어떤 체를 통과하는 시료의 중량백분율 또는 어떤 체에 남는 시료의 중량백분율을 취하고(일반적으로 후자를 취한다), 가로축에 체의 크기를 취하여 그린 것이다.

체의 크기를 표시하는 데는 일반적으로 사용되는 1조의 시험체에 있어서 어떤 체와 다음 체와의 크기의 비를 일정하게 함으로서 체의 크기의 대수간격이 등 간격으로 되기 때문에 산술적 척도보다는 대수적 척도를 사용하는 편이 좋다. 모래나 자갈에 있어서 크고 작은 것이 골고루 혼합되어 있는 입도곡선이 가장 이상적이다.

4.3.8 조립률

골재의 입도는 입도곡선에 의해 나타내며, 입도곡선 대신에 숫자로 나타낸 것이 조립률이다. 즉, 골재의 조립률은 80mm, 40mm, 20mm, 10mm, 5mm, 2.5mm, 1.2mm, 0.6mm, 0.3mm 0.15mm의 10개의 체를 1조로 하는 체가름 시험을 하였을 때, 각 체에 남는 전체량의 전시료에 대한 중량백분율의 합계를 100으로 나눈 값으로 구한다.

$$\text{조립률} = \frac{\Sigma[\text{각 체에 남는 양의 누계}(\%)]}{100} \tag{4.13}$$

일반적으로 골재의 조립률은 잔골재일 경우에는 2.3~3.1, 굵은 골재의 경우에는 6~8이 적당하다. 즉, 조립률은 입경이 클수록 커진다. 그리고 잔골재의 조립률이 콘크리트 배합을 정할 때 가정한 잔골재의 조립률에 비하여 0.20 이상의 변화를 나타내었을 때는 배합을 변경해야 한다고 규정하고 있다. 또한, 잔골재와 굵은 골재의 조립률이 각각 f_C, f_G이고, 잔골재와 굵은 골재의 중량비가 $m:n$의 비율로 혼합된 골재의 조립률(F.M)은 식 (4.14)로 구하여진다.

$$\text{혼합골재의 조립률} = \frac{m}{m+n} \times f_C + \frac{n}{m+n} \times f_G \tag{4.14}$$

골재의 조립률을 구하는 한 예를 보면 표 4.12이다.

표 4.12 골재의 조립률 계산

체의 크기(mm)	각 체에 잔류하는 골재의 중량백분율(%)		
	굵은 골재	잔골재	혼합골재
80	–	–	–
40	5	–	–
20	65	–	12
10	90	–	41
5	98	4	60
2.5	100	15	71
1.2	100	37	80
0.6	100	62	90
0.3	100	84	98
0.15	100	98	99
합 계	758	300	551
조립률	7.58	3.00	5.51

(주) 체 밑(pan)은 계산에서 제외한다.

예제 4.3 잔골재에 대한 체가름 시험을 실시한 결과 각 체의 잔류량이 다음 표와 같다면, 잔골재의 조립률은 얼마인가? (단, 10mm 이상 체 잔량은 0이다)

각 체의 크기	5mm	2.5mm	1.2mm	0.6mm	0.3mm	0.15mm	체 밑(pan)
각 체에 잔류량(%)	2	11	20	22	24	16	5

[풀이]

상기의 표를 이용하여(그림 4.5 참조)

각 체의 크기	5mm	2.5mm	1.2mm	0.6mm	0.3mm	0.15mm	체 밑(pan)
각 체에 잔류량(%)	2	11	20	22	24	16	5
누적 잔류량(%)	2	13	33	55	79	95	100

$$\text{잔골재의 조립률(F.M)} = \frac{2+13+33+55+79+95}{100} = 2.77$$

예제 4.4 체가름 시험결과 잔골재의 조립률이 2.68이고, 굵은 골재의 조립률이 7.39이며, 잔골재와 굵은 골재의 비율이 1 : 1.6이라면 혼합골재의 조립률은 어느 정도인가?

[풀이]

$$\text{혼합골재의 조립률(F.M)} = \frac{2.68\times1+7.39\times1.6}{1+1.6}=5.58$$

4.4 골재 중의 유해물 및 알칼리 골재반응

4.4.1 골재 중의 유해물

골재에 유해물이 함유되어 있으면 시멘트 풀과 골재와의 부착력이 감소되며 시멘트의 수화반응을 방해한다. 또한 먼지, 운모질의 미세입자, 점토덩어리, 침니(silt), 이탄질, 부식토 등 유해량이 함유되어 있으면 콘크리트의 체적의 변화가 크게 되어 콘크리트에 균열이 발생하기 쉽고, 소정의 반죽질기(consistency)를 얻기 위한 단위수량이 증가되어 콘크리트의 강도, 내구성, 안정성 등을 저하시키게 된다. 골재 중의 미세한 입자분은 KS F 2511에 의해 0.08mm체를 통과한 것을 가리킨다. 콘크리트표준시방서에서는 잔골재와 굵은 골재의 유해물 함유량의 허용 한도를 각각 표 4.13과 표 4.14와 같이 규정하고 있다. 한편 건축공사표준시방서의 규준은 표 4.15와 같다.

표 4.13 잔골재의 유해물 함유량의 한도(질량 백분율)(콘크리트표준시방서 2.1.3.4)

종 류		최대치(%)
점토 덩어리		1.0
0.08mm체 통과량	콘크리트 표면이 마모작용을 받을 경우	3.0
	기타의 경우	5.0
석탄, 갈탄 등으로 밀도 $0.002g/mm^3$의 액체에 뜨는 것	콘크리트의 외관이 중요한 경우	0.5
	기타의 경우	1.0
염화물 이온량 (NaCl 환산량)		0.04

표 4.14 굵은 골재의 유해물 함유량의 한도(질량 백분율)(콘크리트표준시방서 2.1.4.4)

종 류		최대치(%)
점토 덩어리		0.25
연한 석편		5.0
0.08mm체 통과량		1.0
석탄 갈탄 등으로 밀도 0.002g/mm³의 액체에 뜨는 것	콘크리트의 외관이 중요한 경우	0.5
	기타의 경우	1.0

표 4.15 건축공사표준시방서의 규준

종류	절건 비중	흡수율(%)	점토량(%)	씻기 시험에 의하여 손실된 량(%)	유기 불순물	염화물(%)(NaCl로서)
굵은골재	2.5 이상	3.5 이하	0.25 이하	1.0 이하	-	-
잔골재	2.5 이상	3.5 이하	1.0 이하	3.0 이하	표준색보다 진하지 않은 것	0.04% 이하

한편 골재 중의 유해물에 관련된 유의사항을 정리하면 다음과 같다.

1) 점토와 같은 물질이 골재의 표면에 밀착되어 있지 않고 균등하게 분포되어 있으면 시멘트량이 적은 빈배합 콘크리트에서는 반드시 유해한 것은 아니고, 오히려 10% 정도의 미세한 물질을 함유한 것이 유리한 경우도 있다.
2) 석탄, 갈탄 등은 가볍고 강도가 낮으므로 양이 많으면 콘크리트의 강도가 낮아지며 외관을 헤친다. 그리고 석탄, 갈탄 중의 황 성분은 물, 공기와 반응하여 황산을 만들며, 석회분과 반응을 일으켜 팽창성 물질을 만들고 철근을 부식시킨다.
3) 연한 석편을 많이 함유하고 있는 골재를 사용한 콘크리트는 강도가 저하되고, 이 골재들은 온도, 습도의 변화와 동결 융해작용으로 큰 체적변화를 일으키게 되므로 콘크리트에 균열, 박리, 붕괴 등의 손상을 주기도 한다.
4) 바다모래의 사용에 있어서 최대의 문제점은 염분으로서 염화물을 함유하고 있는 바다모래를 철근콘크리트용으로 사용하면 철근과 반응하여 주로 NaCl, $MgCl_2$가 주요인이 되어 철근부식을 유발시켜, 콘크리트의 워커빌리티와 내구성 감소 및 장기강도를 저하시키는 영향을 주게 된다. 그러므로 피복두께를 두껍게 하고, 방청제를 사용해야 하며, 수밀성이 높아지도록 표면 마무리를 하여 염분에 대한 피해를 최소화해야 한다.

5) 잔골재 중의 유기불순물로서는 부식된 식물을 함유한 부식토, 이탄 등의 속에 후민산을 포함하고 있어 이것이 시멘트 속의 석회와 화합하여 석회 후민산 비누를 생성하며, 시멘트 수화반응을 저해한다.

모래 속의 유기불순물의 유해량 함유 여부를 판정하기 위해서 통상 이들이 수산화나트륨(NaOH)에 융해하여 착색하는 것을 이용한 비색시험법에 의해서 판정하도록 한 KS F 2510(모래의 유기불순물 시험방법)이 있다. 일반적으로 시험용액의 색이 표준색 용액보다 짙은 경우에도 그 모래를 사용하여 만든 모르타르 공시체의 압축강도가 그 모래를 수산화나트륨 3% 용액으로 씻은 다음 물로 충분히 씻어 사용한 모르타르 공시체 압축강도의 95% 이상이면 그 모래를 사용하여도 좋다고 본다. 한편 비색시험에서는 전혀 착색되지 않지만 유해한 유기물로서 당류가 있다. 이들이 골재에 혼입되는 경우는 드물지만 시멘트 양의 1% 정도의 혼입에서 재령 28일이 되어도 전혀 강도가 발현되지 않을 정도로 그 해는 크기 때문에 주의가 필요하다.

4.4.2 알칼리 골재반응

골재의 화학적 안정성에 관한 사항으로서는 알칼리 골재 반응이 있다. 이 반응은 골재가 시멘트 속의 알칼리 성분(Na_2O, K_2O)이 골재 중에 있는 실리카질과 화학반응을 일으킴으로서 골재의 표면에 팽창성 물질이 생성되어 콘크리트가 과도하게 팽창하게 되고 콘크리트에 균열이나 박리를 발생시키는 현상을 알칼리 골재반응이라 한다. 콘크리트가 다습하거나 습윤상태에 있을 때 알칼리 골재 반응이 증가되므로 항상 건조상태를 유지해야 한다.

알칼리 골재반응이 처음으로 제기된 것은 1930년대 후반 미국에서 발생한 콘크리트 균열에 의한 피해를 시멘트 중의 알칼리와 골재와의 반응이라고 Stanaton이 보고한 후, 최근에 중동, 영국 및 일본 등에서 피해가 보고되고 있다. 현재 우리나라에는 아직 알칼리 골재반응에 의한 피해보고는 없으며 일부지역에서 잠재반응성을 가진 골재의 존재만이 보고되고 있다.

알칼리 골재반응 여부를 판정하기 위한 평가방법은 일반적으로 암종 판정, 알칼리 함유량 분석, 팽창량 시험 및 실리카겔 확인 등의 4가지 시험을 실시하는 것을 원칙으로 하며, 각 시험항목 및 시험방법을 표 4.16에 나타냈다.

표 4.16 알칼리 골재반응 관련시험

시험 항목		시험 방법
암종 판정	육안 관찰	코어로부터 채취한 골재 또는 코어 박편 시료를 이용하여 광물학적 지식이 풍부한 경험자가 육안관찰에 의하여 골재의 암종을 판정한다.
	편 광 현미경 관 찰	광물학적 지식이 풍부한 경험자가 코어 중의 굵은 골재를 대상으로 박편 시료를 제작하여 편광 현미경으로 관찰하여 알칼리 골재 반응성 광물 등의 유해광물의 유무를 판정한다.
	분말X선 회절	코어 중에서 굵은 골재를 추출하여 분말 X선법에 의해 암종의 구성 광물을 확인하여 알칼리 골재 반응에 유해한 광물의 유무를 판정한다. 코어를 굵은 골재와 모르타르로 분리하여 각각에 대하여 분말 X선 회절분석을 실시하여 알칼리 골재 반응성 광물 등 콘크리트 품질에 유해영향을 미치는 물질의 유무를 판정하는 경우도 있다.
알칼리 함유량 시험		알칼리 골재반응은 콘크리트 중의 알칼리와 반응성 골재의 작용에 의하여 발생한다. 그러므로 콘크리트 중의 알칼리량을 측정함으로서 알칼리 골재 반응의 가능성 유무를 파악할 수 있다.
팽창량 시험		콘크리트 구조물 중에서 알칼리 골재 반응이 생기면 콘크리트에 팽창이 발생하여 성능저하가 진행된다. 따라서 채취 코어의 촉진 팽창시험을 실시함으로써 현재까지의 손상도 추정 및 앞으로 진행될 팽창의 정도를 판단할 수 있다. 팽창시험은 채취된 코어에 콘택트 게이지로서 측정하는 방법도 있다.
실리카겔 확인		콘크리트에 발생한 석출물(백색 석출물)이 백화인가 또는 알칼리 골재 반응에 의한 생성물인 실리카겔인지를 확인하기 위하여 실시한다. 백화를 확인하는 방법은 화학분석을 이용하는 것도 있지만 보통은 분말 X선 회절법에 의하여 결정성 성분을 확인하는 방법이 많이 이용된다.

알칼리 골재 반응의 특징을 정리하면 다음과 같다.

1) 알칼리 골재 반응을 줄이기 위해서 시멘트 중의 알칼리 양을 0.6% 이하로 줄이는 것이 좋다. 한편 알칼리 반응을 일으키는 골재로는 이백석, 규산질, 고로질 석회암, 응회암 등을 모암으로 하는 골재로 알려져 있다. 또한 알칼리 반응이 생긴 콘크리트를 절단해 보면 겔 상태의 백색 침전물로 덮어져 있다.

2) 골재의 알칼리 반응을 억제하는 대책으로는 저알칼리성 시멘트를 사용하고, 플라이애쉬 등 포졸란 물질을 혼합해야 하며, 공기연행제를 사용한다거나, 고로슬래그의 경우 혼입율이 50% 이상의 슬래그 미분말을 사용하는 것이 효과적이다. 또한 단위시멘트량이 너무 많은 배합은 알칼리 반응에 대해 불리하므로 최소화해야 한다. 그러나 이 방법은 콘크리트 내부에 포함되어 있는 수분까지는 제거할 수가 없기 때문에 알칼리 골재반응 방지법으로서는 한계가 있다.

4.5 경량골재와 중량골재

4.5.1 경량골재

경량골재는 천연경량골재와 인공경량골재가 있으며, 천연경량골재는 경석화산력, 응회암, 화산용암 등이 있으며, 이들은 충분한 강도를 얻기에는 대단히 취약하며 소요의 강도를 얻기가 매우 어렵다. 따라서 어느 정도 단단하고 비중이 가벼운 골재를 이용하여 인공적으로 제조하여 사용하는 것을 인공경량골재라고 하며, 인공경량골재에는 팽창성혈암, 팽창성점토, 석탄 찌꺼기 등과 같은 산업 부산물의 가공품이 있다.

인공 경량골재는 종류 및 제조방법에 따라 다음과 같이 분류한다.

- 구조용 인공 경량골재
  - 팽창혈암
    - 비조립형 : 혈암 원석을 파쇄한 그대로 소성한 것
    - 조립형 : 혈암 원석을 미분쇄하여 조립한 후에 소성한 것
    - 파쇄형 : 혈암 원석을 중간 정도로 파쇄하여 소성한 후 파쇄한 것
  - 팽창점토 : 점토를 조립하여 소성한 것
  - 팽창슬래그 : 슬래그의 파편을 소성하여 파쇄한 것
  - 팽창플라이애쉬 : 플라이애쉬를 조립하여 소성한 것

인공 경량골재의 내부는 다공질이고 표면은 유리질의 피막으로 덮인 구조로 되어 있으며, 잔골재는 절대건조 비중이 1.8g/cm^3 미만, 굵은 골재는 절건 비중이 1.5g/cm^3 미만인 것을 사용하여 콘크리트 구조물이 대형화, 장대화 될 경우 콘크리트의 중량을 경감시킬 수 있다. 또한 골재가 경량화 됨에 따라서 콘크리트의 강도를 감소시키지 않고 단위중량을 감소시킬 수 있게 되었다. 콘크리트의 자중을 감소시키기 위해서는 비중이 작은 골재를 사용하는 것이 효과적이며 건축물에서는 화산재 등이 많이 사용되는 경향이 있다.

토목구조물용 경량골재로서 갖추어야 할 조건으로는 일반적으로 가벼우며 유해물을 함유하지 않은 골재로서 적당한 입도와 중량을 가지고 깨끗하고, 강하고, 내구성이 커야 한다. 골재의 전부 또는 일부를 인공경량골재를 써서 만든 콘크리트로서 기건 단위중량이 1,400~ 2,000kg/m^{3}인 콘크리트를 경량골재 콘크리트라 한다. 인공 경량골재의 제조방법은 팽창혈암을 보통 회전로에서 최고 온도 1000~1200℃ 정도로 소성한

다. 이 때 혈암 중의 기화물질인 산화철(Fe2O3)이 반응에 의하여 기포를 발생하며 골재 표면은 녹고 내부는 독립된 많은 기공이 생기며 표면에 딱딱한 껍질을 가진 골재가 된다.

구조용 경량골재에 관한 KS F 2524 규격에서는 경량골재의 종류 및 호칭에 대하여 표 4.17과 표 4.18에 표시한 분류 및 구분에 따른다.

표 4.17 경량골재의 절건 비중에 의한 분류

종류	절건 비중(g/cm^3)	
	잔 골 재	굵은골재
L	1.3 미만	1.0 미만
M	1.3~1.8	1.0~1.5
H	1.8~2.3	1.5~2.0

표 4.18 콘크리트의 단위용적에 의한 경량골재 분류

종류	단위질량(t/m^3)
15	1.6 미만
17	1.6~1.8
19	1.8~2.0
21	2.0 이상

(1) 비중과 흡수량

일반적으로 비중이 지나치게 작으면 골재의 강도가 약하고, 콘크리트의 강도, 내구성도 저하하는 경향이 있으므로 비중이 작다고 해서 반드시 좋은 것은 아니다. 인공 경량골재의 비중은 품질을 나타낼 때 절대건조상태의 비중을 사용하고, 이 비중은 입경에 따라 다르며 입경이 클수록 작다. 콘크리트 배합설계에서는 표면건조포화상태의 비중은 흡수상태에 따라서 변화하기 때문에 24시간 흡수상태를 표준으로 한다.

인공 경량골재는 순간 흡수량이 비교적 크기 때문에 건조상태로 사용하면 콘크리트의 혼합, 운반 중에 흡수하여 콘크리트의 반죽질기를 저하시키므로 골재를 사용하기 전에 미리 흡수시키는 작업인 프리웨팅(pre-wetting)을 하는 것이 좋다.

(2) 단위질량

단위질량은 비중, 입도와 입경의 변화 등에 의하여 달라지기 때문에 골재의 균등성을 판단하는 좋은 자료가 된다. 경량골재의 단위질량 시험은 KS F 2505(골재의 단위용적중량 및 공극률 시험방법)의 규정에 의하여 절대건조상태의 단위질량을 잔골재와 굵은 골재를 각각 0.88t/m^3 이상, 1.12t/m^3 이상, 잔골재와 굵은 골재가 혼합된 경우 1.04t/m^3 이상으로 정하고 있다. 경량골재의 비중, 흡수량 및 단위질량의 대략 값을 알아보면 표 4.19와 같다.

표 4.19 경량골재의 비중, 흡수량 및 단위질량의 대략 값

항목 / 골재의 종류와 원료	절건비중		24시간 흡수량(%)		단위용적중량(kg/m^3)	
종류	잔골재	굵은 골재	잔골재	굵은 골재	잔골재	굵은 골재
원료	1.5~1.8	1.2~1.5	8~12	6~10	1120	880

(3) 입도

경량골재는 내부에 공극이 있는 각구조로 입자의 크기에 따라 비중, 흡수량, 강도가 다르므로 경량골재의 입도 및 균등성은 보통골재의 경우보다 엄격히 규제할 필요가 있다. 비중의 변동은 강도, 내구성에 직접적인 영향이 있으므로 사용할 때는 입도의 범위를 최대한 적게 해야 한다. 경량골재의 입도의 표준은 콘크리트 표준시방서 KS F 2534(구조용 경량골재)의 규정에 따르며, 표 4.20의 범위를 표준으로 규정하고 있다.

(4) 내구성

보통골재에 이용되는 황산나트륨 시험에 의한 경량골재 손실중량은 1~5% 정도이므로, 기상작용을 받는 콘크리트에 경량골재를 사용할 경우 과거의 결과나 경량 골재를 사용한 콘크리트의 동결융해시험의 결과에 의하여 내동해성을 확인해야 한다. 즉, 기온이 매우 낮은 한냉지에서 경량골재를 사용하는 경우에는 반드시 공기연행콘크리트로 해야 한다. 경량골재 콘크리트의 동결융해시험은 KS F 2456에 따른다.

(5) 부립률

부립률(float ratio)이란 굵은 골재 중에서 물에 뜨는 가벼운 정도의 입자의 전체량에 대한 중량백분률을 말한다. 이러한 입자는 굳지 않은 콘크리트에서 보통 골재와는 반대로 콘크리트 중에서 떠오르는 분리현상을 일으키는 경향이 있다. 또한 이러한 입자는 압축강도에 영향을 미치고 10%의 부립률에서는 약 10% 정도의 강도가 저하한다고 알려져 있다. 부립률 시험은 KS F 2531(경량 굵은 골재의 부립률 시험방법)에 따르며, 부립률이 콘크리트강도에 미치는 영향은 표 4.21과 같다.

표 4.20 경량골재의 입도의 범위

체의 호칭(mm)		각 체를 통과하는 중량백분율(%)								
		25	20	15	10	5	2.5	1.2	0.3	0.15
잔골재	5~0	–	–	–	100	85~100	–	40~80	10~35	5~25
굵은 골재	25~5	95~100	–	25~60	–	0~10	–	–	–	–
	20~5	100	90~100	–	10~50	0~15	–	–	–	–
	15~5	–	100	90~100	40~80	0~20	0~10	–	–	–
	10~2.5	–	–	100	80~100	5~40	0~20	0~10	–	–
잔골재와 굵은 골재의 혼합물	13~0	–	100	95~100	–	50~80	–	–	5~20	2~15
	10~0	–	–	100	90~100	65~90	35~65	–	10~25	5~15

표 4.21 부립률이 콘크리트 강도에 미치는 영향

굵은 골재 중의 부립률(%)	28일 강도(MPa)	
	압축강도	인장강도
0	41.7(100)	2.99(100)
5	40.0(96)	2.73(91)
10	37.7(90)	2.69(90)
20	33.8(81)	2.43(81)
50	32.3(77)	2.43(81)

(주) W/C=38 %, C=450kg, W=171kg, S/a=38.5%, 슬럼프≒5cm 잔골재는 강모래 사용,
강도 중 ( )안의 것은 부립률 0%일 때와의 비교 값임.

(6) 유해물

골재에 유해물(유기불순물)이 있으면 시멘트 골재와의 부착력이 감소되며 시멘트의 수화작용을 방해한다. 또 실트 및 점토의 유해량이 포함되면 콘크리트의 체적변화를

크게 하며 콘크리트에 균열이 생기기 쉽고 소정의 반죽질기를 얻기 위한 수량이 증가되어 콘크리트의 강도가 감소한다. 유기불순물을 어느 정도 이상 함유하고 있으면 콘크리트의 강도가 저하될 뿐만 아니라 경화하지 않는 경우도 있다. 또한 골재를 시험하였을 경우 표준색보다 진한 색을 나타내면 콘크리트의 품질에 해를 주지 않는다는 보장이 없는 한 사용해서는 안 된다.

실트나 점토 같은 것은 콘크리트가 응결할 때 수화작용에 필요치 않은 물과 함께 콘크리트 표면에 나타나 약한 층을 형성한다. 즉, 레이탄스(laitance)가 많이 생기다. 그러나 깨끗하고 미세한 적당량의 실리카는 콘크리트의 워커빌리티를 좋게 하며 강도가 증가한다.

골재의 유해물 시험은 KS F 2510, 얼룩은 KS F 2468에 따르며, 함유량의 한도는 KS F 2534 (구조용 경량 골재)의 규정에 의한다. 골재의 강열감량 시험은 KS F 5120에 따르며, 이 규정은 경량골재가 완전히 소성되지 않은 상태, 또는 원료, 기타의 점토가 혼입되는 것 등을 고려하여 정해야 한다. 경량 골재를 얼룩지는 정도에 대한 시험을 하였을 때, 진한 얼룩 또는 눈으로 식별할 때, 진한 얼룩으로 판명되고 화학적 시험 등에서 함유하고 있는 것은 사용해서는 안 되는 한도는 표 4.22와 같다. 그러나 골재에 허용범위를 초과하지 않는 적당량의 유기물이 포함되어 있는 경우에는 그대로 사용하여도 무방하다. 이것에 대한 잔골재의 유해물 함유량의 허용한도량(중량백분율)을 표시하면 표 4.23(콘크리트표준시방서 2.1.3.4), 표 4.24(댐콘크리트시방서 4.4.3)와 같다.

또한 굵은 골재의 유해물 함유량의 허용한도량(중량백분율)을 표시하면 표 4.25(콘크리트 표준시방서 2.1.4.4), 표 4.26(댐콘크리트표준시방서 4.5.3), 표 4.27(포장콘크리트표준시방서 4.5.4)과 같다.

표 4.22 유해물 함유량의 한도(중량백분율)

종 류	최대치(%)
강열감량	5%
얼룩	진한 얼룩이 생기지 않을 것 (진한 얼룩이 생길 경우 Fe_2O_3 1.5mg 이하일 것)
유기불순물	시험용액의 색이 표준색보다 진하지 않을 것
점토 덩어리	2%
굵은 골재의 부립률	10%

표 4.23 잔골재의 유해물 함유량의 한도(질량백분율) (콘크리트표준시방서 2.1.3.4)

종 류	최대치(%)
점토 덩어리	1.0
골재 씻기 시험에서 없어지는 것(0.08mm체 통과량) 1) 콘크리트 표면이 마모작용을 받는 경우 2) 기타의 경우	 3.0 5.0
석탄, 갈탄 등으로 비중이 2.0g/cm^{3}의 액체에서 뜨는 것 1) 콘크리트 외관이 중요한 경우 2) 기타의 경우	 0.5 1.0
염화물(염화 이온량)	0.02

표 4.24 잔골재의 유해물 함유량의 한도(질량백분율) (댐콘크리트표준시방서 4.4.3)

종 류	최대치(%)
점토 덩어리	1.0
골재 씻기 시험에서 없어지는 것(0.08mm체 통과량) 1) 콘크리트 표면이 마모작용을 받는 경우 2) 기타의 경우	 3.0 5.0
석탄, 갈탄 등으로 비중이 2.0g/cm^{3}의 액체에서 뜨는 것	0.5

표 4.25 굵은 골재의 유해물 함유량의 한도(질량백분율) (콘크리트표준시방서 2.1.4.4)

종 류	최대치(%)
점토 덩어리	0.25
연한 석편	5.0
0.08mm체 통과량	1.0
석탄, 갈탄 등으로 비중이 2.0g/cm^{3}의 액체에서 뜨는 것 1) 콘크리트 외관이 중요한 경우 2) 기타의 경우	 0.5 1.0

표 4.26 굵은 골재의 유해물 함유량의 한도(질량백분율) (댐콘크리트표준시방서 4.5.3)

종 류	최대치(%)
점토 덩어리	0.25
연한 석편(돌조각)	5.0
골재 씻기 시험에서 없어지는 것(0.08mm체 통과량)	1.0
석탄, 갈탄 등으로 비중이 2.0g/cm^{3}의 액체에서 뜨는 것	1.0

표 4.27 굵은 골재의 유해물 함유량의 한도(질량백분율) (포장콘크리트표준시방서 4.5.4)

종 류	최대치(%)
점토 덩어리	0.25
연한 석편	5.0
골재 씻기 시험에서 없어지는 것(0.08mm체 통과량)	1.0
석탄, 갈탄 등으로 비중이 2.0g/cm^{3}의 액체에서 뜨는 것	0.5

4.5.2 중량골재

중량골재란 비중이 큰 골재를 말하며, 보통의 콘크리트에서는 사용되지 않으며 그 사용량은 매우 적지만 방사선의 차폐효과를 높이기 위하여 사용되고 있다. 방사선에는 α선, β선, γ선, 중성자 등의 종류가 있으나, 각각 성질이 다르며, 차폐를 대상으로 하는 방사선의 종류에 따라 콘크리트의 성질도 달라진다.

차폐용 콘크리트에 중량골재가 일반적으로 사용하는 이유는 차폐성이 좋기 때문이며, 콘크리트의 비중이 클수록 γ선이나 중성자선에 대한 차폐성이 좋다. 중량골재는 비중이 큰 골재로서 크고 작은 입자가 적당히 섞여 있는 것이 좋다. 중량골재의 비중과 콘크리트의 단위중량에 대한 예를 보면 표 4.28과 같다. 또한, 중량골재의 주성분과 특성은 표 4.29에 정리하였다.

표 4.28 중량골재의 비중 및 콘크리트의 단위중량의 한 예

종 류	비중(g/cm^3)	콘크리트의 단위중량(t/m^3)
현무암	2.5~3.1	2.5
적철광	4.0~5.3	3.3~3.9
자철광	4.5~5.2	3.5~3.8
갈철광	2.8~3.8	2.6~2.7
중정석	4.2~4.7	3.3~3.6
철	7~8	4.4

표 4.29 중량골재의 주성분과 일반적인 성질

항목 / 종류	주성분	비중(g/cm^3)	모 양
철(iron, steel)	Fe	7~8	일정하지 않음
자철광(magnetiteore)	$FeO \cdot Fe_2O_3$	4.5~5.2	정팔면체에 벽개되는 성질이 있음 덩어리 알갱이 상태도 있음
사 철	자철광, 갈철광, 적철광 등	4~5	비교적 양호
갈철광(limonite ore)	$Fe(OH)_3 \cdot nH_2O$ $HFeO_2 \cdot nH_2O$ $Fe_2O_3 \cdot nH_2O$	2.7~4	비교적 치밀, 균질한 것에서부터 취약한 것까지 있으며 분말 상태도 있음
적철광(hematite ore)	Fe_2O_3	4~5.3	팔면체, 기둥모양, 입상 및 토상 등도 있음
중정석(baryte)	$BaSO_4$	4~4.7	사방정계의 벽개성이 현저함 모양은 대체로 양호

(참고) 벽개(劈開, cleavage) : 물질이나 결정 조직이 파괴되기 쉬운 면을 따라 깨지는 것

4.5.3 쇄석

쇄석(부순돌)이란 호박돌이나 폭파에 의해 채굴한 암석을 파쇄기로 파쇄하여 체로 쳐서 분류한 골재로서 부순돌이라고도 한다. 쇄석은 현무암, 안산암, 경질화강암, 경질석회암 또는 이들에 준하는 암석을 원석으로 하여 만드는 한, 콘크리트용 골재로서 강자갈과 거의 다른 점이 없다. 골재로서 적합여부를 천연골재의 경우와 같이 조사하는 것 외에 지질학적으로 원석의 연속성 및 방향성, 채취 및 파쇄의 난이 등을 조사해야 한다.

쇄석은 강자갈과 다르게 각이 진 모양과 거친 표면조직을 가지고 있고 풍화암이 섞여 있기 쉬운 점이 있으므로 쇄석을 사용한 콘크리트는 같은 워커빌리티를 얻기 위해서는 보통콘크리트보다 단위수량이 일반적으로 약 10% 정도 많이 요구된다. 그러나 시멘트풀과의 부착이 좋기 때문에 강자갈을 사용한 콘크리트와 거의 같은 정도의 강도를 얻을 수 있다. 수밀성, 내구성 등은 강도와 달리 오히려 약간 저하하므로, 이를 개선하기 위해서는 공기연행제, 감수제 등을 적당량 사용함이 바람직하다. 그리고 포장용 콘크리트에는 일반적으로 쇄석을 사용하는 것이 유리하다.

콘크리트용 굵은 골재로 쇄석을 사용할 때는 KS F 2527(콘크리트용 부순골재)에 적합해야 하며 낱알의 형상 판정에 실적률을 사용하도록 규정하고 있다. 콘크리트용 쇄석의 물리적 성질은 표 4.30과 같다.

표 4.30 부순 굵은 골재의 물리적 성질

시험 항목	비중(g/cm^3)	흡수율(%)	안정성(%)	마모율(%)	0.08mm체 통과량(%)
품질 기준	2.5 이상	3.0 이하	12 이하	40 이하	1.0 이하

(주) 1) 안정성 시험은 황산나트륨으로 5회 이상 실시한다.

부순모래의 문제점은 입도 및 입형이다. 대체로 부순모래를 사용하면 같은 워커빌리티의 콘크리트를 얻기 위해 단위수량을 약 8% 증가시킬 필요가 있다.

4.5.4 해사

해사란 바다에서 채취한 바다모래로서 일반적으로 염화나트륨(NaCL)으로 환산한 염분이 0.01~0.03% 정도 포함된 바다모래를 말한다. 최근에는 양질의 강자갈 부족으로 바다모래의 사용량이 급격히 증가하고 있는 추세이다. 바다모래의 사용에 있어서 최대의 문제점은 염분 함유량이다. 만약 바다모래에 함유되어 있는 염화물을 허용범위 이내까지 충분히 제거하지 않고 철근콘크리트나 프리스트레스트 콘크리트 구조물에 사용할 경우 바다모래 중의 염화물이 화학작용으로 콘크리트 속의 강재를 부식시켜 구조물의 내하력을 저하시킬 수도 있다.

KS F 2515 시험을 하는 경우 염화물이 0.04% 이하이어야 하며, 0.04%를 초과하는 것에 대해서는 주문자의 승인을 얻어서 0.1%까지 사용할 수 있도록 규정하고 있다. 바다모래를 콘크리트용 골재로 사용할 경우에는 염분량을 물로 씻어 제거해야 하며, 시공시 콘크리트의 피복을 보통골재를 사용하는 경우보다 크게 해 주어야 하고 방청용 혼화제 등을 사용하는 것이 바람직하다. 그러나 전해부식의 염려가 있는 철근콘크리트 구조물에 사용할 해사에 포함되는 염화물의 허용한도는 규정 값 이하로 해야 한다. 한편, 바다모래 사용에 따른 문제점은 조개껍질 등이 섞여 있을 경우 강도면에서 유해하며, 오토클레이브 양생시에도 부적당하고, 특히 화재를 당했을 때 조개껍질 등의 혼입은 해롭다고 한다. 조개껍질의 혼입에 대해서는 트롬멜과 같은 장치로 큰 조개껍질 등은 제거하고 사용함이 바람직하다. 콘크리트 표준시방서에서는 다음과 같이 규정하고 있다.

1) 바다모래는 콘크리트의 품질에 나쁜 영향을 미치지 않는 것이어야 한다. 바다모래에 함유되는 염화물의 양이 정해진 허용치(2.1.3.4 유해물 함유량의 한도)를 넘을

경우에는 물 세척이나 다른 방법으로 염화물 함유량을 허용한도 이하로 조절해야 한다. 바다모래를 다른 잔골재와 혼합해서 사용해서 사용하는 경우라도 혼합된 잔골재의 염화 함유량은 허용한도 이하가 되어야 한다.

2) 무근 콘크리트 구조물에 사용할 콘크리트에 있어서는 염화물 함유량의 허용한도를 따로 정하지 않아도 된다.

3) 바다모래에 포함되는 염화물 함유량의 시험은 KS F 2515(골재의 염화물 함유량 시험방법)에 따른다.

4.5.5 순환골재

우리나라의 연간 건설폐기물의 발생량은 2000년에는 약 3,000만 톤, 2002년 4,300만 톤, 2004년 5,400만 톤으로 지속적으로 증가하고 있다. 이러한 막대한 양의 건설폐기물을 매립하여 처리하는 데는 한계가 있으므로 정부에서는 2008년에 건설폐기물의 재활용촉진에 따른 의무사용량을 고시하여 건설업체는 각종 건설공사에서 발생되는 토사 및 콘크리트 덩어리 등의 부산물을 재활용하도록 의무화 하였다.

건설폐기물의 약 3분의 1에 해당되는 1,000만톤 정도는 폐콘크리트가 차지하는 것으로 추산된다. 폐콘크리트는 주로 노후된 구조물의 재건축이나 도시의 재개발을 위해 기존 콘크리트의 구조물을 해체할 때 발생하는 것으로 현재는 이것을 대부분 매립하고 있으며 도로 노반재나 뒷채움재 등으로 일부사용하고 있다.

폐콘크리트는 재활용의 가능성이 높은 것으로서 노반재나 뒷채움재로의 활용 외에도 콘크리트용 순환골재로 이용하는 것은 환경문제를 해결할 뿐만 아니라 고갈되어 가는 골재 문제를 해결할 수 있는 좋은 방안이 될 것이다.

순환골재를 콘크리트용 골재로서 이용하는 방안의 연구로서 처음에는 콘크리트 덩어리를 파쇄하여 단순히 체로 체가름 하여 사용하는 것이 검토되었다. 그런데 이것을 전량 사용한 콘크리트의 품질이 크게 저하되므로 순환골재와 일반골재를 어떤 비율로 사용하는 방안이 검토되었다. 또한 순환 굵은 골재에 붙어 있는 모르타르를 최소한으로 제거한 소위 고도처리한 골재로 이용하는 방안도 연구되어 왔으며, 일정 품질 이상의 골재는 순환골재라고 하여 일반골재와 같이 취급하고 있다.

현재까지 연구된 결과를 바탕으로 순환골재를 사용한 콘크리트의 성질에 대하여 특별히 고려해야 할 점을 기술하면 다음과 같다.

1) 콘크리트의 단위수량이 크게 되는 경향이 있기 때문에 적절한 공기연행 감수제를 사용한다.
2) 순환 굵은 골재를 30% 정도 대체하고 잔골재로서 천연모래를 사용한 콘크리트는 보통 굵은 골재와 천연모래만을 사용한 콘크리트와 큰 차이가 없다.
3) 순환잔골재 또는 순환 굵은 골재를 단독으로 사용한 콘크리트는 일반적으로 단위수량이 크며 같은 W/C의 보통콘크리트에 비하여 강도와 탄성계수가 작고, 수축이 크며, 동결융해저항성도 작기 때문에 버림 콘크리트로 사용하는 등 사용장소를 신중히 선정해야 한다.
4) 고도 처리한 순환 굵은 골재를 사용한 콘크리트는 일반적으로 같은 W/C에서 강도가 일반골재를 사용한 콘크리트와 큰 차이가 없다.

현재의 상황에서 순환골재의 생산원가가 높으며 순환골재를 사용한 콘크리트의 품질이 상대적으로 낮은 것이 현실이지만, 골재의 고갈문제를 어느 정도 해결할 수 있고, 매립으로 인한 환경파괴를 막는다는 관점에서 보면 순환골재의 사용은 가까운 시일 내에 일반화될 필요성이 있다.

4.5.6 고로슬래그 골재

(1) 고로슬래그 잔골재

고로슬래그 잔골재는 철을 생산하는 과정에서 용광로에서 생기는 고로슬래그를 냉각시킨 것으로 냉각시키는 방법에 따라 성질이 다르다. 물을 가하여 급냉시킨 것을 수쇄슬래그, 냉풍으로 급냉시킨 것을 풍쇄슬래그, 공기 중에서 서서히 냉각시킨 것을 공냉슬래그라 하고, 공냉 슬래그를 파쇄한 공냉사 등이 있다. 수쇄슬래그는 강도에 따라 연질과 경질 수쇄슬래그로 구분되며, 연질 수쇄슬래그를 시멘트, 규산질비료 등에 이용되고, 경질 수쇄슬래그는 콘크리트용 잔골재, 토지개량 등으로 이용된다.

고로슬래그 잔골재는 우리나라에서 아직 단독으로 잔골재로 사용된 실례가 없지만, 외국에서는 잔골재로서 단독으로 쓰여 지는 경우도 있다. 실제의 사용 예에서는 입도조정이나 염화물 함유량 등의 저감을 목적으로 산모래나 바다모래 등의 20~60%를 고로슬래그 잔골재로 치환하여 사용하는 경우가 많다.

KS F 2559(콘크리트용 고로슬래그 잔골재)에는 이와 같은 혼합사용을 고려하여 입도에 따라 고로슬래그 잔골재를 4종류로 구분하고, 각 종류에 대하여 입도의 표준을

표 4.31과 같이 규정하고 있다.

표 4.31 고로슬래그 잔골재 입도의 표준

체의 호칭(mm) / 슬래그 잔골재 종류	체를 통과한 것의 중량백분율(%)						
	10	5 (N0.4)	2.5 (No.8)	1.2 (No16.)	0.6 (No.30)	0.3 (No50.)	0.15 (No.100)
5mm	100	90~100	80~100	50~90	25~650	10~35	2~15
2.5mm	100	95~100	85~100	60~95	30~70	10~45	2~20
1.2mm	–	100	95~100	80~100	35~80	15~50	2~20
5~0.3mm	100	95~100	65~100	10~70	0~40	0~15	0~10

고로슬래그 잔골재는 잠재수경성을 갖고 있는 물질이므로 취급함에 있어서 특별히 주의하지 않으면 안 된다. 즉, 일평균기온이 20℃를 넘는 시기에는 골재의 저장설비나 저장 빈(bin)에서 고결현상을 일으켜 꺼내기 어려움이 있게 된다. 따라서 이와 같은 시기에는 KS F 2559 슬래그 잔골재의 저장 안정성 시험방법)에 의한 판정결과가 A인, 고결이 쉽게 되지 않는 것을 구입하여 장기간 저장하지 않도록 해야 한다. 또한 회전로나 전기로 등의 제강 슬래그는 콘크리트용 골재로는 불안정한 광물상으로 구성되어 있으므로 사용해서는 안 된다.

(2) 고로슬래그 굵은 골재

고로슬래그 굵은 골재는 철을 생산하는 과정에서 용광로에서 나온 고온의 용융고로슬래그를 서서히 냉각시켜서 응고시킨 후 크러셔(crush)로 파쇄하여 만든 것이다. 고로슬래그 굵은 골재는 냉각방법, 파쇄과정의 차이 등에 따라 골재로서 적당하지 않은 것도 있다. 또한 동일한 제철소에서 제조된 것이라 하더라도 생산시기에 따라 품질에 약간의 차이가 생길 수 있다.

고로슬래그는 냉각속도에 따라 품질이 다르거나 골재로서 부적당한 것도 있으며, 특히 냉각속도가 빠르면 다공질의 가벼운 것과 유리질의 것이 되며, 가벼운 슬래그는 일반적으로 강도가 약하므로 좋지 않다. 굵은 골재는 KS F 2544에 제정되어 있다. 공업진흥청에서는 KS F 2544(콘크리트용 고로슬래그 굵은 골재)를 제정하였으며 콘크리트시방서에서도 이 규정에 적합한 것을 사용하도록 규정하였다. KS F 2544에서는 표 4.32와 같이 고로슬래그 굵은 골재를 A 및 B로 분류하고 있지만, 콘크리트 시방서에서는 B에 속하는 고로슬래그 굵은 골재를 사용하는 것을 원칙으로 하며, A에 속하는 것은 내구성 및 냉동해성이 중요하지 않고, 또 설계기준강도가 21MPa 미만인 콘크리트에 한해서 사용하는 것으로 한다.

알루미나 시멘트와 고로슬래그 굵은 골재를 병용하면 급결성을 나타내므로 특수한 경우 이외에는 사용을 피하는 것이 좋다. 또 회전로슬래그나 전기로슬래그 등의 제강슬래그로 만든 굵은 골재는 고로슬래그 굵은 골재와 달라서 불안정하므로 콘크리트용 골재로 사용해서는 안 된다.

표 4.32 고로슬래그 굵은 골재의 분류

분류 \ 항목	절건비중(g/cm^3)	흡수율(%)	단위중량(kg/m^3)
A	2.2 이상	6 이하	1250 이상
B	2.4 이상	4 이하	1350 이상

(주) 시험방법은 KS F 2544의 5.6「절건비중 및 흡수율시험」및 5.7「단위용적중량시험」에 따른다.

4.6 골재의 저장과 관리

콘크리트의 배합에는 비중, 흡수율, 단위중량, 입도 및 표면수율이 영향을 미치나 골재 관리의 대상이 되는 것은 주로 잔골재의 표면수율과 입도이다. 골재의 입도가 적당하면 골재의 단위중량이 크고 공극률이 작으며, 콘크리트로서는 시멘트풀이 절약되고, 비중이 높은 것이 얻어지기 때문에 경제적인 콘크리트가 된다. 또한 입도는 콘크리트의 워커빌리티에 큰 영향을 주므로 특히 잔골재 입도의 변동에 유의하여야 한다. 잔골재 입도변화가 크면 시방배합을 수정할 필요가 있다.

보통 현장에서는 잔골재가 습윤상태로 있는 것이 보통이지만 표면수량이 있으면 콘크리트를 혼합할 때 콘크리트의 수량이 표면수량 만큼 많아져서 물-결합재비, 워커빌리티 등에 변화를 초래하므로 현장배합 시에서는 반드시 조정해야 한다. 골재의 관리로서 표면수량 관리가 매우 중요하며 일반적으로 잔골재의 표면수량이 1% 변하면 슬럼프는 3~4cm, 강도는 6~8% 정도 변화한다고 보아도 좋다.

골재는 잔골재, 굵은 골재를 별도로 또는 골재의 종류별로 구분하여 저장하고 이물질이 들어가지 않도록 한다. 골재의 상태에 따라서 표면수량의 개략치를 나타내면 표 4.33과 같다.

표 4.33 골재의 표면수량의 근사치

골재의 상태	표면수량(%)
젖은 자갈 또는 부순돌	1.5~2.9
많이 젖은 모래(손에 쥐면 손바닥이 젖음)	5~8
보통 젖은 모래(손에 쥐면 쥔 형태가 남고 손바닥에 약간의 수분이 묻음)	2~4
젖은 모래(손에 쥐어도 형태가 곧 무너지고 손바닥이 약간 축축한 감이 있음)	0.5~2

잔골재는 보통 습윤상태에 있기 때문에 입자가 크고 작은 것으로의 분리가 적으나 굵은 골재는 최대치수가 클수록 분리가 일어나기 쉽다. 최대치수가 50mm 이상인 골재를 사용할 경우에는 대소 2종류의 크기로 체가름 하여 따로따로 저장한다. 또 최대치수가 50mm 이하인 경우에도 중요한 공사에서는 2종류 이상으로 체가름 하여 분리하여 저장하는 것이 바람직하다.

잔골재의 표면수는 콘크리트의 배합에 미치는 영향이 크므로 배수가 잘되는 장소에 저장하고 지붕을 만들어 빗물의 영향을 받지 않도록 해야 한다. 겨울철에는 골재에 빙설이 혼입되거나 동결되지 않도록 해야 하며 여름철에는 햇빛을 직접 받지 않도록 유의해야 한다.

골재의 저장과 관리는 다음과 같은 사항을 주의해야 한다.

1) 잔골재, 굵은 골재 및 종류와 입도가 다른 골재는 각각 구분하여 따로따로 저장해야 한다. 굵은 골재의 최대치수가 65mm 이상인 경우에는 적당한 체로 2종 이상으로 체가름 하여 따로따로 저장해야 한다.
2) 골재의 받아들이기, 저장 및 취급에 있어서는 대소의 골재가 분리하지 않도록, 먼지, 잡물 등이 혼입하지 않도록 또 굵은 골재의 경우에는 골재 알이 부서지지 않도록 설비를 정비하고 취급에 주의해야 한다.
3) 골재의 저장설비에는 적당한 배수시설을 설치하고, 그 용량을 알맞게 하며, 표면수가 균일한 골재를 사용할 수 있도록 또 받아들여진 골재를 시험한 후에 사용할 수 있도록 되어 있어야 한다.
4) 골재는 겨울에는 빙설의 혼입 또는 동결을 방지하기 위하여 적당한 시설을 갖추고

이를 저장해야 한다.

5) 골재는 여름에는 골재의 건조나 온도의 상승을 방지하기 위하여 일광의 직사를 피할 수 있는 적당한 시설을 갖추고 이를 저장해야 한다.

4.7 물

물은 인공적으로 처리된 물(수돗물, 공업용수), 천연수(하천수, 지하수, 바닷물 등), 한번 사용한 물(공업폐수, 하수)로 분류할 수 있다. 일반적으로 사용되고 있는 혼합수는 수돗물, 지하수가 대부분이고 바닷물을 사용하는 예는 거의 없다.

콘크리트 제조시의 혼합용수는 콘크리트 부피의 약 15%를 차지하며 콘크리트에 소요의 유동성을 주는 동시에 시멘트와 수화반응을 일으켜 경화를 촉진하는 등의 역할을 하는 콘크리트의 기본재료중 하나이다. 또한 혼합수는 특별한 맛, 냄새. 빛깔, 탁도 등이 없는 음료에 적합하고 깨끗해야 하며, 기름, 산, 염류, 유기물 등 콘크리트 및 콘크리트 속의 강재에 영향을 주는 물질이 함유되어 있어서는 안 된다.

공장폐수로 오염된 하천수, 호소수 등에는 염류, 납, 아연, 주석, 망간 등의 화합물과, 알칼리의 무기물, 당류, 부식물질 등의 유기불순물이 적은 양이라도 함유되어 있는 물을 혼합수로 사용할 경우 콘크리트의 응결, 경화, 강도발현, 체적변화, 백화(efflorescence), 워커빌리티 등에 나쁜 영향을 미치는 수가 있다. 따라서 이와 같이 오염된 물은 사용하고자 할 경우에는 물을 수질검사 등으로 그 영향을 확인 후 사용여부를 판정하는 것이 좋다.

4.7.1 혼합수의 종류

(1) 수돗물

하천수, 지하수 등을 수원으로 하는 것으로서 유해한 염류나 유기물 등은 거의 함유하지 않으며 수질이 보증된 것이다. 콘크리트의 혼합수로서는 문제가 없다.

(2) 하천수

하천수는 일반적으로 콘크리트용의 혼합수로서 적합하다. 다만 공업폐수로 오염된 것은 사용할 때에 주의가 필요하다.

(3) 지하수

지하수는 알칼리 금속, 칼슘, 마그네슘, 철 또는 망간 등의 염화물, 초산염, 탄산염 등을 용해하고 있으며, 하천수와 비교하여 탄산과 중탄산염의 함유량이 많다. 일반적으로 혼합수로서 유해량의 염류를 포함하는 경우는 드물어 혼합수로서 사용되고 있다.

해안에 가까운 지하수에서는 염소이온을 다량으로 함유하고 있는 것이 있어 철근콘크리트에 사용할 때는 주의가 필요하다. 염소이온의 허용한도는 3,000ppm 정도이다. 또 유기물을 함유한 지하수를 혼합수로 사용하면 콘크리트가 경화 불량을 일으키는 경우가 있다.

(4) 바닷물

바닷물 속에는 Mg2^{+}, Na^{+}, K+, SO^{2-}, Cℓ^{-} 등의 이온이 용해되어 있으며 전체 중 Cℓ^{-} 이온이 55%, Na+이온이 31% 정도를 차지한다. 바닷물을 혼합수로 사용하면 응결시간이 촉진되고 조기강도의 발현이 약간 빠르게 되나 장기강도의 신장이 작다(그림 4.6 참조). 또 알루미나 시멘트는 바닷물과 혼합하면 급결을 일으킬 우려가 있기 때문에 주의가 필요하다.

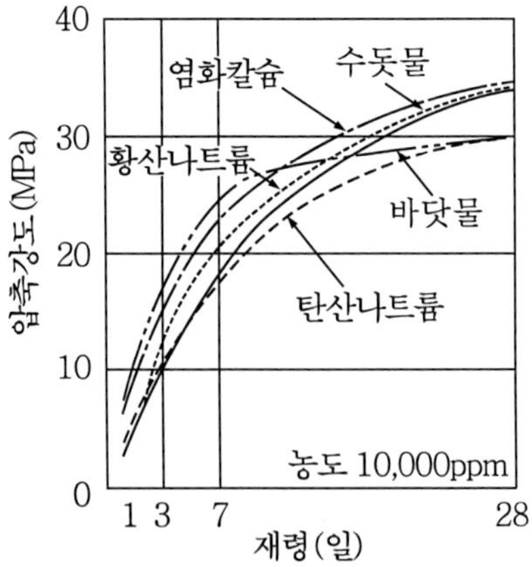

그림 4.6 각종 염류를 혼입한 콘크리트 재령과 강도의 관계

(5) 회수수

레디믹스트콘크리트 공장으로부터 배출되는 물 즉, 콘크리트 운반차나 믹서를 세척한 물은 pH가 12 정도의 높은 알칼리성을 띠고 있으며, 시멘트 등의 미립분과 골재를 포함하고 있다. 이것으로부터 골재를 회수하고 남는 물은 슬러지 고형분을 가라앉힌 윗부분의 맑은 물과 슬러지 고형분을 포함한 슬러지수로 구분되는데 이를 회수수라고 한다.

1) 슬러지 고형분을 가라앉힌 맑은 물

일반 혼합수와 동일하게 콘크리트용 혼합수로 사용할 수 있다.

2) 슬러지수

교반, 침전 또는 응집제에 의한 농축 등의 조작을 거쳐 고형분을 소정 농도 이하로 관리함으로서 콘크리트용 재료로 재이용할 수 있다.

(6) 기타의 물

1) 공장폐수

공장의 종류나 공정에 따라서 수질이 크게 다르지만 일반적으로 유기물에 의해 오염된 것이 많아서 콘크리트용 혼합수로서는 부적당하다.

2) 도시하수

다량의 고형분과 유기물이 함유되어 있어서 콘크리트용 혼합수로 사용할 수 없다.

4.7.2 혼합수내 불순물의 영향

수중에 함유된 불순물에는 수중의 점토나 부유물로서 여과시켰을 때 여과지에 남는 현탁물질(점토, 후민산, 산화아연 등), 가용성 증발 잔유물(Ca^{2+}, Mg^{2+}, Na^{+}, SO^{2-}, K^{+}, HCO^{3-}, $C\ell^{-}$ 등의 조합에 의한 염류), 가용성 유기물질(점토, 후민산 나트륨 등) 등이 있다. 콘크리트 품질에 미치는 영향은 불순물의 종류와 농도, 몇 종류의 불순물의 조합 등에 따라 다르다. 염화물은 1,000~2,000ppm 이하의 농도에서는 영향이 적다. 10,000ppm을 넘으면 응결이 촉진되며 초기의 강도는 증가하지만 장기재령에서 강도의 신장은 작다. 염화나트륨과 염화칼슘 등은 농도가 증가하면 수축을 증가시키는 경향이 있다. 탄산염은 응결촉진작용을 나타내며 농도가 높을 때에는 이상응결을 일으킬 우려가 있다. 당류, 후민산 등의 유기불순물은 현저히 응결을 지연시키며 혼입량이 많을 때에는 콘크리트의 경화와 강도 빌현을 크게 저하시킨다.

수중에 포함된 각종 염류가 모르타르에 미치는 영향을 알아보면 표 4.34와 같으며, 콘크리트의 강도발현에 크게 영향을 미치는 혼합수가 함유한 불순물을 알아보면 표 4.35와 같다.

표 4.34 각종 염류가 모르타르에 미치는 영향

종 류	증류수를 혼합수로 사용한 모르타르에 대한 비교		
	응 결	강 도	건조수축
염화나트륨	다소 촉진성	장기강도 저하	증대
염화칼슘	촉진성	초기강도 증대	증대
염화암모늄	촉진성	단기강도 증대	증대
탄산나트륨	촉진성이 현저하다, 이상 응결성	장기강도 저하	증대
황산칼륨	영향은 적다	영향은 작다	영향은 적다
황산칼슘	촉진성	장기강도 저하	증대
초산납	지연성이 현저하다	초기강도 저하	–
초산아연	지연성이 현저하다	초기강도 저하	–
봉사	이상응결의 경향	전체적으로 강도 저하	증대
후민산나트륨	지연성이 현저하다	전체적으로 강도 저하	다소 증대

(주) 염류의 용해 농도는 10,000ppm이고, 건조조건은 온도 20±1℃, 습도 50±3%이다.

표 4.35 혼합수의 불순물이 콘크리트의 강도에 미치는 영향

강도비(%) \ 불순물 / 함유량(%)		우무 (식·의료용)		탄 닌		글리세린		아마 유	설 탕
		0.14	1.00	0.14	1.00	0.14	1.00	0.14	1.00
압축강도(MPa)	7일	70	0	51	0	118	18	0	0
	28일	70	0	77	0	150	75	0	0

한편, 해수는 철근콘크리트 또는 PS강선을 부식시킬 우려가 있으며, 누설전류가 있는 곳에서는 전해부식작용에 의해 철근의 부식이 진행되므로 혼합수로 사용해서는 안 된다.

4.7.3 혼합수의 판정

수돗물로서 적합한 물은 콘크리트의 혼합수로서 사용할 수 있다. 수중에 함유된 불순물에는 수중의 점토나 부유물로서 여과시켰을 때 여과지에 남는 현탁물질(점토, 후민산, 산화아연 등)은 2,000ppm, 물에 용해되어 있는 염류나 유기물로 여과지를 통과한 여과액을 105~110℃로 증발시킨 후 남는 용해성 증발잔유물(Ca^{2+}, Mg^{2+}, Na^{+}, K^{+}, HCO^{3-}, SO^{2-}, $C\ell^{-}$ 등의 조합에 의한 염류)은 1,000ppm이 한계치라고 할 수 있다. 모르타르의 압축강도에 의한 콘크리트용 혼합수의 시험은 기준수(증류수 혹은 상수도물)를 사용한 모르타르를 만들고 이것과 같은 물-결합재비를 갖는 검사할 물을 사용한 공시체를 제작하여 재령 7일과 28일에 있어 후자의 압축강도가 전자의 90% 이상일 때에는 일반적으로 혼합수로서 사용할 수 있다. 또한 공업배수 등으로 오염되어 있을 경우에는 응결이 지연되는 경우가 있기 때문에 이러한 경우에는 응결시험을 병행하여 실시하는 것이 좋다.

레디믹스트 콘크리트에 대한 한국산업규격(KS F 4009)에서는 혼합수를 상수도물, 상수도 이외의 물 및 회수수로 구분하여 표 4.36과 같이 품질 규정을 두고 있다. 참고로 우리나라 수도수의 수질기준을 알아보면 표 4.37과 같다

표 4.36 레디믹스트 콘크리트의 혼합수에 대한 규정(KS F 4009)

혼합수의 종류	시 험 항 목	품 질
상수도 물	색도	5도 이하
	탁도	2도 이하
	수소 이온농도	5.8~8.6
	증발 잔유물	500ppm 이하
	염소 이온량	200ppm 이하
	과망간산칼륨 소비량	10ppm 이하
상수도 이외의 물	현탁 물질량	2g/0ℓ 이하
	용해성 증발 잔유물량	1g/ℓ 이하
	염소 이온량	200ppm 이하
	시멘트 응결시간의 차	초결은 30분 이내, 종결은 60분 이내
	모르타르 압축강도비	재령 7일과 재령 28일에서 90% 이상
회수수	염소 이온량	200ppm 이하
	시멘트 응결시간의 차	초결은 30분 이내, 종결은 60분 이내
	모르타르 압축강도 비	재령 7일과 재령 28일에서 90% 이상

표 4.37 우리나라 수도수의 수질기준

시험 종목	원수의 수질기준	음용수의 수질기준
색도	5도 이하	2도 이하
탁도	–	2도 이하
경도	300ppm 이하	300ppm 이하
수소이온	–	5.8~8.0
황산이온	250ppm 이하	200ppm 이하
염소이온	150ppm 이하	150ppm 이하
규산	50ppm 이하	50ppm 이하
증발 잔유물	–	500ppm 이하
유기물	–	10ppm 이하

CHAPTER

05 콘크리트

CHAPTER 05 콘크리트

5.1 개요

건설재료 중 콘크리트는 가장 중요한 것이며, 콘크리트란 시멘트, 물, 잔골재, 굵은 골재 및 필요에 따라 혼화재료를 적당한 비율로 혼합하여 만든 것으로 시간이 경과함에 따라서 시멘트와 물의 화학적 결합, 즉 수화작용에 의해서 경화되는 성질을 갖는 것을 말한다. 콘크리트에 골재를 사용하지 않고 시멘트와 물을 혼합한 것을 시멘트 페이스트라 하고, 콘크리트에 굵은 골재를 사용하지 않은 것. 즉 시멘트 페이스트에 잔골재를 혼합한 것을 모르타르라고 한다.

일반적으로 사용되는 콘크리트의 재료 구성비율은 그림 5.1과 같으며 용적으로 약 70%가 골재이고, 나머지 약 30%가 결합재, 즉 시멘트 페이스트이다. 시멘트 페이스트는 골재 사이의 간극을 채우고 굳지 않은 콘크리트(fresh concrete)에서 유동성을 갖게 하며, 수화한 후에는 골재와 결합하여 강도를 발휘한다.

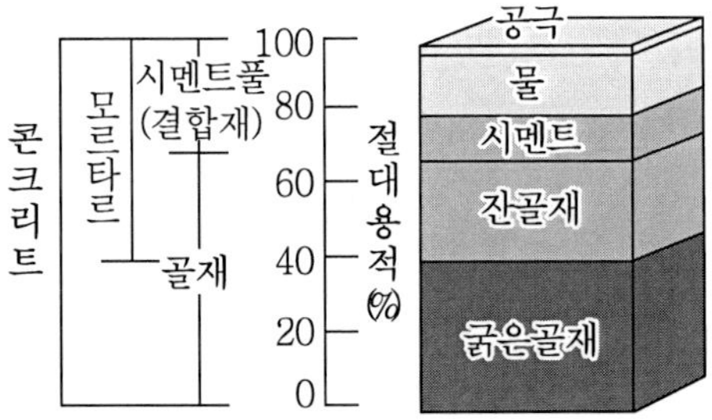

그림 5.1 콘크리트 재료의 용적(구성재료) 비율

경화한 콘크리트(hardened concrete)의 성질은 시멘트 페이스트의 품질 및 콘크리트 용적의 대부분을 차지하는 골재의 성질에 따라서 큰 영향을 받으며, 이때 시멘트 페이스트의 품질은 시멘트의 품질, 물-결합재비(W/B), 시멘트의 수화 정도에 따라서 지배된다.

또한 콘크리트 속에 존재하는 공기는 재료 혼합 과정에 혼입된 갇힌 공기와 공기연행제에 의해서 형성되는 연행공기가 있는데, 공기연행제에 의한 기포는 아직 굳지 않은 콘크리트의 유동성을 개선하고 동결융해작용에 대한 저항성을 증대시키지만, 공기량 1%의 증가에 대해서 압축강도는 약 4~6% 감소하는 것으로 알려져 있다.

토목재료로서 콘크리트의 장·단점을 알아보면 표 5.1과 같다.

표 5.1 콘크리트(토목용 재료)의 장·단점

장 점	단 점
1) 재료(시멘트, 골재, 물 등)의 확보 및 운반이 용이하다. 2) 크기, 모양에 제한을 받지 않고 구조물을 손쉽게 만들 수 있다. 3) 내구성, 내화성, 내진성 구조물을 만들 수 있다. 4) 필요로 하는 임의의 강도를 자유롭게 얻을 수 있다. 5) 시공하는데 특별한 숙련공이 필요로 하지 않는다. 6) 유지비가 거의 들지 않으며 경제적이다. 7) 역학적인 결점은 다른 재료를 사용하여 보완할 수 있다.	1) 자체 중량이 큰 데 비해 강도가 작다. 단, 중력댐, 콘크리트 침목 등과 같은 곳에 이용할 때는 오히려 장점이 된다. 2) 압축강도에 비하여 인장강도와 휨강도가 작다. 이것을 보강하기 위하여 철근을 사용한다. 3) 경화시에 건조수축 등에 의하여 균열이 생기기 쉽다. 4) 구조물의 보수나 철거시 파괴가 곤란하고 모양 변경이 어려우며 재사용이 어렵다. 5) 경화하는데 시간이 걸리기 때문에 시공일수가 길다.

양질의 콘크리트를 제조하기 위한 조건으로는 강도, 내구성 및 시공성의 3가지 조건을 동시에 만족시켜야 한다. 즉, 이와 같은 양질의 콘크리트를 만들기 위해서는 재료, 배합을 적절히 선정하고, 혼합, 운반, 타설, 다지기, 양생 등의 시공을 알맞게 실시함으로써 전공정이 잘 마무리될 수 있도록 세심한 주의가 필요하다.

5.2 굳지 않은 콘크리트의 성질

굳지 않은 콘크리트란 콘크리트를 혼합한 직후로부터 시간의 경과에 따라 유동성을 상실하며 응결과정을 거쳐 어느 정도의 강도를 나타낼 때까지의 콘크리트를 말한다. 굳지 않은 콘크리트의 성질의 관계를 알아보면 그림 5.2와 같다. 굳지 않은 콘크리트는 거푸집 구석구석 또는 철근 사이를 충분히 잘 채워질 수 있도록 충전성이 양호해야 하고 운반, 다지기 및 마무리가 쉽고 재료분리 및 블리딩이 적어야 한다.

굳지 않은 콘크리트의 성질을 나타내는 용어는 반죽질기(consistency), 워커빌리티(workability), 성형성(plasticity), 피니셔빌리티(finishability), 유동성(fluidity), 점성(viscosity), 다짐성(compactibility), 펌퍼빌리티(pumpability) 등이 사용되고 있다. 이들 성질을 그림 5.2와 같이 정리할 수 있다.

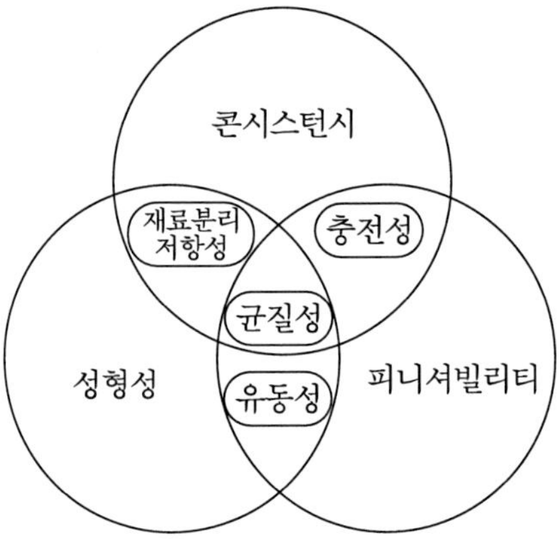

그림 5.2 굳지 않은 콘크리트의 제성질의 관계

(1) 워커빌리티(workability)

재료분리를 일으키는 일 없이 운반, 타설, 다지기, 마무리 등의 작업이 용이하게 될 수 있는 정도를 나타내는 굳지 않은 콘크리트의 성질을 말한다.

(2) 반죽질기(consistency)

주로 수량의 다소에 따르는 반죽이 되고 진 정도를 나타내는 굳지 않은 콘크리트의 변형 또는 유동에 대한 저항성을 의미한다.

(3) 성형성(plasticity)

거푸집에 쉽게 다져 넣을 수 있고, 거푸집을 제거하면 천천히 형상이 변하기는 하지만 허물어지거나 재료가 분리하거나 하는 일이 없는 굳지 않은 콘크리트의 성질을 말한다.

(4) 피니셔빌리티(finishability)

굵은 골재의 최대치수, 잔골재율, 잔골재의 입도, 반죽질기 등에 따르는 마무리하기 쉬운 정도를 나타내는 굳지 않은 콘크리트의 성질을 말한다.

5.2.1 워커빌리티의 영향 요인

(1) 시멘트

시멘트의 종류, 분말도, 단위 시멘트량, 풍화의 정도 등 시멘트의 성질에 따라 같은 배합으로 만든 콘크리트라도 워커빌리티가 변화한다. 단위 시멘트량이 큰 콘크리트일수록 성형성이 좋다. 또한 혼합시멘트는 일반적으로 보통포틀랜드시멘트와 비교해서 워커빌리티를 좋게 하고, 비표면적 280m^2/kg 이하의 시멘트를 사용하면 워커빌리티가 나빠지고 블리딩도 커진다. 시멘트량의 많고 적음에 따라 워커빌리티에 크게 영향을 미치며, 일반적으로 시멘트량을 증가시키면 워커빌리티도 좋아지고 강도, 내구성도 커지고 수밀성도 커진다. 한편 시멘트 양이 적으면 재료분리의 경향이 생긴다.

(2) 단위수량

단위수량이 클수록 반죽질기가 크게 되지만, 단위수량이 너무 많아지면 콘크리트는 묽은(진)반죽이 되어 재료가 분리를 일으키며 콘크리트의 시공이 어렵게 된다. 반대로 단위수량이 너무 적으면 콘크리트는 된 반죽이 되고, 또한 유동성이 적게 되어 역시 시공이 곤란하게 된다. 일반적으로 단위수량이 1.2%의 증감에 따라 슬럼프는 1cm의 증감을 나타낸다.

(3) 잔골재

잔골재의 입도와 모양은 콘크리트의 워커빌리티에 큰 영향을 미치게 된다. 특히 0.15~0.3mm의 입자는 성형성에 영향이 매우 크다. 빈배합의 콘크리트에서는 특히 미세한 입자가 워커빌리티를 개선한다. 입도분포는 연속입도가 바람직하며, 공기연행 콘크리트의 경우에는 공기연행제의 공기연행성은 잔골재의 입경의 크기에 따라 달라진다. 잔골재의 모양은 둥근 모양의 자연모래가 모가지거나 편평한 것이 많은 부순 모래에 비하여 워커빌리티가 좋은 콘크리트를 얻기 쉽다. 잔골재량을 증가시키면 동일 워커빌리티를 얻기 위해 단위수량을 늘릴 필요가 있다.

(4) 굵은 골재

굵은 골재는 모양의 영향이 매우 크며, 둥근 모양에 가까운 자갈을 사용한 것이 모난 자갈을 사용한 것보다 양쪽의 입도가 같으면 워커빌리티가 좋은 콘크리트가 된다. 워커빌리티가 좋은 콘크리트는 골재의 입도가 비교적 적을 때에 얻을 수 있으므로 진반죽할 때 잔골재를 조금 가하면 워커빌리티가 좋아 진다. 모양 이외에 입자의 표면적이나 입도 분포도 워커빌리티에 큰 영향을 미친다. 부순돌을 사용하면서 보통 자갈을 사용해서 만든 콘크리트와 같은 정도의 워커빌리티를 얻으려면 골재의 입도를 변경시켜야 한다. 즉, 잔골재의 양을 증가시켜야 한다. 또한 굵은 골재의 최대치수는 시공조건과 관련한 콘크리트의 워커빌리티에 영향을 미친다.

(5) 혼화재료

혼화재료란 시멘트, 물, 골재를 혼합할 때 필요에 따라서 콘크리트의 성분으로 가해지는 재료를 말한다. 즉 콘크리트의 성질을 변화시키고, 공사비를 절감시키는 데 사용된다. 혼화재료로서는 포졸란(pozzolan), 플라이애쉬, 공기연행제, 감수제, 지연제, 방수제 등이 있다. 공기연행제의 적당량을 사용하면 콘크리트 속에 연행공기를 발생시켜 콘크리트 분리와 블리딩이 적게 되어 워커빌리티가 좋게 된다. 특히 빈배합의 경우에는 그 효과가 크다. 한편, 응결경화 시간의 연장은 콘크리트를 워커빌리티가 좋은 상태로 장시간 유지할 수 있도록 한다. 포졸란 재료는 세립이 부족한 잔골재를 사용한 콘크리트의 워커빌리티 개선에 유효하다.

(6) 공기량

공기연행제나 공기연행 감수제 등에 의해서 연행된 미세한 공기포는 볼-베어링(ball bearing) 작용에 의해 콘크리트의 워커빌리티를 개선시키며 공기량을 1% 증가시킴에 따라서 슬럼프가 20mm 증가되며 슬럼프가 일정하면 단위수량을 3% 감소시킬 수 있다.

(7) 온도

콘크리트의 워커빌리티는 온도의 변화에 따라서 변화한다. 굵은 골재의 최대치수 40mm, 슬럼프 75mm의 콘크리트에 대하여 시험 결과 5℃의 온도 상승에 대하여 단위수량을 약 2% 증가시킬 필요가 있다고 한다. 즉 온도가 높을수록 슬럼프는 감소되고, 또 수송에 의한 슬럼프의 감소도 현저하다(그림 5.3 참조).

(8) 배합

콘크리트를 구성하는 재료의 사용량이나 물-결합재비, 잔골재율, 잔-굵은 골재비 등 재료의 구성 비율은 콘크리트의 워커빌리티에 큰 영향을 미친다. 즉 부배합이 빈배합보다 워커빌리티가 좋아진다.

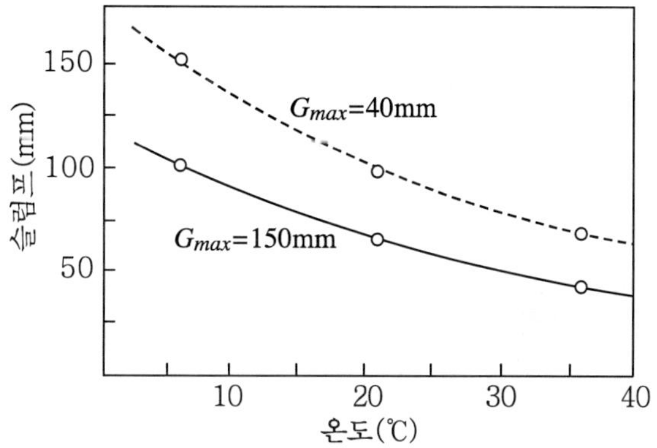

그림 5.3 콘크리트의 슬럼프와 온도와의 관계

5.2.2 워커빌리티의 측정방법

콘크리트의 워커빌리티는 앞에서 설명한 바와 같이 여러 가지 요인에 의하여 영향을 받고 있으므로 이것을 적절하게 측정하기가 곤란하고, 현재로서는 완전한 측정방법은 아직 없으나, 지금까지 제안된 측정방법은 콘크리트의 여러 성질을 측정하는 것으로, 워커빌리티와 관련된 성질을 나타내는 것으로 볼 수 있다. 콘크리트의 워커빌리티는 반죽질기에 좌우되는 경우가 많으므로 일반적으로 반죽질기를 측정하여 그 결과에 따라 워커빌리티의 정도를 판단한다. 현재 제안되어 있는 반죽질기를 시험하는 몇 가지 중요 시험방법의 개요는 다음과 같다.

(1) 슬럼프시험

이 시험은 콘크리트의 반죽질기 시험에 적용되며, KS F 2402(포틀랜드시멘트콘크리트의 슬럼프시험 방법)에 의해서 콘크리트의 반죽질기를 간단히 측정할 수 있는 방법으로 오래 전부터 미국, 영국, 일본 등 세계 각국에서 널리 이용되고 있다. 슬럼프시험은 콘크리트가 자중에 의하여 변형을 일으키려는 힘과 변형에 저항하는 힘이 평형이 되었을 때를 말하며, 콘크리트가 무너지거나 일정하게 침하하지 않는 경우에는 슬럼프시험의 적용은 의미가 없다. 또한 굵은 골재의 최대치수가 40mm를 넘는 경우에는 체로 쳐서 이를 제거한 다음에 시험을 실시해야 한다.

슬럼프 시험에 의하여 콘크리트의 반죽질기를 측정한 후 콘크리트를 가볍게 두드려서 변형의 상태를 관찰함으로써 성형성을 정확하게 판정할 수 있다. 슬럼프 값이 30~180mm 정도의 범위를 넘는 콘크리트에 대해서는 다른 시험방법에 의하여 워커빌리티를 측정하는 것이 좋다. 이 시험에 사용되는 기구중 슬럼프 콘은 그림 5.4와 같이 밑면의 내경 200mm, 윗면의 내경 100mm, 높이가 300mm이고, 다짐봉은 내경 16mm, 길이 600mm인 곧은 원형 강봉을 사용한다.

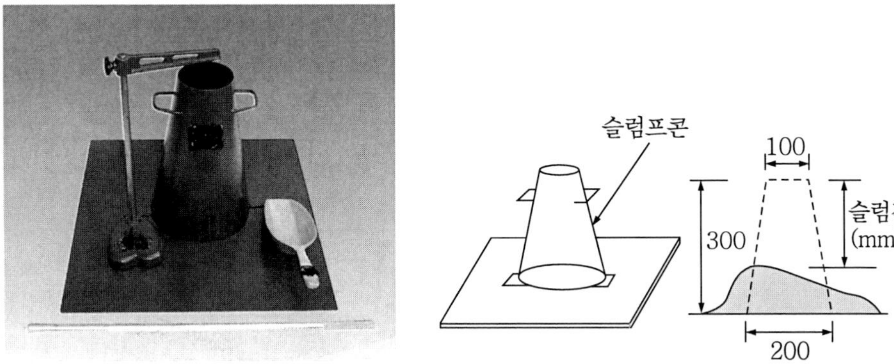

그림 5.4 슬럼프 시험기 및 시험방법

표 5.2 구조물의 종류에 의한 굵은 골재의 최대치수와 슬럼프의 표준값 (콘크리트표준시방서 2.4.7)

<table>
<tr><th>구조물의 종류</th><th>굵은 골재의 최대치수</th><th colspan="2">구조물의 종류</th><th>슬럼프의 표준값(mm)</th></tr>
<tr><td>일반적인 경우</td><td>20 또는 25</td><td rowspan="2">철근콘크리트</td><td>일반적인 경우</td><td>80~150</td></tr>
<tr><td rowspan="2">단면이 큰 경우</td><td rowspan="2">40</td><td>단면이 큰 경우</td><td>60~120</td></tr>
<tr><td rowspan="2">무근콘크리트</td><td>일반적인 경우</td><td>50~150</td></tr>
<tr><td>무근콘크리트</td><td>40
부재 최소 치수의 1/4을 초과해서는 안됨</td><td>단면이 큰 경우</td><td>50~100</td></tr>
</table>

주 1) 여기에서 제시된 슬럼프값은 구조물의 종류에 따른 슬럼프의 범위를 나타낸 것으로 실제로 각종 공사에서 슬럼프값을 정하고자 할 경우에는 구조물의 종류나 부재의 형상, 치수 및 배근상태에 따라 알맞은 값으로 정하되, 충전성이 좋고 충분히 다질 수 있는 범위에서 되도록 작은 값으로 정하여야 한다.
2) 콘크리트의 운반시간이 길 경우 또는 기온이 높을 경우에는 슬럼프가 크게 저하하므로 운반중의 슬럼프 저하를 고려한 슬럼프값에 대하여 배합을 정하여야 한다.

시험에 사용되는 시료는 시공 직전 또는 시험실에서 콘크리트 혼합이 끝난 즉시 채취해야 한다. 이 시료를 몰드 속에 대략 같은 용적으로 몰드의 1/3씩(바닥에서부터 70mm, 다음 160mm) 3층으로 나누어 넣고 각 층마다 다짐봉으로 25회씩 균일하게 다진 후 슬럼프 몰드를 연직으로 들어 올린다. 이 때 300mm 높이의 콘크리트가 가라앉은 값을 슬럼프 값이라 한다. 이와 같은 과정을 2분 30초 이내에 시행해야 하고, 슬럼프 시험은 2회 이상 시행하여 그 평균값을 취한다. 표 5.2에는 구조물의 종류에 의한 굵은 골재의 최대치수와 슬럼프 표준값을 정리해 놓았다.

(2) 흐름시험

흐름시험(Flow test)은 콘크리트의 유동성을 측정하는 시험방법으로 아직 굳지 않은 콘크리트의 반죽질기를 측정하여 콘크리트의 워커빌리티를 판단하는 시험으로서 콘크리트의 변형저항을 측정한다. 이 시험에 의하면 일정한 배합의 콘크리트의 경우 단위수량과 측정값과의 사이에는 직선관계가 된다. 또 골재의 분리를 눈으로 관찰할 수 있다.

흐름시험판 중앙 위에 밑지름 254mm, 윗지름 171mm, 높이 127mm인 원추형 몰드를 놓고, 이 몰드 안에 콘크리트를 2층(2회)으로 나누어 넣는다. 다음으로 다짐봉이 아래층에 관입할 수 있도록 각 층마다 25회씩 일정하게 다진다. 몰드를 수직(상하)으로 들어 올린 후 흐름 시험판을 10초 동안에 15회를 낙하시킨다. 콘크리트가 흘러 퍼진 시료의 밑면 지름을 6방향에서 5mm까지 측정하여 평균값(%)을 원래의 지름에 대한 백분율로 나타낸 것이 흐름값을 구한다.

$$\text{흐름값}(\%) = \frac{\text{시험 후의 지름} - \text{콘의 밑지름}(254\text{mm})}{\text{콘의 밑지름}(254\text{mm})} \times 100 \quad (5.1)$$

흐름시험은 유동성을 측정하려고 하는 것에 일부러 충격을 주어서 재료를 분리시켜 가지고 콘크리트의 유동성을 측정하는 것 같은 결과가 되어 유동성 측정방법으로 좋은 것은 아니다. 그러므로 최근에는 거의 사용되지 않는다.

(3) 리몰딩시험

리몰딩시험(Remolding test) 방법은 슬럼프 콘 속에 콘크리트를 채우고 원판을 콘크리트 면에 얹어 놓고 흐름 시험판에 약 6mm의 상하운동(낙하)을 작용시킴으로써 콘크리트가 유동하여 내외의 간격을 통하여 내륜의 외측으로 상승한다. 콘크리트의 표면의 내외가 동일한 높이가 될 때까지 반복하여 낙하횟수로써 반죽질기를 나타낸다.

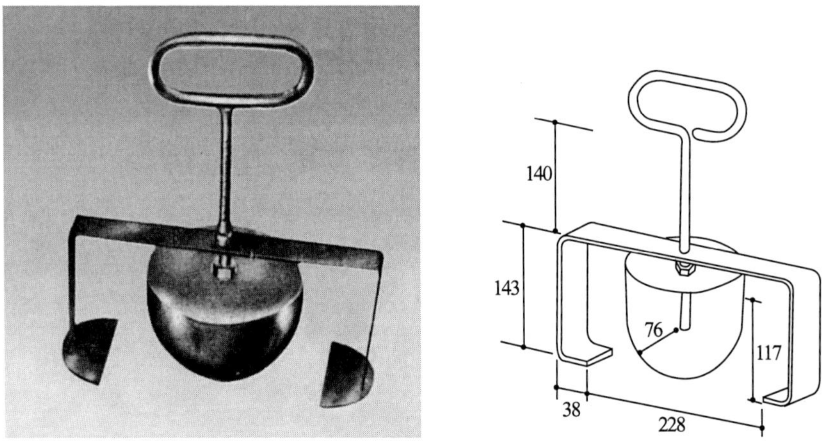

그림 5.5 구관입시험기

(4) 구관입시험

구관입시험(Ball penetration test)은 Kelly ball 관입시험이라고도 하고 KS F 2415에 규정되어 있는 방법이다. 전중량이 약 13.6kg, 직경 150mm인 반구에 반경 5mm의 눈금이 있는 손잡이로 되어 있는 그림 5.5와 같은 실험 기구를 콘크리트 표면에 놓았을 때 반구의 자중에 의하여 콘크리트 속으로 서서히 가라앉는 관입깊이를 mm 단위로 측정하여 콘크리트의 반죽질기를 알아보는 시험방법이다.

특히 포장 콘크리트와 같이 평면으로 타설된 콘크리트의 반죽질기를 측정하는데 편리하며, 관입값의 1.5~2배가 대체적으로 슬럼프 값과 거의 비슷하다고 한다. 이 시험은 적어도 콘크리트의 깊이가 골재 최대치수의 3배 이상, 또는 200mm 이상, 평면의 최소 치수가 460mm 이상 일 때 사용한다.

(5) 비비시험

비비시험(Vee-Bee test) 방법은 슬럼프시험으로 측정하기 어려운 비교적 포장콘크리트와 같이 된 비빔 콘크리트에 적용하기가 좋다. 비비 시험기(그림 5.6)의 진동대 위에 원통 용기를 고정시켜 놓고 그 속에 슬럼프 시험과 같은 조작으로 슬럼프 시험을 실시한 후, 투명한 플라스틱 원판을 콘크리트면 위에 놓고 진동을 주어 원판의 전면에 콘크리트가 완전히 접할 때까지의 시간을 초(sec)로 측정하는 시험으로 측정값을 VB값(Vee-Bee degree) 또는 침하도라고 한다. 슬럼프 값과 VB값을 비교해 보면 표 5.3과 같다.

그림 5.6 비비 시험기

표 5.3 슬럼프값과 VB값의 관계

슬럼프(mm)	0	1	2	3	4	5	6	7	8	10	12	14
VB값	10	6.5	5	4	3.2	2.8	2.3	2.0	1.8	1.4	1.1	0.9

(6) 다짐계수시험

다짐계수시험(Compacting factor test)은 슬럼프가 매우 작고 진동다짐을 실시하는 콘크리트에 유효하다. 그림 5.7과 같은 장치의 조작은 용기 A, B 및 C에 차례로 콘크리트를 낙하시켜 용기 C에 채워진 콘크리트의 중량(w)을 측정하고, 한편 C와 동일한 용기에 콘크리트를 충분히 채워 다진 후 중량(W)를 측정하여 w/W의 비를 구하여 워커빌리티의 척도로 하고자 하는 방법으로써, 슬럼프가 매우 작고 진동다짐을 실시하는 콘크리트에 유효한 시험방법이다.

콘크리트의 다짐계수와 슬럼프와의 관계를 알아보면 표 5.4와 같다.

표 5.4 슬럼프와 다짐계수 및 VB값과의 관계

유동성	슬럼프(mm)	다짐계수	VB값(sec)
매우 된 반죽	0.0	0.65~0.68	32.0~18.0
된 반죽	0~25	0.75~0.78	18.0~5.0
보통	25~50	0.83~0.85	5.0~3.0
양호	50~100	0.90~0.92	3.0
묽은 반죽	100~125	0.92~0.95	2.0
매우 묽은 반죽	150	0.95	1.0

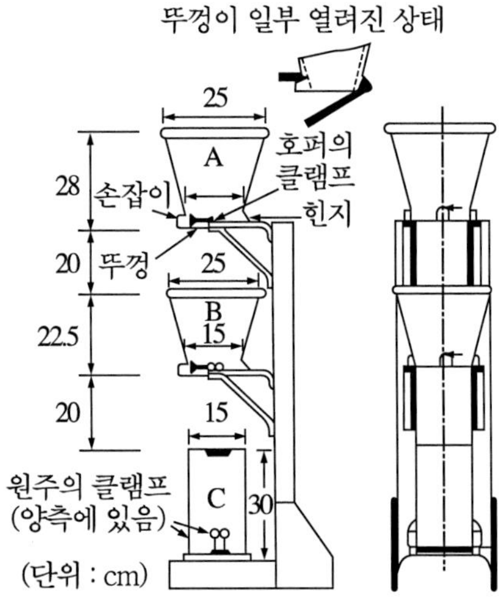

그림 5.7 다짐계수 측정 시험기

5.2.3 재료분리

콘크리트는 비중과 입자의 크기 등 물리적인 특성이 다른 여러 종류의 재료로 구성되므로 믹싱, 운반, 다지기 등의 시공 중에 재료분리를 일으키기 쉽다. 콘크리트는 어느 부분을 채취해도 그 구성요소인 시멘트, 물, 잔골재, 굵은 골재의 구성비율이 동일해야 하나, 이 균질성이 소실되는 현상을 재료분리라 한다.

재료분리가 발생한 콘크리트는 불균질하게 되어 강도, 수밀성, 내구성 등에 나쁜 영향을 미친다. 콘크리트는 믹서에서 배출될 때부터 운반, 타설, 다짐의 공정과정에서 분리하려는 성격을 가지고 있다. 따라서 경화한 콘크리트를 균등질로 만들기 위해서는 굳지 않은 콘크리트의 재료분리가 가능한 적도록 해야 한다.

(1) 콘크리트 타설작업 중 재료분리

묽은 반죽의 콘크리트를 일정 높이 이상에서 낙하시키거나 혼합시간의 부족 혹은 혼합 후 경과시간이 오래 걸릴 경우 일반적으로 재료의 분리는 일어나기 쉽다. 재료분리의 원인과 재료분리 현상을 줄이기 위한 유의사항을 알아보면 다음과 같다.

1) 재료분리의 원인

① 반죽질기가 지나친 경우
② 단위수량, 단위골재량이 많은 경우
③ 굵은 골재의 최대치수가 지나치게 큰 경우
④ 입자가 거친 잔골재를 사용한 경우
⑤ 배합이 적절하지 않은 경우

2) 재료분리 현상을 줄이기 위한 유의사항.

① 잔골재율을 크게 한다.
② 물-결합재비를 작게 한다.
③ 콘크리트의 성형성(plasticity)을 증가시킨다.
④ 잔골재 중의 0.15~0.3mm 정도의 세립분을 많게 한다.
⑤ 공기연행제, 플라이애쉬 등의 혼화재료를 적절히 사용한다.

한편, 부배합 콘크리트, 슬럼프 50~100mm 정도의 콘크리트 및 공기연행 콘크리트 등은 비교적 재료분리가 작다.

(2) 콘크리트 타설 작업 후 재료분리

1) 블리딩(Bleeding)

콘크리트 타설작업 후 시멘트, 골재입자 등이 침하하면서 물이 분리 상승되어 콘크리트 표면에 떠오르는 현상을 블리딩이라고 말한다. 블리딩은 일종의 재료분리이므로 블리딩이 크면 상부의 콘크리트가 다공질이 되며 강도, 수밀성 및 내구성이 감소되고, 골재입자나 수평철근의 밑부분에 수막을 만들어 시멘트 페이스트와의 부착을 저해하며 수밀성을 감소시킨다. 블리딩을 적게 하기 위해서는 단위수량을 적게 하고, 골재입도가 적당해야 한다. 특히 0.15~0.3mm정도의 세립부분의 영향이 크다.

2) 레이턴스(Laitance)

블리딩에 의하여 콘크리트 표면으로 떠올라와 침전된 미세한 백색침전물이 생기는데 이와 같이 침전된 미세한 물질을 레이턴스라고 한다. 레이턴스는 시멘트나 모래속의 미립자의 혼합물로서 굳어져도 강도가 거의 없으며, 콘크리트의 이음작업시 제거하지 않고 콘크리트를 타설하면 이 연결부는 약점의 원인이 된다.

5.3 경화한 콘크리트의 성질

콘크리트 구조물의 설계 및 해석에서도 강도 및 변형 특성 등의 역학적 성질이 가장 중요시 되고 있다. 경화한 콘크리트의 성질로서는 역학적 성질 외에도 체적변화, 중량, 내구성 수밀성 등의 물리적 성질 및 화학적 성질도 중요하다.

5.3.1 중량

콘크리트의 중량은 사용하는 골재의 종류, 굵은 골재의 최대치수, 콘크리트의 배합, 건습의 정도에 따라서 변화한다. 콘크리트의 중량은 단위질량(kg/m^3), 공기중 기건비중으로 나타낸다. 각종 골재를 사용한 콘크리트의 비중을 표 5.5에 나타냈다.

표 5.5 각종 콘크리트의 중량

콘크리트의 종류	잔골재	굵은 골재	기건비중
중량콘크리트	중정석	중정석	3.40~3.62
	적철광	적철광	3.03~3.86
	자철광	자철광	3.40~4.04
	자철광	철 편	3.80~5.12
보통 콘크리트	하천 모래	하천 자갈	2.20~2.40
경량콘크리트	하천 모래	팽창 혈암	1.70~2.00
	팽창혈암	팽창 혈암	1.40~1.70
	화산력	화산력	1.20~1.60
기포콘크리트	-	-	0.55~1.20

5.3.2 압축강도

일반적으로 다른 강도에 비하여 압축강도는 현저하게 크기 때문에 콘크리트의 강도라 하면 압축강도를 밀한다. 특히, 철근콘크리트 부재의 설계에서도 압축강도만을 활용하는 경우가 많으며 또한 압축강도로부터 다른 강도와 콘크리트의 품질도 추정할 수 있다. 콘크리트의 강도는 일반적으로 표준양생한 재령 28일의 압축강도를 기준으로 한다. 단, 댐콘크리트에서는 재령 91일의 압축강도, 포장콘크리트에서는 재령 28일의 휨강도를 기준으로 한다.

(1) 재료

1) 시멘트

콘크리트 강도는 사용재료의 품질에 따라 크게 달라진다. 골재가 단단하고, 물-결합재비, 양생 등의 기타 관련요인이 일정하다면 콘크리트의 압축강도는 시멘트의 종류와 시멘트의 강도에 의해 좌우된다. 시멘트의 강도와 콘크리트의 압축강도 사이에는 식 (5.2)와 같은 관계가 성립한다.

$$f_{cu} = K(AX + B) \tag{5.2}$$

여기서, f_{cu}는 콘크리트의 압축강도(MPa), X는 시멘트-물비, A, B는 상수, K는 시멘트의 강도를 나타낸다.

2) 골재

보통 콘크리트에서 골재의 강도는 시멘트 페이스트의 강도보다 크므로 일반적으로 골재의 강도 변화는 콘크리트 강도에 거의 영향을 미치지 않는다. 그러나 천연 경량골재나 약한 석편이 많이 포함되어 있는 경우에는 콘크리트의 강도가 저하된다. 콘크리트의 강도가 고강도로 갈수록 골재의 강도가 콘크리트 강도에 큰 영향을 미친다. 골재의 표면이 거칠수록 골재와 시멘트 페이스트와의 부착이 좋기 때문에 일반적으로 부순돌을 사용한 콘크리트의 강도는 표 5.6에서와 같이 강자갈을 사용한 콘크리트보다 크다.

표 5.6 보통골재와 부순돌을 사용한 콘크리트의 강도 비교

강 도 비	물-결합재비, 슬럼프 일정			시멘트량, 슬럼프 일정		
	압축강도	인장강도	휨강도	압축강도	인장강도	휨강도
부순돌 콘크리트 / 강자갈 콘크리트	1.20~1.35	1.05~1.32	1.14~1.25	0.95~1.10	1.03~1.11	1.03~1.09

물-결합재비가 일정하더라도 굵은 골재의 최대치수가 클수록 콘크리트의 강도는 작아지며, 이러한 경향은 그림 5.8에서와 같이 부배합일수록 더욱 커진다.

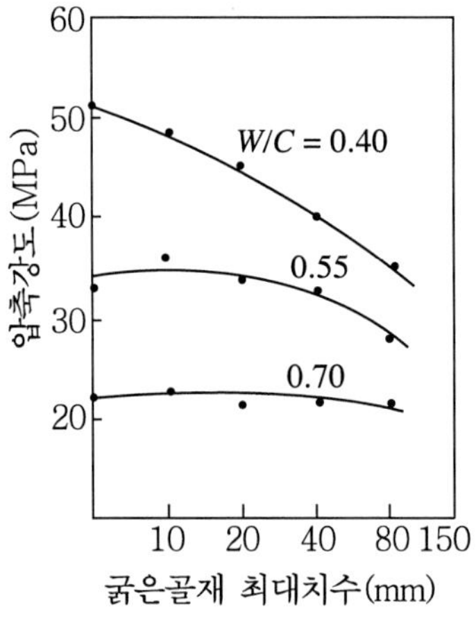

그림 5.8 굵은 골재의 최대치수와 압축강도와의 관계

3) 혼합수

혼합수의 양은 콘크리트에 미치는 영향이 매우 크고, 또한 물은 콘크리트의 다른 재료에 비하여 영향을 적게 받는 재료이지만, 수질은 콘크리트 강도, 시공시의 응결시간,

콘크리트의 강도, 콘크리트 표면의 얼룩, 철근의 부식 등에 큰 영향을 미칠 수 있다. 경화 후의 콘크리트는 여러 성질에 영향을 미치는 중요한 재료이다.

해수는 대체로 약 3.5%의 염도(NaCl 78%, $MgCl_2$ 및 $MgSO_4$ 15%)를 가지고 있으며 콘크리트 조기강도를 다소 증가시키는 영향이 있으나 장기강도를 감소시킨다. 해수와 같이 염화물을 다량 포함한 물은 콘크리트 표면에서 백화현상(efflorescence)을 일으키며 철근을 부식시킬 위험이 있으므로 사용 전에 충분히 검토해야 한다.

(2) 배합

1) 물–결합재비 이론(콘크리트표준시방서 2.4.3)

콘크리트 강도에 가장 큰 영향을 미치는 것은 물–결합재비(W/B)이며, 이와 관련된 중요한 강도 이론에 대하여 알아보면, 1919년 D. A. Abrams에 의하여 제창된 이론으로서, 콘크리트 강도는 콘크리트 내의 전 공극량의 영향을 크게 받는다. 깨끗하고 단단한 골재를 사용한 콘크리트가 워커빌리티가 좋고 성형성이 좋다면 콘크리트의 강도는 물–결합재비에 의하여 결정되며 관계식은 식 (5.3)과 같다.

$$f_c = \frac{A}{B^x} \tag{5.3}$$

여기서, f_c는 콘크리트의 압축강도, x는 물–결합재비, A, B는 시멘트 품질 등에 의하여 정해지는 상수를 나타낸다. 또한, 압축강도와 물–결합재비와의 관계를 알아보면 그림 5.9와 같다.

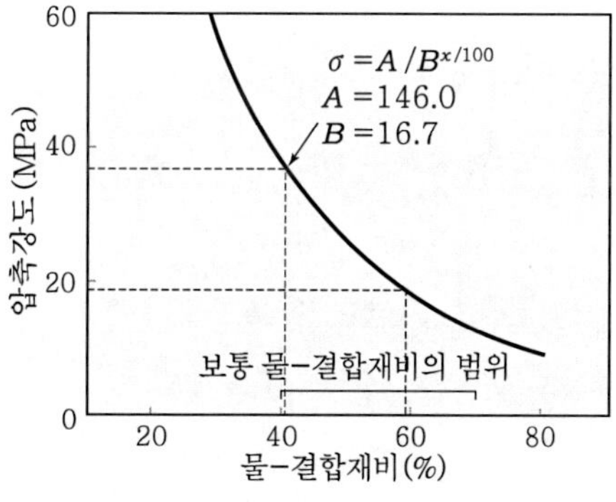

그림 5.9 압축강도와 물–결합재비와의 관계

2) 시멘트-물비 이론

항상 타당한 것은 아니지만, 강도와 시멘트-물비와의 사이에는 그림 5.10과 같이 대략적인 직선관계가 성립된다고 알려져 있다.

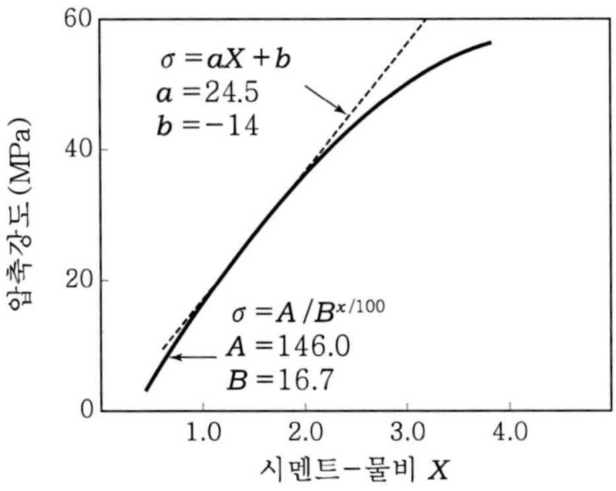

그림 5.10 압축강도와 시멘트-물 비와의 관계

$$f_c = A + B\left(\frac{C}{W}\right) \tag{5.4}$$

여기서, f_c는 콘크리트의 압축강도, A, B는 실험정수이다. 이 식은 실용상 편리하므로 보통 콘크리트의 배합설계 등에 유효하게 이용된다.

3) 시멘트-공극비 이론

그림 5.11은 공극-시멘트비와 콘크리트의 압축강도와의 관계를 나타낸 것이며, 공극이 많은 매우 된 반죽의 콘크리트인 경우와 공기연행 콘크리트 등의 경우에 잘 적용되며, 식으로는 식 (5.5)와 같이 나타낸다.

$$f_c = A + B\left(\frac{c}{v}\right) \tag{5.5}$$

여기서, f_c는 콘크리트의 압축강도, c는 시멘트의 절대용적, v는 공극의 용적(공기 등), A, B는 상수이다.

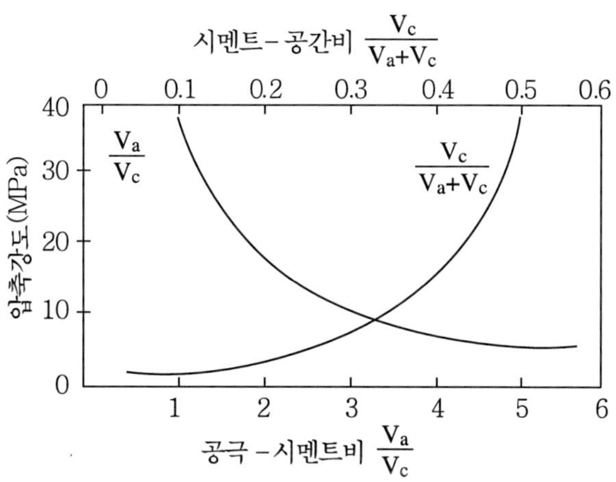

그림 5.11 공극-시멘트비, 시멘트-공간비와 콘크리트 강도와의 관계

(3) 공기량

공기량은 굳지 않은 콘크리트의 성질에 중요한 요소이며 공기연행제를 사용했을 때 콘크리트 속에 생긴 미세한 공기를 연행공기라 하고, 이 밖의 공기를 갇힌 공기라 한다. 물-결합재비가 일정한 콘크리트에서 공기량이 1% 증가하는데 따라 압축강도는 4~6% 감소한다. 그러나 공기연행 콘크리트의 경우, 소요되는 워커빌리티를 얻기 위해 단위수량이 적게 되기 때문에 단위 시멘트량과 슬럼프를 일정하게 할 경우 공기연행제를 사용하지 않은 콘크리트와 압축강도가 거의 비슷하다.

(4) 시공방법

1) 비빔방법

콘크리트의 비빔시간이 길수록 시멘트와 물과의 접촉이 좋게 되기 때문에 일반적으로 강도는 증대한다. 표준 비빔시간을 가경식 믹서(tilting mixer)의 경우 1분 30초 이상, 강제식 믹서(pan mixer)의 경우 1분 이상으로 하고 있다. 이러한 경향은 빈배합일수록, 굵은 골재 최대치수가 작을수록, 된 반죽일수록 효과가 크다. 충분한 혼합시간은 믹서의 형식, 용량에 따라 다르므로 시험에 의하여 정해야 한다.

콘크리트가 굳기 시작한 후에 다시 비비는 작업을 되비비기라고 한다. 한편 콘크리트를 혼합한 후 방치한 것을 물을 가하지 않고 다시 충분히 균일하게 되도록 다시 비비면 일반적으로 강도는 증대한다. 그러나 워커빌리티가 나쁘게 되고 다짐이 곤란하게 되므로 오히려 강도가 저하하는 경우도 있다. 콘크리트나 모르타르가 엉기기 시작하지 않았으나 비빈 후 상당한 시간이 지났거나 또는 재료가 분리하는 경우에 다시 비비는 작업을 거듭비비기라 한다.

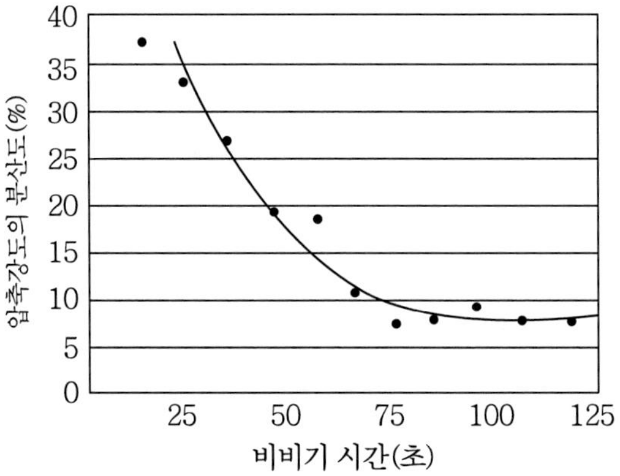

그림 5.12 비비기 시간과 압축강도의 분산도

2) 진동다짐

진동기를 사용하여 다짐을 할 경우 된 반죽의 콘크리트는 강도가 증대 되지만, 묽은 반죽에서는 그 효과가 적다. 진동을 주게 되면 콘크리트 속의 기포가 작아지며, 치밀한 콘크리트가 되기 때문이다. 그림 5.13은 압축강도에 미치는 다짐의 영향을 나타낸다. 묽은 반죽의 경우에는 진동시간이 너무 길어지면 재료가 분리되어 오히려 강도는 저하된다. 또한, 응결 도중 적당한 시기(0.5~2시간)에 재진동을 하게 되면 강도가 오히려 증대하는 경우도 있다.

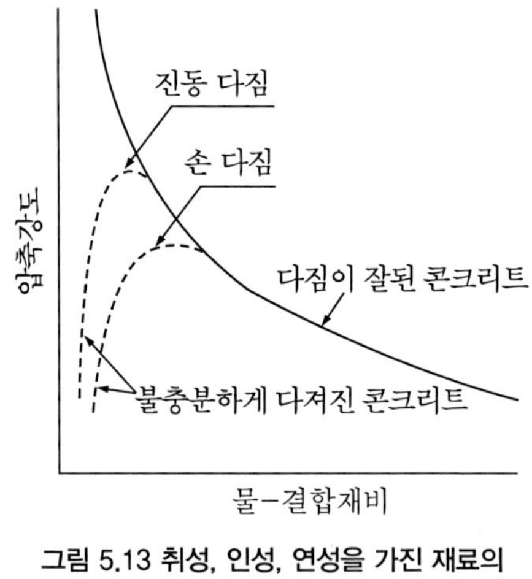

그림 5.13 취성, 인성, 연성을 가진 재료의 응력-변형률 곡선

3) 성형압력

콘크리트를 가압성형하여 경화시키면 일반적으로 강도는 크게 된다. 이것은 가압에 의하여 기포나 잉여수분이 배출됨으로써 강도가 증대되는 것이다. 특히 묽은 반죽 콘크리트의 경우에 효과가 크다. 콘크리트 성형은 원심력법, 진공법, 기계적 가압법, 전압법 등에 의하여 가압하는 방법이 있다.

(5) 양생방법

콘크리트에 일정한 기간 동안 충분한 습도, 적당한 온도를 유지시켜주며 유해한 응력을 가하지 않은 것을 양생(curing)이라 한다. 양생방법에는 여러 가지가 있으나 보통은 습윤상태로 유지하여 콘크리트 중의 수분이 급격히 증발하지 않도록 하는 것을 습윤양생(wet curing)이라 한다. 습윤상태로 하는 방법은 수중, 습사, 분무, 살수, 피막 등이 있으며 가장 효과적인 것은 수중양생(water curing)이다. 시멘트의 수화반응을 촉진시키기 위한 방법으로 증기, 온수 등을 사용하는 고온양생 방법과 한중 콘크리트에 대해서는 전기, 진열양생 등이 있다. 양생의 목적은 콘크리트가 굳기 전에 시멘트 페이스트 내에서 물이 채우고 있던 공간을 가능한 한 시멘트 수화물로 채울 때까지 콘크리트를 포화상태로 유지시키는데 있다.

1) 양생방법

① 습윤양생(Wet curing) : 수중, 살수 등을 충분하게 하고 방수지를 덮어서 수축균열을 적게 하기 위한 양생법이다. 습윤양생 후 공기 중에 건조시키면 강도가 20~40% 증가한다. 이 강도는 일시적이며 그대로 건조상태를 두면 증가하지 않는다. 또한 건조상태의 공시체를 다시 습윤상태에 두면 강도가 다시 증가한다.

② 증기양생(Steam curing) : 단기간에 소요강도를 얻기 위해 고온, 고압 증기양생하는 것으로 한중 콘크리트, PC(Precast Concrete), PSC(Prestressed Concrete) 부재에는 적합하지만 알루미나 시멘트는 하지 않는다.

③ 전기양생(Electric curing) : 콘크리트 내에 직접 배선한 도선에 저압 교류를 통해 전기저항의 발열을 유발하여 콘크리트에 열을 주어 콘크리트의 경화, 촉진 및 보온하는 양생법이다.

④ 피막양생(Membrane curing) : 피막 양생제를 살포해 방수막을 형성하여 수분 증발을 방시하는 양생법으로서, 주로 포장 콘크리트의 대규모 슬래브에 적당하다.

⑤ **고주파 양생** : 거푸집과 콘크리트 윗면에 철판을 놓고 고주파를 흘려 양생한다.

⑥ **고압증기 양생**(high pressure steam curing, **오토클레이브 양생**) : 대기압이 넘는 압력 용기인 오토클레이브 가마에서 양생한다.

2) 양생온도

양생온도가 강도에 미치는 영향은 시멘트의 품질, 배합 등에 의하여 달라진다. 그림 5.14와 같이 일반적으로 양생온도가 4~40℃의 범위에서는 온도가 높을수록 재령 28일까지의 강도는 커진다. 그러나 너무 지나치게 온도가 높으면 오히려 강도발현에 나쁜 영향을 미친다.

한편 그림 5.15에서는 양생온도가 -0.5~-2.0℃ 이하로 되면 콘크리트 속의 수분이 동결하므로 특히 초기 재령에서 심한 동해를 받는 것을 알 수 있다.

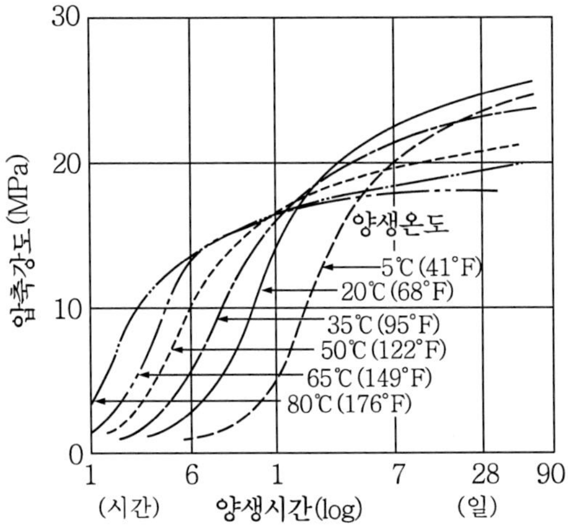

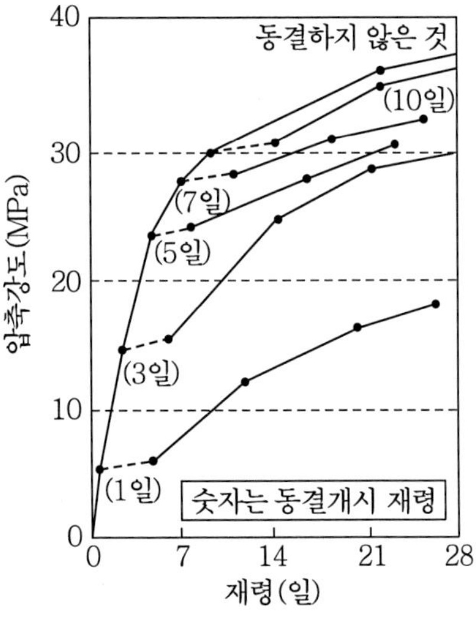

그림 5.14 양생온도 및 시간에 따른 콘크리트의 압축강도(좌)

그림 5.15 압축강도에 미치는 동결의 온도에 대한 영향(우)

3) 재령

콘크리트의 압축강도는 재령에 따라 강도가 증가하고 증가비율은 재령이 짧을수록 현저하다. 강도의 증진과 재령과의 관계는 시멘트의 종류, 골재의 성질, 양생 상태에 따라 현저하게 다르다. 습윤양생한 콘크리트 또는 모르타르의 재령과 강도와의 관계를 나타내는 실험식은 D. A. Abrams나 C. Bach에 의하면 식 (5.6)과 같다.

$$f_c = A\ \log t + B \tag{5.6}$$

여기서, A, B는 상수, t는 재령(일)을 나타낸다.

콘크리트의 강도는 양생온도에 영향을 받기 때문에 양생온도를 고려하여, 온도와 재령과의 성숙도(maturity) M 또는 DD(degree-day)로 나타내며 Plowman은 식 (5.7)과 같은 관계식으로 나타냈다.

$$f_c = \alpha\ \log_{10}\ M + \beta \tag{5.7}$$

여기서, α, β : 실험상수, M : $\Sigma(10+T)$℃ $\times t$ (일)

콘크리트의 강도는 보통 재령 28일을 표준으로 하지만, 경우에 따라 초기강도로써 28일 강도를 추정할 수 있다. 28일 강도에 대한 보통 콘크리트의 재령별 상대강도는 표 5.7을 이용해도 좋다.

표 5.7 28일 압축강도에 대한 상대강도

재령	7일	14일	28일	3개월	6개월	1년	2년	3년
강도비	0.67	0.86	1.00	1.17	1.23	1.27	1.31	1.35

(6) 시험방법

동일한 콘크리트라도 공시체의 모양, 크기 및 재하방법 등에 의하여 강도가 상당히 다르다. 그래서 각국에서는 압축강도시험에 사용되는 표준공시체의 모양, 크기 및 재하속도를 각각 규정하고 있다.

1) 공시체의 모양과 크기

KS F 2405(콘크리트의 압축강도 시험방법)에 의하면 콘크리트의 압축강도 시험은 공시체의 높이가 직경의 2배인 원주형 공시체를 사용하는 것을 표준으로 하며, 표준 공시체로서는 ϕ150×300mm를 채용하고 있다(단, 굵은 골재의 최대치수가 25mm 이하일 때는 ϕ100×200mm를 사용해도 좋다). 공시체의 모양과 크기는 콘크리트의 강도에 매우 큰 영향을 미치며 다음과 같은 관계를 갖는다.

① 원주형과 각주형 공시체는 높이 H와 직경 또는 한 변의 길이 D와의 비 H/D의 값이 작을수록 압축강도가 크다.
② H/D가 동일하면 원주형 공시체가 각주형 공시체보다 압축강도가 크다.
③ 150mm 입방체 공시체의 강도는 ϕ150×300mm의 원주형 공시체 강도의 1.16배 정도 된다.
④ 모양이 다르면 크기가 작은 공시체의 압축강도가 더 크다.

콘크리트 구조물에서 채취한 코어(core)의 압축강도를 측정할 때 높이와 직경의 비가 2배 되는 시험편을 얻기가 어려운 경우나 또는 원주형 공시체가 아닌 각주형 공시체(prism specimen)나 입방체 공시체(cube specimen)를 사용하여 압축강도시험을 실시할 경우 이들 강도 시험값을 표준공시체의 강도로 환산하는데 표 5.8과 표 5.9를 이용해도 좋다.

표 5.8 표준 공시체에 대한 환산표

높이와 지름의 비	2.00	1.75	1.50	1.25	1.10	1.00	0.75	0.50
계수	1.00	0.98	0.96	0.94	0.90	0.85	0.70	0.50

표 5.9 원주, 입방체 및 각주 공시체의 상호 관계

재령	원주 공시체(in)			입방체(in)		각주체(in)	
	6×6	6×12	8×16	6	8	6×12	8×16
7일	0.67	0.51	0.48	0.72	0.66	0.48	0.48
28일	1.00	1.00	0.95	0.16	1.15	0.93	0.92
3개월	1.47	1.49	1.27	1.55	1.42	1.27	1.27
1년	1.95	1.70	1.78	1.90	1.74	1.68	1.60

(주) 6×12in 공시체의 재령 28일 강도를 기준으로 나타낸 값임.

2) 공시체 표면의 모양

공시체의 표면은 평면으로써 공시체의 축에 직각이라야 한다. 이것은 가압면이 평면이 아니면 공시체에 편심하중 또는 집중하중이 작용하여 실제의 강도보다 작은 응력에서 파괴된다. 공시체의 가압면이 약 1.3mm(0.05in) 정도 오목할 때 최대 5%의 강도가 감소되며, 약 1.3mm 볼록할 때 최대 30%의 강도가 감소된다고 한다.

공시체 표면에 요철이 있을 경우 공시체 표면을 평면이 되도록 하여 압축강도시험을 실시하는데 이것을 캡핑(capping)이라 한다. 이 때 캡핑의 두께는 가능한 얇은 것이 좋으나 2~3mm 정도가 적당하며 6mm를 넘으면 강도의 저하가 발생하게 된다. 캡핑 재료로서는 시멘트 페이스트, 유황과 플라이애쉬와 같은 미분말 재료와의 혼합물 등이 있다.

① **시멘트 캡핑** : 된 비빔일 경우에는 2~6시간 후, 진 비빔일 경우에는 6~24시간 후 레이턴스를 제거하고 캡핑을 한다. 캡핑용 시멘트 페이스트의 물-결합재비는 27~30% 정도를 사용하여 캡핑을 한다.

② **파우더 캡핑** : 최근에는 캡핑 파우더를 많이 사용하며, 파우더를 녹여서 그리스가 발라져 있는 밑판에 놓고 공시체를 얹어서 굳힌다. 간편하고 시공속도도 빠르며 주로 강도 측정 직전에 많이 사용한다.

3) 재하속도

압축강도 시험의 재하속도는 콘크리트의 강도에 영향을 미치며, 일반적으로 재하속도가 빠를수록 강도가 크게 나타난다. 이 경향은 10MPa/sec를 넘으면 급격히 증대한다. 그래서 압축강도 시험의 경우 재하속도를 0.2~0.3MPa/sec로 규정하고 있으며, 인장이나 휨강도시험에서의 재하속도는 각각 달리 규정하고 있다.

5.3.3 기타 강도

1) 인장강도

콘크리트의 인장강도(tensile strength)는 도로포장판이나 수조 등에서는 중요한 것인데 그 크기는 압축강도의 약 1/10~1/13 정도이다. 콘크리트의 압축강도(f_c)와 인장강도(f_t)의 비인 취성계수(f_c / f_t : coefficient of brittleness)의 값은 표 5.10과 같이 압축강도가 클수록 크다. 또한 콘크리트를 건조시키면 습윤상태의 콘크리트보다 인장강도는 저하된다. 이러한 경향은 흡수량이 큰 인공경량골재 콘크리트에 있어서 더욱 현저하게 나타난다.

일반적으로 철근콘크리트 설계시 인장강도는 무시하나, 보의 사인장응력, 도로 포장판, 슬래브 및 수조의 설계 등에서는 콘크리트의 인장강도는 중요하며 직접 영향을 미친다.

표 5.10 콘크리트의 압축, 인장 및 휨강도와 강도비

강 도(MPa)			강 도 비		
압축(f_c)	휨(f_b)	인장(f)	f_c/f_1	f_b/f_1	f_c/f_b
10	2.05	1.04	9.6	1.97	4.9
20	3.29	1.85	10.8	1.78	6.1
30	4.26	2.50	12.0	1.70	7.0
40	5.18	3.10	12.9	1.67	7.7
50	6.07	3.70	13.5	1.64	8.2
60	6.84	4.20	14.1	1.60	8.8

콘크리트의 인장강도 시험방법은 KS F 2423(콘크리트의 쪼갬(할렬) 인장강도 시험방법)이 일반적으로 사용된다. 이 할렬(쪼갬)인장시험(splitting tensile test)방법은 원주형 공시체를 그림 5.16에서와 같이 옆으로 놓고 상하방향에서 가압하여 공시체를 할렬(쪼갬)시켜 그 때의 파괴하중 P로부터 식 (5.8)을 사용하여 인장강도를 구한다.

$$f_t = \frac{2P}{\pi dl} \tag{5.8}$$

여기서, f_t는 인장강도(MPa), d는 공시체의 지름(mm), P는 시험기에 나타난 최대하중(N), l은 공시체의 길이(mm)를 나타낸다. 한편, 할렬(쪼갬)에 의한 인장강도는 직접인장강도시험 결과와 거의 비슷한 값을 나타낸다.

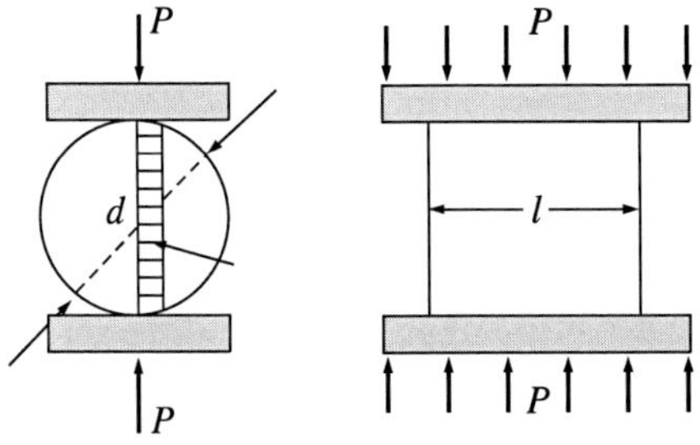

그림 5.16 할렬(쪼갬) 인장강도 시험방법

예제 5.1 콘크리트의 인장강도 시험을 한 결과 하중이 140kN이었다. 이때의 공시체의 인장강도는 얼마인가? (단, 공시체 직경 150mm, 높이 300mm이다)

[풀이]

$$f_{pt} = \frac{2P}{\pi dl} = \frac{2 \times 140 \times 10^3}{\pi \times 150 \times 300} = 1.98\ \text{MPa}$$

2) 휨강도

콘크리트의 휨강도(flexural strength, modulus of rupture)는 파괴계수라고도 하며 압축강도의 1/5~1/8 정도이다. 장방형 보를 그림 5.17과 같이 중앙집중 재하에 의하여, 또는 KS F 2408(콘크리트의 휨강도 시험방법)의 3등분점재하(third point loading)법에 의하여 식 (5.9)와 같이 구한다.

$$f_b = \frac{M}{Z} \tag{5.9}$$

여기서, f_b는 휨강도(MPa), M는 최대 휨모멘트(N · mm), Z는 보의 단면계수(mm^3)를 나타낸다. 이때, 직사각형 단면의 보의 단면계수는 $Z = \frac{bh^2}{6}$이다.

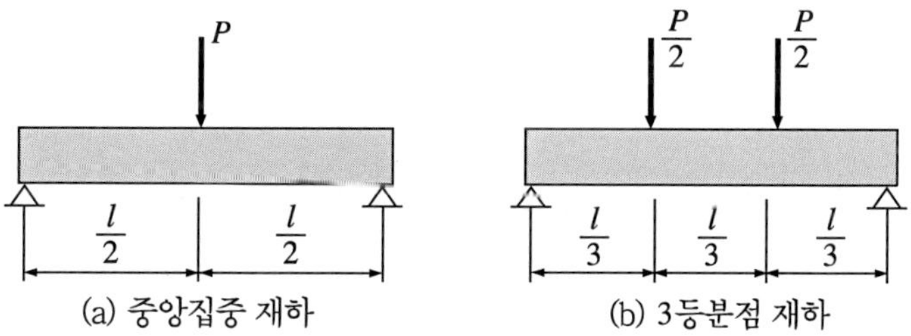

그림 5.17 콘크리트의 휨강도 시험

콘크리트의 휨강도는 인장강도의 1.6~2.0배 정도로서, 파괴하중의 부근의 응력 상태는 소성성질을 나타내므로 응력이 직선분포로 나타나지 않는다. 콘크리트의 휨강도는 도로, 공항 등의 콘크리트 포장의 설계기준강도 및 이들 콘크리트의 품질결정 및 관리 등에 사용된다. 한편, 3등분점 재하에 의한 휨강도(f_b)는 식 (5.10)으로 계산한다.

① 공시체가 지간의 3등분점 내부(중앙 1/3 내측)에서 파괴될 경우

$$f_b = \frac{Pl}{bd^2} \tag{5.10}$$

여기서, f_b는 휨강도(MPa), l은 지간(mm), b는 파괴단면의 평균폭(mm), d는 파괴단면의 평균높이(mm)를 나타낸다.

② 공시체가 지간의 3등분점 외부에서 파괴된 경우에는 무효로 한다.

예제 5.2 공시체의 최대하중은 44kN이고, 크기는 150×150×450mm인 콘크리트의 파괴단면과 지점 간의 거리를 보의 밑면 중심선에 따라 측정한 거리(a)=180mm일 때 공시체의 휨강도는 얼마인가?

[풀이]

공시체가 지간의 3등분점 내부(중앙 1/3 내측)에서 파괴될 경우

$$f_b = \frac{Pl}{bd^2} = \frac{44 \times 10^3 \times 450}{150 \times 150^2} = 5.87\ \text{MPa}$$

3) 전단강도

콘크리트, 석재, 주철과 같은 취성재료는 인장강도가 매우 작기 때문에 탄성체의 경우와 같이 비틀림 시험에 의하여 전단강도(shear strength)를 구하기 어렵다. 따라서 그림 5.18과 같은 직접전단시험에 의하여 구한다.

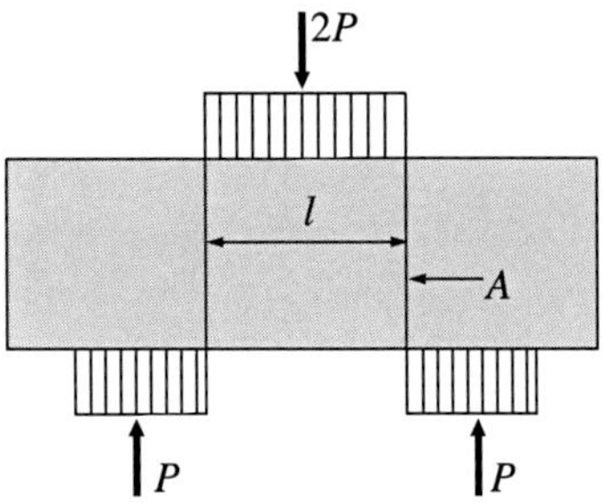

그림 5.18 직접 전단시험

즉, 최대하중 P를 측정하여 전단응력이 휨(세로)방향에 일정하게 분포한다고 가정하고 식 (5.11)로 구한다.

$$\tau = \frac{P}{A} \tag{5.11}$$

여기서, τ는 직접 전단강도(MPa), P는 하중(N), A는 단면적(mm^2)을 가리킨다.

이와 같이 구한 직접 전단강도는 압축강도의 1/4~1/6, 인장강도의 2.3~1.5배 정도이다. 일반적으로 높이 또는 폭이 클수록, 또 지간 l 이 커질수록 직접 전단강도는 작아진다.

4) 부착강도

철근콘크리트가 형성되기 위해서는 철근과 콘크리트가 항상 일체가 되어 하중에 저항하지 않으면 안 된다. 철근과 콘크리트 사이에는 부착(bond)이 반드시 필요하며, 이때 부착의 정도를 부착강도라 한다. 부착강도는 철근과 시멘트 페이스트와의 순수 부착력과, 철근과 콘크리트 사이의 마찰력 및 철근표면의 요철에 의한 기계적 저항력 등에 의한다.

콘크리트 속에 묻어둔 철근에 인장력을 가하여 콘크리트에 대한 철근의 미끄러지는 양을 측정하여, 인장력과 미끄러지기 시작할 때의 하중과 어느 미끄러진 양에 대한 하중 또는 최대하중을 취하며, 부착응력은 철근의 표면에 일정하게 분포한다고 가정하여 식 (5.12)로 계산한다.

$$\tau_0 = \frac{P}{\pi d l} \tag{5.12}$$

여기서, τ_0는 부착강도(MPa), l은 묻힌길이(mm), P는 최대하중(N), d는 철근의 지름(mm)을 나타낸다.

부착강도는 철근의 종류 및 지름, 콘크리트 속의 철근의 위치 및 방향, 묻힌 길이, 콘크리트의 덮개 및 콘크리트의 품질 등에 따라 달라진다. 그림 5.19는 콘크리트의 압축강도와 부착강도와의 관계를 나타낸 것으로써, 압축강도가 증가함에 따라 부착강도가 증가하며, 이형철근의 부착강도가 원형철근의 약 2배임을 알 수 있다.

또한 수평철근의 부착강도는 연직철근의 1/2~1/4 정도이며, 수평철근의 아래쪽의 콘크리트 두께가 클수록 부착강도는 저하한다. 그 이유는 콘크리트속의 고체입자의 침하, 블리딩에 의해 철근 밑에 공극, 수막이 생겨 부착을 약하게 만들기 때문이다.

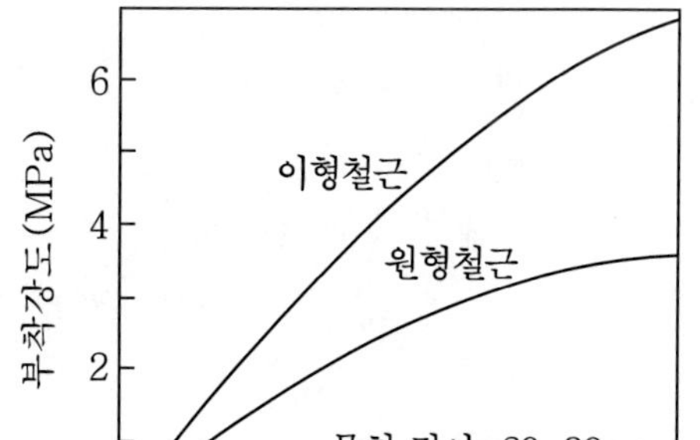

그림 5.19 콘크리트의 압축강도와 부착강도와의 관계

5) 지압강도

교각의 지지부나 프리스트레스트 콘크리트의 긴장재 및 정착부 등에서 부재의 일부분만 국부적인 하중을 받는 경우의 콘그리드의 압축강도를 지압강도(bearing strength)라고 한다. 그림 5.20과 같이 국부응력에 의한 최대 압축하중 P를 지압면적(국부재하면적) A로 나눈 값을 식 (5.13)과 같이 지압강도로 계산한다.

$$f_c = P^{'}/A^{'} \tag{5.13}$$

여기서, f_c'는 지압강도(MPa), $A^{'}$는 지압면적(mm^2)을 나타낸다.

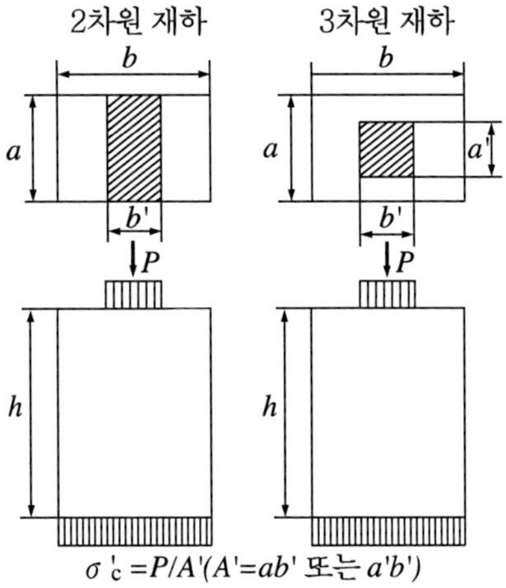

그림 5.20 지압강도 시험

6) 피로강도

다른 재료와 마찬가지로 콘크리트도 반복하중을 받거나, 일정한 하중을 지속적으로 받게 되면 피로 때문에 정적 파괴하중보다 작은 하중으로 파괴된다. 반복하중을 피로파괴(fatigue limit)라 하며, 정적 파괴하중을 크리프 파괴(creep fracture)라 한다. 피로에 의한 파괴강도(fatigue strength)는 주로 작용하는 응력의 상한값과 하한값의 범위와 반복횟수에 의하여 변화한다.

보통 무한대의 반복횟수에 견딜 수 있는 응력의 최대를 내구한계(endurance limit) 또는 피로한계(fatigue limit)라 한다. 또 소정의 반복횟수에 견디는 응력의 한도를 피로강도라 하며, 반복 횟수와 함께 나타낸다. 콘크리트의 피로한계는 대기 중에서 콘크리트의 200만회 피로강도는 정적 파괴강도의 50~60% 정도이고, 휨강도와 인장에 대해서 약 55% 정도라 한다.

피로에 의한 강도저하의 원인 중 중요한 것은 콘크리트 속의 미세균열(micro crack)의 발생이며 이 미세균열은 콘크리트의 응력이 $0.5f_c$ 정도일 때 발생하기 시작하여 반복재하에 의하여 발달하여 파괴에 이르게 한다.

한편 콘크리트의 크리프 한계는 콘크리트의 정적 강도의 70~80% 정도로 알려져 있다.

7) 충격강도

충격강도(impact strength)는 말뚝의 항타, 하중을 받는 기계 기초, 프리캐스트 부재 취급 중의 충돌 등과 같은 경우에 중요하다. 콘크리트에 충격을 준 후 측정한 콘크리트의 압축강도는 정적하중 강도에 비하여 측정치의 분산도가 심하다. 그림 5.21에서와 같이 동일한 압축강도의 콘크리트라도 사용골재의 종류에 따라서 충격도가 다르다.

한편 부순골재처럼 골재표면이 거칠수록 충격강도는 높다. 콘크리트의 충격강도는 압축강도보다 인장강도와 더 밀접한 관계가 있다. 부순돌보다 강자갈로 만든 콘크리트의 충격강도가 낮은데, 이는 부순돌이 모르타르와 굵은 골재 사이의 부착은 충분치 못하지만 반면에 표면이 거칠어 파괴부분에서 골재의 강도 능력을 최대한 발휘할 수 있기 때문이다.

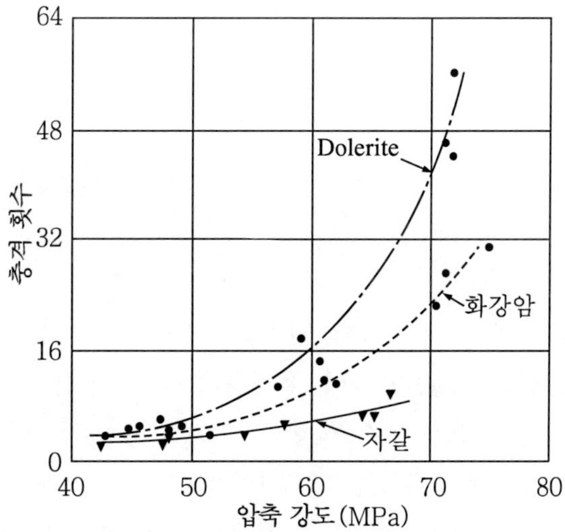

그림 5.21 압축강도와 충격횟수와의 관계

5.3.4 탄성과 소성

1) 응력-변형률 곡선

콘크리트는 탄성체가 아니기 때문에 응력과 변형률과의 관계는 강재의 경우와는 다르게 그림 5.22와 같이 하중재하의 초기단계부터 곡선을 나타내며 엄밀히 직선부분은 존재하지 않는다. 콘크리트의 응력-변형률 곡선(stress-strain curve)의 형태는 콘크리트의 강도, 품질 등에 따라 다르지만 일반적으로 고강도 콘크리트 쪽의 곡선의 기울기가 저강도 콘크리트 쪽의 기울기보다 급하다.

그림 5.22에서 알 수 있듯이 하중이 작은 초기에는 거의 직선에 가까우나 하중의 증가와 더불어 점차 곡선으로 나타나고 있으므로 콘크리트는 후크의 법칙(Hooke's Law)이 성립하지 않는 재료, 즉 비선형 재료에 속함을 알 수 있다. 그러나 철근콘크리트 부재를 허용응력설계법으로 설계할 때는 콘크리트를 탄성체로 가정한다.

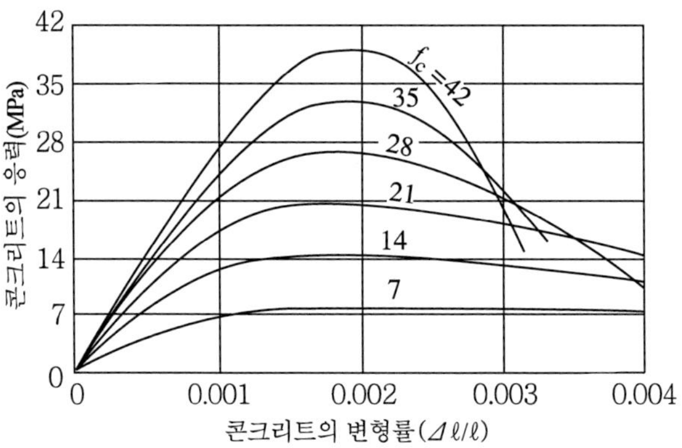

그림 5.22 콘크리트의 응력-변형률 곡선

2) 정탄성계수

정적하중에 의하여 얻어진 응력-변형률 곡선에서 구한 탄성계수를 정탄성계수(static modulus of elasticity)라 하며, 동탄성계수와 구별한다. 콘크리트의 정탄성계수는 초기 탄성계수, 할선탄성계수 및 접선탄성계수 등이 있으며 일반적으로 할선탄성계수로 나타낸다. 할선탄성계수를 구할 때의 응력은 파괴강도의 1/3~1/4로 한다. 이 값은 허용응력을 파괴강도의 1/3~1/4로 취하는 것에 상당한다. 콘크리트의 탄성계수는 일반적으로 압축강도 및 밀도가 클수록 크다는 것을 알 수 있다.

콘크리트구조기준에는 콘크리트 단위질량과 강도에 따라 탄성계수를 구할 수 있도록 하고 있다. 구조기준 3.4.3에 따르면 단위질량(m_c)이 1,450 ~ 2,500kg/m^3 인 콘크리트의 할선탄성계수(E_c)는 식 (5.14)로 계산 할 수 있다.

$$E_c = 0.077{m_c}^{1.5}\sqrt[3]{f_{cu}}\ \text{(MPa)} \tag{5.14}$$

식 (5.14)에서 f_{cu}는 식 (5.15)와 같다.

$$f_{cu} = f_{ck} + \Delta f\ \text{(MPa)} \tag{5.15}$$

보통중량골재를 사용한 콘크리트의 경우 콘크리트 단위중량이 $m_c = 2{,}300\text{kg/m}^3$이므로 식 (5.14)는 식 (5.16)과 같이 쓸 수 있다.

$$E_c = 8{,}500\sqrt[3]{f_{cu}}\ \text{(MPa)} \tag{5.16}$$

여기서 Δf는 2012년 개정된 콘크리트구조기준에서 새롭게 추가된 내용으로서 f_{ck}가 40MPa 이하면 4MPa, 60MPa 이상이면 6MPa이며, 그 사이는 직선보간으로 구한다.

3) 포아송비

콘크리트의 공시체에 단순 압축력 또는 단순 인장력을 가할 때 공시체의 축방향 변형률(ϵ_l)과 축에 직각방향 변형률(ϵ_t)과의 비($\nu = \epsilon_t/\epsilon_l$)를 포아송비(Poisson's ratio)라 한다(그림 5.23 참조). 포아비의 역수 ($m = 1/\nu$)를 포아송수(Poisson's number)라 한다. 포아송수는 일반 콘크리트일 경우 6~7, 고강도 콘크리트일 경우 3~5이다. 포아송비는 탄성계수와 마찬가지로 사용재료, 강도 등에 따라 다르지만 일반적으로 허용응력 부근에서는 1/5~1/7, 파괴응력 부근에서는 1/2~1/4 정도이다. 한편 경량 콘크리트의 포아송비는 보통 콘크리트와 거의 같거나 약간 크다.

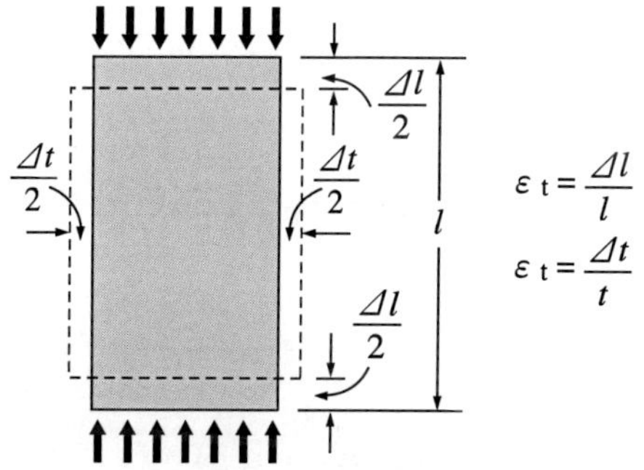

그림 5.23 콘크리트 공시체의 변형률

4) 전단탄성계수

후크의 법칙이 성립하는 재료의 전단탄성계수(shear modulus) G는

$$G = \frac{\tau}{\gamma} \tag{5.17}$$

이고, 이 때, τ는 전단응력(MPa), γ는 전단변형률을 나타낸다. 그러나 콘크리트의 경우, 영(Young)계수와 마찬가지로 전단탄성계수를 구하기가 쉽지 않으므로 탄성계수 E_c와 프와송수 m을 사용하여 식 (5.18)로 산출하는 경우가 많다.

$$G = \frac{E}{2} \cdot \frac{m}{m+1} \tag{5.18}$$

여기서, $m = 5 \sim 7$ 정도이므로 식 (5.19)를 얻는다.

$$G \fallingdotseq (0.42 \sim 0.44) \cdot E \tag{5.19}$$

5) 동탄성계수

콘크리트의 동탄성계수(dynamic modulus of elasticity)는 공명진동수나 초음파와 같은 파장이 짧은 탄성파의 전달속도를 구하여 산출한다. 콘크리트의 동탄성계수(E_d)는 정탄성계수(E_s)와 반드시 일치하지는 않는다. 이들 탄성계수의 관계는 $E_d / E_s = 1.04 \sim 1.37$ 정도로서 압축강도가 클수록, 장기재령일수록 이 비는 작아진다. 콘크리트의 압축강도와 탄성계수 사이에는 다음 관계가 성립한다.

$$E_d = 0.83\sqrt{f_c} \times 106 \text{ (MPa)} \tag{5.20}$$

$$E_d = 0.70\sqrt{f_c} \times 106 \text{ (MPa)} \tag{5.21}$$

동탄성계수도 정탄성계수와 마찬가지로 콘크리트의 강도에 의해서만 정해지는 것이 아니고 사용재료의 종류, 배합, 건습의 정도 등에도 관계가 있으며 동결융해작용 등에 의한 콘크리트의 열화의 정도를 파악하는 척도로 사용된다.

5.3.5 체적변화

경화한 콘크리트의 체적은 수분의 변화, 온도의 변화에 따라 변화한다. 이 체적변화는 콘크리트 구조물에 여러 가지 악영향을 미친다. 예를 들면 구속된 콘크리트에 수축이 생기면 인장강도가 부족하게 되고 균열이 발생한다.

(1) 건조수축(Drying shrinkage)

콘크리트는 습윤상태에서 팽창하고 건조상태에서 수축한다. 콘크리트를 수중에서 양생하면 $10 \sim 20 \times 10^{-5}$ 정도의 팽창을 나타내고, 물로 포화된 콘크리트 공시체를 완전히 건조시키면 $60 \sim 90 \times 10^{-5}$ 정도 수축한다. 콘크리트표준시방서에서 부정정구조물 설계계산에 사용되는 건조수축계수는 표 5.11의 값을 표준으로 하였으나 현재에는 여러 요인을 고려하여 계산하도록 규정하고 있다. 건조수축 변형률의 예측에는 다음 식 등이 참고가 되고 있다. 콘크리트의 건조수축 변형률은 대기의 평균상대습도, 부재의 크기 등을 고려하여 식 (5.23)에 따라 구할 수 있다.

$$\epsilon_{sh}(t,\ t_s) = \epsilon_{sho}\beta_s(t - t_s) \quad (5.23)$$

여기서, ϵ_{sho}와 $\beta_s(t-t_s)$는 식 (5.24)에서 식 (5.25)까지에 의해 계산하여야 한다.

$$\epsilon_{sho} = \epsilon_s(f_{cu})\beta_{RH} \quad (5.24)$$

$$\epsilon_s(f_{cu}) = [160 + 10\beta_{sc}(9 - f_{cu}/10)] \times 10^{-6} \quad (5.25)$$

$$\beta_{RH} = \begin{cases} -1.55[1-(RH/100)^3] & (40\% \le RH < 99\%) \\ 0.25(RH \ge 99\%) \end{cases} \quad (5.26)$$

$$\beta_s(t - t_s) = \sqrt{\frac{t - t_s}{0.035h^2 + (t - t_s)}} \quad (5.27)$$

$$\beta_{sc} = \begin{cases} 4: \text{2종 시스템} \\ 5: \text{1종, 5종 시멘트} \\ 8: \text{3종 시멘트} \end{cases}$$

외기의 온도가 20℃가 아닌 경우 β_{RH} 및 $\beta_s(t-t_s)$는 식 (5.28)과 식 (5.29)에 의해 보정하여야 한다.

$$\beta_{RH.T} = \left[1 + \left(\frac{8}{103 - RH}\right)\left(\frac{T-20}{40}\right)\right]\beta_{RH} \tag{5.28}$$

$$\beta_s(t-t_s) = \sqrt{\frac{(t-t_s)}{0.035h^2 \exp[-0.06(T-20)] + (t-t_s)}} \tag{5.29}$$

표 5.11 설계에 사용되는 콘크리트의 건조수축계수

구조물의 종류		건조수축계수
라멘		0.00015
아치 *	철근량 0.5% 이상	0.00015
	철근량 0.1~0.5%	0.00020

(주) 표 내의 *는 아치 축방향 철근 단면적이 아치 폭 1m에 대하여 80mm² 이상이고, 아치 단면의 0.1% 이상인 것으로 한다.

콘크리트의 건조수축에 영향을 미치는 요인은 단위수량, 시멘트의 품질과 량, 골재의 량과 품질, 공기량, 양생방법 및 부재의 모양과 크기 등을 들 수 있다. 이 중에서도 단위수량이 가장 큰 영향을 미치며 단위 시멘트량 및 물-결합재비의 영향은 비교적 작다. 시멘트 화학성분 중에서는 C_3A(알민산 3석회) 함유량이 크면 수축이 크고, 골재의 탄성계수와 압축강도에도 영향을 미친다. 분말도가 낮은 시멘트일수록, 흡수량이 많은 골재일수록, 온도가 높을수록, 습도가 낮을수록, 그리고 단면치수가 작을수록 건조수축은 크다.

(2) 온도변화에 따른 체적변화

콘크리트의 온도변화에 의한 체적변화는 물-결합재비나 시멘트 페이스트 량 등의 영향은 비교적 적고, 사용골재의 암질에 지배되는 경우가 많다. 체적변화는 사용골재의 암질이 석영질인 경우가 최대이고 사암, 화강암, 현무암, 석회 순으로 작아진다.

콘크리트의 열팽창계수는 재료, 배합 등에 따라 다르나 보통 온도변화의 범위에서는 1℃에 대하여 $0.7 \sim 1.3 \times 10^{-5}$ 정도이고 경량콘크리트는 보통 콘크리트의 70~80% 정도이다. 일반적으로 설계시에는 콘크리트의 열팽창계수를 1℃당 1.0×10^{-5}의 값으로 적용한다.

5.3.6 크리프

콘크리트에 일정한 하중을 지속적으로 재하하면 응력의 변화가 없이도 변형은 시간에 따라 증가하는데, 그림 5.24와 같이 시간에 따라 증가하는 변형을 크리프(creep)라고 한다.

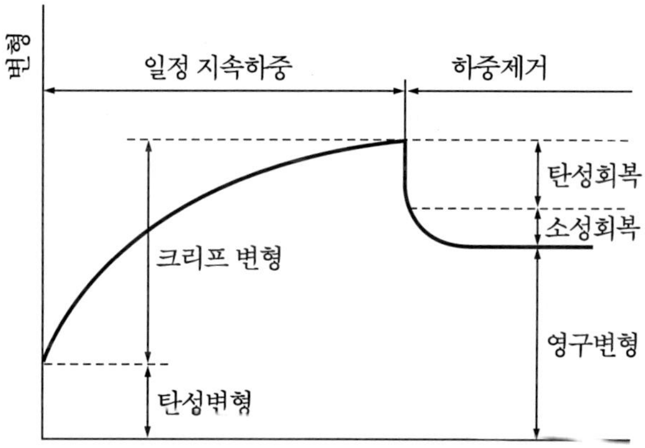

그림 5.24 콘크리트의 크리프 곡선

크리프의 발생은 일반적으로 시멘트 페이스트의 점탄성적 성질과 시멘트 페이스트와 골재 사이의 소성적 성질의 복합작용에 기인한다. 구체적으로 연속재하에 의한 겔수(gel water)의 완만한 압출이 주원인이며 시멘트 페이스트의 점성유동, 미세공극의 폐쇄, 결정의 이동 및 미세균열의 발생 등의 영향이 추가되어 일어난다.

크리프에 영향을 미치는 주된 요인은 시멘트의 성질, 골재의 광물적 성질 및 입도, 배합시의 물-결합재비와 골재량, 재하시의 재령, 재하기간중의 온도와 습도, 재하응력의 크기와 하중의 종류 및 공시체의 크기 등을 들 수 있으며, 크리프에 관하여 지금까지 알려진 것은 다음과 같다.

1) 재하응력이 클수록 크리프는 크다.
2) 부재치수가 작을수록 크리프는 크다.
3) 조강시멘트는 보통시멘트보다 크리프가 작다.
4) 재하시 재령이 작을수록, 크리프는 크다.
5) 재하기간중의 대기온도가 높을수록, 습도가 낮을수록 크리프는 크다.

6) 배합시 시멘트량이 많을수록, 또한 물-결합재비가 클수록 크리프는 크다.
7) 조직이 밀실하지 않은 골재를 사용하거나, 입도가 부적당하여 공극이 많으면 크리프는 크게 된다.

지속응력과 콘크리트의 크리프와의 관계를 알아보면 그림 5.25와 같다.

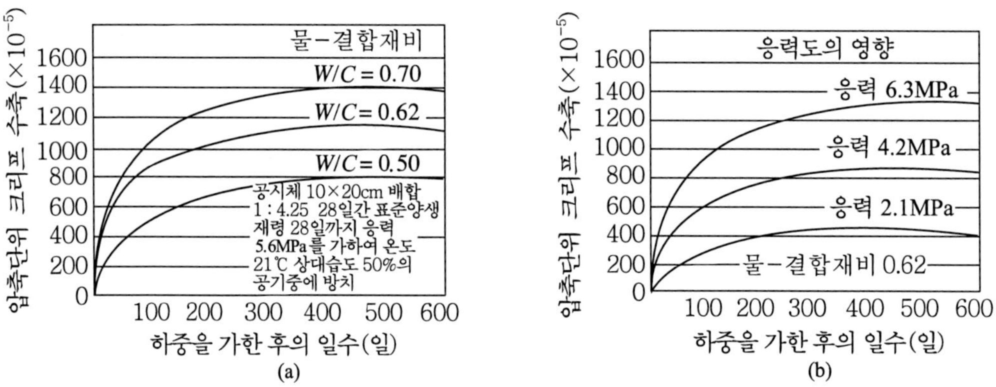

그림 5.25 크리프에 대한 물-결합재비(a) 및 지속응력의 크기(b)와의 관계

소정의 하중에 의한 크리프변형률과 탄성변형률의 비를 크리프 계수(creep coefficient)라고 하며, 이를 수식으로 표시하면 식 (5.24)와 같다.

$$\varphi_t = \frac{\epsilon_c}{\epsilon_e} \tag{5.24}$$

여기서, φ_t는 크리프계수, ϵ_c는 크리프변형도, ϵ_e는 탄성변형도(순간적으로 생기는 변형도)를 나타낸다.

콘크리트의 크리프계수는 보통의 대기 중에 있는 구조물에 순간적인 하중을 작용시키지 않을 때 일반적으로 실내의 경우 3.0, 실외의 경우 보통 콘크리트에 대해 2.0, 경량콘크리트에 대해 1.5를 표준으로 한다. 인공 경량골재 콘크리트의 크리프변형률은 일반적으로 보통 콘크리트보다 크고 탄성변형률도 크기 때문에 크리프 계수는 작다.

콘크리트의 크리프는 다음의 규정에 따라 예측할 수 있다.

① 시간 t'에서 작용응력 $f_c(t')$에 의한 콘크리트의 순간 변형 및 크리프 변형을 함께 고려한 전체 변형률 $\epsilon_{c\sigma}(t, t')$는 콘크리트의 압축강도 또는 설계기준압축강도, 부

재의 크기, 평균 상대습도, 재하할 때의 재령, 재하기간, 시멘트 종류, 양생온도, 온도변화 작용응력의 크기 등에 따라 식 (5.31)을 사용하여 구할 수 있다.

$$\epsilon_{c\sigma}(t,\, t') = f_c(t')\left[\frac{1}{E_{ci}(t')} + \frac{\phi(t,\, t')}{E_{ci}}\right] \tag{5.31}$$

여기서, E_{ci}는 식 (5.48)에 의해 구하고, $E_{ci}(t')$는 식 (5.49)에 의해서 구하여야 한다.

② 식 (5.31)에서 크리프계수 $\phi(t,\, t)$는 양생온도가 20℃이고, 하중이 작용하는 동안의 기온도 20℃인 경우를 기준으로 한 것으로서 식 (5.32)와 같이 구할 수 있다.

$$\phi(t,\, t') = \phi_o \beta_c(t - t') \tag{5.32}$$

여기서,

$$\phi_o = \phi_{RH}\beta(f_{cu})\beta(t') \tag{5.33}$$

$$\phi_{RH} = 1 + \frac{1 - 0.01RH}{0.10\sqrt[3]{h}} \tag{5.34}$$

$$\beta(f_{cu}) = \frac{16.8}{\sqrt{f_{cu}}} \tag{5.35}$$

$$\beta(t') = \frac{1}{0.1 + (t')^{0.2}} \tag{5.36}$$

$$\beta_c(t - t') = \left[\frac{(t - t')}{\beta_H + (t - t')}\right]^{0.3} \tag{5.37}$$

$$\beta_H = 1.5[1 + (0.012RH)^{18}]h + 250 \le 1{,}500(\text{일}) \tag{5.38}$$

이며, f_{cu}는 식 (5.45)를 따른다.

③ 작용응력의 크기, 온도 및 시멘트의 종류에 따라 식 (5.32)의 크리프계수는 다음과 같이 보정하여야 한다.

㉮ 양생온도 및 시멘트 종류에 따른 보정계수

양생 동안 온도의 변화가 있거나 20℃가 아닌 대기에 노출되어 있는 경우, 재하할 때의 콘크리트 재령 t'는 온도와 시멘트 종류를 고려하여 다음과 같이 보정하여야 한다.

$$t' = t_T'\left[\frac{9}{2+(t'_T)^{1.2}}+1\right]^{a} \geq 0.5(\text{일}) \tag{5.39}$$

$$t'_t = \sum_{i=1}^{n} \Delta t_i \exp\left(-\frac{4,000}{273+T(\Delta t_i)}+13.65\right) \tag{5.40}$$

$$\alpha = \begin{cases} -1: \text{2종시멘트} \\ \ \ 0: \text{1종, 5종시멘트} \\ \ \ 1: \text{3종시멘트} \end{cases}$$

여기서, $T(\Delta t_i)$는 Δt_i일 동안 지속된 온도(℃), Δt_i는 일정한 온도가 지속된 기간(일)이고, n은 일정한 온도를 유지한 단계의 수이다.

㉯ 작용응력의 크기에 따른 보정계수

작용응력 $f_c(t')$가 $0.4f_{cu}(t') < |f_c(t')| < 0.6f_{cu}(t')$인 경우 식 (5.33)의 ϕ_o를 식 (5.34)와 같이 보정하여 크리프의 비선형성을 고려한다.

$$\phi_{o,k} = \phi_o \exp\left[1.5\left(\frac{|f_c(t')|}{f_{cu}(t')}-0.4\right)\right] \tag{5.41}$$

여기서, $f_{cu}(t')$는 식 (5.46)과 식 (5.47)에 의해 구할 수 있다.

㉰ 온도변화에 따른 보정계수

지속하중이 작용하는 동안 온도가 5℃에서 80℃까지 변화할 때 크리프계수는 식 (5.34)의 ϕ_{RH}를 식 (5.43)으로, 그리고 식 (5.38)의 β_H를 식 (5.44)로 보정하여 식 (5.42)에 의해 구하여야 한다.

$$\phi(t, t') = \beta_c(t-t')\phi_o + 0.0004(T-20)^2 \tag{5.42}$$

$$\phi_{RH,T} = \phi_T + (\phi_{RH}-1.0)\phi_T^{1.2} \tag{5.43}$$

여기서, $\phi_T = \exp[0.015(T-20)]$

$$\beta_{H,T} = \exp\left[\frac{1,500}{273+T}-5.12\right]\beta_H \tag{5.44}$$

④ 28일 평균압축강도 f_{cu}는 식 (5.45)로 구하며, 시간에 따른 콘크리트의 강도발현

$f_{cu}(t)$는 식 (5.46)과 같이 구할 수 있다.

$$f_{cu} = f_{ck} + 8 \tag{5.45}$$

$$f_{cu}(t) = \beta_{cc}(t) f_{cu} \tag{5.46}$$

$$\beta_{cc}(t) = \exp\left[\beta_{sc}\left(1 - \sqrt{\frac{28}{t}}\right)\right] \tag{5.47}$$

$$\beta_{sc} = \begin{cases} 0.35: \text{1종시멘트 습윤양생} \\ 0.15: \text{1종시멘트 증기양생} \\ 0.25: \text{3종시멘트 습윤양생} \\ 0.12: \text{3종시멘트 증기양생} \\ 0.40: \text{2종시멘트} \end{cases}$$

여기서, $\beta_{cc}(t)$는 시간에 따른 강도발현 속도이고, β_{sc}는 시멘트 종류에 따른 상수이다.

⑤ 크리프변형을 계산할 때 콘크리트의 초기접선탄성계수는 다음과 같이 구해야 한다.

$$E_{ci} = 10{,}000 \sqrt[3]{f_{cu}} \tag{5.48}$$

한편, 초기접선탄성계수 $E_{ci}(t)$의 시간에 따른 변화는 다음과 같이 구해야 하며 $\beta_{cc}(t)$는 식 (5.47)과 같다.

$$E_{ci}(t) = \sqrt{\beta_{cc}(t)}\, E_{ci} \tag{5.49}$$

⑥ 크리프에 대한 실험은 KS F 2453에 따라야 한다.

5.3.7 내구성

콘크리트의 내구성(durability)에는 기상작용, 화학약품, 해수 및 전류의 작용 등에 대한 내구성을 들 수 있다.

(1) 기상작용에 대한 내구성

기상작용에 대하여 내구성이 좋은 콘크리트를 만들려면 가능한 한 단위수량을 적게 해야 한다. 즉, 콘크리트의 손상(성능저하)은 콘크리트 속의 수분의 동결융해작용, 탄산가스의 작용, 건습의 반복작용, 온도변화, 유수의 작용 등에 의한 것인데, 일반적으로 체적변화가 작고 수밀성이 큰 콘크리트일수록 내구성이 크다.

1) 동결융해 작용에 대한 내구성

인공경량골재콘크리트의 동결융해 작용에 대한 내구성은 보통콘크리트보다 못하지만, 적당한 공기량을 가진 콘크리트의 경우 충분히 내구적인 경량골재콘크리트구조물을 만들 수 있다.

2) 건습의 반복작용에 대한 내구성

콘크리트가 급격하게 건조하게 되면 내부는 습윤상태지만 표면이 건조하여 수축하기 때문에 표면에 수축균열이 발생한다. 이와 같은 균열은 건습의 반복에 의하여 진행된다. 건습 반복작용과 동결융해 작용이 중복하여 작용할 때는 매우 가혹한 조건이 된다.

3) 중성화에 대한 내구성

콘크리트의 내구연한은 중성화와 관계가 깊다. 중성화란 콘크리트 중의 알칼리 성분과 대기 중의 탄산가스가 반응하여 수분이 증발되고 균열이 발생되어 콘크리트가 노후화되어가는 현상으로 탄산화라고도 한다. 중성화에 영향을 주는 요인은 다음과 같다.

① 시멘트의 종류(혼합시멘트)
② 온도
③ W/B(물-결합재비)
④ 골재의 종류(경량 골재)
⑤ 혼화재(공기연행제, 플라이애쉬, 표면활성제)

중성화 판정은 페놀프탈레인 1%의 에탄올 용액(알코올 용액)을 스프레이로 뿌려서 색깔의 변화로 판명하며 중성화가 안 된 부분은 적자색으로 나타난다. 경화한 콘크리트는 표면에서 공기 중의 탄산가스의 작용을 받아 서서히 수산화칼슘이 탄산칼슘으로 바뀐다.

$$Ca(OH)_2 + CO_2 \rightarrow CaCO_3 + H_2O \quad (5.50)$$

이 반응은 콘크리트에 수축과 균열 발생의 위험성을 가져오며, 동시에 콘크리트의 중성화(carbonation). 즉, 알칼리성의 상실을 촉진시킨다. 콘크리트 속의 철근이 녹이 생기지 않는 것은 콘크리트가 알칼리성이기 때문이며, 중성화가 철근의 위치까지 도달하면 수분과 탄산가스에 의해 철근은 부식된다. 철근에 녹이 슬면 체적이 증가하며, 철근의 부식에 따른 균열이 발생하여 피복두께가 탈락되고 파괴하게 된다. 콘크리트의 중성화는 공기 중의 탄산가스의 농도가 높을수록 또 온도가 높을수록 중성화 속도는 빨라진다.

(2) 화학약품에 대한 내구성

콘크리트가 산, 알칼리, 염류, 동・식물성 기름, 유기산 당류 등의 화학적 물질의 영향을 받으면 시멘트 수화물과 반응하여 팽창균열을 일으키거나 반응물질이 용출되어 다공화 됨으로서 콘크리트의 성능을 저하시킨다. 이런 화학적 침식은 공장폐수, 온천지대, 산성 하천유역 및 하수도 처리시설 등에 콘크리트 구조물을 축조할 경우 발생하며 열화 상황은 화학약품의 종류와 원인에 따라 각각 다르다.

1) 황산염에 의한 열화

황산염은 각종 공업원료 및 비료로서 널리 사용되고 있으며 온천 및 하천수에도 함유되어 있으며 해수 중에도 포함되어 있어 콘크리트를 열화시킨다. 물에 잘 녹는 황산염은 다음 화학반응식에 나타낸 바와 같이 시멘트 수화물인 수산화칼슘과 반응하여 석고($CaSO_4 \cdot 2H_2O$)를 생성하여 체적을 증대시킨다. 더욱이 이 석고는 시멘트 중의 칼슘알루미네이트 수화물과 반응하여 팽창성의 에트린가이트(ettringite, $3CaO \cdot Al_2O \cdot 3CaSO_4 \cdot 32H_2O$)를 생성하며, 이때 큰 팽창압을 일으키기 때문에 콘크리트에 팽창균열 및 조직붕괴를 우발한다.

$$Ca(OH)_2 + Na_2SO_4 \rightarrow \underset{[석고]}{CaSO_4 \cdot 2H_2O} + 2NaOH \tag{5.51}$$

$$3CaO \cdot Al_2O_3 \cdot 6H_2O + CaSO_{4+}H_2O \rightarrow \underset{[ettringite]}{3CaO \cdot Al_2O_3 \cdot 3CaSO_4 \cdot 32H_2O} \tag{5.52}$$

2) 산에 의한 열화

황산, 염산 등 강한 무기산은 시멘트 수화물 중의 석회, 규산, 알루미나 등을 용해하므로 콘크리트가 심하게 침식되어 붕괴한다. 초산 및 기타 유기산의 작용은 무기산에 비하여 약하나 상당한 피해를 준다. 열화의 진행에는 산의 종류 및 농도 외에 기온, 건습 반복의 유무, 충격 및 마모작용의 유무 등의 환경조건도 작용한다. 산에 의한 열화는 화학공장 및 도금공장 등에서 사용되는 고농도의 유기산 뿐 만 아니라, 온천 및 산성 하천 등의 비교적 저농도의 산까지 광범위하다. 산에 의한 열화는 콘크리트 표면이 연화되어 우선 표층의 시멘트 부분이 용해되며, 계속 진행되면 골재의 박락이 일어나고 다음에는 더욱 손상이 심해져 단면이 감소된다.

3) 유류, 당류 및 부식성 가스 등에 의한 열화

동식물유의 주성분은 고급 지방산과 글리세린[$C_3H_5(OH)_3$]의 에스테르[Ester(RCO · OR)]에서 소량의 유리 지방산을 함유한다. 유리 지방산은 산으로서 직접 콘크리트를 침식한다. 지방산, 글리세린, 에스테르는 가수분해하여 시멘트 경화체 중의 수산화칼슘과 반응하여 지방산 칼슘을 생성하며, 이때 팽창을 수반하기 때문에 콘크리트에 균열이 발생하고 열화가 계속 진행되면 붕괴를 초래하게 된다.

설탕, 과당, 당밀 등의 당류의 수용액도 콘크리트를 침식한다. 당은 시멘트 경화체 중의 수산화칼슘과 반응하여 가용성의 당산 칼슘염을 생성하여 용출에 의하여 조직을 다공화 시킨다. 한편, 콘크리트를 침식하는 부식성 가스에는 황화수소, 이산화황, 불화수소, 염화수소 및 질소산화물 등이 있다. 황화수소는 화학공장 및 제철공장 등에서 발생되는 것뿐만이 아니라 온천지대, 하수도, 하수처리시설의 열화 원인으로서 문제가 되고 있다.

(3) 해수의 작용에 대한 내구성

철근콘크리트 구조물이 해양환경에 장기간 노출되면 해수 중의 화학적 작용에 의하여 콘크리트가 침식되고 콘크리트 중의 철근이 부식하게 된다. 특히 한냉지에 있어서 동결융해와의 상승작용, 파도나 수압과 같은 물리적 작용과 감조구역에서 건조, 습윤의 반복 등의 영향을 받을 경우 콘크리트 구조물의 내구성이 크게 저하되며 심할 경우에 구조물은 파괴에 이른다.

1) 해수 중의 염류에 의한 콘크리트의 열화

해수 중에는 염소이온(Cl^-), 황산염이온(SO_4^{2-}), 마그네슘이온(Mg^{2+}), 나트륨이온(Na^+) 등 많은 종류의 염류가 다량으로 함유되어 있으며, 그 중에서도 황산염이온과 염소이온이 가장 큰 영향을 미치며 콘크리트를 열화, 침식시킨다. 해수 중의 황산염이온은 시멘트 수화물과 반응하여 팽창성 물질을 생성함으로서 콘크리트를 팽창, 붕괴시키며, 염소이온은 시멘트 중의 수산화칼슘과 반응하여 생성된 가용성의 $CaCl_2$를 생성 및 용출에 따른 콘크리트의 다공화 현상 등으로 콘크리트가 열화한다.

2) 염화물에 의한 철근의 부식

콘크리트 중의 수분은 강한 알칼리성을 가지고 있기 때문에 철근의 표면에 얇은 산화피막을 형성하고 있기 때문에 철근은 부식작용으로부터 보호되어 콘크리트 중의 철근은 일반적으로 부식하지 않는다. 그러나 콘크리트 중의 알칼리성이 저하되고 각종 유해성분이 혼입되면 철근은 부식하기 쉽게 된다. 그 중에서도 염화물 이온의 작용이 가장 강하다. 콘크리트가 해양환경에 노출되면 콘크리트 내부에 염분이 축적되어 철근 표면의 피막에 결손이 생기면서 철근에 부식이 발생하면 콘크리트가 손상되어 부식되기 시작한다.

(4) 전류의 작용에 대한 내구성

철근콘크리트 구조물에서 고압 전류가 철근에서 콘크리트를 향하여 흐르면 철근이 양극이 되어 산화되면서 녹슬고, 체적이 팽창하여 콘크리트에 균열이 발생한다. 이런 열화는 특히 콘크리트가 염화칼슘 등의 염류를 함유할 때 그 피해가 크다. 반대로 콘크리트로부터 철근으로 전류가 흐르면 철근이 음극이 되어 철근에 가까운 콘크리트가 연화되어 부착강도가 저하한다. 콘크리트가 건조하여 있을 때는 전류는 극히 통하기 어렵고, 전류에 의한 피해도 적다. 그러나 전류가 교류이면 이런 손상은 생기지 않으며, 무근콘크리트에서는 직류라도 피해가 없다.

(5) 침식에 대한 내구성

콘크리트의 표층이 침해되어 손상되는 것을 침식(erosion)이라 한다. 침식의 원인은 흐르는 물속의 모래 등에 의한 마모, 교통하중에 의한 마찰, 공동현상에 의한 침식 등이 있으며, 넓은 의미에서는 동결융해 및 화학적 침식도 포함된다. 흐르는 물에 노출되어 있는 수리구조물의 표면에 굴곡이 있는 경우 물의 흐름의 도약에 따라서 심한 부압이 생겨 공동현상을 발생시킨다. 이 공동부는 물의 흐름에 따라 부압, 고압의 충격작용이 반복되어 콘크리트는 매우 심하게 침식된다.

또한 침식에 대한 저항성은 콘크리트의 압축강도와 밀접한 관계가 있으며 침식에 대한 저항성을 크게 하기 위해서는 물-결합재비를 적게 하고, 강경하고 미분이 적은 골재를 사용하여 충분한 습윤양생을 하여 고강도, 고밀도로 하는 것이 중요하다. 공동현상이 생기지 않도록 대책을 세우는 것도 중요하다.

5.3.8 수밀성

콘크리트는 물을 접하면 흡수하고 압력수가 작용하면 콘크리트 내부까지 침수한다. 수리구조물은 말할 것도 없이 대개의 구조물은 흡수와 투수에 대한 저항성, 즉 수밀성(water tightness)은 매우 중요한 성질이다. 콘크리트는 본질적으로 다공질이기 때문에 흡수 및 투수가 가능한 요소들을 가지고 있다. 즉 시멘트의 수화에 필요한 수량 이외의 물을 사용하여 콘크리트를 만들기 때문에 내부에 생기는 모세관수극, 시멘트의 수화에 의한 경화수축에 의하여 생기는 공극, 블리딩에 의해 물이 상승한 흔적과 골재 또는 철근 밑의 수극 등이 있다.

콘크리트의 수밀성을 지배하는 것은 오히려 시공불량에 의하여 생긴 벌집 모양의 결합부(honey comb)의 존재, 불완전 이음부 등의 결합부분을 들 수 있다. 콘크리트의 수밀성은 물-결합재비가 적을수록, 굵은 골재 최대치수가 클수록, 습윤양생이 충분할수록 크다. 충분히 양생한 콘크리트라도 건조시키면 건조수축의 영향에 의하여 공극이 서로 연결되어 투수가 용이하게 된다. 그래서 수밀콘크리트는 초기양생 뿐만 아니라 계속해서 습윤상태에서 양생하는 것이 좋다.

수밀콘크리트를 얻기 위한 콘크리트표준시방서의 콘크리트의 배합조건은 다음과 같다.

1) 배합한 콘크리트의 소요품질이 얻어지는 범위 내에서 단위수량 및 물-결합재비를 가급적 적게 하고, 단위 굵은 골재량을 가급적 크게 한다.
2) 콘크리트의 소요 슬럼프는 가급적 적게 하고 18cm를 넘지 않도록 하며, 타설이 용이할 때는 12cm 이하로 한다.
3) 혼화제를 사용하여도 공기량은 4% 이하가 되게 한다.

4) 물-결합재비는 55~60% 이상이 되면 콘크리트의 수밀성은 떨어지므로 물-결합재비는 55% 이하를 표준으로 한다. 또한 기초 양생뿐만 아니라 계속해서 습윤상태에서 양생하는 것이 좋다.

5.3.9 내화성

화재가 발생했을 경우 1,000℃ 정도의 고온에 일시적으로나마 노출되는 경우 이에 저항하는 성질을 내화성이라 한다. 한편 공업용 로 또는 원자력용기 등과 같이 연속하여 고온에 노출되는 경우 이에 저항하는 성질을 내열성이라 한다. 콘크리트 및 철근콘크리트는 현재 사용되고 있는 구조재료 중에서 가장 내화성이 풍부한 재료에 속한다.

콘크리트는 고온을 받으면 강도 및 탄성계수가 저하하며 철근과 콘크리트와의 부착력이 저하된다. 이것은 시멘트 페이스트의 탈수에 의한 수축과 골재의 온도 상승 팽창에 따른 제석변화와 수산화칼슘 등의 시멘트 수화물의 분해 및 골재의 열분해, 철근과 철근콘크리트의 온도 팽창계수의 상이성 등에 의한다. 인공 경량골재 콘크리트가 고온을 받았을 때 압축강도의 감소는 일반적으로 보통콘크리트보다 작다. 철근콘크리트 구조물의 내화성 향상을 위해 다음과 관련된 조치를 취할 수 있다.

1) 콘크리트 표면을 단열재로 보호한다.
2) 골재는 화산암, 슬래그 등이 내화적이다.
3) 철근콘크리트의 외측이 벗겨지는 것을 방지하기 위하여 팽창성 금속을 콘크리트 표층부에 넣는다.
4) 내화성이 작은 철근을 충분히 보호하기 위해서 슬래브는 20~25mm 이상, 기둥 및 보는 40~45mm 이상의 덮개가 필요하다.

5.3.10 콘크리트의 균열

콘크리트 구조물에 발생한 균열은 구조물의 내력, 내구성, 방수성 및 미관 등에 악영향을 미치기 때문에 균열은 콘크리트 구조물을 건설할 때 가장 중요한 문제이다. 균열의 발생원인은 표 5.12와 같이 많은 요인이 있고, 그 주요 원인은 시공불량, 건조수축, 온도응력, 화학반응, 이상하중, 설세싱의 갈못, 설계시 구조세목의 불량 등이다. 여기에서는 응결・경화과정 중에 발생되는 균열과 경화 후에 발생되는 균열로 나누어서 분류하고, 그 원인과 대책에 관하여 간단히 기술한다.

응결・경화과정 중에 비교적 초기에 생기는 균열을 총칭하여 소성균열(plastic crack)이라 한다. 이러한 종류의 균열은 발달하지는 않는 것이 보통이며, 미세한 경우 구조상에 유해하지 않지만 외관상 좋지 않을 뿐만 아니라 경화 후의 콘크리트에 나쁜 영향을 미칠 위험이 있다.

표 5.12 균열손상의 주요원인

분 류	내 용
재료적 성질	시멘트 이상응결, 콘크리트 침하, 블리딩, 시멘트의 수화열, 시멘트의 이상팽창, 골재함유 진흙분, 반응성 골재 및 풍화암의 사용, 콘크리트의 건조수축.
사용환경 조건	환경 온도, 습도의 변화, 부재양면의 온・습도 차, 동결융해작용의 반복, 내부철근의 부식, 화재, 표면가열, 산, 염류의 화학작용.
구조, 외력 등	설계하중 이내의 하중, 설계하중을 초과하는 하중, 지진에 의한 하중, 단면, 철근량 부족, 구조물의 부등침하.
시공과의 관계	혼화재료 불균일한 분산, 장시간의 비빔, 펌프 압송시 시멘트량과 수량의 증대, 타설순서 차이, 급속한 타설 속도, 불충분한 다짐, 피복두께 부족, 조인트 처리의 부적합, 거푸집에의 타설, 누수, 지지공의 침하, 거푸집의 조기제거, 경화전의 진동 및 재하, 초기양생중의 급격한 건조, 초기동해.

(1) 굳지 않은 콘크리트의 균열

콘크리트 타설 후 아직 굳지 않은 콘크리트의 균열을 일반적으로 초기균열이라고 한다. 초기균열은 콘크리트의 부등침하에 따라서 침하수축균열과 표면의 급속건조에 의하여 생기는 소성수축균열, 거푸집 변형에 따른 균열 및 진동, 재하에 따른 균열 등으로 크게 나눌 수 있다. 이 초기 건조균열을 방지하기 위해서는 수분의 증발을 방지하고 콘크리트 표면에 급격한 온도변화가 일어나지 않도록 해야 한다.

1) 침하수축균열

침하수축균열은 콘크리트 타설 후 1~3시간에 주로 발생하며 콘크리트의 표면 가까이에 있는 철근, 매설물 또는 입자가 큰 골재 등이 콘크리트의 침하를 국부적으로 방해하기 때문에 일어난다(그림 5.26 참조). 블리딩이 큰 콘크리트일수록 균열이 발생할 가능성이 높아진다.

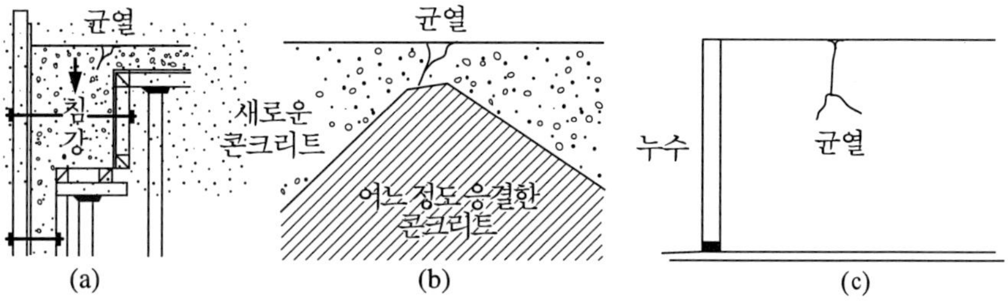

그림 5.26 침하수축균열

균열은 콘크리트 타설 후 1시간 정도 경화한 후 일어나기 쉬운데, 콘크리트 타설 후 거푸집 이동 또는 시멘트의 이상응결 등의 원인에 의하여 콘크리트 표면에 균열이 발생했을 경우에는 침하가 종료한 단계에서 새로 다시 표면의 마무리를 하여 메꿔주는 것이 좋다.

침하수축 균열의 방지책은 다음과 같다.

① 단위수량을 되도록 적게 하고, 슬럼프가 작은 콘크리트를 잘 다짐해서 시공한다.
② 침하종료 이전에 점착력을 잃지 않는 시멘트와 혼화재를 선정한다.
③ 침하종료 단계에서 다시 표면 마무리를 하여 균열을 제거한다.
④ 타설속도를 늦추고 1회 타설높이를 작게 한다.

2) 초기 건조수축균열

콘크리트 표면의 물의 증발속도가 블리딩 속도보다 빠른 경우와 같이 급속한 수분 증발이 일어나는 경우에 콘크리트 표면에 생기는 가늘고 얇은 균열을 말한다. 초기 건조균열을 방지하기 위해서는 수분의 증발을 방지하고 마무리를 지나치게 하거나 콘크리트 표면에 급격한 온도 변화가 일어나지 않도록 해야 한다.

콘크리트의 타설구역 주위를 시멘트로 감싸고 타설 종료 후 콘크리트 표면을 피복하고, 여름철에는 일광의 직사나 바람에 노출되지 않도록 하고 필요에 따라서 적절한 살수를 하는 등 양생에 충분한 배려를 해야 한다.

3) 거푸집 변형에 의한 균열

콘크리트가 점차적으로 유동성을 잃고 굳어져 가는 시점에서 거푸집에 의해 큰 변형을 받으면 콘크리트의 소성변형 저항능력보다 외력에 의한 변형이 크게 되어 균열을 일으킨다.

4) 진동 및 재하에 따른 균열

콘크리트 타설 후 근처에서 말뚝을 박거나 장비류 등의 진동을 주는 경우와 콘크리트 타설 후 초기에 하중을 재하하면 균열을 일으킨다. 초기재령에서 재하하게 되면 지보공의 변형, 침하 등에 따라서 균열을 일으키는 경우가 있기 때문에 주의해야 한다.

(2) 경화 후 콘크리트의 균열

1) 수축균열

건조수축량이 부재단면의 표면과 내부와의 차이는 있지만 철근 등에 의하여 구속되거나 또는 구조물의 기타 부분에 의하여 구속을 받는지에 따라 콘크리트에 인장응력이 생긴다. 이 인장응력이 증가하여 어느 시점에서 콘크리트의 인장강도를 추월하게 되면 균열이 발생한다.

대책으로서는 단위수량이 적은 밀실한 배합, 충분한 양생, 굵은 골재량 증가, 수축 조인트의 적절한 배치 외에도 팽창 시멘트 또는 무수축성 시멘트를 이용하거나, 또한 수축균열의 발생을 피할 수 없다는 것이 전제로 되는 경우에는 적당한 간격으로 줄눈을 설치하거나 철근을 조밀하게 배치하여 균열을 분산시키는 방법 등이 권장되고 있다.

2) 온도균열

콘크리트 구조물에 작용하는 온도차에 의해 콘크리트 수축에 차이가 있으며, 이 수축이 방해를 받으면 인장응력이 발생하고 이것이 직접 균열발생의 원인이 된다. 온도상승이 원인으로 되어 일어나는 균열을 간단하게 온도균열이라고 한다. 온도균열을 다른 균열과 구별하는 특징은 온도균열을 일으킨 콘크리트에서는 상당히 큰 균열이 일어나고, 재령이 적은 시기에 발생한다. 그 시기는 온도상승이 최대에 도달하여 온도강하로 옮겨간 직후와 거의 일치한다.

온도상승이 최대에 도달한 다음 온도강하로 바뀌면 콘크리트는 수축한다. 이 수축이 방해를 받으면 인장응력이 발생하고 이것이 직접적인 균열발생의 원인이 된다. 온도 균열에 대한 시공상의 대책은 단위 시멘트량을 적게 하고, 1회의 타설높이를 줄여야 하고, 수화열이 낮은 시멘트를 선택해야 한다. 또한 재료를 사용하기 전에 미리 온도를 낮추어(pre-cooling)사용해야 하며, 수축 이음부를 설치하고, 파이프를 사용하여 콘크리트 내부온도를 낮추어 사용하는 등 종합적인 대책이 필요하다.

3) 하중에 의한 휨균열

① 콘크리트의 인장연단에 가장 가까이에 배치되는 철근의 중심간격 s는 식 (5.53)의 두 값 중 작은 값 이하로 하는 등 콘크리트 구조기준의 다른 모든 규정을 만족하는 경우 균열에 대한 검토가 이루어진 것으로 간주할 수 있다.

$$s = 375\left(\frac{210}{f_s}\right) - 2.5c_c \tag{5.53}$$

$$s = 300\left(\frac{210}{f_s}\right) \tag{5.54}$$

여기서, c_c는 인장철근이나 긴장재의 표면과 콘크리트 표면사이의 최소 두께이다.

② 특별히 수밀성이 요구되는 구조는 적절한 방법으로 균열에 대한 검토를 하여야 한다. 이 경우 소요 수밀성을 갖도록 하기 위한 허용균열폭을 설정하여 검토할 수 있다.

③ 미관이 중요한 구조는 미관상의 허용균열폭을 설정하여 균열을 검토할 수 있다.

CHAPTER

06

콘크리트 배합설계

CHAPTER

06 콘크리트 배합설계

6.1 개요

콘크리트의 배합설계란 콘크리트를 만드는데 필요한 각 재료의 비율 및 사용량을 말한다. 즉, 시멘트, 잔골재, 굵은 골재 및 혼화재료를 가장 경제적으로 필요한 워커빌리티, 수밀성, 내구성 및 소요의 강도를 얻을 수 있도록 그 혼합 비율과 균열저항성, 철근 또는 강재를 보호하는 성능을 갖도록 비율을 정하여야 한다. 콘크리트는 잔골재, 굵은 골재 등 구성입자를 시멘트, 물 등의 결합물질로 고착시킨 2상물질로서 굳지 않은 상태의 시공성 등 제반 요구조건과 경화 후의 압축강도, 내구성 등 여러 사항을 만족시켜야 한다.

또한 작업에 적합한 워커빌리티를 갖기 위해서 콘크리트는 부재의 크기와 형상, 콘크리트의 다지기 방법 등에 따라 거푸집 구석구석까지 콘크리트가 충분히 채워지도록 다지는 작업이 용이함과 동시에 재료분리가 거의 발생하지 않는 콘크리트여야 한다. 현재는 주로 중량배합이 이용되고 있고, 콘크리트 $1m^3$ 혹은 1배치(batch)를 만드는데 필요한 재료의 양을 단위량(kg/m^3)이라 하며 단위수량, 단위시멘트량, 단위잔골재량, 단위 굵은 골재량 등으로 나타낸다.

6.2 배합 선정시 고려사항

(1) 소요강도(물–결합재비)

구조물이 재하되는 하중에 대하여 저항할 수 있는 소요강도를 얻기 위한 콘크리트의 강도는 KS F 2403(콘크리트의 강도 시험용 공시체 제작방법)의 규정에 따라 공시체를 제작 · 양성하여 KS F 2405(콘크리트의 압축강도 시험방법) 및 KS F 2407, KS F 2408(콘크리트의 휨강도 시험방법)에 따라 압축강도 및 휨강도를 구하여 검토한다.

(2) 워커빌리티(단위시멘트량, 잔골재율)

작업에 적합한 워커빌리티를 갖는다는 것은 굳지 않은 콘크리트의 성질 중 가장 중요한 것으로 콘크리트 부재의 크기와 형상, 콘크리트 다지기 방법 등에 따라서 철근 사이나 거푸집의 구석구석까지 충분히 채워지고 재료분리가 거의 생기지 않은 콘크리트를 말한다.

(3) 균질성 유지

콘크리트의 균질성은 재료의 선택, 워커빌리티, 계량오차, 부어넣는 방법 등에 의하여 영향을 받으며, 이러한 것이 불량하면 콘크리트에 곰보(honeycomb) 등이 생기기 쉽고, 강도나 내구성도 현저하게 저하하게 되므로 콘크리트는 균질성을 가져야 한다.

(4) 내구성(물-결합재비, 단위수량)

콘크리트의 내구성이란 콘크리트의 중성화에 의한 철근의 녹 발생, 화학적 부식, 동결융해 작용에 의한 동해, 마모, 전해작용 등에 대한 저항성을 의미하고 이들에 대한 충분한 내구성을 갖는 콘크리트가 되어야 한다.

(5) 수밀성

구조물용 콘크리트는 수밀성이 요구되는 지붕 슬래브, 지하실 구조체 댐 등에 특별히 요구되는 경우에는 그 성능을 고루 구비하여야만 한다.

(6) 경제적

콘크리트 성질은 재료, 시공, 강도 및 내구성 등을 모두 만족시키는 범위에서 경제적인 콘크리트 배합이 요구된다.

6.3 배합설계의 방법 및 종류

6.3.1 배합설계 방법

콘크리트의 배합설계는 일반적으로 계산에 의한 방법(관례에 의한 방법), 배합 참고표에 의한 방법, 시험배합에 의한 방법에 의하여 실시하며, 이중 시험배합에 의한 방법이 가장 실용적이고 합리적인 방법이다.

6.3.2 배합의 종류

배합의 표시방법은 시방배합(specified mix)과 현장배합(job mix)이 있으며, 콘크리트 1m^{3}를 제조하는데 소요되는 각 재료량을 중량(kg)으로 표시하는 중량배합과 절대용적(ℓ)으로 표시하는 용적배합이 있다.

(1) 시방배합(specified mix)

시방서 또는 책임기술자(감리원)에 의해 표시된 배합이고 시방배합에 사용되는 골재는 표면건조 포화상태이며, 잔골재는 5mm체를 전부 통과하고 굵은 골재는 5mm체에 전부 잔류한 골재를 사용했을 때의 배합을 말한다. 즉, 시방배합이란 1m^{3}당의 콘크리트 제조에 소요되는 각 재료량을 산출한다.

(2) 현장배합(job mix)

실제 현장의 골재 표면수량, 흡수량, 입도상태 등을 고려하여 시방배합을 현장상태에 적합하게 보정한 배합을 현장배합이라 한다. 즉 현장의 골재를 5mm체로 쳐서 구분하여 사용하는 것이 매우 어려우므로 실제로 잔골재 중의 5mm체에 남는 양, 굵은 골재 중의 5mm체를 통과하는 양, 표면수, 흡수량 등을 고려한 배합을 말한다. 즉, 현장배합이란 1 배치(batch) 당의 재료량을 산출한다.

(3) 중량배합

비벼낸 1m^{3}의 콘크리트제조에 소요되는 각 재료량을 중량(kg)으로 표시한 배합으로 재료의 절대용적에 비중을 곱하면 된다. 이때의 골재중량과 비중은 절건상태를 기준으로 한다. 이 배합은 정밀한 배합을 실용화하기 편리한 방법으로 실험실 배합 및 레미콘 출하 배합은 이 배합으로 이루어지는데 배합의 관리 및 보존은 절대용적 배합으로 하는 것이 골재의 비중 및 품질변화에 대처하는 능력이 좋게 되어 적절한 방법이 된다.

(4) 용적배합

1) 절대용적배합

콘크리트 $1m^3$을 제조하는데 소요되는 각 재료량을 각 재료의 공극이 전혀 없는 절대용적(ℓ)으로 표시하는 배합이다. 이 방법은 콘크리트 배합의 근간이 된다.

2) 표준계량 용적배합

콘크리트 $1m^3$을 제조하는데 소요되는 각 재료량을 KS F 2505(골재의 단위용적 중량 시험방법)의 다짐대(골재의 최대치수 40mm 이하) 혹은 지깅(골재의 최대치수 40mm 이상 100mm 이하)의 표준적인 다짐상태의 용적(m^3)으로 배합을 표시한 것인데, 이 경우 시멘트는 1500kg은 $1m^3$로 본다. 실무에서는 이 배합표시법이 거의 이용되지 않는다.

3) 현장계량 용적배합

콘크리트 $1m^3$을 제조하는데 소요되는 각 재료량을 시멘트는 포대 수, 골재는 현장계량에 의한 용적(KS F 2505의 삽을 사용하는 시험인 다져지지 않은 상태로서의 m^3)으로 표시한 배합이다. 재래의 손비빔 및 믹서비빔에 많이 사용되었던 방법이다.

6.3.3 배합의 표시방법

배합의 표시방법은 콘크리트표준시방서(2.4.11 배합의 표시법)에서는 표 5.1과 같이 나타내고, 시방배합을 현장배합으로 고칠 경우에는 골재의 함수상태, 잔골재 중에서 5mm체에 남는 굵은 골재 중에서 5mm체를 통과하는 잔골재량 및 혼화제를 희석시킨 희석수량 등을 고려하여야 한다. 한편 건축공사표준시방서의 경우에는 표 5.2와 같이 나타내고 있다.

표 6.1 배합의 표시법(콘크리트표준시방서 2.4.11)

굵은 골재의 최대치수 (mm)	슬럼프 범위 (mm)	공기량 범위 (%)	물-결합재비[1] (%)	잔골재율 S/a (%)	단위량 (kg/m^3)					
					물 (W)	시멘트 (C)	잔골재 (S)	굵은 골재 (G)	혼화재료	
									혼화재[1]	혼화제[2]

(주) 1) 포졸란 반응성 및 잠재 수경성을 갖는 혼화재를 사용하지 않는 경우에는 물-시멘트비가 된다.
2) 같은 종류의 재료를 여러 가지 사용할 경우에는 각각의 난을 나누어 표시한다. 이 때 사용량에 대하여는 ml/m^3 또는 g/m^3로 표시하며, 희석시키거나 녹이거나 하지 않은 것으로 나타낸다.
3) 배합표에는 구조물의 종류, 설계기준강도, 배합강도, 시멘트 종류, 잔골재 조립률, 굵은 골재 공극률, 혼화재 종류, 운반시간, 시공시기 등에 대해서도 병기하는 것이 바람직하다.

표 6.2 배합의 표시법(건축공사표준시방서)

배합강도 (MPa)	슬럼프 (mm)	공기량 (%)	물-결합재비 (%)	잔골재율 S/a (%)	잔골재율 S/a (%)	단위수량 (kg/cm^3)	절대용적(ℓ/m^3)				중량(kg/cm^2)				화학혼화제의 사용량 (cc/m^3) 또는(g/m^3)
							시멘트	잔골재	굵은골재	혼화재	시멘트	잔골재	굵은골재	혼화재	

(주) 절건상태인지, 표면건조 포화상태인지를 명기한다. 다만, 경량골재는 절건상태를 표시한다. 혼합재료를 사용하는 경우, 필요에 따라 혼합전의 각 골재종류 및 혼합비율을 나타낸다.

6.4 배합설계의 순서

콘크리트의 배합설계에는 계산에 의한 방법, 배합표에 의한 방법, 시험배합에 의한 방법이 있으나, 일반적으로 시험배합에 의한 방법이 가장 실용적이고 합리적인 방법이다. 시험배합에 따른 콘크리트의 일반적인 배합설계 순서는 다음과 같다.

1) 굵은 골재의 최대치수와 굳지 않은 콘크리트의 슬럼프 및 공기량을 결정한다.
2) 사용재료의 품질시험(시멘트 및 골재의 밀도, 골재의 입도분석, 흡수량, 단위중량 및 마모율 등)을 실시한다.
3) 구조물의 종류와 용도를 고려하여 W/B 비를 결정한다.
4) 단위수량, 절대 잔골재율(S/a)을 결정

5) 잔골재량 및 굵은 골재량을 결정.

6) 시험배합의 결정

7) 현장배합으로 수정

6.5 배합설계시 여러 요소의 결정

6.5.1 굵은 골재의 최대치수

콘크리트를 경제적으로 제조한다는 측면에서 가능한 한 최대치수가 큰 굵은 골재를 사용하는 것이 일반적으로 유리하지만 철근콘크리트 부재에서는 철근이 몹시 복잡하게 조립되어 있고 부재의 치수가 그다지 크지 않은 경우도 있으므로 콘크리트가 구석구석까지 잘 채워지기 위해서는 너무 큰 굵은 골재를 사용하는 것은 적당하지 못하다.

표 6.3 굵은 골재 최대치수 (콘크리트표준시방서 2.4.6)

구조물의 종류	굵은 골재의 최대치수(mm)
일반적인 경우	20 또는 25
단면이 큰 경우	40
무근콘크리트	40 부재 최소치수의 1/4을 초과해서는 안됨

콘크리트표준시방서 2.4.6(굵은 골재의 최대치수)에 의하면 일반적으로 굵은 골재의 최대치수는 거푸집 양 측면 사이의 최소거리의 1/5, 슬래브 두께의 1/3, 개별 철근, 다발 철근, 긴장재 또는 덕트 사이 최소 순간격의 3/4를 초과해서는 안 된다. 또한 무근콘크리트용 굵은 골재는 부재 최소치수의 1/4를 초과해서는 안 되며, 구조물의 종류에 따라 표 6.3과 같이 정하고 있다.

6.5.2 슬럼프값 결정

작업에 적당한 워커빌리티를 얻을 수 있는 슬럼프 값은 콘크리트 부재의 크기 및 모양, 콘크리트의 취급과 다지기의 방법 등에 따라서 다르다. 슬럼프가 큰 콘크리트를 사용하면 콘크리트의 작업은 쉽지만, 블리딩이 많아지고 굵은 골재가 모르타르에서 분리하는 경향이 심해지므로 작업에 알맞은 범위 내에서 가능한 작은 슬럼프의 콘크리트가 바람직하다. 한편 진동기를 사용하지 않는 경우에는 표 6.4의 슬럼프 값보다 얼마간 큰 슬럼프 값을 써야 한다.

1) 된 반죽 콘크리트의 경우에는 슬럼프 시험 대신에 진동기를 사용한 반죽질기 시험 방법을 채택하는 것이 효과적이다.

① 콘크리트의 슬럼프는 운반, 타설, 다지기 등의 작업에 알맞은 범위 내에서 될 수 있는 대로 작은 값으로 정한다.
② 콘크리트 작업에 적당한 워커빌리티(반죽질기)를 얻을 수 있는 슬럼프값은 콘크리트 구조물의 크기, 모양, 콘크리트의 취급과 다지기 방법 등에 따라서 다르다.
③ 콘크리트의 슬럼프시험은 KS F 2402에 따른다.
④ 된 반죽의 콘크리트에 대해서는 슬럼프시험 대신에 KS F 2427, KS F 2428과 KS F 2452의 규정에 따라 시험할 수 있다.
⑤ 콘크리트를 타설할 때의 슬럼프값은 콘크리트 표준시방서 2.4.7(슬럼프의 표준값)에 의하면 표 6.4를 표준으로 한다.

2) 한편 유동화 콘크리트의 경우는 다음과 같은 원칙을 따른다.

① 유동화 콘크리트의 슬럼프는 작업에 적절한 범위로서 원칙적으로 210mm 이하로 한다.
② 슬럼프의 증가량은 100mm 이하를 원칙으로 하며 50~80mm를 표준으로 한다.
③ 베이스 콘크리트의 슬럼프는 콘크리트의 유동화에 지장이 없는 범위로 정해야 한다.

표 6.4 슬럼프의 표준값(mm)

종 류		슬럼프 값(mm)
철근콘크리트	일반적인 경우	50~150
	단면이 큰 경우	60~120
무근콘크리트	일반적인 경우	50~150
	단면이 큰 경우	50~100

(주) 콘크리트의 운반시간이 길거나 기온이 높을 경우에는 슬럼프가 크게 저하되므로 운반중의 슬럼프의 저하를 고려한 슬럼프 값에 대하여 배합을 정해야 한다.

6.5.3 물-결합재비(W/B)

물-결합재비는 물과 시멘트의 중량 백분율로 물-결합재비의 최대 영향인자는 압축강도이고, 내구성, 수밀성 등이다.

1) 콘크리트의 압축강도를 기준으로 물-결합재비를 결정할 경우

물-결합재비는 소요의 강도, 내구성, 수밀성 및 균열저항성 등을 고려해서 정해야 하며, 수밀을 요하는 구조물에서는 콘크리트의 수밀성에 대해서도 고려해야 한다. 압축강도와 물-결합재비와의 관계는 시험에 의하여 정하는 것을 원칙으로 한다. 이때 공시체는 재령 28일을 표준으로 한다. 단, 구조물이 소규모이거나 높은 강도를 필요로 하지 않는 공사 등에서는 시험을 하지 않을 경우 혼화제를 쓰지 않고 보통 포틀랜드시멘트로 만드는 콘크리트에 있어서 시멘트-물비(C/W)와 재령 28일의 압축강도(f_{28})와의 관계를 식 (6.1)로 보고 물-결합재비를 구하는 경우도 있다.

$$\frac{W}{B}=\frac{51}{(f_{28}/\mathrm{k})+0.31} \quad (\mathrm{W/B}=40\sim65\%) \tag{6.1}$$

여기서, f_{28}는 배합강도(MPa), k는 시멘트강도(MPa)를 나타낸다. 또한, 배합에 사용할 물-결합재비는 기준 재령의 시멘트-물비와 압축강도와의 관계식에서 배합강도에 해당하는 시멘트-물비 값의 역수로 한다.

2) 콘크리트의 수밀성을 기준으로 물-결합재비를 결정할 경우

일반적으로 콘크리트의 수밀성은 콘크리트의 품질, 부재의 두께, 외부의 압력에 영향을 받으며, 다짐 및 양생을 충분히 한 콘크리트에서도 물-결합재비가 55~60% 이상이 되면 콘크리트의 수밀성은 매우 감소된다. 또한 일반적으로 물-결합재비가 큰 콘크리트는 재료분리의 영향이 크고, 쳐 넣은 콘크리트에 결점이 생기기 쉽다. 수밀을 요하는 콘크리트의 물-결합재비는 55% 이하를 표준으로 한다.

3) 콘크리트의 내동해성을 기준으로 물-결합재비를 결정할 경우

기상작용에 대한 내동해성 등의 내구성을 향상시키기 위해서는 공기연행 콘크리트를 사용하는 것을 원칙으로 하고 있다. 콘크리트의 중성화 저항성을 고려하여 하는 경우 물-결합재비는 55% 이하로 하여야 한다. 기상작용에 대한 콘크리트의 내동해성 등을 향상시키기 위해서는 공기연행 콘크리트를 사용하는 것을 원칙으로 하고 있다.

일반적으로 콘크리트의 내동해성을 고려하여 물-결합재비를 결정할 경우 그 값은 콘크리트표준시방서 2.4.3(물-결합재비)에 의하면 표 6.5의 값을 초과하지 않도록 하여야 한다.

표 6.5 특수 노출상태에 대한 요구사항(%)(콘크리트표준시방서)

노출상태	보통골재 콘크리트 최대 물-결합재비[1]	보통골재 콘크리트와 경량골재 콘크리트의 최소 설계기준압축강도 f_{ck} (MPa)
물에 노출되었을 때 낮은 투수성이 요구되는 콘크리트	0.5	27
습한 상태에서 동결융해 또는 제빙화학제에 노출된 콘크리트	0.45	30
제빙화학제, 염, 소금물, 바닷물에 노출되거나 이런 종류들이 살포된 콘크리트의 철근부식 방지	0.40	35

(주) (1) 표 6.5와 표 6.6을 동시에 고려하여야 할 때에는 두 표의 값에서 보다 엄격한 기준을 따라야 한다.

콘크리트의 황산염(SO_4)에 대한 내구성을 기준으로 하여 물-결합재비를 정할 경우 그 값은 콘크리트표준시방서 2.4.3(물-결합재비)에 의하면 표 6.6의 값을 초과하지 않도록 해야 한다. 해양구조물에 쓰이는 콘크리트의 최대 물-결합재비를 정할 경우 그 값은 콘크리트표준시방서 17장 해양콘크리트의 2.2(물-결합재비)에 의하면 표 6.7에 나타낸 값에 따라야 한다.

표 6.6 황산염을 포함한 용액에 노출된 콘크리트에 대한 요구사항(콘크리트표준시방서)

황산염 노출정도	토양내의 수용성 황산염 질량비(%)	물 속의 황산염 (ppm)	(혼합) 시멘트 종류	최대 물-결합재비(%)	최소 설계기준 압축강도 f_{ck} (MPa)
				보통골재 콘크리트[1]	보통골재 또는 경량골재 콘크리트
무시	0.0~0.1	0~150	-	-	-
보통[2]	0.1~0.2	150~1,500	보통 포틀랜드 시멘트(1종)+포졸란[2] 플라이애쉬 시멘트 중용열 포틀랜드시멘트(2종) 고로슬래그 시멘트	0.5	27
심함	0.2~2.0	1,500~10,000	내황산염 포틀랜드 시멘트(5종)	0.45	30
매우 심함	2.0 초과	10,000 초과	내황산염 포틀랜드 시멘트(5종)+포졸란[3]	0.45	30

(주) 1) 동결융해 또는 매입물질의 침식에 대한 보호, 또는 낮은 침투성을 위해서는 보다 낮은 물-결합재비나 높은 강도가 요구된다.
2) 바닷물
3) 1종 시멘트가 포함된 콘크리트에 사용될 때 황산염에 대한 저항을 개선시킨 실적이 있거나 실험에 의해 증명된 포졸란
4) 5종 시멘트가 포함된 콘크리트에 사용될 때 황산염에 대한 저항을 개선시킨 실적이 있거나 실험에 의해 증명된 포졸란

표 6.7 해양콘크리트에 내구성으로 정해진 공기연행 콘크리트의 최대 물-결합재비(%)(콘크리트표준시방서)

환경 구분 \ 시공 조건	일반 현장시공의 경우	공장제품 또는 재료의 선정 및 시공에서 공장제품과 동등 이상의 품질이 보증될 때
(a) 해중	50	50
(b) 해상 대기중[1]	45	50
(c) 물보라 지역[2]	40	45

(주) 1) 해상 대기중이란 물보라 위쪽에서 항상 해풍을 받으며 파도의 물보라를 가끔 받는 열악한 환경을 말함.
2) 물보라 지역과 간만대 지역은 조석의 간만, 파랑의 물보라에 의한 건습의 반복작용을 받는 내구성면에서 가장 열악한 환경이기 때문에 콘크리트 속의 강재부식, 동해, 화학적 침식 등의 손상을 받을 가능성이 큼
3) 실적, 연구성과 등에 의해 확증이 있을 때는 물-결합재비를 위 값에 5% 정도 더한 값으로 할 수 있음

6.5.4 단위수량

단위수량의 최대 영향 요인은 내구성, 수밀성 외에 슬럼프 등 유동성에 지배적인 영향을 미친다. 단위수량은 소요의 워커빌리티를 갖는 범위 내에서 될 수 있는 대로 적게 되도록 시험을 통해 정해야 하고, 일정한 슬럼프를 얻는데 필요한 단위수량은 굵은 골재의 최대치수, 골재의 입도와 입자 형태, 혼화재의 종류, 콘크리트의 공기량 등의 영향으로 실제의 시공에 사용되는 재료를 사용하여 시험을 실시한 다음 단위수량을 정한다.

한편 공기연행제, 감수제, 공기연행 감수제 등을 적당히 사용하면 단위수량을 상당히 감소시킬 수 있는데, 감소시키는 정도는 공기량, 혼화제의 종류, 콘크리트의 배합 등에 따라 다르나, KS F 2560(콘크리트용 혼화제)에 적합한 공기연행제의 경우 6~10%, 공기연행 감수제의 표준형 또는 지연형의 경우 10~14%, 촉진형의 경우 8~10% 정도이다. 또 부순돌 또는 고로슬래그 굵은 골재를 사용할 경우의 단위수량은 입자의 형상에 따라 다르지만, 강자갈을 사용했을 경우에 비하여 10% 정도 증가한다. 단위수량의 대략의 표준치를 알아보면 표 6.8과 같다.

표 6.8 콘크리트의 단위 굵은 골재용적, 잔골재율 및 단위수량의 표준값

굵은 골재의 최대치수 (mm)	단위 굵은 골재용적 (%)	공기연행제를 사용하지 않은 콘크리트			공기연행 콘크리트				
		갇힌 공기 (%)	잔골재율 S/a (%)	단위수량W (kg)	공기량 (%)	양질의 공기연행제를 사용한 경우		양질의 공기연행 감수제를 사용한 경우	
						잔골재율 (%)	단위수량 (kg)	잔골재율 (%)	단위수량 (kg)
15	58	2.5	53	202	7.0	47	180	48	170
20	62	2.0	49	197	6.0	44	175	45	165
25	67	1.5	45	187	5.0	42	170	43	160
40	72	1.2	40	177	4.5	39	165	40	155

(주) 1) 이 표의 값은 보통의 입도를 가진 모래(조립율 2.8 정도) 및 자갈을 사용한 물-결합재비 55% 정도, 슬럼프 약 8cm의 콘크리트에 대한 것이다.

2) 사용재료 또는 콘크리트의 품질이 주1)의 조건과 다를 경우 표 6.8의 값을 표 6.9와 같이 보정해야 한다.

3) 단위수량의 경우 건축공사에 납품되는 경우에는 185kg 이하가 되도록 한다. 기타의 경우라도 가능한 단위수량은 작게 하는 것이 좋다

6.5.5 단위시멘트량

단위시멘트량은 원칙적으로 단위수량과 물-결합재비로부터 정한다. 골재의 품질과 입도가 적당하면 어느 정도 단위시멘트량을 적게 하여 수밀하고 내구적인 콘크리트를 만들 수 있다. 골재를 충분히 부착시킬 만한 시멘트 페이스트가 부족할 정도로 단위시멘트량이 적게 되면 강도는 물론 내구성과 수밀성이 큰 콘크리트를 만들 수 없다. 단위시멘트량을 어느 정도 이상 적게 하면 소요의 반죽질기에 대하여 시멘트 페이스트가 너무 묽어서 경화 콘크리트의 공극이 커진다. 단위시멘트량은 소요의 강도, 내구성, 수밀성, 균열저항성, 강재를 보호하는 성능을 갖는 콘크리트가 얻어지도록 시험에 의하여 정한다. 단위시멘트량의 하한값 혹은 상한값이 규정되어 있는 경우에는 이들의 조건을 충족하여야 한다.

철근콘크리트에서는 소요의 강도를 얻기 위해 상당한 량의 시멘트가 필요할 뿐만 아니라, 철근이 녹스는 것을 방지하고 콘크리트와 철근과의 부착을 충분히 되도록 하기 위해서 적당한 물-결합재비의 시멘트 페이스트로 철근을 완전히 둘러싸고 콘크리트가 충분히 수밀 해야 하는데, 이를 위해서도 상당한 양의 시멘트가 사용되어야 하며, 일반적으로 단위시멘트량을 300kg 이상으로 하는 것이 좋다.

포장콘크리트의 단위시멘트량을 280~350kg을 표준으로 하고 있으며, 댐 콘크리트의 경우에는 내부 콘크리트의 단위시멘트량은 일반적으로 그 최소량이 160kg 정도이나, 외부 콘크리트의 단위시멘트량은 단위수량과 소요의 물-결합재비로부터 정해야 한다.

6.5.6 잔골재율

잔골재율(sand percentage, S/a)은 콘크리트속의 골재 절대용적에 대한 잔골재 절대용적의 백분율로 식 (6.2)와 같다.

$$\frac{S}{a} = \frac{\text{잔골재의 절대용적}}{\text{전체골재의 절대용적}} \times 100(\%) \tag{6.2}$$

잔골재율은 사용하는 잔골재의 입도, 콘크리트의 공기량, 단위시멘트량, 혼화재료의 종류 등에 따라 다르므로 시험에 의해 정한다. 잔골재율은 소요의 워커빌리티를 얻을 수 있는 범위 내에서 단위수량이 최소가 되도록 시험에 의하여 정하도록 되어 있다.

공사 중에 잔골재의 입도가 변하여 조립률이 ±0.2 이상 차이가 있을 경우에는 워커빌리티가 변화하므로 배합을 수정할 필요가 있다. 이 때 잔골재율에 대해서도 그 적합 여부를 시험에 의해 확인해 놓을 필요가 있다. 잔골재율을 작게 하면 소요의 워커빌리티를 얻기 위하여 필요한 단위수량은 적게 되어 단위시멘트량이 적어지므로 경제적으로 되지만, 잔골재율이 너무 작게 되면 콘크리트는 거칠고 재료분리가 일어나는 경향이 있으며 워커빌리티가 좋은 콘크리트를 얻기 어렵다.

6.5.7 잔골재율 및 단위수량의 보정

잔골재율, 단위수량 및 단위 굵은 골재 용적의 대략의 표준을 나타낸 표 6.8에서 잔골재의 조립률, 슬럼프 값, 공기량이 다른 경우 및 부순돌이나 부순모래를 사용할 경우 표 6.9를 참고하여 잔골재율과 단위수량을 보정한다. 표 6.8의 기준 조건은 물-결합재비 55%, 슬럼프 값 8cm, 잔골재의 조립률 2.8이다.

표 6.9 배합의 보정표 [콘크리트표준시방서]

구 분	S/a 의 보정(%)	W의 보정(kg)
잔골재의 조립률이 0.1만큼 클(작을) 때마다	0.5만큼 크(작)게 한다.	보정하지 않는다.
슬럼프 값이 1cm만큼 클(작을) 때마다	보정하지 않는다.	1.2%만큼 크(작)게 한다.
공기량이 1%만큼 클(작을) 때마다	0.5~1만큼 작(크)게 한다.	3%만큼 작(크)게 한다.
물-결합재비가 0.05만큼 클(작을) 때마다	1만큼 크(작)게 한다.	보정하지 않는다.
S/a 가 1%만큼 클(작을) 때마다	보정하지 않는다.	1.5kg만큼 크게(작게) 한다.
자갈을 사용할 경우	3~5만큼 작게 한다.	9~15kg만큼 작게 한다.
부순모래를 사용할 경우	2~3만큼 크게 한다.	6~9kg만큼 크게 한다.

(주) 단위 굵은 골재 용적에 의하는 경우에는 모래의 조립률이 0.1 만큼 커(작아)질 때마다 단위 굵은 골재 용적을 1% 만큼 작게(크게) 한다.

6.5.8 공기연행 콘크리트의 공기량

적당량의 연행공기를 가지고 있는 콘크리트는 기상작용에 대한 내구성이 매우 우수하므로 심한 기상작용을 받는 경우에는 공기연행 콘크리트를 사용하는 것이 좋다. 또한 심한 기상작용을 받는 경우 적당한 연행공기량은 콘크리트 용적의 4~6% 정도의 값이 일반적인 표준이다. 콘크리트의 공기량은 운반, 진공 다지기 등에 의하여 1/4~1/6 정도 감소되는데 주의해야 한다. 따라서 콘크리트를 비빈 후 공기량은 표 6.8의 값을 참고로 하면 좋다.

연행공기는 콘크리트의 워커빌리티를 크게 개선하므로 연행공기에 의하여 소요의 워커빌리티를 얻는데 필요한 단위수량을 크게 감소시킬 수 있다. 그러나 콘크리트의 강도는 공기량이 증가하면 작아진다. 또한 콘크리트의 품질의 균등성은 공기량이 증가할수록 나빠지는 경향이 있다.

6.5.9 혼화재료

공기연행제, 공기연행 감수제 또는 고성능 공기연행 감수제 등의 단위량을 소요의 슬럼프 및 공기량을 얻을 수 있도록 시험에 의해 정한다. 이외의 혼화재료의 단위량은 시험결과나 기존의 경험 등을 바탕으로 효과를 얻을 수 있도록 정한다. 포졸란, 플라이애쉬 등과 같이 사용량이 비교적 많은 혼화재와 공기연행제, 감수제 등과 같이 사용량이 비교적 적은 혼화제는 다같이 경제적인 콘크리드를 만들기나 콘크리트 성질을 개선하기 위하여 사용된다.

일반적인 감수제의 사용량은 시멘트의 중량의 0.15~0.5% 정도이며, 단위공기연행제의 양은 소요의 공기량을 얻을 수 있도록 시험에 의하여 정한다. 소요의 공기량을 얻는데 필요한 단위공기연행제의 양은 시멘트의 분말도, 단위수량, 포졸란의 종류 및 사용량, 골재의 입도, 비빔시간, 슬럼프, 콘크리트의 온도 등에 의하여 달라지므로 시험에 의하여 정한다.

같은 재료를 사용하고 동일한 배합으로 콘크리트의 작업을 진행하는 경우에도 골재의 입도, 기타 조건이 변화하면 공기연행 콘크리트의 공기량이 상당히 변화하는 경우가 있다. 그러므로 콘크리트의 시공에 있어서 단위공기연행제의 양이 매우 많아지거나 공기량이 불균형하게 되는 경우가 있으므로 주의해야 한다.

6.6 배합강도 결정

구조물에 사용된 콘크리트의 압축강도가 설계기준강도보다 작아지지 않도록 현장 콘크리트의 품질변동을 고려하여 콘크리트의 배합강도(f_{cr})를 설계기준강도(f_{ck})보다 충분히 크게 정해야 한다. 콘크리트표준시방서는 현장 콘크리트의 압축강도 시험값이 설계기준강도 이하로 되는 확률은 5% 이하라야 하며, 압축강도 시험값이 설계기준강도의 85% 이하로 되는 확률은 0.13% 이하라야 한다고 규정하고 있다. 콘크리트의 압축강도 시험값이란 굳지 않은 콘크리트에서 채취하여 제작한 공시체를 표준양생하여 얻은 압축강도의 표준값을 말한다.

콘크리트의 배합강도는 설계기준압축강도가 35MPa 이하인 경우 식 (6.3)과 식 (6.4)로 계산된 두 값 중 큰 값으로 정하며, 또한 배합강도가 35MPa를 초과하는 경우는 식 (6.3)과 식 (6.5)로 계산된 두 값 중 큰 값으로 정한다.

$f_{ck} \leqq$ 35Mpa인 경우

$$f_{cr} = f_{ck} + 1.34s(\mathrm{MPa}) \tag{6.3}$$

$$f_{cr} = (f_{ck} - 3.5) + 2.33s(\mathrm{MPa}) \tag{6.4}$$

$f_{ck} >$ 35Mpa인 경우

$$f_{cr} = f_{ck} + 1.34s(\mathrm{MPa}) \tag{6.3}$$

$$f_{cr} = 0.9f_{ck} + 2.33s(\mathrm{MPa}) \tag{6.5}$$

콘크리트 압축강도의 표준편차(s)는 실제 사용한 콘크리트의 30회 이상의 시험실적으로부터 결정하는 것을 원칙으로 한다. 그러나 압축강도의 시험횟수가 29회 이하이고 15회 이상인 경우는 그것으로 계산한 표준편차에 표 6.11의 보정계수를 곱한 값을 표준편차로 사용할 수 있다.

콘크리트의 압축강도의 표준편차를 알지 못할 때, 또는 압축강도의 시험횟수가 14회 이하인 경우, 콘크리트의 배합강도는 표 6.12와 같이 정한다.

표 6.11 시험횟수가 29회 이하일 때 표준편차의 보정계수(콘크리트표준시방서)

시험 횟수	표준편차의 보정계수
15	1.16
20	1.08
25	1.03
30 이상	1.00

(주) 상기 표에 명시되지 않은 시험횟수에 대해서는 직선 보간법으로 구한다.

표 6.12 압축강도의 시험횟수가 14회 이하이거나 기록이 없는 경우의 배합강도(콘크리트표준시방서)

설계기준강도(f_{ck})[MPa]	배합강도(f_{cr})[MPa]
21 미만	$f_{ck}+7$
21 이상 35 이하	$f_{ck}+8.5$
35 초과	$f_{ck}+10$

6.7 배합계산 및 현장배합 결정

6.7.1 배합계산 방법

콘크리트의 요구성능은 주로 시공성, 강도 및 내구성이 된다. 이들 요구성능의 설정은 목적하는 콘크리트가 사용되는 구조물이나 부재의 용도, 규모, 구조특성, 환경조건 및 사용할 수 있는 재료의 품질, 적용할 수 있는 재료의 품질, 사용할 수 있는 시공방법, 시공관리의 정밀도, 시공시의 예상 기상조건, 공사기간 등을 고려하여 배합설계의 목표치로 설계를 진행하기 전에 제시된다.

배합선정의 방침을 구체적으로 알아보면 소요의 강도를 가져야 하고, 경제적인 관점 및 설계상 허용되는 한도까지 가능한 최대치수가 큰 굵은 골재를 사용해야 한다. 또한 기상작용, 화학작용 등에 희한 파괴, 침식작용에 충분히 저항할 수 있는 내구성을 가져야 한다.

균일한 콘크리트를 만들기 위해서는 운반, 타설, 다짐작업이 가능한 범위에서 최소 단위수량, 즉 될 수 있는 대로 슬럼프가 작은 콘크리트이어야 한다. 배합설계 방법에는 각종 방법이 있으며, 실내실험에 의해서 배합을 선정할 수 있으나, 최종적으로는 현장에서 시험배합을 행하여 조정을 한 다음 결정한다.

(1) 기존 배합표에 의한 방법

기존 배합표에 의한 방법은 간이 배합설계법이라고도 하며 비교적 소규모 공사나 중요도가 낮은 구조물의 공사에서는 사용재료의 대략적인 성질을 알고 표 6.13에 소개한 시험 배합표 등을 참고하여 배합을 정해도 좋다.

(2) 계산에 의한 방법

표 6.8의 표준배합값을 기준으로 하여 단위수량(W), 공기량(%), 잔골재율(s/a)을 정한 후 요구조건에 맞도록 계산에 의해 수정하는 것으로 다음 순서와 계산법에 의한다.

① 사용재료의 물리적 성질(시멘트, 혼화재 및 골재의 비중)을 시험한다.
② 콘크리트의 강도, 내구성, 수밀성을 고려하여 물-결합재비를 구한다.
③ 굵은 골재의 최대치수를 결정하고 슬럼프를 정한다.
④ 굵은 골재 최대치수에 대한 잔골재율(S/a), 단위수량(W), 공기량(%)을 구한다.
⑤ W/B와 단위수량(W)으로부터 단위시멘트량(C)을 계산한다.
⑥ 단위골재량을 계산한다.

골재의 절대용적 : $a(\mathrm{m}^3) = 1{,}000 - \left(W + \dfrac{C}{G_c} + \mathrm{air} \times 10\right)$

단위잔골재량 : $S(\mathrm{kg/m}^3) = a \times \dfrac{\mathrm{S}}{\mathrm{a}} \times G_s$

단위 굵은 골재량 : $G(\mathrm{kg/m}^3) = a \times \left(1 - \dfrac{\mathrm{S}}{\mathrm{a}}\right) \times G_g$

여기서, G_c : 시멘트비중
G_s : 잔골재비중
G_g : 굵은 골재비중
air : 공기량(%)

6.7.2 현장배합의 결정

1) 골재의 입도에 의한 수정

시방배합의 단위골재량 : S

시방배합의 단위 굵은 골재 : G

잔골재 속에 5mm체에 남는 것 : $a\%$

굵은 골재 속에 5mm체를 통과하는 것 : $b\%$

입도보정 후의 단위잔골재량(S') : $S' = \dfrac{100 \cdot S - b(S+G)}{100-(a+b)}$

입도보정 후의 단위 굵은 골재량(G') : $G' = \dfrac{100 \cdot G - a(S+G)}{100-(a+b)}$

또는 $G' = S + G - S'$

2) 골재의 표면수에 대한 보정

잔골재의 표면수량 : $c\%$

굵은 골재의 표면수량 : $d\%$

현장배합 단위잔골재량(S'') : $S'' = S' + S' \times \dfrac{c}{100}$

현장배합 단위 굵은 골재량(G'') : $G'' = G' + G' \times \dfrac{d}{100}$

현장배합 단위수량(W') : $W' = W - \dfrac{S'' \cdot c + G' \cdot d}{100}$

단위 시멘트량(C) 및 공기연행제량 등은 시방배합과 동일하다.

표 6.13 공기연행 콘크리트의 시방배합

물-결합재비	굵은 골재 최대치수 (mm)	공기량 (%)	단위수량 (%)	단위 시멘트량 (kg)	잔모래 F.M = 2.50			굵은 모래 F.M = 2.90		
					잔골재율 S/a (%)	단위잔골 재량 (kg)	단위 굵은 골재량 (kg)	잔골재율 S/a (%)	단위잔골 재량 (kg)	단위 굵은 골재량 (kg)
40	10	7.5	202	504	50	742	748	54	807	682
	13	7.5	193	484	41	629	902	46	700	830
	20	6	178	445	35	546	1068	39	647	997
	25	6	169	424	32	534	1151	36	599	1086
	40	5	157	395	29	516	1252	33	587	1181
45	10	7.5	202	448	51	789	748	56	854	682
	13	7.5	193	427	43	676	902	47	748	830
	20	6	178	395	37	617	1068	41	688	997
	25	6	169	37	33	575	1151	37	641	1086
	40	5	157	350	31	552	1252	35	623	1181
50	10	7.5	202	403	53	831	748	57	896	682
	13	7.5	193	356	44	712	902	49	783	830
	20	6	178	356	38	653	1068	42	724	997
	25	6	169	338	34	605	1151	38	670	1086
	40	5	157	314	32	581	1252	36	356	1181
55	10	7.5	202	368	54	860	748	58	926	682
	13	7.5	193	350	45	742	902	49	813	830
	20	6	178	323	39	676	1068	43	748	997
	25	6	169	309	34	629	1151	39	694	1086
	40	5	157	285	33	611	1252	37	682	1181
60	10	7.5	202	335	54	884	748	58	949	682
	13	7.5	193	320	46	765	902	50	837	830
	20	6	178	297	40	700	1068	44	771	997
	25	6	169	282	36	653	1151	40	718	1086
	40	5	157	261	33	629	1252	37	700	1181
65	10	7.5	202	311	55	908	748	59	973	682
	13	7.5	193	297	47	789	902	51	860	860
	20	6	178	273	40	718	1068	44	789	997
	25	6	169	261	37	670	1151	40	736	1086
	40	5	157	225	34	659	1252	38	730	1181
70	10	7.5	202	288	55	926	748	59	991	682
	13	7.5	193	276	47	807	902	51	878	830
	20	6	178	255	41	736	1068	45	807	997
	25	6	169	240	37	688	1151	41	753	1086
	40	5	157	225	34	659	1252	38	730	1181

표 6.14 공기연행 콘크리트가 아닌 경우의 시험배합(슬럼프 75~100mm)

물-결합재비	굵은 골재 최대치수 (mm)	공기량 (%)	단위수량 (%)	단위 시멘트량 (kg)	잔모래 F.M = 2.50			굵은 모래 F.M = 2.90		
					잔골재율 S/a (%)	단위잔골재량 (kg)	단위 굵은 골재량 (kg)	잔골재율 S/a (%)	단위잔골재량 (kg)	단위 굵은 골재량 (kg)
40	10	3	228	573	50	736	748	54	801	682
	13	2.5	217	543	42	659	902	47	724	831
	20	2	202	504	35	570	1068	39	641	997
	25	1.5	193	484	32	540	1151	36	605	1086
	40	1	178	455	29	522	1252	33	593	1181
45	10	3	228	507	51	789	748	56	854	682
	13	2.5	217	481	44	700	902	48	771	831
	20	2	202	448	37	617	1068	41	688	997
	25	1.5	193	429	34	587	1151	38	653	1086
	40	1	178	395	31	570	1252	35	641	1181
50	10	3	228	457	54	866	748	58	931	682
	13	2.5	217	435	45	742	902	49	813	831
	20	2	202	403	38	659	1068	42	724	997
	25	1.5	193	386	35	623	1151	39	688	1086
	40	1	178	356	32	599	1252	36	670	1181
55	10	3	228	457	54	866	748	58	931	682
	13	2.5	217	395	46	777	902	51	848	831
	20	2	202	368	39	682	1068	43	753	997
	25	1.5	193	350	36	653	1151	40	718	1086
	40	1	178	323	33	629	1252	37	700	1181
60	10	3	228	380	55	896	748	58	961	682
	13	2.5	217	362	47	801	902	51	872	831
	20	2	202	335	40	712	1068	44	783	997
	25	1.5	193	320	37	676	1151	41	742	1086
	40	1	178	297	34	647	1252	38	718	1181
65	10	3	228	350	55	920	748	59	985	682
	13	2.5	217	332	48	825	902	52	896	831
	20	2	202	311	41	730	1068	45	801	997
	25	1.5	193	297	38	700	1151	41	765	1086
	40	1	178	273	35	670	1252	39	742	1181
70	10	3	228	326	56	943	748	60	1009	682
	13	2.5	217	309	48	848	902	53	920	831
	20	2	202	288	41	753	1068	45	825	997
	25	1.5	193	276	38	718	1151	42	783	1086
	40	1	178	255	35	682	1252	39	753	1181

6.8 배합설계의 예

예제 6.1 기상작용을 받는 철근콘크리트 구조물용의 배합설계를 다음 주어진 조건에 의하여 설계하시오.

[설계조건과 재료의 성질]

콘크리트 설계기준강도 : f_{ck} = 24MPa

보통 골재를 사용한 공기연행 콘크리트로서 연행공기 사용량은 시멘트 중량의 0.03%를 사용.

현장에서 예상되는 압축강도의 표준편차(S)는 4MPa로 한다.

시멘트 비중(3.16), 강도(K) : 30MPa

잔골재 : 비중(2.50), 조립률(2.85)

굵은 골재 : 비중(2.75), 굵은 골재 최대치수(25mm)

[풀이]

▸ 배합계산

① 슬럼프값 : 표 6.4의 슬럼프의 표준 값에서 일반적인 철근콘크리트 구조물로 보고 12cm로 한다.

② 공기량 : 표 6.8의 표준값을 참고로 하여 5.0%를 표준으로 하지만 현장상태를 고려하여 4.5%로 한다.

③ 배합강도 결정 : 콘크리트의 배합강도(f_{cr})를 설계기준강도(f_{ck})보다 충분히 크게 정하고, 다음의 두 식[(6.3),(6.4)]에 의한 값 중 큰 값으로 정한다.

ⓐ $f_{cr}=f_{ck}+1.34s(\text{MPa}) = 24+1.34\times4 = 29.36(\text{MPa})$

ⓑ $f_{cr}=(f_{ck}-3.5)+2.33s(\text{MPa}) = (24-3.5)+2.33\times4 = 29.82(\text{MPa})$

여기서 s ; 압축강도의 표준편차(MPa)

ⓐ값보다 ⓑ값이 크므로 ⓑ값을 택하고, 배합강도(f_{cr}) = 29.82(MPa)이므로 30MPa로 한다.

④ 물-결합재비(W/B)의 결정 : 배합강도에 해당하는 시멘트-물비 값의 역수로 한다. 식 (6.1)에 의해

$$W/B=\frac{51}{f_{cr}/\text{k}+0.31}=\frac{51}{30/30+0.31}\fallingdotseq 38.9(\%)$$

⑤ 표 6.5에 의해 내동해성을 고려한 경우 최대 물-결합재비가 55%이므로 소요의 물-결합재비를 50%로 한다.

⑥ 잔골재율 및 단위수량(W) 결정 : 잔골재율과 단위수량은 표 6.8의 표준값에 합치하도록 표 6.9와 같이 보정한다.

⑦ 굵은 골재의 최대치수 25mm에 대한 표준값은 표 6.8에서 다음과 같다.

굵은 골재의 최대치수	단위 굵은 골재 용적	양질의 공기연행 콘크리트		
		공기량	잔골재율(S/a)	단위수량(W)
25mm	67%	5.0%	42%	170kg

⑧ 잔골재율과 단위수량의 보정계산은 다음과 같이 할 수 있다.

항목	재료조건	표준값	S/a = 42%	W = 170kg
조립률(FM)	2.85	2.80	$\frac{2.85-2.8}{0.1}\times 0.5=0.25$	-
물-결합재비 (W/B)	50%	55%	$\frac{50-55}{5}\times 1.0=-1$	-
슬럼프값	12cm	8cm	-	$\frac{12-8}{1}\times 1.2\%=4.8\%$
공기량	4.5%	5.0%	$-\frac{4.5-5}{1}\times 0.75=0.375$	$-\frac{4.5-5}{1}\times 3\%=1.5\%$
보정값			$42+0.25-1+0.375$ $=41.63(\%)$	$170(1+0.048+0.015)$ $=181(kg)$

⑨ 콘크리트 $1m^3$당 각 재료의 양

표 6.16에서 보정결과 잔골재율(S)=41.63%, 단위수량(W)=181kg이므로

- 단위시멘트량 C는 물-결합재비(W/C=0.50)에서

  $C=\frac{W}{0.50}=\frac{181}{0.50}=362\text{kg}$

- 골재의 절대용적(a)

  $$a=1000-\left(\frac{181}{1}+\frac{362}{3.16}+1{,}000\times 0.045\right)$$
  $$=659l$$

- 단위잔골재의 용적(V_S)

  V_S=단위골재의 절대용적×잔골재율(S/a)$=659\times 0.4163=274l$

- 단위잔골재량(S)

  S=단위골재용적×잔골재 비중$=274\times 2.5=685\text{kg}$

- 단위 굵은 골재 절대용적(V_G)

  V_G=단위골재량의 절대용적(a)-단위잔골재량의 절대용적(V_s)

  $=659-274=385l$

- 단위 굵은 골재량(G)

  G = 단위 굵은 골재 절대용적×굵은 골재 비중

  $=385\times 2.75=1{,}058.8\text{kg}$

- 단위공기연행제량은 시멘트 중량의 0.03%를 사용하므로

  AE = 시멘트중량$\times\frac{0.03}{100}=362\times\frac{0.03}{100}=0.1086\text{kg}=108.6\text{g}$

⑩ 시방배합 표

굵은 골재의 최대치수 (mm)	슬럼프의 범위 (cm)	공기량의 범위 (%)	물-결합재비 W/B (%)	잔골재율 S/a (%)	단위량 (kg/m3)				공기연행제 (g/m^3)
					물	시멘트	잔골재	굵은 골재	
25	12	4.5	50	41.63	181	362	685	1059	108.6

예제 6.2 [예제 6.1]에서 구한 단위재료량을 현장의 골재상태에 따라 시방배합을 현장배합으로 구하시오.

[현장의 골재 상태]

체 분석 결과 잔골재의 5mm체에 남는 양 : 10%

굵은 골재 5mm체 통과량 : 12%

모래의 표면수량 : 3.4%

자갈의 표면수량 : 0.7%

[풀이]

▶ 현장배합의 보정방법

입도에 의한 보정	$S' + G'$ =시방배합의 단위골재량 $\frac{a}{100} S' + \left(1 - \frac{b}{100}\right) G'$ =시방배합의 굵은 골재량 여기서, S' : 입도 보정된 골재량 G' : 입도 보정된 굵은 골재량 a : 5mm체에 남는 잔골재 백분율(%) b : 5mm체를 통과하는 굵은 골재 백분율(%)
표면수에 의한 보정	현장 잔골재 S'×잔골재의 표면수량 현장의 굵은 골재량= G'×굵은 골재의 표면수량
현장배합량	단위시멘트량 : 시방배합과 동일 단위수량 : 시방배합-(표면수에 의한 잔골재보정량+굵은 골재보정량 단위잔골재량 : S'+(표면수에 의한 잔골재보정량) 단위 굵은 골재량: G'+(표면수에 의한 굵은 골재 보정량)

① 입도에 의한 보정(현장배합의 보정방법의 표에서)

- 단위골재량 : $S' + G' = 685 + 1059 = 1744\text{kg}$ ⓐ
- 단위 굵은 골재량 : $\frac{a}{100} S' + \left(1 - \frac{b}{100}\right) G'$

$$= \frac{10}{100} S' + \left(1 - \frac{12}{100}\right) G' = 0.1\, S' + 0.88\, G' = 1059\text{kg} \quad ⓑ$$

상기 ⓐ와 ⓑ를 연립하여 정리하면

$S' = 610\text{kg}, \quad G' = 1134\text{kg}$

② 표면수에 의한 보정(현장배합의 보정방법의 표에서)

- 현장의 잔골재량 : $610 \times \frac{3.4}{100} = 20.7\text{kg}$
- 현장의 굵은 골재량 : $1134 \times \frac{0.7}{100} = 7.9\text{kg}$

③ 현장배합량(현장배합의 보정방법의 표에서)

- 단위시멘트량 : 362kg
- 단위수량 : $181 - (20.7 + 7.9) = 152.4\text{kg}$
- 단위잔골재량 : $610 + 20.7 = 630.7\text{kg}$
- 단위 굵은 골재량 : $1134 + 7.9 = 1141.9\text{kg}$

예제 6.3 현장의 골재상태가 체분석 결과 모래 속에 No.4체에 남는 것이 7%, 자갈속에 No.4체를 통과하는 것이 10%이며, 모래의 표면수 3.2%, 자갈의 표면수가 0.8%이다.

[풀이]

① 골재의 입도에 의한 수정

잔골재 $Z_S = \dfrac{100 \times 679 - 10(679 + 1043)}{100 - (7 + 10)} = 611\text{kg/m}^3$

굵은 골재 $Z_G = 679 + 1043 - 611 = 1,111\text{kg/m}^3$

② 골재의 표면수에 대한 보정

잔골재 $S = 611 \times \dfrac{3.2}{100} = 19.6\text{kg/m}^3$

굵은 골재 $G = 1,111 \times \dfrac{0.8}{100} = 8.91\text{kg/m}^3$

이상의 골재의 입도 및 표면수에 의한 보정값으로 현장배합으로 고치면 다음과 같다.

물 $W = 176 - (19.6 + 8.9) = 147.5\text{kg/m}^3$

시멘트 C= 시방배합과 동일 $= 391\text{kg/m}^3$

잔골재 $S = 611 + 19.6 = 630.6\text{kg/m}^3$

굵은 골재 $G = 1,111 + 8.9 = 1,119.9\text{kg/m}^3$

공기연행제 = 시방배합과 동일 $= 117\text{g/m}^3$

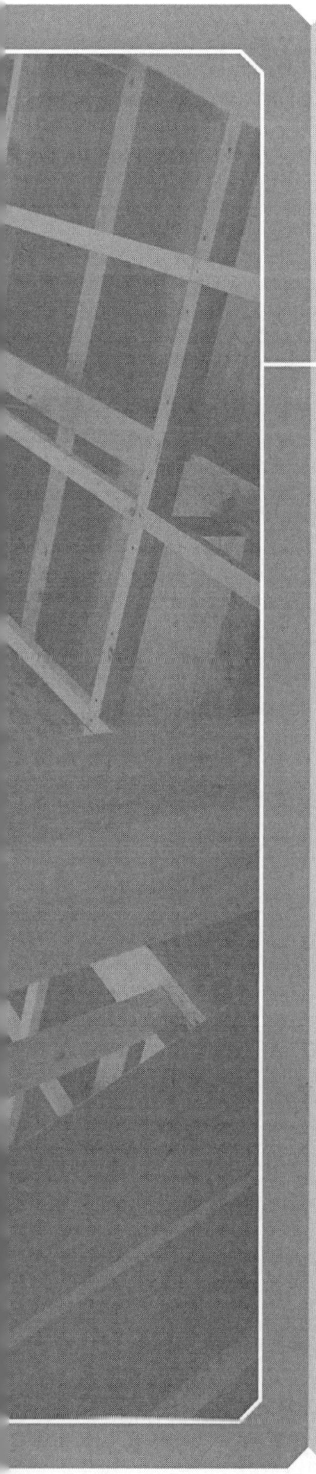

CHAPTER

07

각종 콘크리트

CHAPTER

07 각종 콘크리트

7.1 공기연행 콘크리트

보통 콘크리트에 혼화제인 공기연행제(표면활성제)를 첨가하여 현미경으로 겨우 보일 수 있을 정도의 미세하고 독립된 기포를 콘크리트 속에 일정하게 분포시켜 단위수량을 적게 하고 시공연도 및 내구성을 개선시킨 콘크리트를 공기연행 콘크리트라 한다. 공기연행 콘크리트는 공기의 연행에 의하여 워커빌리티를 크게 개선하고 내수성을 향상시키는 특성을 가지고 있다. 그러나 콘크리트 속에 미세한 기포를 다량 혼입하여 콘크리트의 성질을 개선하는 경우에는 콘크리트의 강도가 저하되고, 단위중량이 작아지는 문제가 발생한다. 또한 공기연행제를 사용하지 않은 보통 콘크리트라도 자연 발생하는 기포가 있다. 이와 같은 기포나 공기를 갇힌 공기(entrapped air)라 하고, 공기연행제를 사용하여 인위적으로 혼입한 공기를 연행공기(entrained air)라고 한다.

7.1.1 공기연행 콘크리트의 특성

(1) 워커빌리티의 개선

공기연행제에 의하여 연행된 공기는 볼베어링(ball bearing)과 같은 작용으로 플라스틱하고 워커블한 콘크리트가 되어 재료의 분리가 생기지 않고, 마무리가 용이하다. 따라서 공사가 경제적으로 신속하게 진행되기도 한다. 또한 콘크리트에 가장 중요한 내구성이 커지고, 콘크리트의 동결융해에 대한 저항력이 크게 개선되고, 유동성을 증가시키며 재료의 분리에 대한 저항성도 크다. 공기연행 콘크리트의 특성은 다음과 같다.

1) 단위시멘트량 및 콘시스턴시가 일정한 경우 공기량 1%의 증가에 대하여 압축강도 3~5%정도 감소된다. 즉, 공기량이 많을수록 슬럼프는 증대한다.
2) 동일한 슬럼프의 콘크리트를 얻으려면 W/B를 적게 하여 같은 강도를 얻을 수 있도

록 한다.

3) 일반적으로 빈배합의 콘크리트일수록 공기연행에 의한 워커빌리티의 개선 효과가 크다.
4) 입자 형태나 입도가 불량한 골재를 사용할 경우에 공기연행의 효과가 크다.
5) 콘크리트의 블리딩이 감소되며, 수밀성이 증대된다.
6) 감수제를 병용하면 워커빌리티의 개선에 더욱 효과적이다.
7) 수화열이 감소한다.

(2) 내구성의 증대

공기연행제를 사용하여 적당한 연행공기량(3~6%)으로 연행한 콘크리트는 동결융해에 대한 저항성이 커진다. 동결융해에 대한 저항성의 증대는 수밀성의 증대와 같이 콘크리트에 있어서 가장 중요한 성질인 내구성을 개량한다. 또한 지나친 공기량(6% 이상)은 강도와 내구성을 저하시킨다. 극히 미세한 기포가 콘크리트 속에 분포함으로써 팽창압에 의한 자유수의 이동이 용이하게 되어 팽창압이 완화되어 조직의 파괴가 매우 적게 되기 때문이다. 일반적으로 기포간격이 큰 경우 팽창압이 크게 되기 때문에 조직의 파괴가 생긴다. 그래서 동일한 공기라 할지라도 기포의 크기나 분포의 상태가 중요하며, 공기연행제의 품질에 따라 내구성이 상당히 달라진다.

7.1.2 공기연행 콘크리트의 공기량

공기량이 작은 경우에는 공기량의 증가에 따라 내구성이 크게 개선되지만, 연행 공기량이 과도할 때는 공기를 연행하여도 내구성은 향상되지 않으며 오히려 강도가 크게 저하하는 경향을 나타낸다. 공기연행 콘크리트 중의 공기량은 사용하는 공기연행제의 종류와 그 양에 따른 것은 물론이고, 어느 특정한 공기연행제를 일정량 사용하더라도 생기는 공기량은 골재의 입도, 시멘트 사용량의 다소, 혼합하는 시간, 반죽질기, 혼합할 때의 온도 등에 의하여 다르다.

공기연행 콘크리트의 성질을 지배하는 중요한 사항은 공기량이므로 콘크리트의 공기량을 정확하게 아는 것이 중요하다. 경화된 콘크리트의 공기량과 동결융해에 대한 저항성과의 관계를 나타낸 것이 그림 7.1과 같다.

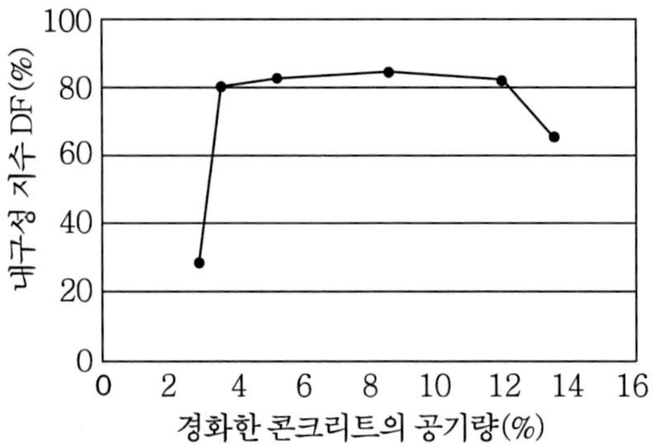

그림 7.1 콘크리트의 공기량과 동결저항성과의 관계

공기연행 콘크리트의 공기량의 대부분은 모르타르 속에 포함되는 것이므로 골재의 최대치수가 작은 콘크리트(즉 모르타르량이 많은 콘크리트)의 경우에는 골재의 최대치수가 큰 콘크리트(즉 모르타르량이 적은 콘크리트)의 경우보다 공기량을 많게 해야 한다. 공기연행 콘크리트의 공기량은 운반 중에 혹은 진동기에 의하여 다지는 경우에는 다소 감소한다. 그러므로 믹서에서 나온 콘크리트의 측정 공기량은 약 1/4정도 많게 해야 한다.

일반적으로 공기량에 영향을 미치는 요인을 알아보면 다음과 같은 것들이 있다.

1) 시멘트의 분말도가 크고 단위시멘트량이 증가할수록 공기량은 감소한다.
2) 잔골재의 입도에 의한 영향이 크며, 특히 0.3~0.6mm의 세립분이 증가하는데 따라 증대한다.
3) 콘크리트의 온도가 낮을수록 공기량은 증가한다(그림 7.2 참조).

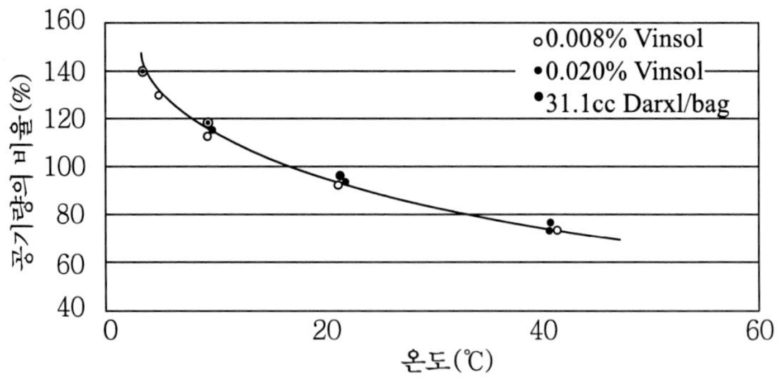

그림 7.2 콘크리트의 온도와 공기량과의 관계

4) 배합과 재료가 일정하면 슬럼프가 작을수록 공기량은 증대한다.
5) 콘크리트가 응결, 경화되면 공기량은 감소한다.
6) 혼합 시간이 너무 짧거나 너무 길어지면 공기량은 적어지지만 3~5분 정도 혼합할 때 공기량이 최대가 된다.
7) 콘크리트 속의 적당한 공기량이 4~7%를 넘으면 품질이 저하되므로 공기연행 콘크리트의 공기량은 정확히 측정해야 한다.
8) 공기연행 콘크리트의 공기량은 같은 단위공기연행제량을 사용하는 경우라도 여러 조건에 따라 상당히 변화하므로 공기연행 콘크리트 시공에서는 반드시 KS F 2409 또는 KS F 2421에 따라 공기량 시험을 하여야 한다.
9) 콘크리트를 다질 때 진동기를 사용하여 다지면 콘크리트 속의 비교적 큰 기포가 소멸되며 공기량도 감소한다.
10) 공기연행제, 공기연행 감수제 또는 고성능 공기연행 감수제를 사용한 콘크리트의 공기량은 굵은 골재의 최대치수와 내동해성을 고려하여 공기연행 콘크리트의 공기량의 표준 값은 표 7.1과 같이 정하며, 운반 후 공기량은 이 값에 ±1.5% 이내여야 한다.

표 7.1 공기연행 콘크리트의 공기량의 표준값(콘크리트표준시방서)

굵은 골재의 최대치수(mm)	공기량(%)	
	심한 노출1)	보통 노출2)
10	7.5	6.0
15	7.0	5.5
20	6.0	5.0
25	6.0	4.5
40	5.5	4.5

주 1) 동절기에 수분과 지속적인 접촉이 이루어져 결빙이 되거나, 또는 제빙 화학제가 사용되는 경우.
2) 동절기에 가끔 수분과 접촉하여 결빙되지만, 제빙 화학제를 사용하지 않는 경우.

7.1.3 공기연행 콘크리트의 강도

그림 7.3에서와 같이 물-결합재비가 일정하고 공기량이 증가하면 공기량 1%의 증가에 따라 압축강도는 약 4~6% 감소한다고 말할 수 있다. 그러나 실제로 공기량의 증가에 따라 단위수량도 감소하므로 단위시멘트량과 슬럼프를 보통 콘크리트와 동일하게 하면 빈배합의 경우에 그림 7.4와 같이 오히려 강도가 증대하는 현상을 나타낸다. 이

외에도 동일 물-결합재비의 경우, 공기량 1%의 증가에 따라 휨강도는 약 2~3%, 탄성계수는 약 7~8×10^2(MPa) 정도 각각 감소한다.

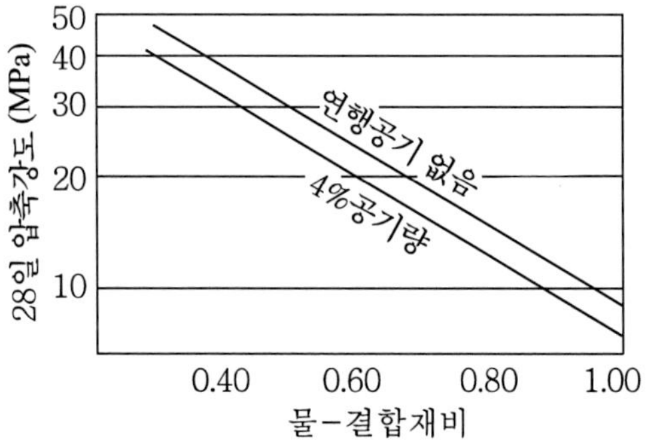

그림 7.3 콘크리트의 공기량과 압축강도와의 관계

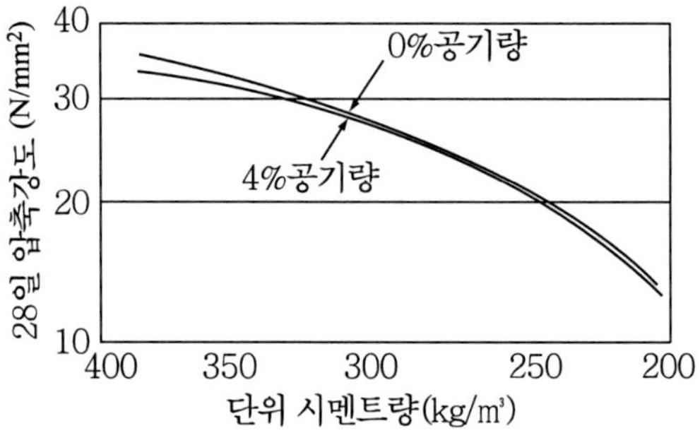

그림 7.4 공기연행 콘크리트의 단위시멘트량과 압축강도와의 관계

보통 콘크리트와 공기연행 콘크리트와는 물-결합재비가 어느 정도 차이가 있는가를 알아보면 표 7.2와 같다. 여기서 골재의 치수는 40mm인 경우이다. 또한 보통 콘크리트와 공기연행 콘크리트 1m3당의 모래의 양과 수량의 한 예를 들어보면 표 7.3과 같다. 표 7.3의 값은 굵은 골재가 구형인 보통 입도의 것이며 물-결합재비는 0.55, 모래는 천연산, 조립률은 2.75, 슬럼프값은 75mm이다. 콘크리트의 중량이 감소하는 것에 대해서는 공기량만큼 단위수량이 감소하는 셈이지만 이것은 근소하며, 공기연행제는 중량댐 콘크리트에 많이 사용된다.

표 7.2 물–결합재비(W/C)

물–결합재비 (W/C)	보통 콘크리트		공기연행 콘크리트	
	시멘트(kg/m^3)	28일 강도(MPa)	시멘트(kg/m^3)	28일 강도(MPa)
0.40	418	38.5	362	31.5
0.42	390	36.5	348	30.1
0.44	376	35.0	335	28.7
0.46	362	33.6	320	27.3
0.49	335	30.8	293	25.2
0.53	307	28.0	279	23.1
0.58	279	25.2	251	20.3
0.62	265	23.1	237	18.9
0.67	251	20.3	223	17.5
0.71	237	18.2	209	15.4
0.75	223	16.8	195	14.0

표 7.3 콘크리트와 공기연행 콘크리트 1m^{3}당의 모래의 양과 수량

골재의 최대치수 (mm)	부통 콘크리트		공기연행 콘크리트		
	총 골재에 대한 모래의 절대 용적비(%)	수량(kg/m^3)	추정 공기량(%)	총 골재에 대한 모래의 절대 용적비(%)	수량(kg/m^3)
13	51	199	6 ±1	47	172
19	46	184	5 ±1	42	160
25	41	178	4.5 ±1	37	154
40	37	166	4 ±1	34	145
50	34	157	4 ±1	31	139
80	31	148	3.5 ±1	28	130
150	26	131	3 ±1	24	116

7.2 레디믹스트 콘크리트

레디믹스트 콘크리트(Ready mixed concrete)란 콘크리트 제조설비를 갖춘 전문공장으로부터 구입자가 요구하는 품질의 콘크리트를 소정의 시간 내에 희망하는 수량만큼 특수 운반차량을 사용하여 현장까지 배달 공급하는 굳지 않은 콘크리트를 말하고, 일반적으로 레미콘이라고 한다.

1) 레디믹스트 콘크리트는 KS F 4009의 규정 및 심사기준을 참고로 사용재료, 제조설비, 기술, 품질관리 상태 등을 조사하여 지정한 콘크리트의 품질을 실제로 얻을 수 있다고 인정되는 공장을 선정하여야 한다.
2) 공장을 선정할 때는 사용목적, 시공조건 등에 따라 현장까지의 운반시간, 콘크리트의 타설능력 등을 고려해서 공장을 선정함이 좋다.
3) 균등하고 양질인 콘크리트를 얻을 수 있으며, 공사기간이 단축된다.
4) 운반 도중에 재료분리에 의한 콘크리트의 품질이 저하될 염려가 있다.

7.2.1 제조방법

(1) 센트럴믹스트 콘크리트(Central mixed concrete)

일반적으로 많이 쓰이는 제조방법으로서 플랜트(plant)에 설치되어 있는 고정 믹서에서 각 재료를 계량하고 혼합하여 비비기를 끝낸 콘크리트를 트럭믹서(truck mixer) 또는 트럭애지테이터(truck agitator)에 투입하여 운반 중에 교반하면서 지정된 공사현장까지 운반・공급하는 방식이다.

(2) 슈링크믹스트 콘크리트(Shrink mixed concrete)

믹싱플랜트에서 고정믹서로 어느 정도 혼합한 후 트럭믹서 또는 트럭애지테이터에 투입하여 아직 혼합이 완전하지 않은 상태로 공사현장에 도달할 때까지 운반시간동안 혼합하여 완전히 혼합된 콘크리트로 운반・공급하는 방식이다.

(3) 슈링크믹스트 콘크리트(Transit mixed concrete)

플랜트에는 고정믹서가 없고 계량장치만을 설치하여 계량된 각 재료를 직접 트럭믹서에 투입하여 공사현장에 도착하는 동안에 교반・혼합하여 공사현장에 완전한 콘크리트로 운반・공급하는 방식이다.

7.2.2 품질관리 및 검사

1) 품질관리

레디믹스트 콘크리트는 발주할 때 원칙적으로 KS F 4009의 기준에 따라서 품질을 구입자가 지정한다. 소요의 콘크리트 품질을 만족시킬 수 있는 호칭강도, 슬럼프값 및 굵은 골재의 최대치수를 표 7.4에 ○로 표시한 것을 표준 등급으로 지정하여야 한다.

표 7.4 레디믹스트 콘크리트의 종류(콘크리트표준시방서)

콘크리트의 종류	굵은 골재의 최대치수 (mm)	슬럼프 또는 슬럼프 플로우 (mm)	호칭강도(MPa)												
			18	21	24	27	30	35	40	45	50	55	60	휨 4.0[2]	휨 4.5[2]
보통 콘크리트	20, 25	80, 120, 150, 180	○	○	○	○	○	○	–	–	–	–	–	–	–
		210	–	○	○	○	○	○	–	–	–	–	–	–	–
		500*, 600*	–	–	–	○	○	○	–	–	–	–	–	–	–
	40	50, 80, 120, 150	○	○	○	○	○	○	–	–	–	–	–	–	–
경량골재 콘크리트	15, 20	80, 120, 150, 180, 210	○	○	○	○	○	○	○	–	–	–	–	–	–
포장 콘크리트	20, 25, 40	25, 65	–	–	–	–	–	–	–	–	–	–	–	○	○
고강도 콘크리트	20, 25	80													
		120, 150, 180, 210	–	–	–	–	–	–	○	○	○	–	–	–	–
		500*, 600*, 700*	–	–	–	–	–	–	○	○	○	○	○	–	–

* 슬럼프 플로우 값을 의미한다.

(주) 1) 종례 단위의 시험기를 사용하여 시험할 경우 국제 단위(SI)에 따른 수치의 환산은 1kg=9.8N으로 환산한다.

2) 휨 4.0, 휨 4.5는 포장용 콘크리트에서 휨 호칭강도를 의미한다.

필요에 따라서 구입자는 다음 사항에 대하여 생산자와 협의하여 지정하여야 한다.

① 시멘트, 혼화재료 및 골재의 종류

② 굵은 골재의 최대치수는 KS F 4009에서 지정한다.

③ 염화물 함유량 한도는 배출 지점에서 염화물이온(Cl^-)량에 대한 0.3kg/m^3 이하로 하여야 한다. 다만, 구입자의 승인을 얻은 경우에는 0.6kg/m^3 이하로 할 수 있다.

④ 호칭 강도는 강도시험 28일에서 배합강도를 의미한다.

⑤ 경량콘크리트의 경우에는 굳지 않은 콘크리트의 단위용적 질량을 지정한다.

⑥ 한중콘크리트, 서중콘크리트 및 매스 콘크리트 등의 경우에 콘크리트의 최고 온도

또는 최저온도를 지정한다.

⑦ 물-결합재비의 상한치, 단위수량의 상한치, 단위시멘트량의 하한치 또는 상한치 등을 지정한다.

⑧ 단위시멘트량의 상하값

⑨ 유동화 콘크리트의 경우 유동화하기 전에 베이스 콘크리트에서 슬럼프의 증대량을 지정한다.

⑩ 기타 필요한 사항 등을 생산자와 협의하여 지정한다.

1) 압축강도 및 휨강도

강도 시험값이 1회의 시험 결과는 구입자가 지정한 호칭강도(설계기준강도)의 85% 이상이라야 하며, 3회의 시험 결과의 평균값은 구입자가 지정한 호칭강도 이상이라야 하는 두 조건을 만족하는지 확인한다.

2) 슬럼프

콘크리트 펌프를 이용하여 콘크리트를 타설할 때는 슬럼프 150mm 이상의 콘크리트를 사용해야 된다. 다만 기초 경사 구조물 등의 특수한 경우에는 예외로 할 수 있다. 슬럼프의 허용치는 표 7.5(a)에 따른다.

3) 공기량

공기량의 허용치는 표 7.5(b)에 따른다.

4) 염화물 함유량

염화물 함유량의 한도는 배출 지점에서 염화물 이온(Cl^-)량에 대한 0.3kg/m^3 이하로 해야 한다. 다만 구입자의 승인을 얻은 경우에는 0.6kg/m^3 이하로 할 수 있다.

표 7.5(a) 슬럼프의 허용오차

지정된 슬럼프(mm)	슬럼프의 허용오차((mm)
25	±10
50 및 65	±15
80 이상 180 이하	±25
210 이상	±30

표 7.5(b) 공기량의 허용차

콘크리트의 종류	공기량(%)	공기량의 허용차(%)
보통골재 콘크리트	4.5	±1.5
경량골재 콘크리트	5.5	
포장 콘크리트	4.5	
고강도 콘크리트	3.5	

(2) 검사

구입자는 배달된 콘크리트가 소요의 품질에 적합여부를 검사해야 한다. 받아들이기 검사에 있어서 강도의 적합, 부적합 판정의 검사, 로트(lot)의 크기는 시험 횟수는 1일 1회 이상, 구조물별 150m^{3}마다 1회로 규정하고 있다.

7.3 한중콘크리트

한중콘크리트(Cold weather concrete)를 시공할 때에는 콘크리트가 동결하지 않도록, 또 한냉조건 하에서도 소요의 품질이 얻어지도록 현장 내에서의 운반, 타설, 양생, 거푸집 및 동바리 등에 대하여 적절한 조치를 취해야 한다. 한중콘크리트의 적용범위는 타설 후 4주간의 평균 예상기온이 약 4℃ 이하에서 시공하는 콘크리트 또는 하루 평균기온이 4℃ 이하가 예상되는 기상조건하에서는 응결・경화 반응이 몹시 지연되어, 밤중이나 새벽뿐만 아니라 낮에도 콘크리트가 동결할 염려가 있으므로 한중콘크리트로서 시공한다. 2~10℃일 때를 한냉기라 하고, 2℃ 이하일 때를 극한기라 한다. 일반적으로 콘크리트의 동결온도는 혼화재료의 종류와 양에 따라 다소 상이하지만 대략 −5.0~−0.2℃ 정도이다.

콘크리트가 응결・경화의 초기단계에 동결하게 되면 시멘트의 화학반응이 원만하게 잘 진행되지 않을 뿐만 아니라, 그 후에 적당한 온도로 양생하여도 강도, 내구성, 수밀성 등에 나쁜 영향이 오래도록 미치게 된다.

1) 한중콘크리트의 시공방법은 기온, 구조물의 종류 및 크기 등에 따라 다르지만, 일반적으로 다음과 같다.
   ① 4℃ 이상의 기온에서는 일반적인 시공방법으로 해도 좋다.
   ② 기온이 0~4℃에서는 간단한 주의와 보온으로 시공할 수 있다.
   ③ −3~0℃에서는 물 또는 물과 골재를 가열한 필요가 있는 동시에 어느 정도의 보온이 필요하다.
   ④ −3℃ 이하에서는 본격적인 한중콘크리트로 시공해야 한다. 즉, 물과 골재를 가열하여 콘크리트의 온도를 높일 뿐만 아니라 필요에 따라 적절한 보온, 급열에 의하여 쳐 놓은 콘크리트를 소요의 온도로 유지하는 등의 조치를 취한다.

2) 한중콘크리트의 시공에서 특히 주의할 사항은 다음과 같다.
   ① 응결경화 초기에 동결시키지 않도록 할 것
   ② 양생 종료 후 따뜻해질 때까지 받는 동결융해작용에 대하여 충분한 저항성을 가지게 할 것
   ③ 공사 중의 각 단계에서 예상되는 하중에 대하여 충분한 강도를 가지게 할 것

7.3.1 한중콘크리트의 재료

(1) 시멘트

한중콘크리트의 시멘트는 한국산업규격(KS)에 규정되어 있는 포틀랜드시멘트를 사용하는 것을 표준으로 한다. 수화열에 의하여 균열이 발생할 염려가 있으므로 중용열 포틀랜드시멘트 혹은 혼합 시멘트로 사용하기도 한다. 수화열에 의한 균열의 문제가 없는 경우에는 경화가 빠르며, 수화열이 높고, 초기재령의 강도발현이 큰 조강 포틀랜시멘트나 초조강 포틀랜드시멘트의 사용이 효과적이며, 시멘트는 될 수 있는 대로 냉각되지 않는 방법으로 저장하고, 시멘트는 어떠한 경우라도 절대로 직접 가열해서는 안된다.

(2) 골재와 혼합수

골재가 동결되어 있거나, 골재에 빙설이 혼입되어 있는 경우 그대로 사용하지 않아야 하며, 재료의 가열은 가열의 용이함과 열용량이 큰 점을 감안한다면 물의 가열이 유리하다. 골재에 빙설이 혼입되어 있는 경우 그대로 사용하면 콘크리트의 온도가 낮아질

뿐만 아니라 콘크리트의 단위수량을 일정하게 유지하기 어려워지므로 골재는 시트 등으로 덮어 저장하는 것이 좋다. 특히 방동·내한제 등의 특수한 혼화제를 사용할 때는 품질이 확인된 것을 사용하여야 한다. 또한 골재는 온도가 균등하게 하고, 과도하게 건조하지 않은 방법으로 가열하고 어느 정도의 보온이 필요하다. 만약 골재를 65℃ 이상으로 가열하면 취급이 곤란하고, 시멘트를 급결시킬 염려가 있다. 일반적으로 물과 골재의 혼합물의 온도를 40℃ 이하로 해두면 이러한 우려가 없어진다.

재료를 가열하여 비빈 직후 콘크리트의 대체적인 온도 T(℃)는 비비기 중에 콘크리트의 냉각을 고려하지 않으면 식 (7.1)로 계산할 수 있다.

$$T = \frac{C_s(T_a W_a + T_c W_c) + T_w W_w}{C_s(W_a + W_c) + W_w} \tag{7.1}$$

여기서, T : 콘크리트 온도(℃)

W_a 및 T_a : 골재의 질량(kg) 및 온도(℃)

W_c 및 T_c : 시멘트의 질량(kg) 및 온도(℃)

W_w 및 T_a : 비비기에 사용한 물의 질량(kg) 및 온도(℃)

C_s : 시멘트 및 골재의 비열의 비로서 0.2로 가정

(3) 혼화재료

한중콘크리트의 시공에서는 공기연행 콘크리트를 사용하는 것을 원칙으로 한다. KS F 2560(콘크리트용 화학 혼화제)의 공기연행제, 공기연행 감수제 등을 사용하면, 미세한 기포를 콘크리트 속에 연행시킴에 따라 소요의 워커빌리티를 얻는데 필요한 단위수량을 줄일 수 있으며, 콘크리트 중의 물의 동결에 의한 해를 적게 할 수 있다. 고성능감수제나 고성능 공기연행 감수제를 사용하여 물-결합재비를 원칙적으로 60% 이하로 함으로써 동결에 대한 저항성을 높이는데 효과적이다. 그러나 낮은 온도 하에서의 감수성능, 워커빌리티의 변화 등에 주의를 기울일 필요가 있다. 그 밖에 방동, 내한제 등의 혼화재료를 사용할 경우에는 그 성분, 효과 등에 대해 충분히 조사하여 품질을 확인해야 한다.

7.3.2 한중콘크리트의 비비기

콘크리트를 비빌 때 동결되어 있는 골재나 빙설이 혼입되어 있는 골재는 그대로 사용해서는 안 된다. 시멘트는 어떠한 경우에도 직접 가열해서는 안 된다. 골재의 가열은 온도가 균등하게 되고 또 건조되지 않는 방법을 적용하여야 한다. 콘크리트를 비빌 때 가열한 물과 시멘트가 접촉하면 시멘트가 급결할 우려가 있으므로 주의를 해야 한다.

가열한 재료를 믹서에 투입하는 순서는 먼저 가열한 물과 굵은 골재를 넣은 다음에 잔골재를 넣어서 믹서 내의 재료 온도가 40℃ 이하가 된 후에 시멘트를 넣는 것이 좋다. 콘크리트를 비빈 직후의 온도는 기상조건, 운반시간 등을 고려하여 타설 할 때에 소요의 콘크리트 온도가 얻어지도록 하여야 한다.

타설이 끝났을 때 콘크리트의 운반, 타설 도중의 열손실 때문에 믹서에서 비볐을 때의 온도보다 저하하는데, 이 저하의 온도는 일반적으로 운반 및 타설 시간 1시간에 대하여 콘크리트 온도와 주위의 기온과의 차이를 15% 정도로 보며, 타설 종료시 콘크리트의 온도는 식 (7.2)로 추산할 수 있다.

$$T_2 = T_1 - 0.15(T_1 - T_0) \cdot t \tag{7.2}$$

여기서, T_2 : 타설 종료시 콘크리트 온도(℃)

T_1 : 믹싱시 콘크리트 온도(℃)

T_0 : 주위의 기온

t : 비빈 후부터 타설이 끝났을 때까지의 시간(h)

7.3.3 한중콘크리트의 운반 및 타설

콘크리트의 운반 및 타설은 열량의 손실을 가능한 한 줄이도록 하여야 한다. 콘크리트 펌프를 사용할 경우 송수관이 너무 냉각되어 있으면, 관 내벽에 모르타르의 동결로 인한 부착으로 예기치 않은 고장이 생기는 수가 있다. 이것을 방지하기 위해서는 관로의 보온, 타설 전의 온수에 의한 예열, 타설 종료 시의 청소 등을 철저히 하여야 한다. 콘크리트를 타설 할 때의 콘크리트의 온도는 구조물의 단면치수, 기상조건 등을 고려하여 5~20℃의 범위에서 정한다. 기상조건이 가혹한 경우나 부재 두께가 얇을 경우 타설할 때의 콘크리트의 최저 온도는 10℃를 확보하도록 한다. 콘크리트를 타설 할 때에는 철근이나, 거푸집 등에 빙설이 부착해 있어서는 안 된다. 표 7.6은 한중콘크리트 시공시의 콘크리트 온도의 기준 예를 나타낸다.

표 7.6 한중콘크리트의 시공시의 콘크리트의 온도 기준 예

단 면		얇은 경우	두꺼운 경우
비빈 후 콘크리트의 최저온도	기온 -1℃ 이상 기온 -1℃~-18℃ 기온 -18℃ 이하	13~16℃ 16~19℃ 19~21℃	10℃ 13℃ 16℃
비빈 후 넣을 때의 콘크리트의 최저온도*		10~30℃	7℃

(주) * 콘크리트를 비빈 후로부터 3일간은 이 온도보다 낮아지지 않도록 양생한다.

7.3.4 한중콘크리트의 양생

(1) 초기 양생

콘크리트는 초기동해를 받으면, 그 후 양생을 계속하더라도 강도의 증진 및 내구성이 떨어지므로 콘크리트를 타설한 후 적어도 24시간 동안은 초기동해를 받지 않도록 초기 양생을 충분히 실시해야 한다. 초기양생방법 및 양생기간은 외기온도, 배합, 구조물의 종류 및 크기 등을 고려하여 정한다. 특히 얇은 단면의 콘크리트는 냉각되기 쉬우므로 보온에 충분한 주의를 요한다.

양생중의 콘크리트의 온도를 약 10℃로 유지하는 것을 표준으로 하고 있으며, 콘크리트가 예상되는 하중에 대해서 충분한 강도를 얻을 때까지 양생해야 한다. 그런데 심한 기상작용을 받는 콘크리트는 표 7.8의 압축강도가 얻어질 때까지는 콘크리트의 온도를 5℃ 이상으로 유지해야 하며, 특히 2일간은 콘크리트 구조물의 어느 부분이라도 0℃ 이상이 되도록 유지하여야 한다. 초기 동해방지의 관점에서 콘크리트의 최저온도를 5℃로 하였지만, 추위가 심한 경우 또는 부재 두께가 얇은 경우에는 10℃ 정도로 하는 것이 바람직하다.

표 7.7의 강도를 얻기 위하여 필요한 양생일수는 시멘트의 종류, 배합, 양생온도 등에 따라 달라지므로 시험에 의해서 정하는 것이 원칙이나 5℃ 및 10℃에서 양생할 경우의 일반적인 양생표준은 표 7.8와 같다.

표 7.7 한중콘크리트의 양생 종료시 소요 압축강도의 표준(MPa)

구조물의 노출상태 \ 단 면	얇은 경우	보통의 경우	두꺼운 경우
① 계속해서 또는 자주 물로 포화되는 부분	15	12	10
② 보통의 노출상태에 있고 ①에 속하지 않는 부분	5	5	5

표 7.8 소요의 압축강도를 얻는 양생일수의 표준(보통의 단면)

구조물의 노출상태 \ 시멘트의 종류		보통의 경우		
		보통 포틀랜드 시멘트	조강 포틀랜드+보통 포틀랜드+촉진제	혼합시멘트 B종
① 계속해서 또는 자주 물로 포화 되는 부분	5℃	9일	5일	12일
	10℃	7일	4일	9일
② 보통의 노출상태에 있고 ①에 속하지 않는 부분	5℃	4일	3일	5일
	10℃	3일	2일	4일

(2) 보온양생

콘크리트의 보온양생 방법은 급열양생, 단열양생, 피복양생 및 이들을 복합한 방법 중 한가지 방법을 선택하여야 한다. 콘크리트의 양생의 한 수단으로 콘크리트에 급열하는 경우, 콘크리트가 가열되어 콘크리트로부터 물의 증발이 심해져서 건조되는 수가 생기므로 주의해야 하며, 콘크리트에 열을 가할 경우에는 콘크리트가 급격히 건조하거나 국부적으로 가열되지 않도록 하여야 한다. 급열양생을 실시하는 경우 콘크리트가 계획된 양생온도를 유지하도록 관리하며 국부적으로 냉각되지 않도록 하여야 한다. 보온양생 또는 급열양생을 마친 후 온도가 높은 콘크리트를 갑자기 한기에 노출하면 콘크리트 표면에 균열이 생길 우려가 있으므로 적당한 방법으로 보호하여 표면이 서서히 식도록 해야 한다.

한중콘크리트 시공시 유의사항은 다음과 같다.

1) 응결 및 경화의 초기에 동결시키지 않을 것.
2) 양생 종료 후 해동될 때까지 받는 동결융해 작용에 대하여 충분한 저항성을 가지게 할 것.
3) 공사 중의 각 단계에서 예상되는 하중에 대하여 충분한 강도를 가지게 할 것.

4) 완성된 구조물로서 최종적으로 필요로 하는 강도, 내구성, 수밀성을 가지게 할 것.
5) 급격한 온도변화를 방지할 것

7.4 서중콘크리트

서중콘크리트(Hot weather concrete) 시공에 있어서는 기온이 높으면 콘크리트를 타설 할 때의 온도가 높아져서 운반 도중에 슬럼프의 저하, 소요 수량의 증가, 연행공기량의 감소, 콜드조인트(cold joint)의 발생, 표면수분의 급격한 증발에 의한 균열발생, 온도균열의 발생 등 위험성이 증가한다. 또한 콘크리트 타설 후 너무 빠른 응결, 수화열로 인한 온도 상승의 증가, 재령 28일 및 그 이후에 있어서의 강도의 감소 등의 불리한 결과가 생기므로 콘크리트의 온도가 타설 할 때와 타설 직후에 될 수 있는 대로 콘크리트의 온도가 낮아지도록 재료의 취급, 비비기, 운반, 타설 및 양생에 대하여 적절한 조치를 고려해야 한다. 또 기온이 높고 습도가 낮을 때에는 타설된 콘크리트의 표면에서 증발과 건조가 매우 빨라 균열이 생기는 수가 있으므로 양생에 대하여 주의해야 한다.

서중콘크리트로서 시공해야 할 기간을 일률적으로 정하기는 곤란하나 콘크리트를 타설 할 때의 온도가 30℃를 넘으면 여러 가지 영향이 현저해지며, 타설했을 때의 콘크리트의 온도는 기온보다 높아지는 일이 많은 점 등을 고려하면 하루의 평균기온이 25℃를 넘는 시기에는 서중콘크리트의 시공이 되도록 준비하는 것이 좋다.

7.4.1 서중콘크리트의 재료

서중콘크리트는 하루 평균기온이 25℃를 넘는 시기 또는 최고 온도가 30℃를 넘을 때는 시공시 재료의 온도가 콘크리트 온도에 미치는 영향이 크기 때문에 콘크리트의 온도를 낮추기 위해서 시멘트, 골재 및 물의 사용에 유의해야 한다.

(1) 시멘트

시멘트 온도가 콘크리트의 온도에 미치는 영향은 그다지 크지 않지만 보통 시멘트 온도±8℃에 대하여 콘크리트 온도는 ±1℃ 정도 변화한나고 하므로 고온의 시멘트를 사용하지 않도록 주의해야 한다.

(2) 골재와 혼합수

골재는 KS F 2560(콘크리트용 화학 혼화제)의 규정에 적합한 것이어야 하고, 골재의 온도가 콘크리트 온도에 미치는 영향이 대단히 커서 골재온도 ±2℃에 대하여 콘크리트 온도는 ±1℃ 정도 변화한다. 그러므로 골재는 적당한 시설로 직사광선을 피하거나 또는 굵은 골재를 사용하기 전에 찬물을 뿌려 콘크리트의 온도를 낮추어 사용하는 것이 효과적이며 얼음을 사용하는 것도 콘크리트의 온도를 낮추기 위한 유효한 방법이다. 보통 물의 온도 4℃에 대하여 콘크리트의 온도 ±1℃정도 변화한다.

(3) 혼화재료

감수제 또는 공기연행 감수제를 사용할 경우 표준형 대신 지연형을 사용하는 것이 효과적이다. 유동화콘크리트의 경우에는 지연형 유동화제를 사용하거나 베이스콘크리트에 지연형의 감수제 또는 공기연행 감수제 등을 사용하는 것이 바람직하다.

7.4.2 배합

서중콘크리트의 배합은 소요의 강도 및 워커빌리티를 얻을 수 있는 범위 내에서 단위수량 및 단위시멘트량을 될 수 있는 대로 적게 하여야 한다. 일반적으로 기온이 10℃ 상승함에 따라서 단위수량은 2~5% 증가하므로 소요의 압축강도를 확보하기 위해서는 단위수량에 비례하여 단위시멘트량의 증가를 검토하여야 한다.

단위시멘트량이 커지면 수화 발열량이 증대하므로 온도균열이 발생하게 되어 장기강도의 증가를 기대할 수 없는 경우가 있으므로 되도록 단위수량을 작게 하는 동시에 단위시멘트량이 너무 많아지지 않도록 적절한 조치를 취하여야 한다.

7.4.3 타설 및 양생

(1) 타설

서중콘크리트의 경우에는 비빈 후 1시간 이내에 타설하는 것이 바람직하다. KS F 2560 (콘크리트용 화학 혼화제)의 지연형 감수제를 사용하는 등의 일반적인 대책을 강구한 경우라도 1.5시간 이내에 타설해야 한다. 콘크리트를 타설하기 전에 타설된 콘크리트가 급격히 응결하여 콘크리트의 품질에 나쁜 영향을 미치는 일이 있으므로 지반, 거푸집 등 콘크리트로부터 물을 흡수할 우려가 있는 부분을 습윤상태로 유지하여야 한다. 또 거푸집, 철근 등이 직사광선을 받아서 고온이 될 우려가 있는 경우에는 물을 뿌리거나 덮개 등의 적절한 조치를 강구해야 한다. 습윤상태로 유지하기 위해서는 거푸집이나 철근이 고온으로 되는 것을 방지해야 한다. 콘크리트의 슬럼프는 운반중 시간의 경과와 더불어 감소한다.

일반적인 경우 비빈 후 1시간 30분 이내이면 슬럼프의 감소량이 작기 때문에 큰 문제없이 타설 할 수 있으나 이러한 품질의 변화는 기온의 상승과 더불어 증대하는 경향이 있으므로 타설할 장소에 콘크리트가 운반되어 왔을 때 즉시 타설할 수 있도록 준비해 둘 필요가 있다. 타설할 때 서중콘크리트의 온도가 높으면 여러 가지 나쁜 영향이 생기므로 될 수 있는 대로 콘크리트의 온도를 낮추는 것이 바람직하고, 타설 할 때의 서중콘크리트의 온도는 35℃이하로 낮추는 것이 바람직하다.

(2) 양생

여름철에 타설한 콘크리트의 표면이 직사광선이나 바람에 쏘이면 갑자기 건조해져서 균열이 발생하기 쉬우므로 타설을 끝낸 콘크리트는 노출면이 건조하지 않도록 즉시 양생하여야 한다. 타설 후 적어도 24시간은 일시적이라도 노출면이 건조하지 않도록 습윤상태로 유지해야 하고, 양생은 적어도 5일 이상 실시하는 것이 바람직하다.

목재 거푸집의 경우처럼 거푸집 판에 접해서 건조가 일어날 염려가 있는 경우에는 거푸집도 습윤상태로 유지해야 하고, 거푸집을 떼어낸 양생기간 동안은 노출면을 습윤상태로 유지해야 한다. 참고로 서중콘크리트와 한중콘크리트를 비교해 보면 표 7.9와 같다.

표 7.9 서중콘크리트와 한중콘크리트의 비교

내 용	서중콘크리트	한중콘크리트
사용 시기	하루 평균 25℃ 초과시	하루 평균 4℃ 이하시
사용하는 시멘트	중용열 시멘트	조강 포틀랜드 시멘트
사용하는 혼화제	응결 지연제	응결 촉진제
양생방법	cooling 양생	가열 보온양생

7.5 수중콘크리트

콘크리트는 공기 중에서 시공하는 것이 일반적이지만 부득이한 경우 수중(담수, 해수)에서 시공할 경우의 콘크리트를 수중콘크리트(underwater concrete)라 한다. 수중콘크리트를 사용하는 구조물에는 해양 등 수면 이하의 비교적 넓은 면적에 콘크리트를 쳐서 만드는 구조물과 현장치기 말뚝 또는 지하연속벽과 같이 비교적 좁은 곳에 콘크리트를 타설해 만드는 것이 있다. 수중에서 콘크리트를 시공해야 하는 경우에는 공기 중에서 시공하는 경우보다 높은 배합강도로 하든지 또는 설계기준강도를 높이는 등 여러 가지 고려를 하는 것이 좋다.

수중콘크리트 공법의 기술개량 및 개발에 의하여 새로운 공법이나 재료를 쓸 경우 현장의 여러 조건을 충분히 검토하여 시공에 충분한 관리를 할 필요가 있다. 또한 시공할 때 소요 품질의 콘크리트가 얻어질 수 있도록 충분한 관리를 할 필요가 있다. 수중불분리성 콘크리트는 수중불분리성 혼화제를 혼합함에 따라 재료분리 저항성을 높은 수중콘크리트로서 일반적인 수중콘크리트와 물리적 성질이 상당히 다를 뿐만 아니라 시공에 있어서 고려해야 할 사항이 많기 때문에 이와 같은 점을 잘 이해하고 시공해야 한다.

일반 수중콘크리트나 현장타설 말뚝 및 지하연속벽에 사용하는 수중콘크리트의 수중분리저항성은 점성의 영향을 크게 받는다. 따라서 수중분리저항성은 점성에 영향하는 물-결합재비와 단위 시멘트량으로 설정하며, 콘크리트표준시방서에서 규정하고 있는 수중콘크리트의 물-결합재비 및 단위 시멘트량을 알아보면 표 7.10과 같다.

표 7.10 수중콘크리트의 물-결합재비 및 단위 시멘트량

	일반 수중콘크리트	현장타설 말뚝 및 지하연속벽에 사용하는 수중콘크리트
물-결합재비	50% 이하	55% 이하
단위시멘트량	370kg 이상	350kg 이상

7.5.1 배합

배합은 설정된 소정의 강도, 수중분리저항성, 유동성 및 내구성 등의 성능을 만족하도록 시험에 의해 정하여야 한다. 수중콘크리트는 다짐이 불가능하기 때문에 적당한 유동성이 필요하다. 수중콘크리트는 재료분리를 적게 하기 위해서 단위시멘트량을 많게 하고, 잔골재율을 크게 한 점성이 풍부한 콘크리트를 사용해야 한다.

잔골재율은 40~45%를 표준으로 하고, 굵은 골재는 둥근 모양의 입도가 좋은 자갈을 사용하는 것이 바람직하다. 또한 부순돌을 사용할 경우에는 KS F 2527[콘크리트용 부순 골재]의 규정을 만족하는 좋은 부순돌을 사용해야 한다. 이 때 시공상 필요로 하는 점성 및 반죽질기를 얻을 수 있도록 혼화제를 사용하고 적당한 물-결합재비, 단위시멘트량을 산정하는 것은 물론이고 잔골재율도 3~5% 정도 증가시킬 필요가 있다.

트레미(tremie)를 사용하여 수중에서 콘크리트를 치면 그 강도가 같은 배합의 콘크리트를 공기 중에서 시공한 것의 약 60% 정도 밖에 되지 않는다. 이것은 굳지 않은 콘크리트가 물속에서 치는 과정 중에 주위의 물에 의하여 씻기는 작용을 받기 쉬워서 강도의 저하를 일으킨다고 한다. 이러한 강도 저하 및 콘크리트의 여러 성질의 저하를 적게 하기 위해서 수중 콘크리트는 부배합으로 하는 것이 가장 바람직하므로 콘크리트표준시방서에서는 다음과 같이 규정하고 있다.

① 슬럼프는 표 7.11을 표준으로 한다.
② 물-결합재비는 50% 이하로 한다.
③ 단위시멘트량은 370kg/m^3 이상으로 한다.

표 7.11 일반 수중콘크리트의 슬럼프 표준값(mm) (콘크리트표준시방서 표 16.3)

시 공 방 법	슬럼프의 범위(mm)	
	일반 수중콘크리트	현장 타설 말뚝 및 지하연속벽에 사용하는 수중콘크리트
트레미	130~180	180~210
콘크리트 펌프	130~180	-
밑열림 상자, 밑열림 포대	100~150	-

7.5.2 타설 및 양생

수중콘크리트의 타설 및 양생방법은 다음과 같다.

1) 콘크리트는 시멘트의 유실, 레이턴스의 발생을 방지하기 위해 물막이를 설치하여 물을 정지시킨 정수 중에 타설하는 것을 원칙으로 한다. 만일 완전히 물막이를 할

수 없는 경우에도 유속은 50mm/s 이하로 하여야 한다.

2) 콘크리트는 수중에 낙하시키면 재료의 분리가 일어나고 시멘트가 유실되므로 물이 동요되지 않도록 천천히 타설해야 하고, 수중에서 낙하시켜서는 안 된다.
3) 타설 중 콘크리트가 흐트러지지 않도록 주의해야 한다.
4) 콘크리트의 윗면은 가능한 수평이 유지되도록 하면서 소정의 높이 또는 수면 위로 나올 때까지 연속해서 타설해야 한다.
5) 약 2℃ 이하의 빙점에 가까운 수중에서 콘크리트를 타설해서는 안 된다.
6) 양생은 콘크리트가 충분한 강도를 얻을 수 있을 때까지 물을 정지시켜야 하며, 0℃ 이하의 대기에 접촉시켜서는 안 된다.
7) 콘크리트는 트레미나 콘크리트 펌프를 사용해서 타설하는 것을 원칙으로 한다. 단, 부득이한 경우에는 밑열림 상자나 밑열림 포대를 사용해도 좋다.
8) 콘크리트가 경화될 때까지 물의 유동을 방지해야 한다.
9) 콘크리트 타설을 끝낸 후 레이턴스를 모두 제거하고 다시 타설하여야 한다.

7.5.3 시공방법

수중콘크리트의 시공방법으로서는 트레미, 포대 콘크리트, 밑열림 상자 및 밑열림 포대, 콘크리트 펌프 및 프리플레이스트 콘크리트 등이 있으며, 최근 셀률로오스계 및 아크릴계의 수중불분리성 혼화제를 이용하여 그것들의 증점 효과에 의해 수중에서 낙하시켜도 재료분리가 거의 없고 품질의 신뢰성이 높은 수중콘크리트의 시공방법이 개발되었다. 수중콘크리트의 시공법으로서 가장 좋은 것은 프리플레이스트 콘크리트이다.

(1) 트레미

트레미(tremie)는 그림 7.5와 같이 안지름은 수심 3m 이내에서 250mm, 3~5m에서 300mm, 5m 이상에서는 300~500mm 정도가 좋으며, 굵은 골재 최대치수의 8배 정도가 필요하고, 수밀성을 가지며 콘크리트가 자유롭게 낙하할 수 있는 크기를 가져야 한다. 트레미의 하단에서 유출되는 콘크리트를 수중에서 멀리 유동시키면 품질이 저하되므로 트레미 1개로 타설할 수 있는 면적이 지나치게 커서는 안 되며 $30m^2$ 정도가 한계이다.

트레미는 콘크리트를 타설하는 동안 하반부가 항상 콘크리트로 채워져 트레미 속으로 물이 침입하지 않도록 해야 하며, 트레미는 콘크리트를 타설하는 동안 수평 이동시켜서는 안 된다. 트레미는 연직강관으로서 길이는 수면 위의 작업대에서 콘크리트를 타설하는 최 하단까지 도달할 수 있는 정도이어야 한다.

트레미의 상부에는 호퍼(hopper)를 달고 밑에는 밸브(foot valve)를 달아 강관이 소정의 위치에 도달하면 밸브를 얼어서 콘크리트를 배출한다. 콘크리트의 타설은 연속적으로 하고 강관의 선단은 항상 콘크리트 속에 묻혀 있도록 하여 콘크리트가 흐트러지지 않도록 주의하면서 좌우로 움직여 콘크리트를 배출해야 한다. 트레미에 사용하는 콘크리트는 성형성과 점착력이 있고 유동성이 있어야 하여 슬럼프는 130~180mm로 한다.

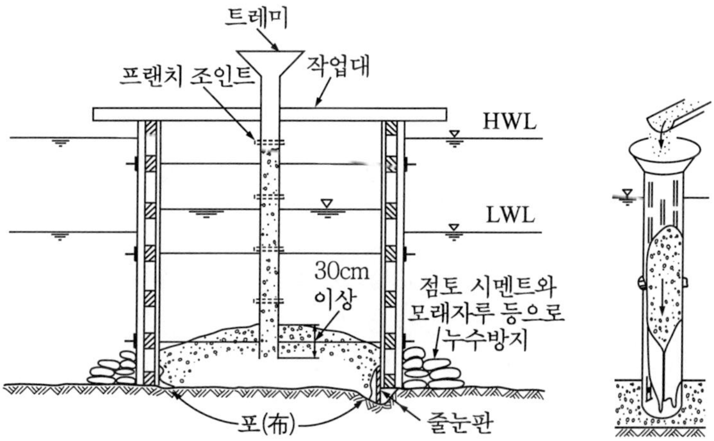

(a) 트레미관과 작업대　　(b) 트레미

그림 7.5 트레미

(2) 펌프

수중콘크리트는 낮은 곳에서 압송하므로 배관내에서 부압이 걸리는 경우가 많으므로 만약 배관이 수밀하지 않으면 주위의 물이 침투되어 콘크리트의 품질이 떨어지게 되므로 콘크리트의 배관은 수밀해야 한다. 콘크리트 펌프에 의한 수중콘크리트의 시공에 의하면 안지름은 100~150mm 정도가 좋으며, 수송관 1개로 타설할 수 있는 면적은 일반적으로 5m^2 정도이다.

콘크리트 타설 도중에는 배관 속을 콘크리트로 채우면서 배관 선단 부분을 이미 타설된 콘크리트 속으로 300~500mm 묻어 넣는 등의 조치를 취하여 콘크리트의 품질

저하를 피하여야 한다. 콘크리트 펌프의 끝 부분에 밸브를 달고 배관 내에는 항상 콘크리트가 채워져 있도록 한다. 사용하는 콘크리트는 공기연행 콘크리트나 플라이애시 등의 혼화재를 쓸 때가 많다. 시공시에는 트레미의 경우와 같은 주의가 필요하다.

(3) 밑열림 상자 및 포대

밑열림 상자나 포대 속에 콘크리트를 넣고 상자나 포대가 바닥에 닿으면 로프를 당겨서 밑을 열고 콘크리트를 배출하는 방법이다. 콘크리트를 타설하는데 있어서 밑열림 상자 및 포대를 서서히 수중에 내려 콘크리트를 쏟은 후, 콘크리트 면으로부터 상당한 거리가 떨어질 때까지 천천히 끌어올려야 한다. 밑열림 포대로서는 시트와 같은 종류가 많이 사용되고 있다. 트레미를 사용하는 것처럼 좋은 결과를 얻을 수 없으므로 소규모 공사에 한하여 사용하고 있다.

(4) 포대콘크리트

시멘트의 유출을 막기 위하여 포대콘크리트를 사용할 경우가 있다. 특히 바닥이 암반이고, 요철이 심한 경우에 적합하다. 사용하는 포대는 올이 굵은 천으로 만들고 용량은 30ℓ 이상으로 하고 묽게 비빈콘크리트를 2/3 정도 채워서 구멍을 끈으로 묶고 콘크리트가 응결하기 전에 수중에 쌓아 올린다. 그러면 콘크리트의 중량으로 포대의 형상이 변하고 침출한 시멘트 페이스트에 의하여 서로 부착하여 굳어진다.

7.5.4 수중불분리성 콘크리트

수중불분리성 콘크리트란 증점효과에 의해 콘크리트가 수중에서 분리되지 않고 경화하기 전까지 시공할 수 있을 정도의 유동성을 확보할 수 있는 특수한 혼화제, 즉 수중불분리성 혼화제를 사용한 콘크리트를 말한다. 수중불분리성 콘크리트의 적용범위는 사석 제방과 같은 소규모 공사에서부터 대규모 교각의 하부공사에 이르기까지 여러 가지 구조물에 사용되며, 또한 그 종류에 무근콘크리트, 철근콘크리트, 철골철근콘크리트 등 다양하다. 그러므로 수중불분리성 콘크리트의 배합은 수중유동거리, 수중 오염방지의 정도, 수중낙하높이 등의 시공조건을 충분히 고려하여 소정의 수중불분리성, 강도, 유동성 및 내구성 등을 얻을 수 있도록 시험을 통하여 정할 필요가 있다. 타설은 유속이 50mm/sec 정도 이하의 정수 중에서 수중 낙하높이 0.5m 이하이어야 한다.

굵은 골재의 최대치수는 수중불분리성 콘크리트의 경우 40mm 이하, 부재 최소치수의 1/5을 표준으로 하며, 철근 최소 간격의 1/2를 초과해서는 안 되며, 현장타설말뚝 및 지하연속벽에 사용하는 콘크리트의 경우는 철근 순간격의 1/2 이하, 25mm 이하를 표준으로 한다. 굵은 골재의 최대치수는 20mm 또는 25mm로 제한하는 것이 보통이다. 이것은 수중불분리성 콘크리트에서는 굵은 골재의 최대치수가 크게 됨에 따라 굵은 골재 분리가 발생하기 쉽기 때문이다. 또한 수중 콘크리트에서는 다짐이 불가능한 경우가 많기 때문에 보통 콘크리트와 비교해서 상당히 큰 유동성이 필요하다.

유동성이 큰 범위에서는 슬럼프보다도 유동성의 크기를 정확히 표시할 수 있는 슬럼프 플로를 이용한다. 수중불분리성 콘크리트의 내염해성 및 각종 염류에 의한 침식작용은 일반적인 콘크리트와 거의 동일하므로 콘크리트의 화학작용 및 철근의 부식작용 등을 고려하여 물-결합재비를 정할 경우 그 최대값은 표 7.12의 값을 표준으로 한다.

표 7.12 내구성으로부터 정해진 콘크리트의 최대 물-결합재비(%)(콘크리트표준시방서 표 16.2)

콘크리트의 종류 / 환경	무근콘크리트	철근콘크리트
담수 중	65	55
해수 중	60	50

7.6 프리플레이스트 콘크리트

프리플레이스트 콘크리트(preplaced concrete)란 거푸집 속에 특정한 입도를 가진 굵은 골재를 미리 채워 넣고, 그 간극에 모르타르를 적당한 압력으로 주입하여 만든 콘크리트로 재료분리나 수축이 적다(보통콘크리트의 1/2). 이런 콘크리트를 프리플레이스트 콘크리트라고 한다. 일반적으로 포틀랜드시멘트와 모래 이외에 플라이애쉬나 고로 슬래그 분말, 감수제, 팽창제 등을 혼합한 것이다. 이 프리플레이스트 공법은 보통 콘크리트의 시공법과 전혀 다른 특수 콘크리트 공법으로서 항만공사는 물론 심해 수중에 축조하는 수중구조물, 방사선 차폐용, 고밀도콘크리트, 기존 노후구조물의 보수, 보강 및 매시브(massive)한 콘크리트 등에서 신뢰도와 경제성을 인정받고 있다.

최근에는 대량으로 급속하게 시공하는 대규모의 프리플레이스트 콘크리트가 장대교의 하부공에 쓰여 지고 있는 등 상당량의 사용실적이 있다. 또한 고강도이면서 특수한 유동성을 가진 고성능 감수제를 사용한 주입 모르타르에 의한 고강도 프리플레이스트 콘크리트가 개발되어 실용화되고 있다. 프리플레이스트 콘크리트의 특징은 장기강도, 수밀성, 내구성이 크고, 수축률이 작으며 수중콘크리트 공사에 적합하다.

7.6.1 프리플레이스트 콘크리트의 재료

(1) 시멘트 및 결합재

프리플레이스트 콘크리트의 주입 모르타르는 수화열의 억제, 유동성 및 화학적 저항성 향상 등의 목적으로 KS L 5201에 적합한 보통 포틀랜드시멘트에 KS L 5405에 적합한 플라이애시 등의 혼화재를 적당량 혼합하여 사용하는 것을 표준으로 하며, 그와 같이 혼합된 것을 결합재라고 한다. 고로슬래그 시멘트, 조강 포틀랜드시멘트 등을 결합재로 사용할 경우에는 소요품질의 프리플레이스트 콘크리트가 얻어지도록 시험에 의해 확인한 후 사용해야 한다.

(2) 혼화제

프리플레이스트 콘크리트용 주입 모르타르에 사용되는 화학 혼화제는 유동성을 좋게 하고, 보수성을 향상시켜서 재료분리를 방지하고, 응결을 지연시키며, 팽창성을 가지는 감수제, 발포제, 보수제 및 지연제 등을 적당량 혼합한 프리 믹스 타입의 프리플레이스트 콘크리트용 혼화제를 사용할 수 있다. 이 종류의 혼화제에 포함되어 있는 발포제는 일반적으로 인편상의 알루미늄 분말이다.

발포제는 일반적으로 알루미늄 분말을 사용하며, 알루미늄 분말에 의한 팽창효과는 알루미늄 분말의 품질, 시멘트의 품질, 온도, 배합, 비비기 시간, 주입 후의 압력 등에 의하여 변화하므로 보통 기온(10~20℃)일 때 결합재에 대한 알루미늄 분말의 질량비로서 0.01~ 0.015% 정도를 사용할 수 있다. 프리플레이스트 콘크리트용 혼화제를 쓰지 않을 경우에는 양질의 감수제에 KS D 6705에 적합한 알루미늄 및 알루미늄 합금박을 혼합한 것을 사용할 수 있다.

(3) 잔골재

잔골재의 품질은 프리플레이스트 콘크리트의 강도나 품질에 미치는 영향이 크므로 주입 모르타르의 유동성과 보수성을 좋게 하기 위하여 잔골재의 입도 범위를 표 7.13의 범위를 표준으로 하고 있으며, 잔골재의 조립률은 1.4~2.2 범위가 적당하다.

표 7.13 잔골재의 표준 입도(콘크리트 표준시방서 표 19.1)

체의 호칭(mm)	체를 통과한 것의 중량백분율(%)
2.5	100
1.2	90~100
0.6	60~80
0.3	20~50
0.15	5~30

또한 굵은 골재 공극 중에 모르타르에 주입할 때 유동하기 쉽게 하기 위해서 굵은 골재의 최소치수는 15mm 이상, 굵은 골재의 최대치수는 부재단면 최소치수의 1/4 이하, 철근콘크리트의 경우 철근 순간격의 2/3 이하로 하여야 한다. 굵은 골재의 최대치수와 최소치수와의 차를 적게 하면 굵은 골재의 실적률이 적어지고 주입 모르타르의 소요량이 많아지므로 적절한 입도분포를 선정할 필요가 있으며, 일반적으로 굵은 골재의 최대치수는 최소치수의 2~4배 정도가 좋다.

대규모 프리플레이스트 콘크리트를 대상으로 할 경우, 굵은 골재의 최소치수를 크게 하는 것이 효과적이며, 굵은 골재의 최소치수가 클수록 주입 모르타르의 주입성이 현저하게 개선되므로 굵은 골재의 최소치수는 40mm 정도 이상이어야 한다. 프리플레이스트 콘크리트의 품질 및 강도는 주입 모르타르를 일정하게 하는 경우 굵은 골재의 품질에 좌우되므로, 굵은 골재와 모르타르의 부착을 크게 하는 골재 모양, 입도분포 및 표면상태를 가진 굵은 골재가 유리하며, 입자 상호간의 면접이 큰 골재는 가능한 피하는 것이 좋다.

7.6.2 주입 모르타르의 배합

프리플레이스트 콘크리트용 주입 모르타르는 적당한 시간, 유동성을 유지하는 것이어야 한다. 대규모 프리플레이스트 콘크리트에 사용하는 주입 모르타르는 시공중에 재료분리를 적게 하기 위해 부배합으로 하여야 한다. 특히 대형 구조물에서는 콘크리트의 타설 높이가 높고 주입관의 간격도 크므로 재료분리 등을 작게 하기 위해 주입 모르타르는 블리딩이 적고, 물에 대한 희석 저항성이 우수한 부배합이 좋다.

콘크리트용 주입 모르타르는 반죽질기가 소요의 범위 내에 있고 소요의 강도, 내구성 및 수밀성의 콘크리트를 얻을 수 있도록 작업성이 양호하고 재료분리가 적게 되도록 하기 위해서는 다음과 같은 순서로 시방배합을 정하는 것이 좋다. 일반적으로 프리플레이스트 콘크리트의 배합의 표시법은 표 7.14에 따라서 혼화재의 혼합률, 반죽질기, 물-결합재비, 모래-결합재비, 알루미늄 분말의 순서로 배합을 정하며, 과거의 실적을 충분히 참고로 하는 것이 중요하다.

표 7.14 배합의 표시법

굵은 골재			주입 모르타르									
							단 위 량(kg/㎥)					
최소 치수 (㎜)	최대 치수 (㎜)	공극률 (%)	유하시간 범위 (sec)	물-결합재비 W/B (%)	혼화재의 혼합율 F/B (%)	잔골재-결합재비 S/B	물	시멘트	잔골재	혼화재	혼화제[1]	알루미늄 분말[2]

주) 1) 혼화제의 사용량은 g이나 ml로 표시하고, 희석하거나 또는 용해하지 않는 것을 말한다.
2) 팽창제의 사용량은 g으로 표시하고 프리플레이스트 콘크리트용 혼화제에 포함되지 않은 것을 말한다.

배합표에는 구조물의 종류, 설계기준강도, 배합강도, 시멘트의 종류, 잔골재의 조립률, 굵은 골재의 종류 및 혼화제의 종류 등에 대하여도 병기해 주어야 한다. 혼화재의 혼합률 F/B, 반죽질기, 물-결합재비 W/B, 모래-결합재비 S/B, 팽창제의 순서로 배합을 정하며, 과거의 실적을 충분히 참고로 하는 것이 중요하다.

7.6.3 강도

프리플레이스트 콘크리트의 압축강도 시험은 KS F 2431에 따라야 한다. 압축강도는 소요의 강도를 얻을 수 있어야 한다. 프리플레이스트 콘크리트의 강도는 원칙적으로 재령 28일 또는 재령 91일의 압축강도를 기준으로 한다. 장기간에 걸쳐서 양호한 양생을 기대할 수가 없는 일반적인 구조물 또는 재령 91일 이내에 설계하중을 받는 구조물에 프리플레이스트 콘크리트를 사용하는 경우에는 재령 28일의 압축강도를 기준으로 하여야한다. 프리플레이스트 콘크리트는 소요강도, 내구성, 수밀성 및 강재를 보호하는 성능 등이 있고 품질의 변동이 적은 것이어야 한다. 고강도프리플레이스트 콘크리트라 함은 고성능 감수제에 의하여 주입 모르타르의 물-결합재 비를 40% 이하로 낮추어 재령 91일에서 압축강도 40MPa 이상이 얻어지는 프리플레이스트 콘크리트를 말한다.

7.6.4 시공

프리플레이스트 콘크리트의 시공방법은 일반적인 경우, 대규모인 경우 및 고강도의 경우에 대응하여 각각 적합한 방법을 선정하여야 한다. 시공 속도가 40~80m^3/h 이상 또는 한 구획의 시공면적이 50~250m^2 이상일 경우에는 대규모 프리플레이스트 콘크리트의 규정에 따른다.

소요의 품질을 갖는 프리플레이스트 콘크리트가 얻어지도록 주입 면적, 주입관의 배치, 주입 모르타르의 비빈 직후의 온도 및 주입 속도 등 현장조건과 시공 장소의 자연조건을 고려하여 재료의 공급방법, 즉 굵은 골재를 투입할 때와 모르타르를 주입할 때는 거푸집에 큰 압력이 작용하며, 모르타르의 누출을 방지해야 하므로 거푸집의 시공은 매우 중요하며, 거푸집은 골재와 모르타르의 압력에 충분히 견딜 수 있어야 하고, 기초와 거푸집 사이와 거푸집 이음부분 등으로부터 주입 모르타르가 새어 나오지 않도록 거푸집의 시공에 유의하여 시공설계 계획을 수립하여야 한다. 일반적으로 다음과 같이 시공하는 것을 원칙으로 하고 있다.

1) 굵은 골재를 채울 때 주입관, 검사관 등의 매설물이 해로운 영향을 받을 염려가 있으므로 어느 위치에 배치되어 있는지를 확인, 보호하여야 한다.
2) 거푸집 속에 채울 굵은 골재는 모르타르 주입 전까지 깨끗한 상태이어야 하고, 물로 충분히 적셔 놓아야 한다.
3) 주입관은 확실하고 원활하게 주입 작업이 될 수 있는 구조로서 그 안지름은 수송관과 같거나 그 이하로 하여야 한다. 일반적으로 주입관은 안지름 25~65mm의 강관이 사용된다.
4) 연직 주입관의 수평간격은 2m 정도로 표준으로 하며, 수평 주입관의 수평간격은 2m정도, 연직간격은 1.5m 정도를 표준으로 한다.
5) 수평 주입관은 역류를 방지하는 장치를 필요에 따라 구비하여야 한다.
6) 수송관은 모르타르 펌프에서 토출되는 수입 모르타르를 주입관까지 원활하게 수송

할 수 있는 것이어야 한다.

7) 모르타르 펌프는 충분한 압송 능력을 보유하고 주입 모르타르를 연속적으로 또 공기가 혼입하지 않도록 주입할 수 있는 것이어야 한다.

8) 관내 유속이 크면 압력 손실이 커지므로 모르타르의 평균 유속은 0.5~2.0m/sec 정도가 되도록 정한다.

9) 주입은 최하부로부터 시작하여 상부로 향하는 것으로 시행하며 모르타르면의 평균 상승속도는 0.3~2.0m/h 정도로 하여야 한다.

10) 연직 주입관은 관을 뽑아 올리면서 주입하되, 주입관의 선단은 일반적인 경우 0.5~ 2.0m 모르타르 속에 묻혀 있는 상태로 유지하여야 한다.

11) 주입 모르타르가 상승하는 상황을 확인하기 위한 일반적인 측정방법은 검사관을 이용하며, 검사관은 긴 구멍이나 원형 구멍을 설치한 안지름 38~65mm 정도의 강관으로서 관의 내외의 모르타르 면이 동일하게 되도록 한 구조가 사용된다.

12) 일반적으로 한중 시공할 때 주입 모르타르의 온도를 올리기 위해서는 물을 가열하는 것이 좋으나, 물의 온도는 40℃ 이하이어야 한다.

13) 서중에서 시공할 경우에는 주입 모르타르의 온도상승, 지나치게 빠른 팽창 및 유동성 저하 등이 일어나지 않도록 하여야 한다.

7.6.5 품질관리

소정의 성능을 가지는 프리플레이스트 콘크리트를 확실하게 만들기 위해서는 콘크리트의 재료, 사용기계 및 설비, 시공방법 등 공사 전반에 걸쳐 검사를 실시하여야 한다. 모르타르의 압송설비는 소요의 품질과 압송능력이 얻어지도록 재료의 공급설비, 계량장치, 비비기 장치 및 압송 장치 등의 기능을 확인해야 한다. 프리플레이스트 콘크리트는 보통콘크리트와 비교해서 콘크리트의 품질을 확인하기가 곤란하고 시공이 적절하지 못할 경우에는 결함을 일으키기 쉬우므로 프리플레이스트 콘크리트 시공할 때에는 소요 품질의 콘크리트가 확실히 얻어질 수 있도록 모르타르의 배합을 결정하고 안전한 시공방법을 채택하여야 한다.

한편 주입모르타르의 품질은 굳지 않는 상태에서 압송과 주입이 쉽고 굵은 골재의 공극을 완벽하게 채울 수 있는 양호한 유동성과 침수성을 가지며, 주입 작업이 끝날 때까지 이러한 특성이 유지되어야 한다. 주입 모르타르의 유동성은 KS F 2432에 의해 구한 유하시간에 의해 설정한다.

모르타르가 굵은 골재의 공극에 주입되기 시작하여 경화할 때까지의 사이에 되도록 블리딩이 적어야 하고, 적당히 팽창해야 하며, 경화 후에는 콘크리트에 소요의 품질을 부여하는데 필요한 압축강도 및 굵은 골재와의 부착력을 가지며 내구성 및 수밀성을 가져야 한다. 한편 주입 모르타르는 다음과 같은 조건을 만족해야 한다.

1) 유동성은 유하시간이 16~20초인 것을 표준으로 한다. 고강도 프리플레이스트 콘크리트는 유하시간 25~50초를 표준으로 한다.
2) 블리딩률은 시험 시작 후 3시간에서의 값이 3% 이하로 되어야 한다.
3) 팽창률의 설정 값은 시험 시작 후 3시간에서의 값이 5~10%에 있음을 표준으로 한다. 고강도프리플레이스트 콘크리트의 경우에는 2~5%를 표준으로 한다.

7.7 숏크리트

숏크리트(Shotcrete)란 압축공기로 모르타르나 콘크리트를 시공면에 뿜어 붙이는 특수한 시공방법으로 뿜어붙이기 콘크리트(sprayed concrete) 혹은 건나이트(gunite)라고도 한다. 숏크리트의 종류를 알아보면 cement gun, bonductor, jetcretor 등이 있다. 즉, 터널이나 큰 공동 구조물의 라이닝, 비탈면, 법면 또는 벽면의 풍화나 박리, 박락의 방지, 터널, 댐 및 교량의 보수, 보강공사 등에 적용되는 콘크리트이다.

숏크리트는 비교적 작은 기계로 시공할 수 있으며, 작은 물-결합재비로 만들어 지며 거푸집을 생략할 수 있는 점 등의 장점을 가진 반면에 숙련된 작업원을 필요로 하고 밀도가 작아지기 쉽다. 또한 각종 재료의 표면에 그 형상 등에 관계없이 쉽게 시공할 수 있고, 또 시공면에 잘 부착하고 큰 강도, 수밀성을 기대할 수 있기 때문에 터널 등의 라이닝, 굴착법면의 보호, 구조물의 보강 등에 널리 적용되고 있다. 특히 뿜어붙이기 로봇 등의 기기류를 포함한 뿜어붙이기 시스템 및 혼화제 등의 개발, 개선에 따라서 품질의 신뢰성, 시공성, 경제성은 물론 안전성을 포함한 작업환경이 향상되었기 때문에 가설구조물뿐만 아니라 일반구조물에도 사용된다.

7.7.1 숏크리트 공법

숏크리트 공법으로서는 건식법, 습식법이 있으며, 콘크리트의 배합, 급결제 혼입의 유무, 시공성, 콘트리트의 품질 및 품질관리의 난이도 등에 따라 달라진다. 숏크리트의 시공에서 매우 중요한 숏크리트 방식은 건식과 습식으로 대별되며, 일반적으로 용수가 있는 경우에는 건식이 우수하지만, 시공능력이 탁월한 습식은 대단면으로서 장대화되는 산악터널의 급열양생 시공에 적합하다. 숏크리트 공법은 그림 7.6과 같으며, 특징은 표 7.15와 같다.

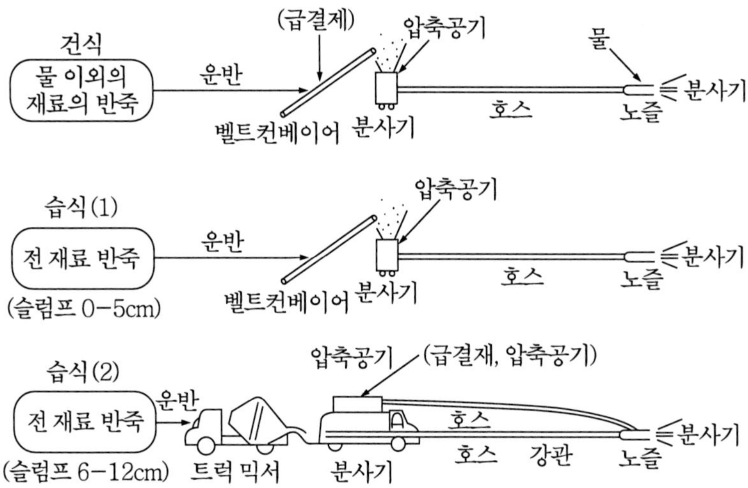

그림 7.6 숏크리트 공법

표 7.15 건식법과 습식법의 비교

구분	건식법	습식법
콘크리트의 특성	노즐 또는 운반 호스 도중에서 물과 마른 비빔 재료를 혼합하므로 품질은 작업원의 숙련도에 따라 좌우된다.	물과 골재를 사전에 정확히 개량하고, 또한 충분히 혼합하므로 품질관리가 쉽다.
작업의 제약	마른 비빔 재료를 공급하면 되므로 공급의 제한은 적게 받는다.	재료의 공급에 제한을 받는다.
압송거리	비교적 장거리의 압송이 가능하다(500m까지 작업이 가능)	일반적으로 장거리 압송에 적당하지 않다 (약 100m)까지 작업이 가능
분진	많다.	적다.

(1) 건식법

건식법은 시멘트와 골재를 건비빔(dry mix)시켜서 노즐(nozzle)까지 보내어 여기서 물과 합류시켜 압축공기로 뿜어 붙이는 공법이다.

(2) 습식법

습식법은 전 재료를 믹서로 비벼서 노즐까지 보낸 후 필요에 따라 여기서 압축 공기를 공급해서 뿜어 붙이는 공법이다. 일반적으로 모르타르 뿜어붙이기에는 습식공법, 콘크리트 뿜어붙이기에는 건식공법을 많이 사용한다. 숏크리트 방식의 선정에 있어서는 숏크리트 두께, 터널의 연장, 단면의 크기, 굴착공법 및 용수의 유무를 충분히 검토하여 정해야 한다.

뿜어붙이기 콘크리트에 섬유 등을 혼입하는 이른바 복합재료 또는 콘크리트나 강재와 합성시킨 복합구조로서 적용도 시도되고 있으며, 일반적으로 다음과 같은 장단점을 갖는다.

[장점]

① 급결제의 첨가에 의하여 조기에 강도를 발현시킬 수 있다.
② 거푸집이 불필요하고, 급속 시공이 가능하다.
③ 비교적 소규모로 운반 가능한 기계설비로 시공할 수 있다.
④ 위쪽, 옆을 포함한 임의 방향으로 시공이 가능하다.
⑤ 플랜트에서 떨어진 협소한 장소나 급경사면의 나쁜 작업조건 하에서도 시공이 가능하다.

[단점]

① 리바운드 등의 재료손실이 많다.
② 평활한 마무리면을 얻기 어렵다.
③ 뿜어붙일 면에서 물이 나올 때는 부착이 곤란하다.
④ 숏크리트 작업시에 분진이 발생한다.
⑤ 시공조건, 노즐맨(nozzle man)의 기술에 의하여 시공성, 품질 등에 변동이 생기기 쉽다.
⑥ 수밀성이 다소 결여된다.

7.7.2 숏크리트의 재료

숏크리트에 사용하는 재료 및 배합은 소요의 뿜어붙이기 성능과 숏크리트의 장기강도 및 그 밖의 필요한 성능을 만족하는 범위 내에서 단위수량과 급결재의 사용량이 가능한 한 적게 되도록, 또 뿜어붙이기 기계 및 재료 입수의 난이도 등을 포함한 경제성까지도 고려하여 정하여야 한다. 숏크리트의 배합은 시험 뿜어붙이기에 의해 소요의 성능을 만족하고 있는지를 확인한 뒤에 선정하는 것을 원칙으로 한다.

(1) 시멘트 및 배합수

숏크리트에는 일반적으로 KS L 5201(포틀랜드시멘트)을 사용하는 것을 표준으로 한다. 조기강도를 요구하는 구조물이나 시공 후 충분한 양생기간을 취할 수 없는 경우에는 조강포틀랜드시멘트나 초속경시멘트 등을 써야 할 경우에는 소요의 품질을 갖는 콘크리트가 얻어지는가를 사전에 충분히 확인하고 나서 사용해야 한다. 보통포틀랜드시멘트가 일반적으로 사용되지만 시공 후 될 수 있는 대로 빨리 강도를 얻는 것을 목적으로 하기 때문에 조강포틀랜드시멘트나 초조강성시멘트의 이용에 대해서도 검토되고 있다. 배합수는 상수도수 또는 KS F 4009 부속서 2의 기준에 적합한 것을 사용하여야 한다.

(2) 골 재

굵은 골재의 최대치수가 크면 시공시 리바운드가 많고 호스 속을 폐쇄시킬 염려가 있어 적절한 최대치수 및 입도분포를 갖는 굵은 골재를 선정하는 것이 중요하다.

1) 골재는 알칼리골재반응에 대해 무해한 것을 사용하여야 한다.
2) 잔골재는 일반적으로 조립률이 2.3~3.1의 범위의 것이 바람직하다.
3) 굵은 골재에는 쇄석 및 강자갈이 쓰인다.
4) 최대 치수로서는 10~15mm의 경우가 많다.

(3) 급결제

터널공사와 같이 상향으로 50~100mm 이상의 두께로 뿜어붙이기 콘크리트를 시공하는 경우에는 급결제의 사용은 불가결하다. 급결제의 역할은 뿜어 붙인 직후 수초에서 수분이내에 시멘트의 응결을 촉진하고 콘크리트와 지반과의 부착력을 발현시켜서 자중 및 뿜어붙이기에 따른 충격에 의해서 콘크리트가 떨어지지 않도록 하는 것과 또 몇 시간내 발파의 진동충격과 본땅의 국부적인 벗겨짐에 대한 저항성을 갖는 강도를 발현시키는 것이다. 이와 같이 급결제의 효과는 사용하는 시멘트의 종류 및 시공시의 온도, 콘크리트의 배합 등에 따라 달라지기 때문에 시공시 그 첨가량은 시험에 의해 결정하는 것이 바람직하다.

(4) 보강재

뿜어붙이기 콘크리트와 지반과의 부착이 충분치 않을 경우 철망으로 보강하며 마름모 철망을 쓴다. 철망은 일반적으로 터널 등 지하 구조물의 경우는 철선 지름이 4~6mm, 철망 눈 치수 100~150mm, 법면의 경우 철선지름이 2.0~2.6mm, 철망 치수 50~75mm의 철망을 사용한다.

1) 철망을 사용할 경우에는 원칙적으로 용접철망으로 하고 KS D 7071에 적합하며 숏크리트 공법에 적합한 것으로 하여야 한다.
2) 강섬유는 KS F 2564에 적합한 것 가운데 숏크리트 공법에 적합한 것으로 하여야 한다.

7.7.3 숏크리트의 성능과 강도

(1) 성능

숏크리트의 성능은 산악터널의 요구 성능에 기초하여 소요의 뿜어붙이기 성능과 숏크리트의 장기강도를 설정하여야 한다. 또한 숏크리트의 뿜어붙이기 성능은 리바운드(rebound)율, 분진농도 및 숏크리트의 초기강도로써 설정해도 좋다.

1) 과거의 시공사례가 없으며, 리바운드율과 분진농도의 관계가 분명하게 되어 있지 않은 경우, 특히 새로운 재료를 사용한 숏크리트를 시공하려고 할 경우에는 분진농도와 콘크리트의 초기강도 이외에 뿜어붙이기 성능의 하나로서 리바운드율의 상한치를 설정하여야 하며, 일반적으로 20~30%의 값을 표준으로 한다.
2) 숏크리트의 장기강도의 설계기준강도는 구조용 콘크리트(structural concrete)로서 재령 28일로 설정하며, 그 값은 18MPa 이상으로 한다.
3) 뿜어붙이기 작업을 실시하는 구조조건, 시공조건, 보강재 및 환경조건 등이 과거의

시공사례와 거의 동일한 실적이 충분히 있으며 리바운드율과 분진 농도의 관계가 분명하게 되어 있는 경우에는 숏크리트의 뿜어붙이기 성능은 분진 농도와 숏크리트의 초기강도로 설정하여 분진농도의 값(표 7.16 참조) 및 초기강도 값(표 7.17 참조)을 표준으로 한다.

표 7.16 분진농도의 표준값

갱내환기, 측정방법, 측정위치	분진농도(mg/m^3)
갱내환기를 정지한 환경, 뿜어붙이기 작업 개시 5분 후로부터 원칙적으로 2회 측정, 뿜어붙이기 작업 개소로부터 5m 지점	5 이하

표 7.17 숏크리트의 초기강도 표준값

재령	숏크리트의 초기강도(MPa)
24시간	5.0~10.0
3시간	1.5~2.0

(2) 배합강도

배합강도는 구조물이 필요로 하는 강도 또는 설계기준강도를 기준으로 현장에서 콘크리트 품질의 변동을 고려하여 정해야 한다. 설계기준강도를 채용한 뿜어붙이기 콘크리트의 예로서는 터널의 라이닝으로 18~24MPa, 법면 보호공으로 18MPa 등이 있다. 또 지금까지의 경험에 의하면 코어(core) 채취에 의하여 얻어진 공시체에 의한 압축강도는 다음과 같은 범위에 있는 것이 많다.

1) 터널 라이닝에 사용될 때에는 18~35MPa 정도이다.
2) 콘크리트 구조물 보수에 사용될 때에는 20~40MPa 정도이다.
3) 비탈면 보호에 사용될 때에는 17~28MPa 정도이다.

7.7.4 숏크리트의 배합 및 시공

(1) 배합

배합을 결정시 뿜어붙이기가 콘크리트 소요의 성질을 나타내는 범위 내에서 골재의 튀어 나오는 양을 아주 적게 해야 하고, 양호한 작업성을 가지도록 하며 다음과 같은 항목의 범위를 가져야 한다.

1) 건식방식의 숏크리트 배합을 정할 때에의 선정 항목.
   ① 굵은 골재의 최대치수는 10~15mm 정도가 적당하다.
   ② 잔골재율은 55~75% 정도가 적당하다.
   ③ 단위시멘트량은 콘크리트의 경우 300~400kg/m3, 모르타르의 경우 400~600 kg/m^3 정도가 적당하다.
   ④ 물-결합재비는 40~60% 정도가 적당하다.
   ⑤ 혼화재료는 급결제로써 시멘트 중량의 5~8% 정도가 적당하다.
2) 습식방식의 숏크리트 배합을 정할 때는 (1)의 경우와 동일하게 ①~⑤항목에 대하여 선정하여야 한다. 습식방식에 있어서의 급결제 첨가전의 베이스 콘크리트는 굵은 골재의 최대치수, 슬럼프 및 배합강도에 기초하여 정하는 것을 원칙으로 한다. 베이스콘크리트를 펌프로 압송할 경우 슬럼프는 120mm 이상을 표준으로 한다.

(2) 시공

숏크리트 작업 개시 전에 뿜어붙이기 작업자의 안전 확보를 제일로 하며, 운반, 뿜어붙이기 작업 등에 관해 미리 충분한 시공계획을 정해 놓아야 한다. 뿜어붙이기 콘크리트를 시공하는 경우에는 다음과 같은 사항을 유의해야 한다.

1) 가능한 기온이 10℃ 이상의 평온한 날에 실시한다.
2) 기존 콘크리트면을 거칠게 하고 부착을 저해하는 물질을 제거한다.
3) 시공면이 흡수성인 경우 충분하게 흡수시킨 후 압축공기로 표면의 수분을 제거한다.
4) 25mm 이상의 두꺼운 모르타르 층을 시공하는 경우에는 20mm 이하의 얇은 층으로 나누어서 시공한다. 이 경우 먼저 시공한 층이 완전하게 굳기 전에 다음 층을 시공하는 것이 좋다.
5) 일반적으로 노즐은 시공면에서 90cm 위치로 유지한다.
6) 시공 후 충분한 온도와 습도를 유지하여 보통 시멘트에서는 7일, 조강시멘트에서는 3일 이상의 양생을 실시하여야 한다.

7.8 해양콘크리트

해양의 콘크리트 구조물은 염해를 받기 쉬운 환경이기 때문에 콘크리트의 열화 및 강재의 부식에 의해 그 기능이 손상되지 않도록 하여야 한다. 강재의 방식은 피복두께를 크게 하는 것, 균열 폭을 적게 하는 것, 적절한 재료와 시공방법을 사용하는 것 등의 방법이 있으며 장기 내구성을 요구하는 중요한 구조물의 경우 콘크리트의 성능저하 방지와 강재의 부식을 방지할 수 있는 추가적인 조치를 취하는 것이 좋다. 해수의 작용을 받는 구조물과 육상이나 해면상에 건설되어 파랑이나 해수 물보라, 조풍의 영향을 받는 콘크리트 구조물도 해양콘크리트로 간주한다.

해양콘크리트 구조물 시공 시에는 해풍, 해류, 조류 등을 고려해야 하며, 건설 후에 일반적인 구조물의 외력 외에도 파력, 수압 등을 고려하여 구조물 설계시 이러한 외력에 대하여 구조물이 안정성을 가질 수 있도록 해야 한다. 해양콘크리트 구조물 시공 시에는 해수의 오탁을 일으키지 않는 공법을 적용하여 해양오염, 생태계의 영향 등이 미치지 않도록 환경보전에 주의해야 한다. 해양콘크리트는 해수의 물리·화학작용, 기상작용, 파랑이나 조류, 고형물에 의한 충격이나 마모 등 각종의 유해한 작용 때문에 손상되기 쉽다. 따라서 이들 작용에 대하여 콘크리트를 내구적으로 하고 손상의 정도를 지연시키기 위해서는 해수의 작용에 대하여 내구적인 재료를 사용하거나 강도 및 수밀성이 큰 콘크리트를 염두에 두고 시공해야 한다.

7.8.1 해양콘크리트의 재료

(1) 시멘트

시멘트는 해수의 작용에 대하여 특히 내구적이어야 하므로 KS L 5210의 고로슬래그 시멘트, KS L 5411의 플라이애쉬 시멘트 등 혼합시멘트계 및 KS L 5201의 중용열 포틀랜드 시멘트 등이 좋다. 이들 혼합계 시멘트는 내해수성 이외에도 장기재령의 강도가 크고, 수화열이 적은 이점이 있어 해양콘크리트에 적합하지만 초기강도가 작은 결점이 있어 초기 습윤양생에 주의하여야 한다. 해양콘크리트에는 시멘트콘크리트 이외 시멘트와 폴리머를 사용한 폴리머시멘트 콘크리트와 결합재를 폴리머만 사용한 폴리머 콘크리트 또는 시멘트콘크리트의 공극 속에 합성수지를 함침시킨 폴리머함침 콘크리트 등이 사용된다.

각종 시멘트 중 해수의 작용에 대하여 특히 내구적인 시멘트는 고로슬래그 시멘트, 내황산염 시멘트이다. 이상의 시멘트는 내해수성이 있으며, 장기재령의 강도가 크고 수화열이 적다는 이점이 있어서 해양콘크리트에는 이러한 시멘트를 쓰는 것이 좋다. 그러나 초기강도가 작은 결점이 있어 강도가 충분히 발휘되도록 초기의 습윤양생에 주의할 필요가 있다. 또 내황산염 시멘트 등 시멘트 속의 C3A의 양이 적절히 제어되었을 경우에는 콘크리트 자체는 탁월한 내구성을 갖게 된다는 것이 알려져 있다.

(2) 골재

골재는 깨끗하고, 단단하며, 내구적이고 적당한 입도를 가진 것을 선택하며, 먼지, 흙, 유기불순물, 염분 등은 유해물 한도량의 한도에 관한 규정을 따른다. 특히 얇은 석편, 부서지기 쉬운 것, 결이 있는 것, 강도가 낮은 것, 흡수량이 많은 것, 팽윤성이 있는 것 등은 내구성이 좋지 않은 골재이므로 적당하지 않다. 또 해수는 알칼리 골재반응의 반응성을 촉진하는 경우가 있다는 보고도 있어서 특히 반응성에 대하여는 충분한 검토를 할 필요가 있다.

(3) 강재

강재는 KS규격에 적합한 것이어야 한다. 특히 해양환경에서는 강재가 염화물의 작용을 받아 부식되고 동시에 반복응력을 받는 강재는 피로강도가 현저하게 저하되므로 PS강재와 같은 고장력강에서 응력부식의 검토를 할 필요가 있을 경우가 있는데, 작용응력이 인장강도의 60%를 넘을 때에는 응력부식 및 강재의 부식피로에 대하여 검토하여야 한다.

내염성 철근에 대하여서는 종류는 많지만, 아직 충분히 평가된 사례가 적어서 사용에 충분한 고려가 필요하다. 또 해양환경에 강재의 부식피로, PS강재의 응력부식 균열에 대해 특히 배려할 필요가 있다.

(4) 혼화재료

혼화재료 중 KS F 2563의 고로슬래그 미분말이나 KS L 5405의 플라이애쉬를 적당량 시멘트와 치환함으로서 수밀하고 해수의 화학작용에 대한 내구성이 큰 콘크리트를 만들 수 있다. KS F 2563의 공기연행제, 감수제, 공기연행 감수제, 고성능 감수제 또는 고성능 공기연행 감수제를 사용하면 콘크리트의 워커빌리티가 개선되고, 블리딩 등의 재료분리도 적고, 내구성 및 수밀성이 큰 콘크리트를 얻을 수 있다. 또 이들 혼화제를 쓰면 심한 기상작용을 받을 경우에도 뛰어난 저항을 발휘하므로 효과적이다. 포졸란의 사용효과는 포졸란의 품질과 혼합율에 의하여 상당히 다르므로 이를 사용할 때는 충분한 검토를 필요로 한다.

7.8.2 해양콘크리트의 배합

(1) 물-결합재비

공기연행 콘크리트로 된 무근콘크리트 구조물의 내구성을 고려한 최대 물-결합재비는 표 6.18의 값에 10% 정도 더한 값으로 해도 좋다. 또한 해양 콘크리트 구조물에서는 내구성으로부터 정하여지는 물-결합재비의 최대값은 표 7.18의 값을 표준으로 한다.

표 7.18 내구성으로 정해지는 공기연행 콘크리트의 최대 물-결합재비(%)

시공 조건 / 환경 구분	일반 현장시공의 경우	공장제품 또는 재료의 선정 및 시공에서 공장제품과 동등 이상의 질이 보증될 때
(a) 해중	50	50
(b) 해상 대기중[1)]	45	50
(c) 물보라 지역[2)]	40	45

(주) 1) 해상 대기중이란 물보라의 위쪽에서 항상 해풍을 받으며 파도의 물보라를 가끔 받는 열악한 환경을 말함.
2) 물보라 지역과 간만대 지역은 조석의 간만, 파랑의 물보라에 의한 건습의 반복작용을 받는 내구성면에서 가장 열악한 환경이기 때문에 콘크리트 속의 강재 부식, 동해, 화학적 침식 등의 손상을 받을 가능성이 큼.
3) 실적, 연구성과 등에 의하여 확증이 있을 때는 물-결합재비를 위 값에 5~10정도 더한 값으로 해도 좋다.

(2) 단위결합재량

단위시멘트량을 크게 하면 균질하고 밀실한 콘크리트가 되어서 해수 중에 함유된 각종 염류의 화학적 침식, 콘크리트 속의 강재의 부식 등에 대한 저항성이 커지므로 단위시멘트량은 구조물의 규모, 중요성 및 환경조건 등을 고려하여 소요의 내구성이 얻어지도록 정하여야 한다. 해양 환경에 있는 철근콘크리트 및 프리스트레스트 콘크리트구조물에서 내구성으로 정해지는 단위결합재량은 표 7.19의 값 이상으로 하는 것이 좋다.

표 7.19 내구성으로 정해지는 단위결합재량(kg/m³)

굵은 골재 최대치수(mm) / 환경 구분	25	40
물보라 및 해상 대기중	330	300
해중	300	280

(3) 공기량

해양콘크리트 구조물에 쓰이는 공기연행 콘크리트의 공기량은 표 7.20의 값을 표준으로 한다. 해양콘크리트는 해수중의 염화물의 작용을 받아 내동해성이 감소되므로 물보라가 생기는 지역 또는 해상 대기중에서도 눈이 녹은 물의 영향을 가끔 받는 부재에서는 굳지 않은 콘크리트의 공기량은 표 7.20의 (a)의 값을 표준으로 한다.

표 7.20 콘크리트 공기량의 표준값(%)

환 경 조 건		굵은 골재의 최대치수(mm)		
		25	25	40
동결융해 작용을 받을 염려가 있는 경우	(a) 물보라, 간만대 지역	6	6	5.5
	(b) 해상 대기중	5	4.5	4.5
동결융해 작용을 받을 염려가 없는 경우		4	4	4

(주) 동결융해 작용을 받을 염려가 없는 경우란, 항상 해수 중에 있는 구조물로서 기온이 0℃ 이하 되는 일이 거의 없는 경우를 말함.

7.8.3 시공

해양구조물에서는 시공이 불충분하거나 불량한 곳으로부터 구조물의 열화가 쉽게 진행되므로 균일한 콘크리트를 얻을 수 있도록 타설, 다지기, 양생 등에 특히 주의하여 시공하여야 한다. 일반적인 경우에는 시공이음부를 둘 경우 성능저하가 생기기 쉬우므로 될 수 있는 대로 피해는 것이 좋다.

해양구조물에서는 특히 이 부분에서 피해가 시작하므로 이것을 피하도록 해야 한다. 특히 최고 조위로부터 위로 0.6m, 최저 조위로부터 아래로 0.6m 사이의 감조부분에는 시공이음이 놓여 지지 않도록 시공계획을 세울 필요가 있다. 한편 해양콘크리트 구조물의 덮개는 해수에 직접 닿는 부분, 조석 간만의 작용을 받는 부분, 심한 마찰작용을 받지는 않으나 항상 해수로 씻겨 지는 부분, 심한 조풍 작용을 받는 부분에 대해서는 75mm정도가 대부분이고, 시공후의 콘크리트의 상태도 거의 만족할 만하다.

7.9 경량골재 콘크리트

경량골재는 자연산 경량골재와 인공 경량골재가 있으나, 우리나라의 경우 사용가능한 대량의 자연산 경량골재는 드물기 때문에 시방서에서는 인공 경량골재를 경량골재라 하고, 인공 경량골재 콘크리트를 경량골재 콘크리트(light-weight aggregate concrete)라 부른다. 경량골재 콘크리트는 내구적이고 경제적인 구조재료로 사용되어 있으므로 콘크리트의 중량을 경감시키기 위한 목적으로 건조밀도가 2.0 이하의 콘크리트를 경량골재 콘크리트라 한다. 경량골재 콘크리트는 설계기준강도가 15MPa 이상, 24MPa 이하로서 기건 단위질량이 1400 ~2000kg/m^3의 범위에 들어가는 것으로 한다. 경량골재 콘크리트에 이용하는 경량골재에는 천연 경량골재, 인공 경량골재 및 산업부산물골재 등이 있다. 일반적으로 천연 경량골재는 입자의 모양이 좋지 않고 흡수율이 크기 때문에 구조용 콘크리트 재료로서는 인공 경량골재가 토목구조물에 널리 사용되고 있다.

7.9.1 경량골재의 재료

(1) 단위질량

경량골재 콘크리트의 단위질량은 단위시멘트량, 공기량에 의해서도 변화하지만 주로 사용하는 골재의 성질에 의하여 정해진다. 단위질량은 골재의 전부를 경량골재로 한 경우 1.7t/m^3, 골재의 일부를 보통 천연골재로 사용한 경우 1.9t/m^3을 사용해도 좋으며, 골재의 사용상태에 따라 표 7.21을 참고해도 좋다. 한편 단위용적질량 시험은 KS F 2505에 규정되어 있는 충격을 이용하는 시험방법에 따라 실시하며, 그 시험 값은 재료를 절대건조상태로 하여 표시한다.

경량골재의 단위질량은 골재의 밀도, 입경, 입도 등의 변화에 비교적 민감하므로, 경량골재의 단위질량의 변화는 골재 품질의 변화를 표현하는 것이며, 또 콘크리트의 단위용적질량이나 반죽질기의 변화의 원인도 되므로, 단위질량은 허용치에 10% 이상 차이가 나지 않도록 해야 한다.

표 7.21 경량골재의 단위질량의 범위

골 재		콘크리트의 단위질량(ton/m³)
잔골재	굵은 골재	
경 량	경 량	1.5~1.7
경 량	경량, 일부 자갈	1.8~2.0
모 래	경 량	1.7~2.0

(2) 압축강도 및 기타 강도

압축강도는 그림 7.7에서와 같이 시멘트-물비 및 골재의 함수상태에 따라 변한다. 골재의 함수량이 증가하면 강도는 약간 저하한다.

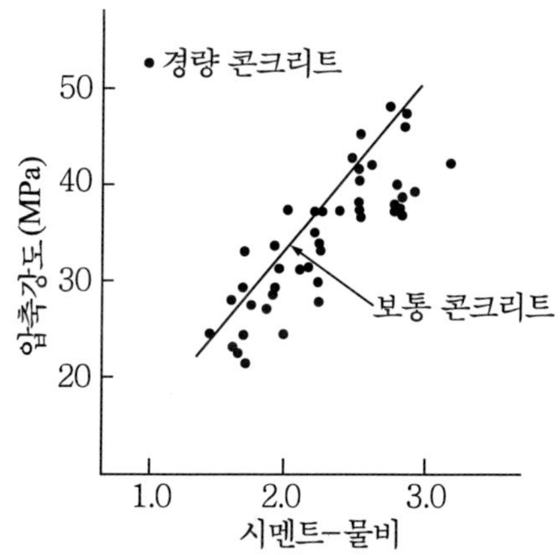

그림 7.7 취성, 인성, 연성을 가진 재료의 응력-변형률 곡선

경량골재 콘크리트는 어느 정도 이상의 압축강도의 범위에서는 물-결합재비를 감소시켜도 강도는 크게 증가하지 않는다. 인공 경량골재의 경우 입경이 큰 경량골재는 강도가 약하므로 경량골재를 사용한 고강도 콘크리트에서는 굵은 골재의 최대치수에 따라서 콘크리트의 강도가 상당히 다르다. 경량골재 콘크리트의 설계기준압축강도 및 기건 단위질량의 범위는 표 7.22와 같이 공사시방서에 따르며, 슬럼프값은 180mm 이하로 하고, 단위 시멘트량의 최소값은 300kg/m^3, 물-결합재비의 최대값은 60%로 한다.

표 7.22 경량골재 콘크리트의 설계기준강도 및 기건단위용적질량의 범위

사용한 골재에 의한 콘크리트의 종류	사용 골재		설계기준 압축강도 (MPa)	기건단위질량 (kg/m³)
	굵은 골재	잔골재		
경량골재 콘크리트 1종	경량골재	모래, 부순 잔골재, 고로 슬래그 잔골재	18 21 24	1,700~2,000
경량골재 콘크리트 2종	경량골재	경량골재 혹은 경량골재의 일부를 모래, 부순 모래, 고로 슬래그 잔골재, 고로 슬래그 잔골재로 대체한 것	15 18 21	1,400~1,700

또한 단위질량 시험은 일반적으로 굳지 않은 콘크리트에 대하여 시험하며, KS F 2534에는 단위질량에 대응하는 강도가 표 7.23과 같이 제시되어 있다.

표 7.23 단위용적질량에 대응하는 강도

단위질량(kg/m³)	기준재령 인장강도(MPa)	기준재령 압축강도(MPa)
1,680 이하	2 이상	17 이상
1,760 이하	2 이상	21 이상
1,840 이하	2 이상	28 이상

(3) 유해물 함유량의 한도

유기불순물 시험은 KS F 2510, 얼룩은 KS F 2468에 따르며, 그 한도는 KS F 2534의 규정에 의해 표 7.24에 제시한 바와 같다. 경량골재의 강열감량 시험은 KS L 5120에 따르며, 이 규정은 경량골재가 완전히 소성되지 않은 상태, 또는 원료, 기타의 점토가 혼입되는 것 등을 고려하여 정하여야 한다.

표 7.24 유해물 함유량의 한도

종류	최대치
강열감량	5%
얼룩	진한 얼룩이 생기지 않을 것(진한 얼룩이 생길 경우 Fe_2O_3 1.5mg 이하일 것)
유기 불순물	시험용액의 색이 표준색보다 진하지 않을 것
점토 덩어리	2%
굵은 골재의 부립률	10%

(4) 공기량

경량골재 콘크리트의 공기량은 보통 골재를 사용한 콘크리트보다 1% 크게 하여야 한다. 기상조건이 나쁘다거나, 물로 포화되는 경우가 많은 환경조건하에서 경량골재 콘크리트의 내동해성은 보통골재 콘크리트에 비해 떨어지는 경우가 많으므로 이것을 개선하기 위해서는 공기량을 증대시키는 것이 좋다.

7.9.2 배합

경량골재 콘크리트의 배합은 소요의 강도, 단위질량, 내동해성 및 수밀성을 가지며, 작업에 적합한 워커빌리티를 갖는 범위 내에서 단위수량을 가능한 범위 내에 적게 되도록 시험에 의해서 정하여야 한다. 경량골재 콘크리트는 공기연행 콘크리트로 하는 것을 원칙으로 한다.

(1) 물-결합재비

경량골재 콘크리트는 일반적으로 공기연행 콘크리트로 시공하는데 콘크리트의 내동해성을 기준으로 하여 물-결합재비를 정할 때에는 보통 포틀랜드시멘트를 사용할 경우 표 7.25의 값 이하이어야 한다.

표 7.25 공기연행 콘크리트의 최대 물-결합재비(%)(경량골재 콘크리트의 내동해성 기준으로 물-결합재비를 정하는 경우)

구조물의 노출상태 \ 단면 \ 기상조건	기상작용이 심한 경우 또는 동결융해가 종종 반복되는 경우		기상작용이 심하지 않은 경우, 빙점 이하의 기온으로 되는 일이 드문 경우	
	얇은 경우[2]	보통의 경우 두꺼운 경우	얇은 경우[2]	보통의 경우 두꺼운 경우
① 계속해서 또는 종종 물로 포화되는 부분[1]	45	50	50	55
② 보통의 노출상태에 있으며 ①에 해당하지 않은 경우	50	55	55	60

(주) 1) 수로, 수조, 교대, 교각, 옹벽, 터널의 라이닝 등으로서 수면에 가까워 물로 포화되는 부분 및 이들 구조물 외에 보, 슬래브 등으로서 수면으로부터 떨어져 있기는 하나 융설, 유수 등 때문에 물로 포화되는 부분

2) 단면 두께가 약 200mm 이하인 구조물

현장에서는 골재의 함수량의 변화, 재료계량의 오차 등을 고려하여 물-결합재비를 정할 경우에는 일반적으로 소정의 값보다 2~3% 정도 작은 값을 목표로 하는 것이 좋다.

콘크리트의 수밀성을 기준으로 물-결합재비를 정할 경우에는 55% 이하를 표준으로 한다.

(2) 슬럼프

콘크리트의 슬럼프는 작업에 알맞은 범위 내에서 가능한 한 작은 것 이어야 하고, 슬럼프는 일반적인 경우 대체로 50~180mm를 표준으로 해야 한다.

(3) 배합 표시법

1) 경량골재 콘크리트의 시방배합을 표시하는데 있어서 골재의 질량으로 표시하지 않고 함수상태에 따라 변화가 없는 절대용적으로 표 7.26과 같이 표시한다.
2) 현장배합은 표 7.27에 의하여 질량으로 표시한다. 시방배합을 현장배합의 바꾸는 경우에는 골재의 함수상태, 잔골재 가운데 5mm체에 남은 양, 굵은 골재 가운데 5mm체를 통과하는 양을 고려하여야 하고 경량골재를 건조상태나 습윤상태로 사용할 경우에는 그 유효흡수율이나 표면수율에 대한 보정을 실시하여 시방배합을 현장배합으로 바꾸어야 한다.

표 7.26 시방배합의 표시법

굵은 골재의 최대치수 (mm)	슬럼프 (mm)	공기량 (%)	물-결합재비 W/B (%)	잔골재율 S/a (%)	단 위 량(kg/㎥)					
					물 W(kg)	시멘트 C(kg)	잔골재의 절대용적 V_s(ℓ)	굵은 골재의 절대용적 V_g(ℓ)	혼화 재료	
									혼화재 F (kg)	혼화제[1] (㎖)또는 (g)

(주) 1) 같은 종류의 재료를 여러 가지 사용할 경우에는 각각의 난을 나누어 표시한다. 이때 사용량에 대하여는 ml/m^3 또는 g/m^{3}로 표시하며, 희석시키거나 녹이거나 하지 않은 것으로 나타낸다.

표 7.27 현장배합의 표시법

<table>
<tr><th rowspan="3">굵은 골재의 최대 치수 (mm)</th><th rowspan="3">단위 질량 (kg/m³)</th><th rowspan="3">슬럼프의 범위 (mm)</th><th rowspan="3">공기량 범위 (%)</th><th rowspan="3">물-결합 재비 W/B (%)</th><th rowspan="3">잔골재 율 s/a (%)</th><th colspan="6">단 위 량(kg/m³)</th></tr>
<tr><th rowspan="2">물 W (kg)</th><th rowspan="2">시멘트 C (kg)</th><th rowspan="2">잔골재의 절대용적 V_s(ℓ)</th><th rowspan="2">굵은 골재의 절대용적 V_g(ℓ)</th><th colspan="2">혼화 재료</th></tr>
<tr><th>혼화재 F(kg)</th><th>혼화제[1] (mℓ) 또는 (g)</th></tr>
<tr><td></td><td></td><td></td><td></td><td></td><td></td><td></td><td></td><td></td><td></td><td></td><td></td></tr>
</table>

(주) 1) 같은 종류의 재료를 여러 가지 사용할 경우에는 각각의 난을 나누어 표시한다. 이때 사용량에 대하여는 ml/m³ 또는 g/m³로 표시하며, 희석시키거나 녹이거나 하지 않은 것으로 나타낸다.

7.9.3 시공

경량골재 콘크리트의 시공에 있어서 보통 콘크리트의 시공과 다른 점은 일반적으로 골재의 프리웨팅(pre-wetting)을 필요로 한다는 점과 반드시 공기연행 콘크리트를 시공해야 한다는 것이다. 일반적으로 경량콘크리트 시공시 유의해야 할 점은 다음과 같다.

1) 경량골재 콘크리트를 운반할 경우에는 하차가 쉽고, 재료분리가 적은 운반차를 사용하여야 한다.
2) 경량골재 콘크리트를 운반할 경우에는 슬럼프가 80mm 이상이면 운반차의 구조가 가경식이거나 강제 교반형 등의 종류에 상관없이 재료분리가 생기지 않고 운반할 수가 있으며, 콘크리트 하차도 용이해야 한다.
3) 경량골재 콘크리트는 가볍기 때문에 슬럼프가 일반적으로 180mm 정도로 하여 콘크리트 펌프에 의한 운반이 가능하게 한다.
4) 경량골재 콘크리트는 다짐효과가 떨어지는 경향이 있기 때문에 보통 콘크리트의 경우와 같이 진동을 적게 주는 것보다 많이 주는 것이 좋은 결과를 얻을 수 있다.
5) 내부 진동기로 다지는 경우 표준적인 찔러 넣기 간격, 진동시간은 표 7.28에 따라야 한다.

표 7.28 찔러넣기 간격 및 시간의 기준

콘크리트의 종류	찔러넣기 간격(m)	진동 시간(sec)
유동화 되지 않은 것 유동화 된 것	0.3 0.4	30 10

7.10 방사선 차폐용 콘크리트

방사선 차폐용 콘크리트(Radiation shielding concrete)란 중량이 2.5t/m^3 이상인 콘크리트(비중이 2.7~6.9g/cm^{3}인 골재를 사용한 콘크리트)를 말하며, 차폐와 같은 특수한 목적으로 하는 원자로 관련시설, 의료용 조사실 등에 쓰이는 콘크리트를 의미한다. 방사선 차폐용 콘크리트는 주로 생물체의 방호를 위하여 X선, γ선 및 중성자선의 차폐재료로서도 유효하므로 방사선 차폐용으로 생체 차폐(biological shielding)용, 원자력 발전용 압력용기와 같은 대상으로 사용된다.

굳지 않는 중량콘크리트의 성질로써 중요한 것은 분리가 적고, 블리딩과 수축률이 적은 콘크리트가 필요하며, 타설시 진동기를 사용할 때는 과도한 진동을 주지 않도록 주의할 필요가 있다. 중량콘크리트의 일반적인 사항은 표 7.29와 같으며, 각종 콘크리트의 비중의 한 예를 알아보면 표 7.30과 같다.

표 7.29 중량콘크리트

슬럼프	W/B	시멘트 사용량	방사선 차폐용 중량 골재
15cm 이하	50% 이하	300~350kg/m^3	바라이트 : 밀도 4.0~4.4 자 철 광 : 밀도 4.6~5.2 적 철 광 : 밀도 4.6~5.2

표 7.30 각종 콘크리트비중의 예

종　　류	골재의 비중(g/cm^3)	콘크리트의 비중
갈철광 콘크리트	일정하지 않음	2.6~2.7
동광재 콘크리트	3.05	2.7~3.0
적철광 콘크리트	4.0~5.3	2.9~3.1
중정석 콘크리트	4.2~4.7	3.3~3.6
자철광 콘크리트	4.5~5.2	3.5~3.8
철골재 콘크리트	7.0~8.0	3.5~6.0

(1) 재료

1) 시멘트는 특별히 정한 바가 없을 때에는 KS L 5201에 규정한 시멘트 또는 KS L 5210, KS L 5401, KS L 5211에서 규정한 시멘트로 한다.
2) 골재의 종류 및 품질은 특별히 정한 바가 없을 때에는 방사선 차폐용 콘크리트로서 필요한 성능이 얻어질 수 있는 골재를 선정해야 한다.

(2) 배합

1) 콘크리트의 배합은 방사선 차폐용 콘크리트로서의 필요한 성능이 얻어질 수 있도록 시험비비기에 의해 정한다.
2) 콘크리트의 슬럼프는 150mm 이하로 한다.
3) 물-결합재비는 50% 이하를 원칙으로 하고 작업성 개선을 위하여 품질이 입증된 혼화제를 사용하여도 된다.

(3) 시공

골재의 중량에 의하여 콘크리트가 불균일한 비중이 되지 않도록 시공해야 한다. 또한 방사선 차폐용 콘크리트 시공시 다음 사항들을 유의해야 한다.

1) 시멘트는 보통 포틀랜드시멘트, 중용열 시멘트, 플라이애쉬 등을 사용한다.
2) 조골재의 사용량을 가급적 늘린다.
3) 재료의 비중차가 크므로 슈트(shute) 등에 흘려 내리지 말 것(재료분리 방지)
4) 1회 타설 높이는 30cm 이하로 할 것.

7.11 고강도 콘크리트

구조물의 초고층화, 대형화 되고, 해양구조물, 고속전철 등 다양한 분야에서 특수한 목적을 요구하는 구조물에 대한 수요가 증가함에 따라 콘크리트의 강도 증가, 내구성 증진, 부재단면의 축소 및 자중감소 등 다양한 재료적인 성질이 요구되고 콘크리트의 고품질화에 대한 수요가 많아지고 있다. 콘크리트 고품질화의 일환으로 무게에 비해 상대적으로 낮은 강도를 갖는 콘크리트의 성질을 개선하기 위한 고강도화 노력이 선진국들을 중심으로 적극적으로 이루어지고 있다. 현재 고강도 콘크리트(high strength concrete)를 구조물에 적용하는 설계기준강도는 일반적으로 40MPa 이상으로 하며, 고강도 경량골재 콘크리트는 27MPa 이상으로 한다. 참고로 1987년 미국의 시애틀 쌍둥이 유니온 스퀘어(Two Union Square) 건물에 130MPa의 고강도콘크리트를 시공한 실적이 있다.

(1) 고강도 콘크리트 재료

1) 시멘트

시멘트는 KS L 5201에 적합한 것인가에 대한 품질을 확인하고, 사용법을 충분히 검토해야 한다.

2) 혼화재료

고강도 콘크리트에 사용되는 플라이애쉬, 실리카흄, 고로슬래그 미분말 등의 혼화재는 시험배합을 거쳐 확인한 후 사용하고, 고성능 감수제는 고강도 콘크리트 제조에 적절한지 시험배합을 거쳐 확인한 후 사용해야 한다.

3) 골재

① 잔골재는 깨끗하고 강하며 내구적인 것으로서 적당한 입도를 가져야 하며, 고강도 콘크리트에 사용되는 부순모래는 KS F 2527에 적합한 것이어야 한다.

② 굵은 골재는 깨끗하고 강하며, 내구적이며 알맞은 입도를 갖고 얇은 석편, 유기 불순물, 염분 등의 유해량을 함유해서는 안 되며, 표 7.31의 기준을 만족해야 한다.

③ 고강도 콘크리트에 사용되는 굵은 골재의 최대치수는 40mm 이하로서 가능한 25mm 이하로 하며, 철근의 최소 수평순간격의 3/4 이내의 것을 사용해야 한다.

④ 굵은 골재의 점토량 시험은 KS F 2512, 골재씻기 시험(0.08mm체 통과량)은 KS F 2511, 유기불순물 시험은 KS F 2510, 염화물 함유량 시험은 KS F 2515, 골재의 안정성시험은 KS F 2507에 따른다.

⑤ 콘크리트에 함유된 염화물량은 염소이온량으로서 0.3kg/m^3 이하가 되어야 한다. 구입자의 승인을 얻은 경우에는 0.6kg/m^3 이하로 할 수 있다.

표 7.31 골재의 품질

항목 / 종류	절건밀도 (g/cm^3)	흡수율 (%)	살적률 (%)	점토량 (%)	씻기시험에 의한 손실량 (%)	유기불순물	염화이온량 (%)	안정성 (%)
굵은 골재	2.5 이상	2.0 이하	59 이상	0.25 이하	1.0 이하	–	–	12 이하
잔골재	2.5 이상	3.0 이하	–	1.0 이하	2.0 이하	표준색 이하	0.02 이하	10 이하

(2) 배 합

1) 고강도 콘크리트의 배합강도는 「콘크리트표준시방서 2.4.2 배합강도」의 규정에 의하여 정한다.
2) 물-결합재비는 일반적으로 45% 이하를 원칙으로 해야 하고, 고강도 콘크리트의 물-결합재비는 소요의 강도와 내구성을 고려하여 정한다.
3) 단위시멘트량은 소요의 워커빌리티 및 강도를 얻을 수 있는 범위 내에서 가능한 한 적게 되도록 시험에 의해 정하여야 한다.
4) 잔골재율은 소요의 워커빌리티를 얻도록 시험에 의하여 결정하여야 하며, 가능한 한 작게 해야 한다.
5) 슬럼프는 작업이 가능한 범위 내에서 되도록 적게 해야 한다.
6) 유동화 콘크리트로 할 경우 슬럼프플로의 목표값은 설계기준 압축강도 40MPa 이상, 60MPa 이하의 경우 구조물의 작업조건에 따라 500mm, 600mm, 700mm로 구분하여 정한다.

7.12 유동화 콘크리트

유동화 콘크리트(Flowing concrete)는 보통의 방법으로 제조된 된 반죽의 콘크리트에 시멘트 입자의 분산성이 우수한 유동화제를 첨가함으로써 단위수량이 일정한 경우는 유동성이 높은 콘크리트를 만들 수 있는데 이를 유동화 콘크리트라 한다. 유동화 콘크리트는 미리 비벼낸 단위수량이 적은 콘크리트에 유동화제라고 하는 분산성능이 좋은 혼화제를 혼입하여 유동성을 일시적으로 증대시킨 콘크리트이다. 유동화 콘크리트는 유동화제의 첨가에 의해 유동성을 크게 한 콘크리트로서 유동화제를 첨가하기 전의 콘크리트 강도, 기타의 품질을 나쁘게 하는 것이 경우가 없다.

(1) 재 료

1) 유동화제는 한국콘크리트학회 규준 KCI-AD 101의 품질에 적합한 것으로 한다.
2) 공기연행제, 감수제, 공기연행 감수제 및 고성능 공기연행 감수제는 KS F 2560에 적합하고, 또한 유동화제와 병용한 경우에는 유동화 콘크리트에 나쁜 영향을 미치지 않아야 한다.

(2) 배 합

1) 베이스 콘크리트의 배합 및 유동화제의 첨가량은 유동화 콘크리트가 소요의 워커빌리티, 강도, 탄성적 성질, 내구성, 수밀성 및 강제를 보호하는 성능 등을 가지며, 품질변동이 적어지도록 정해야 한다.
2) 유동화 콘크리트의 슬럼프 증가량은 100mm 이하를 원칙으로 하며, 50~80mm를 표준으로 한다. 보통 콘크리트 및 경량골재 콘크리트의 슬럼프 최대치는 표 7.32와 같다.

표 7.32 유동화 콘크리트의 슬럼프 최대치(mm)(콘크리트표준시방서 11장 2.2)

콘크리트의 종류	베이스 콘크리트	유동화 콘크리트
보통 콘크리트	150 이하	210 이하
경량골재 콘크리트	180 이하	

3) 베이스 콘크리트의 슬럼프는 콘크리트의 유동화에 지장이 없는 범위의 것이어야 한다.
4) 유동화 콘크리트의 사용 목적으로는 다음과 같은 것이 있다.
   ① 묽은 반죽 콘크리트의 품질개선(내구성 증대, 건조수축 감소, 블리딩 감소)을 도모한다.
   ② 된 반죽, 보통 반죽 콘크리트의 시공성 개선(묽은 반죽에 가까운 시공성)을 도모한다.
   ③ 고강도, 고품질 콘크리트(낮은 물-결합재비의 고강도, 고품질 제품)를 얻는다.
   ④ 매스 콘크리트의 수화 발열량의 감소를 도모한다.
5) 단위수량이 많은 묽은 반죽의 콘크리트는 품질상 여러 가지 바람직하지 못한 점이 있으나, 부재단면이 작고 철근량이 많은 곳에 콘크리트를 구석구석까지 충전하기 위해 건축공사에서는 주로 슬럼프 210mm 정도의 묽은 반죽의 콘크리트가 사용되고, 시공도 거푸집 속으로 유입시키는 방식을 취하고 있다.
6) 콘크리트 구조물의 균열 저감 및 내구성의 향상을 도모하기 위해서는 단위수량이 적은 된 비빔 콘크리트를 밀실하게 타설하는 것이 필요하다. 그러나 최근 콘크리트 펌프공법의 보급과 골재의 품질 저하는 콘크리트의 묽은 비빔화 경향을 보이고 있어 균열의 발생을 일으키는 요인이 되고 있다. 따라서 건축공사에서 된 반죽 콘크리트에 가까운 품질을 갖고 시공이 용이한 콘크리트가 요구되고 있다.
7) 유동화 콘크리트의 압축강도는 유동화제 첨가 전의 콘크리트와 거의 같은 정도이다. 따라서 유동화 콘크리트의 배합강도에 따른 물-결합재비는 유동화제 첨가 전후에 공기량이 현저하게 변화하지 않는 것을 조건으로 베이스 콘크리트에서 얻어진 값을 그래도 사용해도 좋다.
8) 유동화 콘크리트의 건조수축은 보통 묽은 반죽 콘크리트보다 8~15% 정도 작게 되어 콘크리트의 유동화가 균열저감 효과가 있다는 것이 확인되고 있다.

7.13 매스 콘크리트

매스 콘크리트(Mass concrete)는 부재 또는 구조물의 치수가 커서 시멘트의 수화열에 의한 온도의 상승을 고려하여 시공하는 콘크리트를 말한다. 매스 콘크리트로 다루어야 하는 구조물의 부재치수는 일반적인 표준으로서 평판구조의 경우에는 두께 0.8m 이상, 하단이 구속된 벽체에서는 0.5m 이상으로 한다.

(1) 매스 콘크리트 재료

1) 시멘트

매스 콘크리트에서는 수화열 저감을 위해 KS L 5201의 저발열 시멘트인 저열 포틀랜드시멘트, 중용열 시멘트 등과 같은 포틀랜드시멘트, KS L 5210 고로슬래그 시멘트, KS L 5411 플라이애쉬 시멘트 등과 같은 고로슬래그 미분말, 플라이애쉬 등이 혼합된 2성분계 혼합형 시멘트 및 KS L 5405의 플라이 애시와 KS F 2563의 고로슬래그 미분말이 동시에 혼합된 3성분계 혼합형 시멘트를 사용하는 것이 바람직하다.

2) 혼화재료

① 저발열형 시멘트에 석회석 미분말 등을 혼합하여 더욱 수화열을 저감시킨 혼합형 시멘트에 대해서는 충분한 실험을 통해 그 특성을 확인할 필요가 있다.
② 저발열형 시멘트는 장기재령의 강도증진이 보통 포틀랜드시멘트에 비하여 크므로, 91일 정도의 장기재령을 설계기준강도의 기준재령으로 하는 것이 바람직하다.

(2) 배 합

매스 콘크리트의 재료 및 배합을 결정할 때는 설계기준강도와 소정의 워커빌리티를 만족하는 범위 내에서 콘크리트의 온도상승이 최소가 되도록 하여야 한다. 콘크리트의 발열량은 대체적으로 단위시멘트량에 비례하므로 콘크리트의 온도상승을 감소시키는 데에는 소요의 품질을 만족시키는 범위 내에서 단위시멘트량이 적어지도록 배합을 선정해야 한다.

(3) 시 공

1) 매스 콘크리트의 시공은 치기 후의 온도상승을 적게 하여 균열이 생기지 않도록 해

야 한다. 매스 콘크리트의 거푸집에 대하여서는 온도균열 제어의 관점으로부터 그 재료 및 구조의 선정, 존치기간 등을 결정하여야 한다.

2) 매스 콘크리트의 내부에 있어서의 온도상승은 단위시멘트량 10kg/m3의 증감에 따라 약 1℃의 비율로 증감한다. 단위시멘트량을 적게 하기 위해서는 콘크리트치기 작업에 지장을 주지 않는 범위 내에서 슬럼프값을 적게 하고 굵은 골재의 최대치수를 크게 하는 것이 좋다.

3) 매스 콘크리트의 일반적인 타설 시간 간격은 외부 기온이 25℃ 미만일 때에는 120분, 25℃ 이상에서는 90분으로 한다.

4) 콘크리트를 부어 넣을 때의 콘크리트 온도가 25℃ 이상이 될 우려가 있을 때에는 파이프쿨링(pipe-cooling)이나 기타 콘크리트의 온도 상승을 억제하기 위한 적절한 냉각조치를 취해야 한다.

5) 매스 콘크리트를 부어넣은 후 표면에 급격한 온도변화 및 건조가 일어나지 않도록 양생한다. 또한 살수 등에 의해 습윤상태를 유지해야 하는 기간은 일반적으로 보통 포틀랜드시멘트 또는 중용열 시멘트를 사용하는 경우에는 14일, 플라이애쉬 시멘트, 고로슬래그 시멘트, 실리카흄 등의 혼화재를 사용하는 경우에는 21일 이상으로 하여야 한다.

7.14 수밀 콘크리트

1) 수밀을 요하는 콘크리트 구조물에서는 그 이음부가 누수의 원인이 되기 때문에 이음부의 수밀성에 대하여 특히 주의해야 하고, 필요에 따라서 배수공, 방수공 등을 실시하여야 한다.

2) 수밀 콘크리트(watertight concrete) 구조물의 시공은 설계 내용을 충분히 검토하여 균열, 콜드조인트(cold joint), 누수의 원인이 되는 결함이 생기지 않도록 주의를 해야 한다. 따라서 시공을 할 때는 시공이음의 위치, 신축이음의 구조 및 간격, 온도균열 발생의 유무 등을 검토하여야 한다.

3) 수밀 콘크리트의 시공에는 균일하고 치밀한 조직을 갖는 콘크리트가 만들어질 수 있도록 재료, 배합, 타설, 나지기 및 양생 등에 대하여 적절한 조치를 취하여야 한다. 이를 위하여 블리딩이 적은 작업에 적합한 워커빌리티를 갖는 콘크리트를 사용하여

야 한다. 된 비빔 콘크리트를 사용할 경우에는 다짐에 주의하여야 하고, 경화 후 콘크리트는 가능한 한 장기간 습윤상태를 유지시켜 치밀한 조직이 되도록 하여야 한다.

(1) 수밀 콘크리트의 재료

1) 수밀 콘크리트는 공기연행제, 감수제, 공기연행 감수제, 고성능 공기연행 감수제 또는 포졸란(pozzolan) 등을 사용하는 것을 원칙으로 한다.
2) 혼화재료로서 팽창재(expansive additive), 방수제 등을 사용할 경우에는 그 효과를 확인한 뒤 사용 방법을 충분히 검토하여야 한다. 수축균열 방지에 효과적인 팽창재와 방수효과가 있는 방수제 가운데는 콘크리트의 수밀성(watetightness) 이외의 성질에 나쁜 영향을 미치는 것도 있으므로 반드시 그 효과를 확인한 후 사용방법을 충분히 검토하여야 한다.

(2) 배합

1) 배합은 콘크리트가 소요의 품질이 얻어지는 범위 내에서 단위수량 및 물-결합재비는 가능한 적게 하고, 단위 굵은 골재량은 되도록 크게 한다.
2) 콘크리트의 소요 슬럼프는 되도록 적게 하여 180mm를 넘지 않도록 하며, 콘크리트 타설이 용이할 경우에는 120mm 이하로 한다.
3) 콘크리트의 워커빌리티를 개선하기 위해서 공기연행제, 공기연행 감수제 또는 고성능공기연행 감수제를 사용하는 경우라도 공기량은 4% 이하가 되게 한다.
4) 물-결합재비는 50% 이하를 표준으로 한다.

(3) 시공

1) 소요의 품질을 갖는 수밀 콘크리트를 얻을 수 있도록 적당한 간격으로 시공이음을 두어야 한다.
2) 콜드조인트는 누수의 원인이 되어 구조물의 수밀성을 떨어뜨릴 가능성이 있으므로 콘크리트는 가능한 한 연속적으로 쳐서 균일한 구조물로 만들어야 한다.
3) 연속타설 시간 간격은 외부 기온이 25℃ 미만일 때는 1시간 30분 이내로 한다. 다만 특별한 방법을 강구한 경우에는 책임기술자의 지시에 따르거나 승인을 받아 이 시간의 한도를 변경할 수 있다.
4) 연직 시공 이음판에는 지수판의 사용을 원칙으로 한다.

7.15 펌프 콘크리트

펌프 콘크리트(Pump concrete)는 현장에서 부어 넣을 장소에 수평 또는 연직으로 먼 거리까지 콘크리트를 펌프로 수송하는 공법으로서 근래에는 많은 현장에서 사용되고 있으며 발전소나 건물 안과 같이 공간이 비교적 제한된 곳에 적당하다. 펌프의 압송능력에 따라 수송 파이프, 토출량, 수송거리 등이 상이하다. 일반적으로 슬럼프값이 크면 펌프수송에는 편리하나 분리가 일어나기 쉽고 동일 콘크리트라도 펌프의 종류에 따라 분리의 정도가 다르므로 주의하지 않으면 안 된다.

펌프의 종류는 피스톤펌프(유압 또는 기계적 작동), 뉴매틱(pneumatic)펌프(압축공기로 압출, 보통 plezer 라고 부름), 착출식 펌프(치약을 튜브에서 짜내는 것과 같은 원리)의 3종이 있다. 펌프의 구경, 콘크리트의 소요 슬럼프값, 굵은 골재의 최대치수에 따른 콘크리트펌프의 압송거리 및 최대 압송량은 표 7.33과 같다.

표 7.33 펌프 콘크리트의 압송거리 및 최대 압송량

펌프 직경 (mm)	사용되는 슬럼프값 범위 (mm)	굵은 골재 최대치수 (mm)	압송 거리(m)		최대압송량 (m^3/h)
			수평	상하	
105	40 ~ 100	40	300	50	60
82	60 ~ 200	25	150	35	25
53	50 ~ 200	10	150	35	5

7.16 섬유보강 콘크리트

섬유보강 콘크리트(Fiber reinforced concrete)는 금속이나 합성수지를 원료로 한 불연속 단섬유를 콘크리트 중에 균일하게 분산시킴에 따라 콘크리트의 인장강도, 휨강도 균열에 대한 저항성, 인성, 내마모성 및 내충격성을 대폭 개선시킬 목적으로 사용된다. 섬유보강콘크리트는 소요의 강도, 인성, 내구성, 수밀성, 강재를 보호하는 성능, 작업에 적합한 워커빌리티를 가지고 품질의 변동이 적은 것이어야 한다. 또한 사용되는 섬유는 강섬유를 중심으로 내알칼리성 유리섬유, 탄소섬유, 아라미드 섬유 및 고강도, 고탄성의 폴리에틸렌 및 비닐론 등의 고분자섬유의 실용화도 신행되고 있다.

강섬유는 일반적으로 길이가 25~60mm, 지름이 0.3~0.9mm, 단면적 0.06~0.3 mm^2 정도이고, 지름에 대한 길이의 비[형상비(aspect ratio) l/d]가 30~100의 것이 많이 이용되며, 콘크리트에 대한 강섬유의 혼합비율은 용적 백분율로 0.5~2.0%(약 40~160kg/m3)이다. 강섬유보강 콘크리트는 균열에 대한 저항성이 큰 것으로부터 무근콘크리트에 이용하면 강섬유 혼입률이 증대할수록 그 인장강도, 휨강도 및 피로강도가 개선되기 때문에 포장의 두께나 터널 라이닝의 두께를 감소시킬 수 있다. 또한 내동해성에 대한 저항성이 개선되어 내구성을 높일 수 있다. 한편, 철근콘크리트와 병용하면 부재의 전단내력을 증대시킬 수 있기 때문에 특히 내진성이 요구되는 철근콘크리트 구조물에 효과적이다. 인성이 우수하다는 것은 그 충격력이나 폭발력에 대한 저항성 및 내진성이 큰 것을 의미한다.

(1) 시멘트

섬유보강 콘크리트의 시멘트는 KS L 5201에 적합해야 하고, 강섬유는 KS F 2564의 표준에 적합한 것이어야 한다. 현재 시멘트계 복합재료용 섬유로서는 강섬유, 유리섬유, 탄소섬유 등의 무기계 섬유와 아라미드섬유, 폴리프로필섬유, 폴리비닐・알코올계(비닐론섬유), 폴리아미드 섬유(나이론), 폴리에스테르 섬유(테트론), 셀룰로오스계(레이온) 등의 유기계 섬유로 분류된다. 이들 섬유는 사용 목적에 따라서 차이가 있으나 일반적으로 섬유와 시멘트 결합재 사이의 부착성이 양호하고, 섬유의 인장강도가 크며, 내구성, 내열성 및 내후성이 우수해야 한다.

(2) 배합

섬유보강 콘크리트의 배합은 소요의 품질을 만족하는 범위 내에서 단위수량이 될 수 있는 대로 적게 되도록 정해야 한다. 섬유의 형상, 치수 및 혼입융은 섬유보강 콘크리트의 소요 압축강도, 휨강도 및 인성을 고려하여 정하는 것을 원칙으로 한다.

7.17 팽창 콘크리트

팽창 콘크리트(Expansive concrete)는 수축보상용 콘크리트, 화학적 프리스트레스용 콘크리트 및 충전용 모르타르와 콘크리트로 한다. 수축보상용 콘크리트는 콘크리트의 수축으로 인한 체적감소를 억제시키고, 화학적 프리스트레스 콘크리트는 수축보상용 콘크리트보다 큰 팽창력을 가져야 한다. 충전용 모르타르 및 콘크리트는 팽창력의 이용에 의한 충전 효과를 주목적으로 한다. 또한 팽창 콘크리트의 시공은 팽창재의 성질 및 이를 사용한 팽창콘크리트의 성질을 충분히 고려하여 실시하여야 한다.

(1) 팽창 콘크리트의 재료

1) 시멘트는 KS L 5201, KS L 5210 및 KS L 5211에 적합한 것을 사용하며, 또 팽창 콘크리트로서 소요의 성능을 얻을 수 있어야 한다.
2) 팽창재는 KS F 2562에 적합한 것을 사용한다.
3) 콘크리트에 화학 혼화제를 사용하는 경우 품질은 KS F 2560에 따른다.
4) 혼화재로서 플라이애쉬를 사용하는 경우 품질은 KS L 5405에 적합해야 한다.

(2) 강 도

1) 팽창 콘크리트의 강도는 일반적으로 재령 28일의 압축강도를 기준으로 한다.
2) 수축보상용 콘크리트의 압축강도 시험은 KS F 2405에 따른다.
3) 화학적 프리스트레스용 콘크리트의 압축강도 시험은 KS F 2562의 참고 2에 따른다.

(3) 팽창률

1) 팽창 콘크리트는 소요의 강도, 팽창 성능, 내구성, 수밀성 및 강재에 무해한 성능 등을 가져야 하며, 품질에 대한 변동이 적은 것이어야 한다. 시공 시에는 작업에 적합한 워커빌리티를 가지고 있어야 한다.
2) 콘크리트의 팽창률은 일반적으로 재령 7일에 대한 시험치를 기준으로 한다. 또한 콘크리트의 팽창률 시험은 KS F 2562의 참고 1에 규정된 A법에 따른다.
3) 수축보상용 콘크리트의 팽창률은 150×10^{-6} 이상, 250×10^{-6} 이하인 값을 표준으로 한다.

4) 화학적 프리스트레스용 콘크리트의 팽창률은 200×10^{-6} 이상, 700×10^{-6} 이하를 표준으로 한다.
5) 공장제품에 사용하는 화학적 프리스트레스용 콘크리트의 팽창률은 200×10^{-6} 이상, $1,000 \times 10^{-6}$ 이하를 표준으로 한다.

(4) 배 합

1) 팽창 콘크리트의 배합은 소요의 강도, 내구성, 수밀성 및 워커빌리티를 만족하도록 정함과 동시에 건조수축 보상에 의한 균열 감소 혹은 화학적 프리스트레스 도입에 의한 인장 또는 휨 내력의 증대, 충전모르타르 및 콘크리트 등 그 목적에 따라 필요한 팽창성능을 갖도록 정하여야 한다.
2) 콘크리트의 단위수량 및 슬럼프는 작업에 적합한 워커빌리티를 갖는 범위 내에서 가능한 작은 값으로 정해야 한다.
3) 화학적 프리스트레스용 콘크리트의 단위시멘트량은 단위 팽창재량을 제외한 값으로서 보통 콘크리트인 경우 $260kg/m^3$ 이상, 경량골재 콘크리트인 경우 $300kg/m^3$ 이상으로 한다.
4) 소요공기량은 공기연행제 또는 공기연행 감수제를 사용한 콘크리트는 3~6%로 하며, 일반적으로 보통 콘크리트에서는 4%, 경량골재 콘크리트에서는 5%를 표준으로 한다.

(5) 시 공

1) 팽창재는 다른 재료와 별도로 질량으로 계량하며, 그 오차는 1회 계량분량의 2% 이내로 하여야 한다.
2) 팽창재는 다른 재료와 충분히 비벼 균일한 상태로 믹서로부터 배출하기 위하여 콘크리트의 비비기 시간은 강제 믹서를 사용하는 경우에는 1분 이상으로 하고, 가경식 믹서를 사용하는 경우에는 1분 30초 이상으로 하여야 한다.
3) 콘크리트를 비비고 나서 타설을 끝낼 때까지의 시간은 기온, 습도 등의 기상조건과 시공에 관한 등급에 따라 1~2시간 이내로 하여야 한다.
4) 한중 콘크리트의 경우 타설할 때의 콘크리트의 온도는 10℃ 이상 20℃ 미만으로 하여야 한다.
5) 서중 콘크리트의 경우 비빈 직후의 콘크리트 온도는 30℃ 이하, 타설할 때는 35℃ 이하로 될 수 있는 한 낮은 온도로 하여야 한다.

CHAPTER

08

콘크리트 품질관리와 제품

CHAPTER 08

콘크리트 품질관리와 제품

8.1 개요

콘크리트를 타설할 때 기술자가 고려해야 할 사항은 균일하고 소요의 품질을 가지는 콘크리트를 어떻게 시공하는가 하는 것으로서 소요 품질의 콘크리트를 경제적으로 만드는 것은 그리 용이하지는 않다. 콘크리트의 품질관리(quality control)에는 일반적으로 통계적인 방법을 이용하기 때문에 통계적 품질관리라는 말을 사용한다. 즉, 품질의 목표를 정하고 이것을 달성하기 위해서 행하는 모든 활동을 말한다.

품질관리에 통계적인 수법을 이용하면 데이터의 변동이 그 원인을 알 수 없는 우연의 법칙에 의한 것인가 아니면 그 원인을 알 수 있는 필연의 법칙에 의한 것인가 또는 어느 정도 신뢰할 수 있는가 등을 어떤 확률로서 정량적으로 또는 객관적으로 판단을 내려 얻은 정보를 위주로 필요한 조처를 취할 수 있게 된다. 품질의 변동이 필연의 법칙 즉, 표준 이외의 특별한 원인에 의해 일어난 것이라면 그것은 원인을 조사하여 제거해야 한다. 우연의 법칙 또는 필연의 법칙에 의한 변동을 구별하여 어떤 이상한 원인이 생산 공정에 영향을 미치는지의 여부를 판정하기 위한 수단으로는 관리도가 가장 널리 사용되고 있다.

8.2 데이터의 도시방법

어떤 특성치에 대해서 다수의 측정치가 있을 경우 이들의 측정치를 표시하거나 그래프화 하여 원래의 측정치에 포함되어 있는 정보를 총괄하여 모집단위 특성을 기술하는 통계적 방법을 기술통계(descriptive statistics)라고 부르며, 도수분포도

(frequency table)와 히스토그램(frequency histogram)이 가장 널리 사용된다.

(1) 도수분포도

도수분포표를 작성하기 위해서는 측정치의 범위를 일정한 개수(계급)로 분할할 필요가 있다. 이 분할을 위한 일정한 기준은 지금으로서는 없지만, 데이터 크기의 범위를 6~20개 정도로 구분한다. 적절한 분할수(N)가 정해지면 다음에 각 구간의 폭 및 구간의 경계치를 다음 사항에 주의하여야 한다.

1) 각 구간의 폭은 범위를 분할수로 나눈 값에 가깝고, 또 측정단위의 정수배에 해당되는 수치로 한다.
2) 경계치는 각 구간의 중앙치가 보기 쉬운 수치가 되도록, 또 측정치가 경계치에 들어가지 않도록 측정 단위의 1/2만큼 떨어진 값으로 한다.

이상과 같이 하여 정한 각 구간에 들어가는 측정치의 도수(frequency)를 조사하여 도수분포표를 작성한다. 이 도수분포표의 한 예를 나타낸 것이 표 8.1과 같다.

표 8.1 콘크리트 압축시험 결과에 대한 도수분포표의 예

구간(N/mm^2)	중앙치(N/mm^2)	도수	상대도수
23.8~25.3	24.5	2	0.014
25.3~26.8	26.0	8	0.057
26.8~28.3	27.5	21	0.150
28.3~29.8	29.0	29	0.207
29.8~31.3	30.5	35	0.250
31.3~32.8	32.0	26	0.186
32.8~34.3	33.5	15	0.107
34.3~35.8	35.0	4	0.029

*상대도수는 각각의 도수를 측정치의 총수로 나눈 것이다

(2) 히스토그램

도수분포의 도수를 종축에 잡고 특성치를 횡축에 잡아서 도시한 것을 히스토그램이라고 한다. 히스토그램에는 보통 측정치의 총수(n)를 부기하여 둔다. 표 8.1에 표시한 도수분포표로 부터 히스토그램을 그리면 그림 8.1과 같다. 또 도수분포를 확률밀도 함수의 그래프와 비교하고 싶은 경우에는 빈도도가 필요하게 되는데, 그를 위해서는 히스토그램의 종축을 히스토그램의 전면적으로 나누면 된다. 예를 들어 그림 8.1

의 종축을 140(측정치의 총수)×15(각 구간의 폭)=2,100으로 나누면 대응하는 분포도가 얻어진다.

도수분포를 도수분포표나 히스토그램으로 나타내면 다음과 같은 측정치의 특징을 파악할 수 있다.

1) 측정치는 어떠한 값의 주위에 분포하고 있는가?
2) 측정치의 분포는 중심에 대하여 대칭인가 비대칭인가?
3) 측정치는 어떻게 산포하고 있는가?
4) 분포는 평평한가 뾰족한가?
5) 멀리 떨어진 측정치는 없는가?

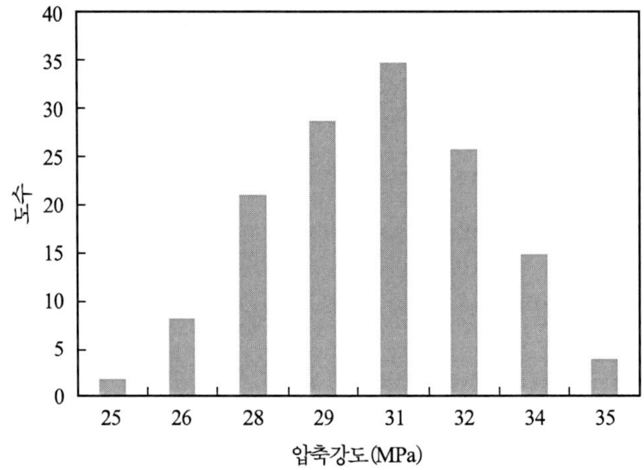

그림 8.1 히스토그램 예

8.3 콘크리트의 품질관리

8.3.1 품질관리 방법

품질관리(quality control)의 기본계획은 계획(Plan), 실시(Doing), 검토(Check), 조치(Action)의 4단계를 그림 8.2와 같이 되풀이 하는 것이며, 이것을 PDCA의 관리 사이클이라고 한다. 품질관리의 기본은 작업만을 계속하는 것이 아니라, 작업의 결과에 대하여 소정의 목표가 되었는지를 검토하여 문제가 있는 경우에는 그 원인을 추적하여 계획이나 시행방법을 고쳐서 문제의 재발을 방지하는데 있다.

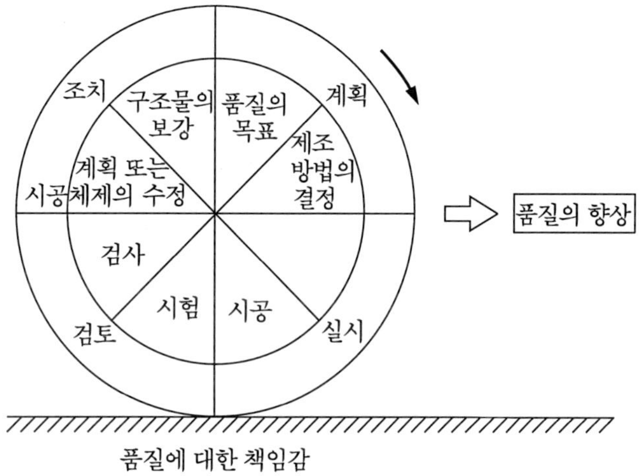

그림 8.2 품질관리 방법

8.3.2 관리도(control chart)

콘크리트의 품질관리를 위해서 무엇보다 이용하기 쉬운 것이 관리도이다. 동일한 원료를 사용하고 동일한 작업을 하여도 만들어진 제품의 품질에는 변동이 없다. 품질관리는 관리도로 시작해서 관리도로 끝난다고 할 만큼 품질관리에 있어서의 관리도는 중요한 것이다. 관리도라 함은 시료데이터 또는 몇 개의 데이터로부터 얻어지는 통계량을 공정의 진행에 따라서 도시(plot)하여 그것들의 데이터나 통계량이 상하의 관리한계선 내에 드는가, 벗어나는가에 따라서 공정이 안정되어 있는가, 불안정한가를 판단하기 위한 것이다.

관리도는 그림 8.3에 나타난 것처럼 중심적 경향을 나타내는 중심선(CL, center line)과 품질에 허용되는 편차(변동)의 폭을 나타내는 관리한계, 즉 관리상한선(UCL, upper control line)과 관리하한선(LCL, lower control line)을 그어두고, 여기에 품질의 측정결과를 도시했을 때, 점이 관리한계선 내에 들면 관리 상태(안정 상태), 점이 관리한계선 밖으로 벗어나면 이상발생으로 보고 대책을 마련하여 공정을 안정된 상태로 유지할 수 있어야 한다.

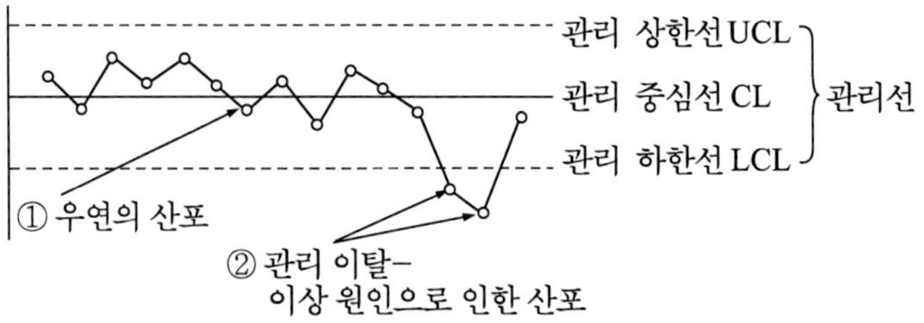

그림 8.3 관리도의 관리선 예

(1) 관리도의 종류

관리도에는 데이터 즉 측정값의 특성에 따라서 계량값 관리도와 계수값 관리도로 나눈다. 관리도에는 표 8.2에 나타낸 바와 같이 여러 종류가 있지만 콘크리트의 관리에는 $\overline{x}-R$ 관리도가 사용된다. $\overline{x}$는 군(group)내의 평균치, R은 군내의 범위를 나타낸다. $\overline{x}-R$ 관리도에서는 제조공정의 공정 평균치 $\overline{x}$에 의하여 관리하고 공정의 편차는 범위 R에 의해서 관리하므로 $\overline{x}$ 관리도와 R 관리도를 함께 대응해서 사용한다.

표 8.2 관리도의 종류

종 류	데이터의 종류	관리도	적용이론
계량값 관리도	길이, 중량, 강도, 화학성분, 압력, 슬럼프, 공기량, 생산량	$\overline{x}-R$ 관리도(평균값과 범위의 관리도) $\overline{x}-\sigma$ 관리도(평균값과 표준편차의 관리도) x 관리도(측정값 자체의 관리도)	정규분포
계수값 관리도	재품의 불량률	P 관리도(불량률 관리도)	이항분포
	물량 개수	P_n 관리도(결점수 관리도)	
	결점수(시료 크기가 같을 때)	C 관리도(결점수 관리도)	포아송분포
	단위당 결점수(단위가 다를 때)	U 관리도(단위당 결점수 관리도)	

(2) $\overline{x}-R$ 관리도의 작성법

$\overline{x}-R$ 관리도는 평균치의 변화를 관리하는 $\overline{x}$ 관리도와 데이터의 변화를 관리하는 R 관리도를 나란히 그린 것으로 콘크리트의 압축강도, 슬럼프, 공기량 등의 특성을 관리하는데 쓰인다.

1) 관리한계 계산

예비 데이터의 조사로 시료의 크기 $n=4\sim5$의 조를 20~25조 취하여 각 조마다 평균치 $\bar{x}$, 범위 R을 계산한다. 즉 세로축을 $\bar{x}$, R 가로축을 조의 번호로 한 그림에 위에서 구한 $\bar{x}$, R을 도시한다. $\bar{x}$, R 중심선(CL)을 각각 $\bar{x}$의 평균치 $\bar{\bar{x}}$, R의 평균치 $\bar{R}$이라 하고 관리상한(UCL), 관리하한(LCL)을 다음 식으로 구한다.

$$\bar{x}\text{에 대하여,}\quad UCL=\bar{\bar{x}}+A_2\bar{R} \qquad (8.1)$$
$$LCL=\bar{\bar{x}}-A_2\bar{A}$$

$$R\text{에 대하여,}\quad UCL=D_4\cdot\bar{R} \qquad (8.2)$$
$$LCL=D_3\cdot\bar{R}$$

A_2, D_3, D_4는 n에 의하여 정해지는 계수로서 표 8.3의 값으로 한다.

이 값들은 $\bar{x}$, R의 이론적인 분포로부터 UCL, LCL 이 $\mu\perp3\sigma$의 범위가 되도록 구한 것이다. 또한 n이 6 이하인 경우의의 R의 LCL은 고려치 않는다.

표 8.3 관리한계 계수표

시료 크기	$\bar{x}$ 관리도 UCL$=\bar{\bar{x}}+A_2\bar{R}$ LCL$=\bar{\bar{x}}-A_2\bar{A}$		x 관리도 UCL$=\bar{x}+A_2\bar{R}$LCL $=\bar{x}-A_2\bar{A}$	R 관리도 UCL$=D_4\cdot\bar{R}$ LCL$=D_3\cdot\bar{R}$				σ 관리도 UCL$=B_4\bar{\sigma}$ LCL$=B_3\bar{\sigma}$	
n	A_1	A_2	E_2	D_3	D_4	d_2	d_3	B_3	B_4
2	3.760	1.880	2.659	–	3.267	1.128	0.853	–	3.267
3	2.394	1.023	1.772	–	2.575	1.693	0.888	–	2.568
4	1.880	0.729	1.457	–	2.282	2.059	0.880	–	2.266
5	1.596	0.577	1.290	–	2.115	2.326	0.864	–	2.089
6	1.410	0.488	1.184	–	2.004	2.534	0.848	0.030	1.970
7	1.277	0.419	1.109	0.076	1.924	2.704	0.833	0.118	1.882
8	1.175	0.373	1.054	0.136	1.864	2.847	0.820	0.185	1.815
9	1.094	0.337	1.010	0.184	1.816	2.970	0.808	0.239	1.761
10	1.028	0.308	0.975	0.223	1.777	3.078	0.797	0.284	1.761
∞	–	$\frac{2}{\sqrt{nd_1}}$	–	$1-3\frac{d_3}{r_2}$	$1+3\frac{d_3}{d_2}$	–	–	–	–

2) 관리선의 검토

예비 데이터가 위에서 구한 관리선 사이에 들어가는가를 검토하고 벗어난 것이 있으면 그 원인을 조사하여 공정에 특별한 원인이 있으면 그것을 제외하는 조치를 취한 다음 그 데이터를 제외하고 관리한계를 다시 계산한다. 원인을 알 수 없으면 그대로 둔다. 또한, 예비 데이터의 도수분포도를 그려서 품질규격과 비교하고 데이터가 규격에 맞는가를 검토한다. 규격을 만족시키지 않을 때에는 공정을 개선하거나, 그것이 곤란한 경우에는 규격을 다시 살펴봐야 한다. 위와 같이 정한 관리도에 시료 통계량을 도시해서 한계 밖에 도시되었을 때는 그 원인을 조사하여 공정을 개선하여 관리한다.

3) n이 일정하지 않은 경우

일반적으로 군의 크기를 일정하게 하여 관리도를 작성하지만, n이 일정하지 않을 때에는 식 (8.3)과 같이 한다.

$$\overline{x} = \frac{\Sigma\{\ni \times (\text{크기} \ni \text{군의 } \overline{x} \text{ 의합})\}}{\Sigma \ni ki} \tag{8.3}$$

여기서, k : 군의 수

k_i : 크기

n_i : 군의 수

범위 R의 평균치 $\overline{R}$는 식 (8.4)로 구한다.

$$\overline{R}(n_i) = d_2(n_i) \cdot \hat{\sigma} \tag{8.4}$$

여기서, $\hat{\sigma} = \frac{1}{k}\frac{\Sigma R(n_1)}{d_2(n_1)} + \frac{\Sigma R(n_2)}{d_2(n_2)} + \cdots$

$R(n_i)$: 군의 크기가 n_i인 범위 R

$d_2(n_i)$: 군의 크기가 n_i인 d_2의 값

이와 같은 방법으로 크기가 다른 군마다 UCL, LCL을 계산하여 관리 한계선을 그린다.

(3) 현장에서의 $\overline{x}-R$ 관리도의 예

현장에서는 콘크리트의 압축강도 등을 한국산업규격(KS)에 규정된 대로 $n=4$~5로 20~25조를 채취하기가 어려운 경우가 있다. 이러한 경우에는 다음과 같은 방법을 취하기도 한다.

1) 예비 데이터 대신 규격의 상 · 하한을 관리선으로 하여 최도의 5조의 관리를 한다.
2) 5조의 데이터로부터 앞의 1)의 방법으로 $\overline{x}$, R의 관리한계를 구하고, 다음의 6조의 관리를 한다.
3) 다음에 여기까지의 합계 10조의 데이터를 사용하여 다시 관리한계를 계산하고, 다음 10조의 관리를 한다.
4) 이상의 합계 20조의 데이터로부터 관리한계를 구하여 다음의 20조를 관리한다.
5) 그 이후로는 20조를 단위로 최근의 20조에 대한 관리한계를 구하는 작업을 반복한다. 이러한 방법을 (5+5+10+20)방식이라고도 한다. 이 방법에 의한 관리도의 예를 들면 그림 8.4 및 표 8.4와 같다.

설계기준값		공사명			사무소	
명 칭		1일 표준작업량			측정기간	
품질 특성	28일 압축강도	규 격 한 계	최 대			
측정 단위	MPa		최 소		청부업자	
측정 방법		시료	크 기		현장 대리인	
작업 기계명			간 격		측정자 명	
측 정 일						

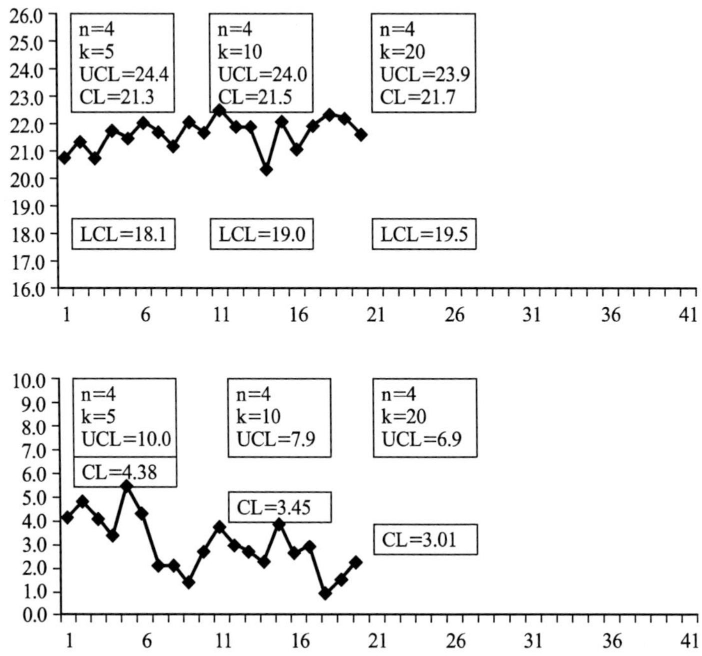

(주) 1) 관리도는 $\bar{x}-R$ 관리도 데이터 시트로부터 기입한다.

2) 기사란에는 이상원인 기타 필요사항을 기입한다.

그림 8.4 $\bar{x}-R$ 관리도

표 8.4 $\bar{x}-R$ 관리도 자료표(data sheet)

<table>
<tr><td>명칭</td><td colspan="2"></td><td>공사명</td><td></td><td rowspan="2">측정기간</td><td rowspan="2"></td></tr>
<tr><td>품질 특성</td><td colspan="2">28일 압축강도</td><td>사무소명</td><td></td></tr>
<tr><td>측정 단위</td><td colspan="2">MPa</td><td>목표량</td><td></td><td>청부업자</td><td></td></tr>
<tr><td rowspan="2">규격 한계</td><td>UCL</td><td></td><td rowspan="2">시료</td><td>크기 $n=4$</td><td>현장 대리인</td><td></td></tr>
<tr><td>LCL</td><td></td><td>간격</td><td>측정자</td><td></td></tr>
<tr><td>설계기준값</td><td colspan="2"></td><td></td><td></td><td>작업자</td><td></td></tr>
</table>

측정 또는 월일	시험 번호	x_1	x_2	x_3	x_4	x_5	계 Σ_x	평균값 $\bar{x}$	R_1	R_2	R_3	R_4
	1	19.5	19.2	21.0	23.4		83.1	20.8			4.2	
	2	19.5	20.9	21.0	24.2		85.6	21.4			4.7	
	3	18.8	22.9	20.1	21.1		82.9	20.7			4.1	
	4	21.4	23.9	20.5	21.5		87.3	21.8			3.4	
	5	21.3	19.0	24.5	21.4		86.2	21.6			5.5	
	6	24.1	19.8	23.6	20.9		88.4	22.1			4.3	
	7	22.6	20.6	22.7	21.0		86.9	21.7			2.1	
	8	21.8	20.0	22.1	20.8		84.7	21.2			2.1	
	9	22.1	21.5	21.8	22.9		88.3	22.1			1.4	
	10	23.0	22.3	21.3	20.3		86.9	21.7			2.7	
	11	22.6	20.9	22.0	24.7		90.2	22.6			3.8	
	12	23.5	20.5	22.4	21.3		87.7	21.9			3.0	
	13	22.4	20.6	21.4	23.3		87.7	21.9			2.7	
	14	19.0	21.2	20.5	20.6		81.3	20.3			2.2	
	15	24.6	21.8	21.4	20.7		88.5	22.1			3.9	
	16	22.6	20.0	21.1	20.6		84.3	21.1			2.6	
	17	23.7	21.4	21.9	20.8		87.8	22.0			2.9	
	18	22.8	21.9	22.8	22.0		89.5	22.4			0.9	
	19	22.9	22.3	21.4	22.4		89.0	22.3			1.5	
	20	22.6	21.8	20.4	21.7		86.5	21.6			2.2	
비고												

항 목	$\bar{x}$	R
$x \pm A_2R = 21.3 \pm 0.729 \times 4.38 = 24.4 \sim 18.1$ $D_4R = 2.282 \times 4.38 = 10.0$		
평균	21.3	4.38
개수	5	5
소계	106.3	21.9
누계	106.3	21.9
$x \pm A_2R = 21.5 \pm 0.729 \times 3.45 = 24.0 \sim 19.0$ $D_4R = 2.282 \times 3.45 = 7.9$		
평균	21.5	3.45
개수	10	10
소계	108.8	12.6
누계	215.1	34.5
$x \pm A_2R = 21.7 \pm 0.729 \times 3.01 = 23.9 \sim 19.5$ $D_4R = 2.282 \times 3.01 = 6.9$		
평균	21.7	3.01
개수	20	20
소계	218.1	25.7
누계	433.2	60.2

n	d_2	d_2	A_2	D_4
2	1.128	0.853	1.880	3.267
3	1.693	0.888	1.023	2.575
4	2.059	0.880	0.729	2.282
5	2.326	0.864	0.577	2.115

(주) 1) 품질관리, 측정관리, 시공관리기준에 따라서 기입한다.
2) 규격한계, 설계기준값은 설계도서, 시방서에 정해진 값을 기입한다.
3) 관리 한계선은 5+5+10+20 방식에 의한다.

(비고) – 관리 한계선을 위한 데이터의 구간을 나타낸다.
…상기의 관리한계를 적용하는 구간을 나타낸다.

(4) 관리도의 검토

작성된 관리도를 조사하여 표시한 모든 점이 관리한계 내에 있으면 그 공정은 안정된 상태에 있다고 생각하고 그 관리선을 계속 연장하여 공정관리에 이용한다. 공정이 안정상태에 있고 규격을 만족하는 상태가 되었다면 그 관리선을 사용하여 공정을 관리하고 안정상태를 판단해야 한다.

(5) 관리도 보는 방법

공정이 안정상태에 있고 규격을 만족하는 상태가 되었다면 그 관리선을 사용하여 공정을 관리하고 다음과 같이 안정상태를 판단한다. 관리한계를 벗어나는 점이 있으면 공정에 이상 원인이 있다고 보고 그 원인을 규명해야 한다. 따라서 관리도에 점을 플롯 하였을 때 그림 8.5와 같은 경우가 발생하면 표 8.5에 의해서 검토를 하고 그 원인을 조사할 필요가 있다.

이와 같이 관리도에 의해서 관리를 계속하는 경우라도 공정이 변화하거나 데이터를 취하는 방법이 변하면 관리선이 적당하지 않을 때도 있다. 이와 같은 경우에는 새로운 데이터로 새로운 관리선을 다시 계산할 필요가 있다.

표 8.5 관리도(그림 8.5) 보는 법

번호		점의 배열	조 처
①	관리이탈	관리 한계 밖으로 점이 벗어날 때 (선 위의 점은 벗어난 것으로 본다) x관리도 : 공정의 평균치의 변화를 보인다. R관리도 : 공정의 산포의 변화를 보인다.	보아 넘기기 어려운 이상원인이 있음을 가리키므로 그 원인을 조사하여 다시 일어나지 않도록 조처를 해야 한다
②	크기 7 이상의 점	중심선의 한쪽으로만 연속하여 7개 이상의 점이 있을 때	공정의 평균 또는 산포가 조금 변화하고 있음을 보이고 있으므로 원인을 찾아보면 기술상 유익한 정보가 얻어진다.
③	한계 가까이의 점	점이 관리한계 안에 들어 있어도 관리한계 폭의 2/3 이상 떨어진 곳에 연속 3점 중 2점이 있을 때	공정의 산포가 증가하였음을 보이고 있다.
④	경향과 주기적 변동	연속 7점 이상의 점이 계속 위로 또는 아래로만 향하고 있을 때 또는 주기적 변동을 보일 때	공정에 그와 같은 경향 또는 주기적 변동의 원인이 있을 것이므로 그것을 찾아내면 공정관리상 유익한 정보가 얻어진다.
⑤	안정상태 (관리상태)	관리도에 기입된 점을 관찰하여서 연속 25점 이상에서 ①~④까지와 같은 것이 없는 상태	공정은 안정되어 있어 제품이 규격을 만족시키고 있다면 조처를 취할 필요가 없다.

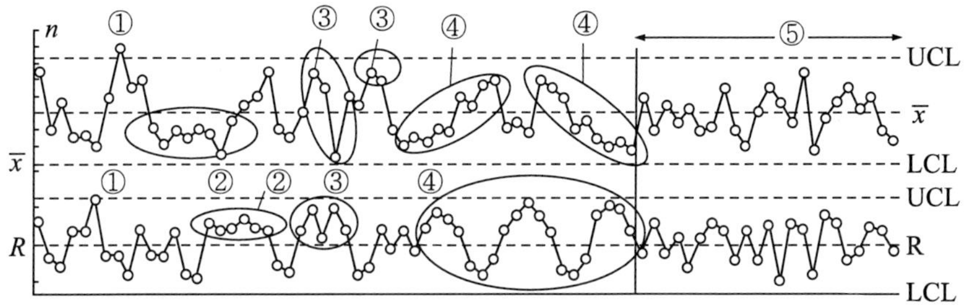

그림 8.5 관리도의 예

8.4 배합강도와 증가계수

콘크리트 관리에 사용되는 압축강도의 시험치는 일반적인 경우 동일 배치(batch)에서 채취한 공시체 3개의 평균치로 하는데 압축강도는 재료의 변동, 계량오차 등에 의해 변동하며 보통의 관리상태에서 그 변동은 정규분포를 하고 있음이 경험상으로 알려져 있다.

품질의 편차가 확실한 원인(필연법칙)에 의한 변동이 제거되어 있고 우연히 생긴 것이라면 이와 같은 상태를 안정상태라 말하고 통계적으로 취급할 수 있다. 이와 같은 상태에서 만들어진 것의 품질에 대한 도수분포곡선을 그려보면 그림 8.6(a)와 같이 평균치에 대하여 좌우 대칭인 정규분포곡선이 된다. 콘크리트의 품질관리를 할 경우 일반적으로 정규분포를 한다고 보아도 좋으며 이 곡선의 높이가 높고 폭이 좁을수록 관리가 좋음을 나타낸다.

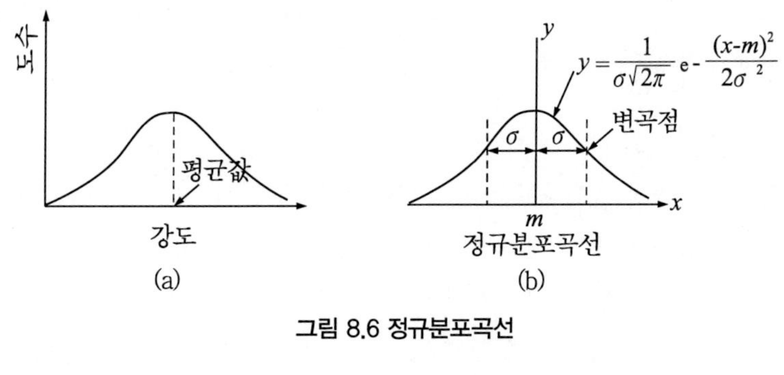

그림 8.6 정규분포곡선

정규분포 곡선을 무차원화하여 곡선과 횡축이 이루는 면적이 1이 되도록 비율을 변화시키면 그림 8.6(b)와 같은 곡선이 얻어진다. 이 곡선은 확률밀도 함수라고 하며 평균치를 중심으로 하여 이들이 표준편차 σ의 거리의 점이 곡선의 변곡점이 된다.

8.5 콘크리트 제품의 재료와 배합

(1) 재료

1) 시멘트

일반 제품에는 보통 포틀랜드시멘트가 가장 널리 사용되지만, 초기재령에 고강도를 얻어 탈형을 서둘러야 하는 제품이나 PC 제품, 한냉기 제조시 등에는 조강 포틀랜드시멘트가 사용된다. 고로슬래그시멘트나 플라이애쉬시멘트 등의 혼합시멘트를 쓸 경우에는 일반적으로 초기강도 발현이 늦어져서 충분한 양생을 실시해야 한다.

2) 골재

콘크리트 제품은 그 품질과 성능만이 아니고 외관도 양호해야 된다. 그래서 콘크리트 제품용 골재는 종류 및 성질을 충분히 조사하여 사용해야 한다. 잔골재의 입도는 외관에 영향이 크기 때문에 크고 작은 입자가 적절히 혼합되어 있는 것을 쓰는 것이 좋다. 굵은 골재의 최대치수는 40mm 이하이고, 거푸집 양측면 사이 최소거리의 1/5 및 철근의 최소 순간격의 3/4를 넘어서는 안 된다.

또한 일반적인 공장제품에는 굵은 골재의 최대치수를 25mm 혹은 20mm를 쓰는 일이 많은데, 특히 두께가 얇은 제품에는 16mm 혹은 10mm를 사용하며 단면이 비교적 큰 하천과 해안에서 쓰는 제품은 40mm를 쓰는 경우가 있다.

3) 혼화재료

콘크리트 제품에 혼화재료를 사용하는 목적은 워커빌리티를 개선하고 성형을 용이하게 하며, 초기강도를 크게 하여 탈형을 빨리 하게 하며, 강도, 내구성, 수밀성 등을 개선하고 콘크리트의 표면을 좋게 하는 것이다. 공장제품에 많이 쓰이는 혼화재료에는 공기연행제, 감수제, 공기연행 감수제, 고성능 감수제 등의 환화제와 팽창재, 무수 석고 등을 주성분으로 하는 고강도용 혼화재, 고로슬래그 미분말, 플라이애쉬, 규산질 미분말 등의 혼화재가 있다.

4) 강재

철근으로 사용할 강재는 아래 규격에 적합한 것이라야 한다. 철근콘크리트용 봉강 KS D 3504, 철근콘크리트용 재생 봉강 KS D 3527, 연강 선재 KS D 3554, 경강 선재 KS D 3510, 철선 KS D 3552, 피아노선 KS D 3556 등이며, 이외의 강재를 사용할 경우 그 기계적 성질이 사용 목적에 적합한지를 확인한 후에 사용하는 것이 좋다.

(2) 배합

콘크리트 제품의 종류, 제조방법 등에 따라 사용하는 콘크리트의 배합과 품질은 표 8.6과 같이 다소 차이가 있다. 콘크리트 제품은 기계적 다짐으로 성형하므로 단위수량이 적고, 슬럼프가 적은 된 반죽콘크리트가 사용된다. 또 고강도를 필요로 하는 경우가 많고 양생기간의 단축과 취급 중의 불량품을 적게 하기 위하여 일반적으로 부배합의 콘크리트가 사용된다. 제품에 따라서는 최소 단위시멘트량을 규정하는 경우도 있다.

한편, 즉시 탈형 제품의 경우 단위수량이 매우 적으며, 슬럼프 값이 0인 매우 된반죽 콘크리트가 사용되므로 보통 콘크리트에 비해 잔골재율을 다소 크게 취하는 것이 일반적이다.

표 8.6 콘크리트 제품의 배합과 강도의 한 예

콘크리트 제품의 종류		굵은 골재 최대치수 (mm)	단위시멘트량 (kg/m^3)	물-결합재비 (%)	슬럼프 (mm)	재령28일 압축강도 (MPa)
진동다짐 제품	도로용제품,	15~25	320~370	40~50	20~80	32~42
	널말뚝, 플륨,	15~25	300~400	38~50	20~80	30~45
	무근블록,	20~30	240~300	45~55	20~60	20~30
	세그멘트	20~25	350~450	35~45	20~60	45~55
원심력다짐 제품	폴, 파일,	15~30	400~500	35~45	30~80	40~50
	흄관,	10~25	370~500	37~50	30~80	35~48
	스팬파이프	10~20	400~440	38~43	30~70	40~45
PC 제품	보, 침목, 파일	15~30	400~500	32~45	20~60	45~60
즉시 탈형 제품	침목,	15~25	400~450	30~40	0	50~60
	무근콘크리트관,	15~20	280~350	34~40	0	35~45
	블록류	15~25	230~300	35~45	0	25~35

8.5.1 철근조립, 거푸집, 덮개

(1) 철근조립

철근조립시에는 철근의 교차점을 점용접하거나 지름 0.5mm 이상의 연한 철선, 적당한 클립으로 매야 한다. 단, 점용접부는 피로강도가 상당히 저하되므로 보와 같이 반복하중을 받는 제품에는 사용하지 않는 것이 좋다.

(2) 거푸집

콘크리트 제품에 사용하는 거푸집은 다질 때 거푸집에 심한 진동을 주거나 높은 압력을 가하거나 또는 증기양생시에 열응력을 일으키는 일이 많으며, 여러 번 반복사용하므로 거푸집은 견고하여야 하며 조립과 떼어내기가 간단한 구조라야 한다. 일반적으로 철제 거푸집이 많이 사용되고 있으나 합성수지 제품도 사용되고 있다.

(3) 덮개

콘크리트 제품은 일반적으로 철근콘크리트 구조물에 비해 물-결합재비가 적고, 다지기가 충분하며, 거푸집의 치수가 정확하고, 배근 관리가 잘 되는 점을 고려하여 덮개를 다음 표 8.7의 값 이상을 표준으로 하며, 철근지름 이상으로 규정하고 있다. 한편 원심력 다지기에 의해서 성형된 콘크리트 제품에서는 최소덮개를 9mm까지도 할 수 있다.

표 8.7 최소덮개(mm)

• 외기에 노출되는 면 • 물이나 흙과 접하는 면 • 내구성을 고려해야 하는 면	• 외기에 노출되지 않는 면 • 현장치기 콘크리트에 의하여 크게 덮이는 부분 • 특히 내구성을 고려할 필요가 없는 면
12mm	8mm

8.5.2 콘크리트 제품의 성형

(1) 비비기

콘크리트 제품 혼합시의 비비기에는 배치 믹서(batch mixer)를 사용해야 하므로 믹서의 비비기 효율은 믹서의 형식, 콘크리트의 반죽질기, 배합 등에 따라 상당히 다르므로 적합한 믹서를 선정할 필요가 있다. 일반적으로 콘크리트 제품에서는 물-결합재비가 적은 부배합의 된 반죽이 많이 사용되므로 이와 같은 콘크리트를 가경식 믹서로 비비면 믹서의 내벽에 모르타르가 부착되어 비비기 효율을 나쁘게 하여 균일하게 혼합되지 않는 경우가 있으므로 강제식 믹서를 사용하는 것이 바람직하다.

적당한 비비기 시간은 일반적인 경우, 믹서 내에 전 재료를 투입한 후 강제식 믹서를 사용할 경우에는 1분 이상, 가경식 믹서를 사용할 경우에는 2분 이상으로 한다. 묽은 반죽의 콘크리트에는 비비기 시간을 2분 이하로 해도 좋은 경우가 있다.

(2) 다지기

콘크리트 제품에서 일반적으로 사용하고 있는 다지기 방법에는 진동다지기, 원심력다지기, 가압다지기 등의 기계적 다짐이 많이 사용되며, 이 중에서 고진동으로 진폭이 큰 진동기가 개발되어 된반죽 콘크리트의 즉시 탈형제품의 제조에 효과가 크다고 한다.

1) 진동다지기

콘크리트를 거푸집에 투입한 후 진동대, 거푸집진동기, 삽입식 봉상진동기 등에 의한 진동다지기가 널리 사용된다. 봉상진동기는 고진동수로서 저진폭형으로 되어 있으며, 진동대나 거푸집 진동기와 같은 외부 진동기는 반대로 3000~5000rpm의 진동수와 진폭이 0.5~1.5mm, 진동 가속도 5~15g 정도가 실용적이라 한다.

2) 원심력다지기

말뚝, 폴(pole), 관 등과 같은 중공원통형 제품의 성형에는 원심력 다지기 방법이 사용되며, 원심력은 회전속도의 제곱에 비례하므로 속도를 높이면 다지기의 효과는 증가한다. 그러나 너무 지나치게 고속회전하게 되면 재료가 분리하게 되므로 일반적으로 원심력은 30~50g으로 하여 초속, 고속 순으로 회전수를 높여 다지는 것이 좋다.

3) 가압다지기

거푸집에 진동으로 다져 넣은 콘크리트에 기계적인 압력을 가하여 물을 짜내고 공극이 적은 치밀한 콘크리트로 만드는 가압 성형법으로서 가압한 그대로 고온 양생하는 압력양생을 실시하면 재령 7일에 60~65MPa 정도의 고강도를 얻을 수 있다. 이 공법은 슬래브, 세그멘트(segment), 널말뚝 등과 같은 판모양 제품에 사용된다. 0.8~1MPa로 압력을 가하여 압력을 유지한 그대로 100℃의 고온 양생을 실시한다.

8.5.3 콘크리트 제품의 양생

콘크리트는 성형 후에 저온, 건조, 급격한 온도변화 하중, 충격 등의 해로운 영향을 받지 않도록 충분히 양생해야 한다. 또 탈형한 후에도 일정 기간 습윤양생, 보온양생 등의 적절한 양생을 할 필요가 있다. 증기양생, 기타의 촉진양생을 해서 시멘트의 수화반응이 진행되어 충분한 강도가 얻어진 경우에는 그 후의 습윤양생, 보온양생 등의 기간은 단축하든지 제품에 따라서는 생략할 수가 있다. 양생방법은 콘크리트 제품의 종류, 제조방법, 취급방법 등을 고려해서 소요의 품질이 얻어질 수 있도록 충분히 양생을 할 필요가 있다.

(1) 촉진양생

콘크리트 제품의 성형 후 조기에 소요의 강도를 얻어 빨리 탈형하여 거푸집의 회전율을 높이고, 제품을 빨리 출하하여 사용할 수 있도록 촉진양생을 실시한다. 촉진양생 방법에는 증기양생, 오토클레이브 양생 등이 있다.

1) 증기양생

콘크리트의 경화를 촉진하기 위하여 대기압하의 증기양생이 널리 사용되고 있다.
증기양생을 실시할 경우 콘크리트의 균열, 변형, 장기재령에 있어서 강도저하 등의 해로운 영향을 주지 않도록 해야 한다.

일반적으로 증기양생은 소정의 양생시간으로 서서히 온도를 올려 최고온도를 일정한 시간 동안 유지한 다음 천천히 온도를 내린다. 증기양생조건을 다음과 같이 규정하고 있다.

① 거푸집과 함께 증기양생실에 넣어 양생실의 온도를 균일하게 올린다.
② 비빈 후 2~3시간 이후부터 증기양생을 실시한다.
③ 양생시 온도상승 속도는 1시간당 20℃ 이하로 하고 최고온도는 65℃로 한다.

양생실의 온도는 서서히 내려서 외기의 온도와 큰 차가 없을 정도로 된 후에 제품을 꺼낸다.

2) 오토클레이브 양생

고온고압 양생이라고도 불리며, 지름 2.5~4.0m, 길이 40~60m 정도의 기밀의 고온

고압용기에 제품을 넣고 온도 180℃ 전후, 증기압 7~15기압의 고온고압 처리하는 방법이다. 이 오토클레이브 양생으로 표준양생 28일 강도를 양생 직후에 얻을 수 있어 석면 시멘트관, 말뚝, 기포콘크리트제품 등의 양생에 사용된다. 오토클레이브 양생의 원료로서는 시멘트 이외에 석회, 슬래그, 규사, 플라이애쉬 등이 사용되며, 시멘트를 사용하지 않더라도 $CaO \cdot SiO_2 \cdot H_2O$계로서 제품을 만들 수 있다

양생시간은 적당한 사전양생을 실시한 후 상승시간 3~4시간, 등온등압시간 3시간, 하강시간 3~7시간의 양생조건을 일반적으로 채택한다. 시멘트를 사용한 부배합 콘크리트에 양질의 SiO_2, 또는 특수 혼화제를 가한 것은 압축강도가 70~100MPa의 고강도로서 내충격성이 개선되고 크리프 및 건조수축이 훨씬 줄어든다.

3) 전기양생

한중 콘크리트 공사에 전기적 가열방법이 사용되었으며, 러시아, 프랑스 등에서 개발연구가 진행되어 제품공장에 적용되고 있다. 이 방법은 거푸집에 전극판을 붙여 콘크리트 속에 교류를 통하년 전기지항이 높은 불량도체인 골재와 시멘트 및 저항치가 낮은 물로 형성된 판상 제품에 적당하며, 증기양생이나 고온고압 양생에 비교해서 열손실이 적고 경제적이다.

(2) 습윤양생

탈형이 급하지 않는 제품, 소형 제품, 여름철 고온시 제조하는 제품에서 촉진양생을 실시하지 않고 살수, 습포, 수중 등의 습윤양생을 실시하는 경우가 많다. 이 때 콘크리트는 타설 후 저온, 건조 등의 유해한 영향을 받지 않도록 제품이 소요의 품질이 얻어질 때까지 충분히 양생하지 않으면 안 된다. 특히 기온이 낮은 경우에는 동해를 방지하기 위하여 보온이 필요하다.

촉진양생을 실시한 제품도 탈형 후 소요의 품질이 확보될 때까지 습윤양생을 계속하는 것이 요망되며, 내구성, 수밀성, 내충격성 등이 개선되므로 이들 성질이 필요한 제품에는 증기양생 후에도 습윤양생을 하도록 규정하고 있다.

8.5.4 콘크리트 제품의 시험 및 검사

콘크리트 제품을 사용하는 경우, 이 제품이 소요의 품질과 성능을 가지는가를 확인하기 위한 제품의 시험을 실시할 필요가 있다. 시험방법은 제품에 따라 다르므로 각 콘

크리트 제품별로 균열하중, 파괴하중, 기타에 관해서 시험을 실시하고 검사를 한다.

콘크리트 제품의 시험 및 검사방법은 한국산업규격 또는 공사시방서에 규정된 방법에 따라야 한다. 실물로 실험하기 곤란한 경우에는 제품의 성능 또는 품질을 판정하기 위하여 공사시방서의 지시에 따라서 특별히 설계된 공시체에 의한 콘크리트의 강도시험 등을 할 필요가 있다. 강도시험이 끝난 콘크리트 제품에 대해서는 단면의 치수, 배근상태, 덮개 등을 검사하는 것이 좋다.

치수의 허용오차는 콘크리트 제품의 종류와 사용 목적에 따라 다르기 때문에 일률적으로 정할 수 없으며, 한국산업규격에 제정되어 있는 콘크리트 제품에는 각각의 규격에 치수의 허용오차가 표시되어 있다.

8.6 각종 콘크리트 제품

8.6.1 도로용 콘크리트 제품

(1) 보도용 콘크리트판(KS F4001)

정사각형의 무근 콘크리트판으로서 치수는 두께 60mm, 300mm×300mm, 330mm×330mm의 두 종류가 있다. 치수의 허용오차는 ±2mm 이내이다. 용도는 보도의 포장용에 사용된다.

보통 3.2mm 두께의 박판으로 만든 거푸집에 물-결합재비는 50% 이하로서 슬럼프가 2~4cm인 콘크리트를 채워 진동대로 다짐을 하고 표면을 끝마감한다. 판은 휨과 마모를 받으므로 탈형 후 6일 이상 수중양생을 하여야 한다. 이 제품의 시험은 지간을 240mm로 하여 지간의 중앙에 하중을 가하여 휨시험을 실시하며, 그 값이 A형의 경우 1,200kg, B형의 경우 1,300kg 이상이라야 한다.

휨강도의 검사는 2,000매 또는 그 단수를 한(1개) 무더기로 하고, 한(1개) 무더기에 대하여 무작위로 3매의 시료를 취하여 휨시험을 하고 시료가 휨시험에 합격하면 그 시료가 대표하는 한(1개) 무더기 전부를 합격으로 한다. 또한 흡수율시험은 휨시험 후의 두개(2개)의 부서진 조각을 사용하여 실시한다. 이 때 흡수율은 8% 이하여야 한다.

(2) 철근콘크리트 U형(KS F 4016)

철근콘크리트 U형은 도로 또는 가로의 배수용 측구에 사용된다. 철근콘크리트 U형의 시공은 측구를 파고 잡석을 깔고 그 위에 U형 머리가 노면과 같은 높이가 되도록 설치하며, 이음부분은 모르타르로 채운다. 철근콘크리트 U형의 모양, 치수는 그림 8.8 및 표 8.8과 같다.

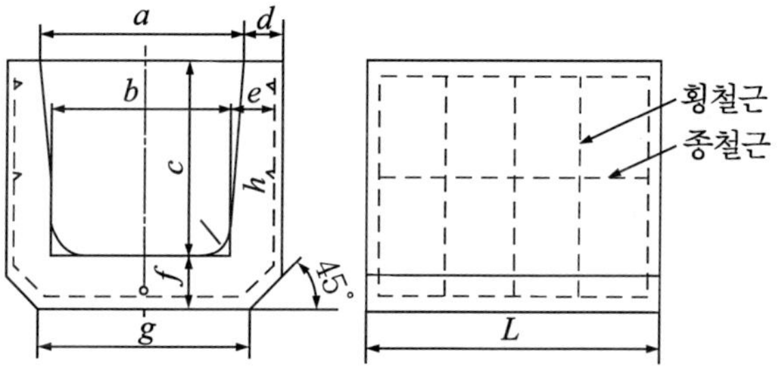

(a) 철근콘크리트 U형(호칭 180 이하)

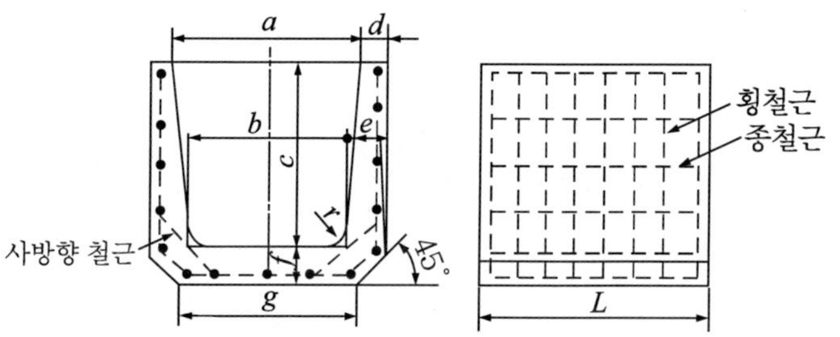

(b) 철근콘크리트 U형(호칭 240 이하)

그림 8.8 철근콘크리트 U형의 모양과 배근

표 8.8 철근콘크리트 U형의 치수

호칭		치수 a	b	c	d	e	f	g	r	l	철근 종철근 지름	종철근 수량(개)	횡철근 지름	횡철근 수량(개)
철근콘크리트 U형	150	150	140	150	30	35	35	160	30	600	2.6	5	2.6	5
	180	180	170	180	35	40	40	190	50	600	2.6	5	3.2	5
	240	240	220	240	45	50	50	240	50	600	3.2	7	3.2	5
	300A	300	260	240	50	60	60	300	50	600	3.2	9	4.0	5
	300B	300	260	300	50	60	60	300	50	600	3.2	11	4.0	7
	300C	300	260	360	50	60	65	300	50	600	3.2	11	4.0	6
	360A	360	310	300	50	65	65	360	50	600	4.0	11	4.0	8
	360B	360	310	360	50	65	65	360	50	600	4.0	13	5.0	8
	450	450	400	450	55	70	70	430	70	600	4.0	13	5.0	8
	600	600	540	600	70	–	–	600	–	–	6.0	15	6.0	8

(3) 콘크리트 및 철근콘크리트 L형(KS F 4005)

콘크리트 및 철근콘크리트 L형은 보도의 구별이 있는 노면의 배수, 즉 가로의 측구에 사용된다.

무근콘크리트 L형과 철근콘크리트 L형의 모양, 치수 및 배근 상태를 나타낸 것이 각각 그림 8.8, 표 8.9이다.

표 8.9 무근 및 철근콘크리트 L형의 치수(단위 : mm)

호칭		치수 a	b	c	d	e	f	g	h	i	j	철근 종철근 지름	종철근 수량(개)	횡철근 지름	횡철근 수량(개)
콘크리트 L형	250A	250	100	–	350	75	100	175	100	–	600	–	–	–	–
	250B	250	100	100	450	75	100	175	100	105	600	–	–	–	–
철근 콘크리트 L형	250A	250	100	–	350	55	100	155	80	–	600	4	4	4	5
	250B	250	100	100	450	55	100	155	80	85	600	4	5	4	5
	300	300	100	100	500	55	100	155	85	90	600	4	5	4	6
	350	350	100	100	550	55	100	155	90	95	600	4	5	6	5

(4) 콘크리트 경계블록(KS F 4006)

보도, 차도 또는 식수대 기타의 노면과의 경계 등에 사용된다. 경계블록에는 보차도 경계블록과 도로 경계블록이 있으며, 콘크리트 경계블록의 치수와 파괴하중은 표 8.10과 같다.

도료용 콘크리트 제품으로 이외에도 콘크리트 전선관(KS F 4008), 하수도용 맨홀 블록(KS F 4012), 하수도용 맨홀뚜껑(KS F 4013), 철근콘크리트 U형용 덮개(KS F 4017), 차도용 콘크리트판(KS F 4023) 등이 있다.

표 8.10 콘크리트 경계블록의 치수와 파괴하중

호 칭		치 수(단위 : mm)					파괴하중(N)
		a	b	h	r	l	
보도차도 경계블록	A	150	170	200	20	1000	16660
	B	180	205	250	30	1000	29400
	C	180	210	300	30	1000	45080
도로 경계블록	A	120	120	120	10	1000	4900
	B	150	150	120	10	1000	5880
	C	150	150	150	10	1000	9800

8.6.2 콘크리트 관류

(1) 원심력 철근콘크리트관(KS F 4403)

1920년 흄(W.R.Hume)에 의해서 고안된 것으로 흄관이라고도 부른다. 미리 조합한 철근(ϕ2.4~6mm)을 철제 거푸집 속에 넣고 묽은 반죽의 콘크리트(W/C = 36~ 55%, 단위시멘트량 370~450kg/m^3)를 쳐넣고, 거푸집을 회전하여 원심력으로 콘크리트를 다지면서 성형한다. 치수는 내경 75~1,800mm, 두께 25~127mm, 길이 2~2.4m이고, 이음모양에 따라 칼라식 이음(collared joint)인 A형, 소켓(socket)식인 B형, 고무링을 사용한 클립 이음(clip joint)인 C형이 있다. 또 압력의 작용 상태에 따라서 보통관과 압력관이 있다. 보통관은 주로 배수관, 하수관, 관개 배수관, 상수관, 사이펀관 등 지하매설의 외압만을 목적으로 만든 것이므로 외압관이라고도 하며, 압력관은 주로 수도용으로 내압, 외압을 받기 때문에 내압관이라고도 한다. 원심력 철근콘크리트관의 종류는 표 8.11과 같다.

표 8.11 원심력 철근콘크리트관의 종류

종 류	관의 호칭 지름(mm)			시험수압(MPa)	용 도
	A형	B형	C형		
보통관	75~1800	75~1800	900~1800	-	내압이 작용하지 않는 경우
압력관	75~1800 75~1800 75~1800 75~1800 75~1000 75~800 75~600 75~400	75~1800 75~1800 75~1800 75~1800 75~1000 75~800 75~600 75~400	- - - - - - - -	0.1 0.2 0.3 0.4 0.5 0.6 0.7 0.8 0.9 1.0	내압이 작용하는 경우

(2) 철근콘크리트관(KS F 4401)

하수용, 관개 배수용으로서 수압이 걸리지 않는 관로에 사용된다. 모양은 A형, B형의 2종류가 있으며, A형은 유효 길이가 1m, B형은 2m로서 반지름은 150~600mm이다. 철근콘크리트관의 제조는 강재거푸집 속에 조립한 철근을 넣고 단위시멘트량 320~350kg으로 슬럼프 40~60mm의 된반죽 콘크리트를 넣고 진동기 또는 진동기와 압축기를 함께 사용하여 다지기에 의하여 성형한다. 일반적으로 증기양생한 후에 탈형한다.

한편 철근을 사용하지 않는 관을 무근콘크리트관((KS F 4404)이라 하며, 내하력은 철근콘크리트에 비교해서 떨어진다. 외압시험은 관의 직선 부분에 균등하게 재하하여 규격에 정하고 있는 외압강도에 견디어야 한다.

(3) 프리스트레스트 콘크리트관(KS F 4405, 4406)

관의 원주방향 또는 관 길이방향에 프리스트레스를 도입하여 압력내력과 외압내력을 높인 관을 프리스트레스트 콘크리트관이라 한다. 코어식 프리스트레스트 콘크리트관(KS F 4405)과 프리스트레스트 실린더 콘크리트관(KS F 4406)의 두 종류가 있다.

8.6.3 콘크리트 말뚝 및 전주

(1) 원심력 철근콘크리트 말뚝(KS F 4301)

원심력 철근콘크리트 말뚝은 나무말뚝에 비교해서 경제적이고, 지하수 등 부식에 관계없이 사용되며, 소요의 치수를 비교적 쉽게 얻을 수 있는 장점을 가지고 있다. 그래서 원심력 철근콘크리트 말뚝은 주로 교량의 교대, 교각, 고가교나 건축물의 기초용으로 많이 사용된다.

최근에 와서 잔교, 계선주 등에도 사용되고 있으며, 이러한 곳에 사용되는 말뚝은 축방향력 이외에도 큰 휨 모멘트를 받기 때문에 휨에 저항하도록 설계해야 한다. 원심력 철근콘크리트 말뚝의 모양은 속이 빈 원형통의 주체와 선단부 또는 이음부로 되어 있다. 선단부는 슈(shoe)를 붙인 것이 많고, 주체의 각 횡단면의 바깥지름 및 두께는 일정해야 하며, 말뚝의 치수는 표 8.12와 8.13과 같으며 그 허용차는 표 8.14와 같다.

원심력 철근콘크리트 말뚝의 제조시 말뚝은 축방향 압축력에 대하여 설계하므로, 축방향 철근 6개 이상, 철근비 0.8% 이상으로 해야 하며, 지름 9~13mm의 원형철근이 일반적으로 사용된다. 보조철근은 지름 3mm 이상, 피치(pitch) 150mm 이하이어야 하고, 피복두께는 15mm 이상이라야 한다. 콘크리트의 품질은 재령 28일의 압축강도가 40MPa 이상이라야 한다.

표 8.12 원심력 철근콘크리트 말뚝의 치수(1종)

바깥지름 (mm)	두께 (mm)	길이(m)와 기준 휨모멘트(kN·m)												
		3	4	5	6	7	8	9	10	11	12	13	14	15
200	50	0.3 (2.9)	0.3 (2.9)	-	-	-	-	-	-	-	-	-	-	-
250	50	-	0.6 (5.9)	0.6 (5.9)	0.6 (5.9)	0.8 (7.8)								
300	60	-	1.0 (9.8)	1.0 (9.8)	1.0 (9.8)	1.0 (9.8)	1.0 (9.8)	1.0 (9.8)	1.3 (12.7)	1.6 (15.7)	1.9 (18.6)	-	-	-
350	65	-	-	-	1.1 (10.8)	1.1 (10.8)	1.1 (10.8)	1.1 (10.8)	1.7 (16.7)	2.1 (20.6)	2.5 (24.5)	2.9 (28.4)	3.3 (32.4)	-
400	70	-	-	-	-	1.6 (15.7)	1.6 (15.7)	1.6 (15.7)	2.1 (20.6)	2.6 (25.5)	3.1 (30.4)	3.6 (35.3)	4.2 (41.2)	4.8 (47.1)
450	75	-	-	-	-	-	2.1 (20.6)	2.1 (20.6)	2.6 (24.5)	3.1 (30.4)	3.7 (36.3)	4.4 (43.1)	5.1 (50.0)	5.8 (56.9)
500	80	-	-	-	-	-	-	2.8 (28.4)	3.3 (32.4)	4.1 (40.2)	4.5 (44.1)	5.2 (51.0)	6.1 (59.8)	7.0 (68.6)
600	90	-	-	-	-	-	-	4.8 (47.1)	5.4 (53.0)	6.3 (61.8)	-	-	-	-

표 8.13 원심력 철근콘크리트 말뚝의 치수(2종)

바깥지름 (mm)	두께 (mm)	기준 휨모멘트		길 이(m)								
		모멘트(kN·m)	기호	7	8	9	10	11	12	13	14	15
300	60	24.5 34.3 39.2	A B C	○	○	○	○	○	○	–	–	–
350	65	34.3 49.0 63.7	A B C	○	○	○	○	○	○	○	○	–
400	70	53.9 73.6 88.3	A B C	○	○	○	○	○	○	○	○	–
450	75	73.6 103.0 117.7	A B C	–	○	○	○	○	○	○	○	○
500	80	88.3 112.6 166.7	A B C	–	–	○	○	○	○	○	○	○
600	90	98.1 176.5 264.8	A B C	–	–	○	○	○	–	–	–	–

표 8.14 말뚝 치수의 허용치(mm)

명 칭	허 용 차
길이	길이의 ±0.3%
바깥지름	+5 −2
두께	−1

비고 1. 말뚝의 바깥지름은 1단면에 있어서 직교축에 따라 측정한 2개의 값의 평균치로 한다.
2. 말뚝의 두께는 1단면에 있어서 직교축에 따라 측정한 4개의 값의 평균치로 한다.
3. 두께의 +측의 허용차는 규정하지 않는다.

(2) 원심력 철근콘크리트 전주

원심력 철근콘크리트 전주(pole)는 송전, 통신 및 조명에 사용되며, 신호주용의 1종과 철도나 궤도의 전차 선로주에 사용되는 2종이 있다. 내구성이 좋아 10m 이상의 장대물의 경우 경제적이기 때문에 나무기둥을 대신하여 널리 사용되고 있다.

표 8.15 원심력 철근콘크리트 전주의 치수 및 설계하중

길이 (m)	하중점 높이 (m)	지지점 높이 (m)	설 계 하 중(kN)															
			끝지름 (120mm)			끝지름 (140mm)			끝지름 (170mm)			끝지름 (190mm)						
5	3.85	0.9	1.2	—	—	—	—	—	—	—	—	—	—	—	—	—	—	—
6	4.75	1.0	1.2	1.5	2.0	1.5	—	—	—	—	—	—	—	—	—	—	—	—
6.5	5.15	1.1	—	—	—	—	—	—	—	—	—	—	—	—	—	—	6.0	—
7	5.55	1.2	1.2	1.5	2.0	1.5	2.0	2.5	—	—	—	—	—	—	—	—	6.0	—
7.5	9.95	1.3	—	—	—	—	—	—	—	—	—	—	—	—	—	—	6.0	—
8	6.35	1.4	—	1.5	2.0	1.5	2.0	2.5	2.0	2.5	3.0	—	—	—	—	—	6.0	—
8.5	6.85	1.4	—	—	—	—	—	—	—	—	—	—	—	—	—	—	6.0	—
9	7.25	1.5	—	—	2.0	1.5	2.0	2.5	2.0	2.5	3.0	—	—	—	—	—	—	—
9.5	7.65	1.6	—	—	—	—	—	—	—	—	—	—	—	—	—	—	6.0	—
10	8.05	1.7	—	—	2.0	—	—	2.5	2.0	2.5	3.0	3.0	3.5	4.0	4.5	5.0	6.0	7.0
11	8.85	1.9	—	—	—	—	—	—	2.0	2.5	3.0	3.0	3.5	4.0	4.5	5.0	6.0	7.0
12	9.75	2.0	—	—	—	—	—	—	2.0	2.5	3.0	3.0	3.5	4.0	4.5	5.0	6.0	7.0
13	10.55	2.2	—	—	—	—	—	—	—	—	3.0	3.0	3.5	4.0	4.5	5.0	6.0	7.0
14	11.35	2.4	—	—	—	—	—	—	—	—	—	—	3.5	4.0	4.5	5.0	6.0	7.0
15	12.25	2.5	—	—	—	—	—	—	—	—	—	—	3.5	4.0	4.5	5.0	6.0	7.0
16	13.25	2.5	—	—	—	—	—	—	—	—	—	—	3.5	4.0	4.5	5.0	6.0	7.0
17	14.25	2.5	—	—	—	—	—	—	—	—	—	—	—	—	—	—	—	7.0

원심력 철근콘크리트 전주의 치수는 표 8.15와 같이 「한국산업규격 KS F 4302의 원심력 철근콘크리트 전주」의 치수이다. 원심력 철근콘크리트 전주의 제조는 전주는 속이 빈 것으로 횡단면은 일정한 두께를 가져야 하며, 밑과 끝의 단면은 원형이라야 하고, 밑지름에서 끝지름 방향으로 1/75의 구배가 되도록 해야 한다.

8.6.4 프리스트레스트 콘크리트 제품

프리스트레스트 콘크리트 제품(PC 제품)은 철근콘크리트 제품과 비교하여 균열에 대한 안전도가 크고, 제품의 단면이 작고, 중량이 가볍고, 강재의 사용량이 작은 점 등의 특징이 있다. 프리스트레스트 콘크리트 제품의 제조방법에는 프리텐션 방식(pre-tensioning method)과 포스트텐션 방식(post-tensioning method)이 있다.

공장에서는 프리텐션 방식이 많이 채택되고 있으며, 포스트텐션 방식은 대형의 제품이나 현장에서 프리캐스트(precast)제품을 제작할 때 많이 사용된다. 프리스트레스트 콘크리트 제품으로서는 PC말뚝, PC전주 및 PC보 등이 대표적이다.

(1) 슬래브교용 프리스트레스트 콘크리트보

슬래브 형식의 폭 12m 이하의 슬래브교에 사용되는 프리스트레스트 콘크리트보로서 프리텐션 방식으로 제조되며 한국산업규격 KS F4204에 규정되어 있다(그림 8.9 및 그림 8.10 참조).

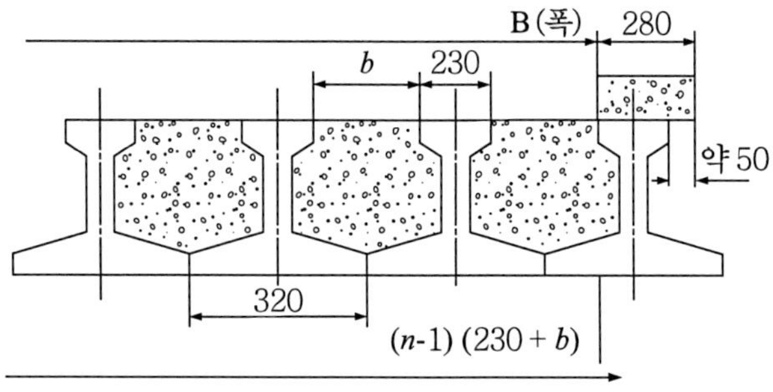

그림 8.9 슬래브교용 PC보의 단면(S107)

그림 8.9에서와 같이 하부 플랜지를 붙여놓고 보 사이에 콘크리트를 타설하면 슬래브교가 된다.

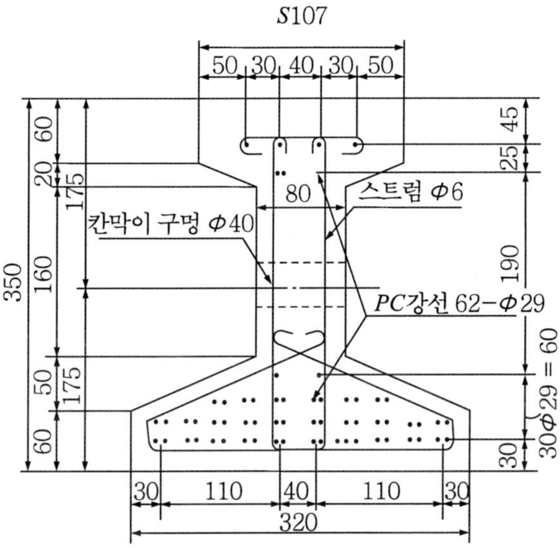

그림 8.10 슬래브교용 PC보의 횡단면도

[보의 설계조건과 제작]

콘크리트의 f_{28}=50MPa, 프리스트레스를 도입할 때의 콘크리트 압축강도는 f_c= 40MPa이며, PC강선은 ϕ2.9mm로서, 인장강도 f_t =19.5MPa 이상, 항복점응력 1,650MPa 이상이라야 하며, 하중은 활하중 DB-18t 및 DB-13.5t 이하의 하중에 적용하며, 1×10^{-3}MPa의 활하중에 대하여도 고려하고 있다. 보의 제조시 단위시멘트량 450~ 480kg, 물-결합재비 40% 전후, 슬럼프 3~5cm의 부배합의 된 반죽으로서 진동 다지기에 의하여 성형한다. 성형한 제품을 시트로 덮어 증기양생을 실시하며, 40MPa의 압축강도에 도달하면 정착을 풀어 프리스트레스를 도입한다.

(2) 빔교용 프리스트레스트 콘크리트보

빔교 형식으로 도로교에 사용되는 프리텐션 방식에 의한 PC교 빔(beam)으로서, 종류는 호칭에 따라 표 8.16과 같이 17종류가 있으며, 교량 축에 따라 그림 8.13과 같이 보를 설치하고 상부플랜지 사이에 콘크리트를 타설하여 교량을 만든다. 이때의 폭과 보의 개수는 표 8.17과 같다.

[보의 설계조건과 제작]

콘크리트의 f_{28}=50MPa, 프리스트레스를 도입할 때의 콘크리트의 압축강도 f_c=40MPa, PC강재는 KS D 7002에 규정된 공칭지름 5.0mm의 PC강선 또는 PC강연선(7가닥 꼬임선)을 사용하며, 인장하중 3250N 이상, 0.2%, 영구신률 4.5% 이상, 릴랙세이션 3.5% 이하이다. 한편 이 보는 도로교의 DB-18t 또는 DB-13.5 이하의 경우에 사용한다. 콘크리트 포장두께를 10cm, 난간 및 지복에 대한 하중을 일률적으로 교량기준의 일부로 사용해서는 안된다. 보의 휨강도시험은 균열시험하중 및 파괴시험하중에 대하여 한국산업규격(KS)에 따라 실시한다.

표 8.16 빔교용 프리스트레스트 콘크리트보의 종류

보의 호칭		적응 조건	
PC강선을 사용한 것	PC강연선을 사용한 것	지간(m)	설계활하중
B 108	B 108-S	8	DB-18
B 109	B 109-S	9	
B 110	B 110-S	10	
B 111	B 111-S	11	
B 112	B 112-S	12	
B 113	B 113-S	13	
B 114	B 114-S	14	
B 115	B 115-S	15	
B 208	B 208-S	8	DB-13.5
B 209	B 209-S	9	
B 210	B 210-S	10	
B 211	B 211-S	11	
B 212	B 212-S	12	
B 213	B 213-S	13	
B 214	B 214-S	14	
B 215	B 215-S	15	

표 8.17 빔교용 프리스트레스트 콘크리트 보의 횡단면 치수

설하중의 유무 / n과 b / B폭(m)	설하중 1000N/m²을 고려한 경우		설하중을 고려하지 않은 경우	
	n(보의 개수)	b(m)	n(보의 개수)	b(m)
6500	11	0.150	10	0.22
7500	12	0.182	11	0.250
8500	14	0.154	13	0.208
10000	16	0.167	14	0.269
12000	19	0.167	17	0.250

(3) 프리스트레스트 콘크리트 널말뚝

프리텐션 방식에 의하여 길이 방향으로 프리스트레스를 도입하여 제조하기 때문에 비교적 얇고 길게 제작된 콘크리트 널말뚝으로서 주로 흙막이 벽이 사용된다.

표 8.18 프리스트레스트 콘크리트 널말뚝의 종류

PC 널말뚝의 호칭	두께 t (mm)	폭 B (mm)	균열모멘트(N·m) 1개당	횡단면에 구멍의 유무	길이 L(m)
SPS-050	50	400	1700	무공	3
SPS-075	75	400	3900	무공	3
					4
SPS-100	100	400	6900	무공	4
					5
SPS-125	125	400	10900	무공	5
					6
SPS-150	150	400	15700	무공	7
					8
SPS-175	175	400	21400	무공	8
					9
SPH-200	200	500	35000	유공	9
					10
SPH-250	500	400	49600	유공	12
SPH-300	300	500	69100	유공	13
SPH-350	350	500	92200	유공	14
SPH-400	400	500	121100	유공	16

* PC 널말뚝의 길이는 표의 값을 기준으로 하되 주문자의 요구에 따라 변경할 수 있다

PC 널말뚝의 종류는 표 8.18과 같으며, 단면의 모양 및 치수는 그림 8.11 및 표 8.19와과 같다. 단 주문자의 요구에 따라 이음부의 모양과 치수는 변경할 수 있다.

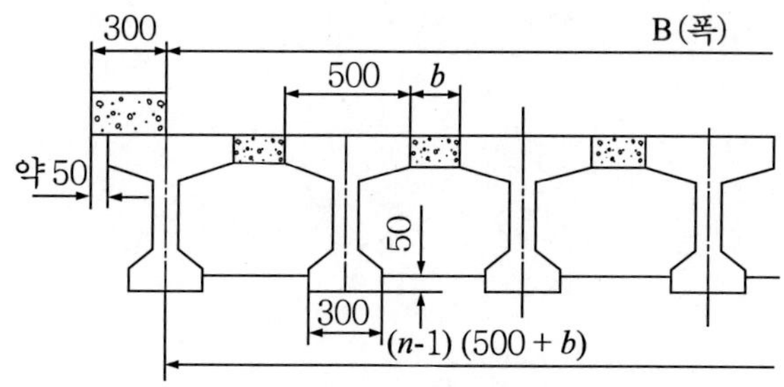

그림 8.11 PC 널말뚝의 단면

표 8.19 프리스트레스트 콘크리트 널말뚝의 단면치수

PC 널말뚝의 호칭	단 면 치 수									
	B	t	a	c	e	g	b	d	f	h
SPS-050	400	50	13	0	12	13	10	0	15	15
SPS-075	400	75	25.5	0	12	13	22.5	0	15	15
SPS-100	400	100	25	25	12.5	20	20	30	15	25
SPS-125	400	125	37.5	25	12.5	20	32.5	30	15	25
SPS-150	400	150	35	40	20	30	30	45	22.5	35
SPS-175	400	175	47.5	40	20	30	42.5	45	22.5	35
SPS-200	500	200	60	40	20	30	55	45	22.5	35
SPS-250	500	250	78	50	22	35	70	60	25	40
SPS-300	500	300	103	50	22	35	95	60	25	40
SPS-350	500	350	128	50	22	35	120	60	25	40
SPS-400	500	400	153	50	22	35	145	60	25	40

CHAPTER

09

콘크리트구조물의 보수 및 관리

CHAPTER 09

콘크리트구조물의 보수 및 관리

9.1 보수재료

9.1.1 보수재료의 중요 성질

(1) 치수 안정성

기존 콘크리트 구조물과 접합시키기 위해서는 경화 후 수축을 하지 않는 팽창성 성분과 발포성 성분을 적절히 배합한 무수축 그라우트와 같은 재료가 필요하다.

(2) 열팽창계수

기존의 콘크리트에 가장 가까운 열팽창 계수의 재료를 이용해야 한다. 콘크리트와의 계면에서 열팽창・수축에 의한 균열이 발생할 수도 있으므로 주의를 요할 필요가 있다.

(3) 탄성계수

기존의 콘크리트에 가까운 탄성계수의 재료를 선정할 필요가 있다. 탄성계수가 큰 부분에 응력이 집중하게 되므로 탄성계수에 대해 배려할 필요가 있다.

(4) 전도성

노출철근을 보수하는 경우 전도성을 갖는 재료로 복구하는 것이 바람직하다. 비전도성 재료를 이용하면 비보수부의 철근과의 사이에 매크로셀(macro cell)을 형성하여 그 부분의 부식을 촉진할 위험성이 있다. 폴리머시멘트 모르타르계 재료의 물리적 성질은 기존 콘크리트에 가깝고 철근콘크리트 구조물의 보수에 적합하다. 한편, 수지계 재료는 경화속도와 접착성, 내균열성 등의 점에서 폴리머시멘트 모르타르계 재료보다 뛰어난 성상을 가지고 있다. 기본적으로, 철근콘크리트 구조물의 보수에는 폴리머시멘트 모르타르를 포함한 시멘트계 재료를 중심으로 사용하는 것이 좋다. 참고로 콘크리트 보수·보강 재료의 물리적 성질을 표 9.1에 나타냈다.

표 9.1 콘크리트 보수재료의 물리적 특성

항목 \ 재료종류	에폭시수지 그라우트, 모르타르 및 콘크리트	폴리에스타르 수지 그라우트, 모르타르 및 콘크리트	시멘트계 그라우트, 모르타르 및 콘크리트	폴리머시멘트계 그라우트, 모르타르 및 콘크리트
압축강도(MPa)	55~110	55~110	20~70	10~80
압축 탄성계수 ($\times 10^4$ MPa)	0.05~2.0	0.2~1.0	2.0~3.0	0.1~3.0
휨강도(MPa)	25~50	25~30	2~5	1~30
인장강도(MPa)	9~20	8~17	1.5~3.5	2~8
파괴시의 신장(%)	0~15	0~2	0	0~5
열팽창지수($\times 10^{-6}$)	25~30	25~35	7~12	8~20
흡수율 25℃에서 7일간(%)	0~1	0.2~0.5	5~15	0.1~0.5
하중하에서의 최대 사용온도(℃)	40~80	50~80	30℃ 초과 (배합설계의 의함)	100~300
강도 발현까지의 시간(20℃)	6~48시간	2~6시간	1~4주간	1~7일간

9.1.2 보수재료의 종류 및 특성

(1) 균열 보수재료

기본적으로는 콘크리트와 완전히 일체화되는 재료가 가장 적당한 것으로 콘크리트에 발생한 균열을 충전 또는 주입함으로써 염분, 수분, 산소 등의 침투를 방지하는 재료로서, 보수에 있어서는 균열의 진행성 여부에 따라 또는 구조물 단면의 크기에 따라 사용할 재료를 검토하는 것이 중요하다. 균열 보수용 재료는 주로 콘크리트 본체에 생긴 균열이나 모르타르 들뜸부 등에 주입하는 재료로 폴리머시멘트 슬러리계와 에폭시계의 주입재가 일반적으로 이용되고 있다. 에폭시수지계 주입재는 주입성이 좋고 균열폭 0.05mm까지 주입할 수 있어 접착성이 높은 점 등의 특징과 장점을 가지고 있다.

한편, 시멘트계 주입재는 비교적 싸고 습윤면에서의 접착성이 좋으며 열팽창률이 콘크리트와 유사할 뿐만아니라 습윤면에도 적용할 수 있기 때문에 균열 부위로부터의 누수방지가 가능하다. 국부적인 철근의 부식이나 중성화의 방지·억제 효과도 동시에 기대할 수 있는 등의 특징과 장점을 가지고 있다. 일반적으로, 시멘트계 재료를 주입하는 경우에는 주입 개소가 습윤상태로 되어 있을 필요가 있고, 건조상태에 있으면 주입 도중에 막혀 버릴 가능성이 있으므로 유의할 필요가 있다.

(2) 단면복구 재료

단면복구 재료란 콘크리트 구조물에서 손상된 콘크리트 부분을 원래 형상대로 복구하는 재료이다. 단면복구용 재료에는 폴리머시멘트 모르타르와 에폭시수지 모르타르의 2종류가 있다. 에폭시수지 모르타르는 시공성이 좋고 높은 부착성을 갖지만, 경화시의 온도 의존성이 크고 저온 시에는 경화되기 어려운 점이 있다. 폴리머시멘트 모르타르 재료에는 기본적으로 앞의 균열 보수용 주입재에서 기술한 특징과 장점, 단점을 가지고 있다. 최근에는 복구 단면이 큰 토목구조물 등에 대해서 프리팩트 콘크리트공법이 실시되고 있다. 복구 단면부에 먼저 채울 골재를 충전한 후 무수축형의 유동화 시멘트 슬러리를 충전하는 공법이다.

(3) 철근 부식방지(물리적) 재료

강재의 부식진행을 억제 또는 대폭으로 둔화시키기 위해 강재에 도포하는 재료로 염분, 수분, 산소 등 침투를 방지할 수 있는 것이어야 한다. 철근의 부식을 막기 위해서는 물과 산소의 공급을 차단하고 탄소가스, 염소이온(염분)의 침입을 억제할 필요가 있다.

철근 부식방지용 재료로는 녹전환 재료[인상, 유기산 킬레이트(chelate)제 등], 수지계 방식도료(에폭시수지 도료, 아크릴수지 도료), 폴리머시멘트 페이스트(또는 모르타르) 등이 이용되고 있다. 수지계 방식 도료에서는 에폭시수지계 도료가 가장 많이 이용되고 있다. 이는 산소·물의 차단에 의한 부식방지 효과를 기대한 것이지만 에폭시수지 경화제의 종류에 따라서는 역으로 철근을 부식시킬 가능성도 있다. 이들 보수재료는 다음과 같은 특성을 갖고 있다.

1) 녹전환형 부식방지 재료

재료로는 인산계와 유기산계가 있다.

2) 수지계 부식방지 재료

에폭시수지 도료(플라이머계 포함)가 많이 사용되고 있다. 경화가 빠르고 부착성, 작업성도 좋은 것으로 여겨지고 있지만, 부식방지 효과는 반드시 양호하다고는 할 수 없다.

3) 폴리머 시멘트계 부식방지 재료

혼합되는 폴리머는 SBR(styrene-butadiene rubber : 합성, 천연고무의 대용품)계, PAE계가 많다. SBR계는 방수성, 중성화에 대한 저항성이 뛰어나고, PAE계는 초기 접착성과 시공성이 뛰어나지만 장기 접착은 SBR계 쪽이 크다고 알려져 있다. 이 밖에 초산 비닐계에 대해서는 가수분해 등에 의한 초산이 생성되어 철근 부식을 역으로 촉진할 우려가 있어 사용 시에 주의가 필요하다.

아초산염의 고농도 수용액을 철근 부식에 의해 발생한 균열에 직접 침투시켜도 부식 방지 효과는 어느 정도 기대할 수 있지만, 이 경우에는 국소적인 효과밖에 얻어지지 않기 때문에 광범위한 부식 방지 효과를 기대하기 위해서는 부식방지 모르타르에 의한 표면피복 공법이 유효하다.

(4) 봉합재료

봉합재료에는 에폭시수지계 모르타르가 주로 사용된다.

(5) 방수재료

방수재료의 종류는 다음과 같다.

방수재료
- 급결 시멘트계 방수재
- 시멘트계 침투성 방수재
- 우레탄 지수계 방수재(발포, 비발포)

(6) 표면피복 재료

콘크리트 표면피복 재료란 염분, 수분, 산소 등 콘크리트 중의 강재 부식현상을 촉진시키는 요인이 외부로부터 투과·침투하는 것을 방지 또는 억제할 목적으로 도포하는 재료를 말한다. 콘크리트 표면피복 재료는 이와 같은 성능을 보유함과 동시에 내후성, 콘크리트와의 부착성, 내균열성, 내알칼리성에도 뛰어난 성능이 요구된다. 또한, 현장시공이기 때문에 용이하고 능률적으로 작업이 신행될 수 있는 재료가 바람직하다.

내수성, 내균열성이 뛰어난 폴리머시멘트 모르타르계의 표면피복재를 이용해서 콘크리트 본체를 피복하면 뛰어난 중성화 억제 효과를 기대할 수 있다. 이 표면피복제는 철근의 부식방지 효과를 더욱 높이기 위해서 아초산염을 배합한 폴리머 시멘트 모르타르가 이용되는 경우가 있다. 또한, 표면피복제 처리를 한 다음, 본체 보호기능의 향상, 내구성 부여, 미장 등의 이유로 외벽용 마감재 등에 의한 마감처리를 한다.

9.2 보수공법

콘크리트 구조물에 발생되는 열화나 손상은 균열, 박리, 유리석회, 누수, 철근노출 등이 있다. 콘크리트 구조물의 보수는 조사 및 진단을 실시하여 열화 및 손상에 대해서 정밀하게 내용을 파악하는 것이 중요하다.

보수의 목적에 따라서 어떤 보수방법이 유리한가를 선정해야 하므로, 열화되거나 손상된 구조물의 중요도, 열화 및 손상정도에 따라서 다르지만 크게 나누어보면 다음과 같다.

1) 현 상태의 구조적 안전성, 내구성, 기능성 등의 성질을 유지하기 위해 열화, 손상의 진행을 억제한다.
2) 열화, 손상된 또는 그 가능성이 있는 구조물에 대해 실용상 지장이 없는 소요의 성능까지 회복시킨다.
3) 열화, 손상된 또는 그 가능성이 있는 구조물에 대해 그 성능을 초기 수준 이상으로 개선한다.

9.2.1 보수공법의 종류

콘크리트 구조물의 보수공법은 보강공법과 비교하면 종류도 적고 간단히 생각하기 쉽지만, 실제로는 보강보다 복잡한 면을 가지고 있다. 그것은 보강이 내하력만의 대책에 한정되기 쉬운데 반해 보수는 그 이외의 열화, 역학, 화학적 요인 등의 이상 전체에 대응되어야 하기 때문이다.

(1) 균열 보수공법

균열 보수공법으로서는 표 9.2에서와 같이 표면처리공법, 충전공법, 침투성 방수제 도포공법 등이 있다. 가장 폭넓게 이용되고 있는 공법은 주입공법으로, 충전공법과 병용되는 경우가 많다.

주입공법에 의한 보수의 목적은 부재의 일체성 확보가 주된 것이지만, 상세히는 균열로 발생하는 강재의 부식을 막아 내구성 확보하며, 경우에 따라서는 방수성의 확보, 나아가서는 부재의 내하성능이 회복된다. 과거에는 균열에 대한 수지 주입은 충전성에 관한 신뢰성이 낮아 내구성 향상에만 주안을 두었지만, 최근에는 고무압, 공기압 및 용수철압 등을 이용하는 저점도 에폭시수지의 장시간 저압주입공법(주입압 : kg_f/cm^2 전후) 등의 개발에 의해 구조적 회복까지 기대할 수 있게 되었다. 주입재로서는 수지계(균열폭 2mm 미만의 작은 경우)와 시멘트계(2mm 이상의 큰 경우)가 일반적으로 이용되고 있다.

콘크리트의 대표적인 손상인 균열에 대한 보수·보강방법은 다음과 같으며, 시설물별 주요 보수·보강공법은 시설물편을 참조하여 보수·보강공법을 선택할 수 있다. 균열기준은 구조물의 중요도, 특성 등에 따라 다양하므로 구조물의 특성 및 균열현상 등을 고려하여 적절한 보수공법을 사용해야 한다.

- 표면처리공법
- 주입공법
- 충전공법
- 침투성 방수제 도포공법 등

콘크리트 균열의 보수목적과 균열상태에 따른 보수공법별 적정성을 비교하면 표 9.2와 같다.

표 9.2 콘크리트 균열의 보수공법 적정성 비교

보수 목적	균열 현상 · 원인		균열폭 (mm)	보수공법				
				표면처리 공법	주입공법	충전공법	침투성 공법	기타
방수성	철근부식 미발생시	균열폭 변동이 작음	0.2 이하	○	△		○	
			0.2~1.0	△	○	○		
		균열폭 변동이 큼	0.2 이하	△	△		○	
			0.2~1.0	○	○	○	○	
내구성	철근부식 미발생시	균열폭 변동이 작음	0.2 이하	○	△	△		
			0.2~1.0	△	○	○		
			1.0 이상		△	○		
		균열폭 변동이 큼	0.2 이하	△	△	△		
			0.2~1.0	△	○	○		
			1.0 이상		△	○		
	철근부식		-					□
	염 해		-					□
	반응성 골재		-					□

주1) 균열폭 3.0mm 이상의 균열은 구조적인 결함을 수반하는 일이 많으므로 여기에 표시하는 보수공법 뿐만 아니라 구조내력의 보강을 포함하여 실시하는 일이 보통이다.

주2) ○ : 적당 △ : 조건에 따라 적당 □ : 기타

1) 표면처리공법

표면처리공법은 미세한 균열(폭 0.2mm이하)위에 도막을 형성하여, 방수성, 내구성을 향상시킬 목적으로 사용하며, 균열부분만을 피복하는 방법과 전면을 피복하는 방법이 있다. 균열의 성장이 정지된 상태에서는 그림 9.1(a)와 같이 균열선을 따라 폭 50~100mm를 와이어 브러쉬로 닦아낸 후 폴리머 시멘트페이스트나 모르타르로 균일하게 도포한다. 콘크리트 표면에 0.3mm이하의 미세한 균열이 많이 분포해 있는 경우도 같은 방법으로 도포할 수 있으며, 재료를 기계로 분무하여 도포할 수도 있다.

진행성 균열인 경우 경화후의 재질이 단단한 폴리머 시멘트페이스트나 모르터로 보수할 경우 보수부위에 다시 균열이 발생하므로 그림 9.1(b)와 같이 균열면을 와이어브러쉬로 완전히 청소한 후 균열선을 중심으로 폭 10~15mm 테이프를 부착하고, 테이프를 중심으로 폭 30~50mm, 두께 2~4mm의 변형성 및 신장성이 큰 실링재를 도포하여 바닥의 변형을 이 테이프 사이에서 흡수할 수 있도록 한다.

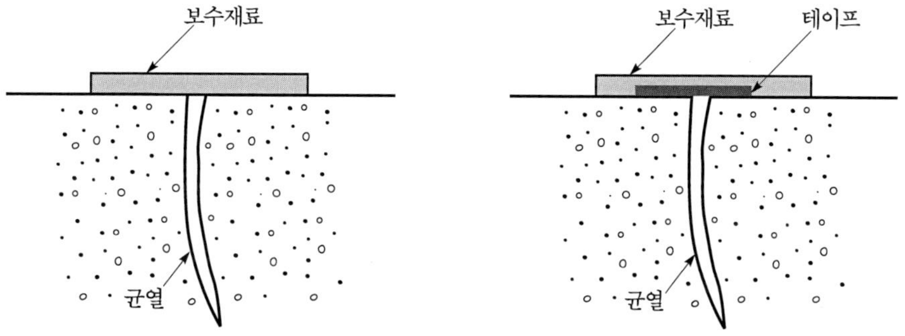

그림 9.1 표면처리공법

일반적으로 시공은 표면의 부착물을 와이어브러쉬나 물 등을 사용하여 완전히 제거하고 충분히 건조시킨 후 표면의 기공을 퍼티(putty)상 프라이머로 메운 후 보수재료로 피복한 후 양생하는 순서로 이루어지며, 피복재의 두께가 얇으므로 사용연수의 경과에 따른 성능저하를 관찰하여야 한다.

2) 주입공법

주입공법은 균열에 수지계 또는 시멘트계의 재료를 주입하여 방수성, 내구성을 향상시키는 공법으로, 마감재가 콘크리트 모체로부터 들떠있는 경우에도 적용할 수 있다. 이 공법을 적용함에 있어서는 시공위치, 시공시기에 맞는 작업시간 및 균열폭에 대응한 점도의 재료를 선정하는 것이 중요하다. 시공위치 및 균열폭에 따라 표 9.3(a)에 분류하였다.

에폭시수지를 진행성 균열의 보수에 사용하는 경우, 에폭시 수지의 변형에 대한 적용성이 문제된다. 일반적으로 사용되고 있는 에폭시수지의 변형량은 2% 정도로, 이와 같은 재료로 보수한 균열의 주변에 새로운 균열이 발생하는 경우가 많다. 따라서 이러한 균열에 대해서는 유연성의 것을 사용하거나 충진공법을 고려할 필요가 있다. 그리고 에폭시수지 주입공법과 스테인레스 핀과의 병용으로 균열부의 일체화를 증대시켜 온도변화 등에 의한 움직임을 적게 하는 방법도 고려할 필요가 있다. 현재 이 공법에 사용되는 재료로는 에폭시수지가 가장 일반적이며 특징은 표 9.3(b)와 같다. 그림 9.2는 주입공법의 예를 나타낸 것이다.

표 9.3(a) 균열에 따른 주입공법의 분류

조건 \ 공법		기계주입공법	수동주입공법	유입공법	저압수지 주입공법
시공위치	수평면(상)	○	○	○	○
	수평면(하)	○	○		○
	수직면	○	○		○
균열폭 (mm)	0.25 이하	○			○
	0.25~2.0		○	○	○
	2.0~5.0		○	○	
	5.0 이상			○	

표 9.3(b) 주입공법의 특징

① 내하력 복원의 안전성을 기대할 수 있다.
- ○ 에폭시수지의 접착강도가 크며, 경화시 수축이 거의 없다.
- ○ 휨시험에서는 대부분 모재에서 파단이 일어난다.

② 내구성 저하 방지 및 누수방지를 기대할 수 있다.
- ○ 미세한 균열에도 주입이 가능하다.
- ○ 균열이 발생한 콘크리트를 일체화시킬 수 있다.
- ○ 산소 및 수분을 차단할 수 있어 콘크리트의 탄산화를 억제할 수 있다.

③ 경화후의 에폭시수지는 화학적 성질이 안정하여 내후성이 좋다.

④ 미관의 유지가 용이하다.

⑤ 경제적이다.
- ○ 구조물의 자중 증가가 거의 없다.
- ○ 접착강도가 단기간에 발현된다.
- ○ 작업성이 좋다.

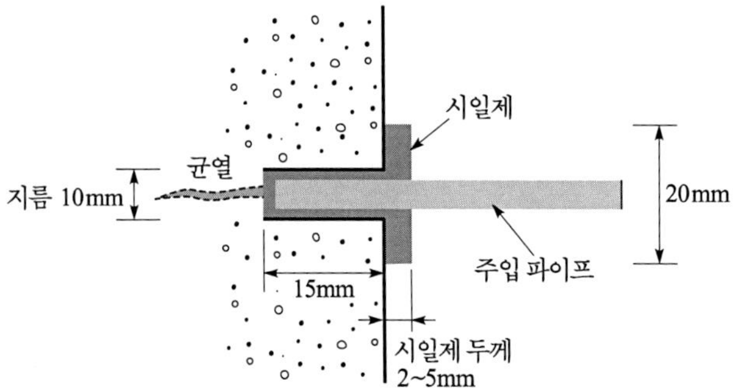

(단위 : mm)

균열폭	주입파이프간격
0.3이하	50~100
0.3~0.5	100~200
0.5~1.0	150~250
1.0 이상	200~300

그림 9.2 일반적인 주입공법

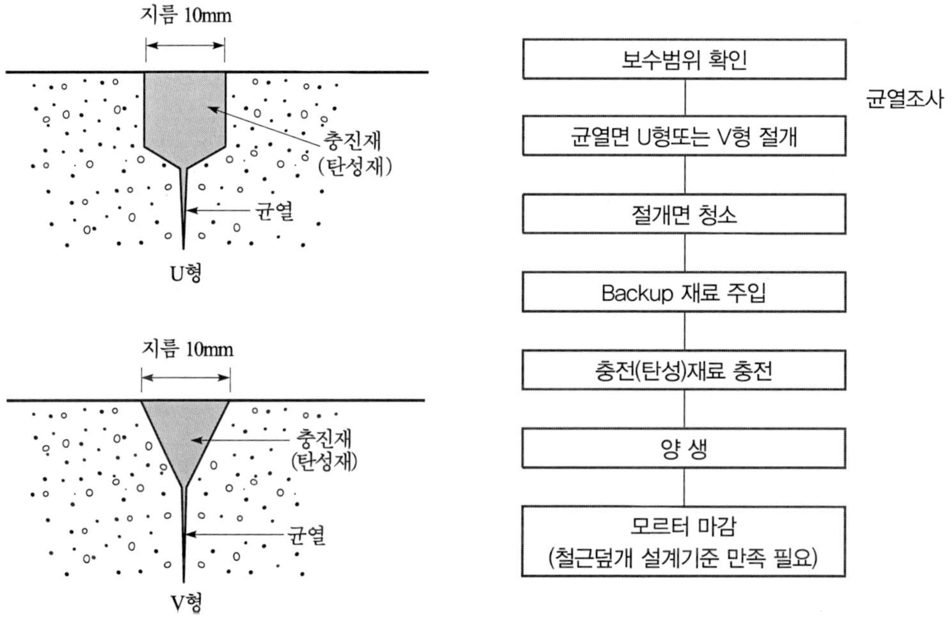

그림 9.3 철근이 부식하지 않는 경우의 충전공법 및 시공흐름

3) 충전공법

일반적으로 0.5mm 이상의 비교적 큰 폭을 가진 균열, 재균열부의 보수에 적용하는 공법으로 균열을 따라 콘크리트를 절단한 후 그 부분에 보수(충진재, 탄성재)재료를 채워 넣는 공법이다. 이 공법은 균열 끝의 철근이 부식되고 있는 경우와 그렇지 않은 경우에 따라 적용 방식이 약간 다르다.

① 철근부식이 없는 경우

철근이 부식되지 않은 경우는 그림 9.3과 같이 균열을 따라 약 10mm 폭으로 콘크리트를 U형 또는 V형으로 절개한 후, 이 부위에 실링재・유연성 에폭시수지 또는 폴리머 시멘트 모르터 등을 충전하여 보수한다. V형으로 절개하는 방법은 간편하지만 폴리머시멘트 모르타르를 충전하는 경우 충전한 모르터의 박리가 발생하기 쉽기 때문에 U형으로 절개하는 방법이 보다 효과적이다. 보수순서는 그림 9.3과 같다.

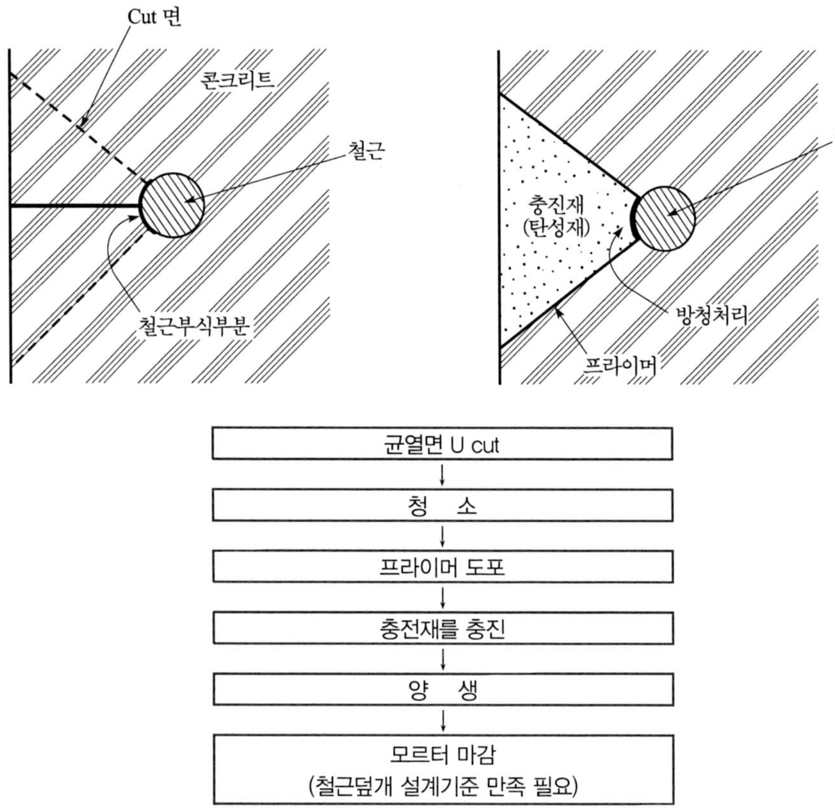

그림 9.4 철근이 부식된 경우의 충전공법 상세도 및 순서도

② 철근부식이 있는 경우

철근이 부식된 경우의 충전공법은 그림 9.4와 같이 부식된 철근부위까지 콘크리트를 깨내고 철근의 녹을 완전히 제거한다. 철근에 대한 방청처리와 콘크리트면에 대한 프라이머 도포 후 폴리머시멘트 모르터나 에폭시수지 모르터 등의 재료로 충전하는 순서로 시공한다. 보수 순서는 그림 9.4와 같다.

이 방법은 철근이 부식된 경우의 철근콘크리트 구조물의 내구성 회복을 목표로 한 균열보수의 주된 방법으로 환경조건에 따라 여러 가지의 재료 및 공법이 사용될 수 있다. 콘크리트 구조물의 내구성 회복을 목적으로 하는 것으로 크게 구분하면, 아래와 같이 나눌 수 있다.

㉠ 보수재료에 의해 물리적으로 부식을 방지하는 방법
㉡ 콘크리트에 알칼리성에 부여해서 화학적으로 부식을 억제하는 방법

㉢ ㉠과 ㉡을 조합시키는 방법

4) 침투성 방수제 도포공법

침투성 도포방수제에 의한 누수방지를 목적으로 한 보수공법은 균열폭 0.2mm 이하인 경우를 대상으로 하고 있다. 이 공법은 태풍과 함께 비바람이 작용하더라도 누수되지 않는 것으로 알려져 있다.

(2) 단면복구 공법

손상된 콘크리트와 보수를 위해 벗겨낸 콘크리트 단면을 원래 형상으로 복구해 피복 등을 확보함으로써 열화 진행을 억제하고 구조물의 내구성을 향상시키는 공법이다. 단면복구재에 요구되는 성능은 복구 부재, 환경 조건, 시공법 등에 의해 다양하지만 일반적으로는 압축, 휨 및 인장강도, 열팽창 계수, 탄성계수 및 포아송비 등이 기존 콘크리트와 동등 이상이어야 하고, 건조수축이 작고 접착성이 높아야 한다. 결함발생 부위에 대하여 치핑으로 열화된 콘크리트 제거 후 단면을 복구하는 공법의 개요와 시공순서 및 공법비교를 제시하면 그림 9.5와 같다.

1) 표면처리

기존 콘크리트 열화부위, 탄산화 부분을 브레이커 등을 이용하여 콘크리트 표면을 깎아낸다. 이때 손상부 깊이가 철근까지 확대되었을 때는 철근 뒷면 2cm 이상을 깎아낸다.

2) 표면청소

콘크리트 표면철거 후 고압 살수기를 이용하여 표면을 고압세척 한다. 고압세척의 압력은 노즐에서 35MPa(350kg_f/cm^2)의 압력으로 한다.

3) 철근부식 방지

철근부식 방지를 위해 방청제를 도포 하며 철근의 방식성, 단면보수재 및 철근과의 부착성이 좋은 재료를 사용하여야 한다.

4) 접착력 강화

신, 구 재료의 접착력 강화를 위하여 붓이나 에어 스프레이건을 사용하여 접착제를 균일하게 도포 한다. 콘크리트면과 밀착성이 뛰어나고 탄성계수, 열팽창계수, pH 등이 비슷한 규산염계, 폴리머 계통 접착제 등 사용한다.

5) 단면 보수재

기존 콘크리트 탈락부위에 특수 조강 무수축모르타르를 바른다.

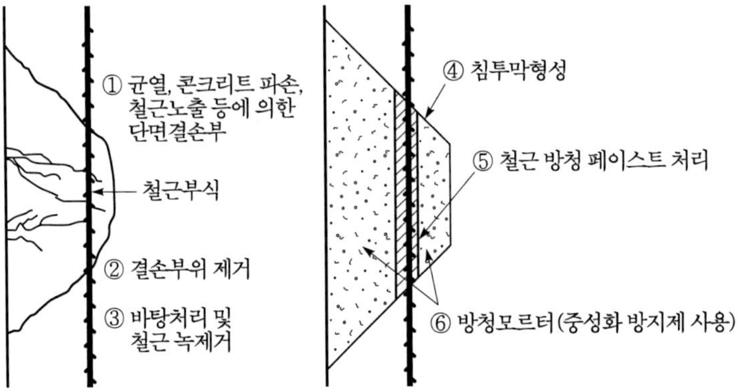

그림 9.5 단면복구 공법 개요도

(3) 물리적 공법

콘크리트 내의 철근이 노출되는 요인은 여러 가지가 있지만, 주로 철근의 녹 발생에 의한 체적팽창으로 콘크리트가 박락(exfoliation)해 노출되는 경우가 많다. 또한, 철근의 녹물이 균열을 통해 콘크리트 표면에 나타나는 경우도 있다. 철근의 부식방지 처리에는 적절한 철근부식 방지 재료와 공법의 선택이 중요하다. 철근이 노출되고 있다고 하는 것은 콘크리트가 파괴되고 있다고 하는 것으로 철근부식 방지공법에 의한 처리가 필요하다. 그 부분이 노출된 채로 오랫동안 방치되어 있는 경우 피복면 및 철근에 염분, 탄산화물, 부착 저해물 등이 부착되어 있어, 이들을 제거하기 위해서는 블라스트(blast) 처리가 필요하다. 동시에 콘크리트를 건전한 부분까지 벗겨내고 철근의 녹 제거를 철근의 이면까지 행해야 한다.

녹 제거는 어디까지나 백색에 가까운 금속까지 블라스트 처리를 행하는 것을 표준으로 한다. 또한, 상판 콘크리트피복이 얇은 것이 박리(spalling)되어 철근이 노출되어 있는 경우 단면복구는 매우 곤란하다. 이 경우는 노출된 철근에 그대로 부식방지 처리를 해야 하고 재료에 대해서도 잘 고려해 주어야 한다.

(4) 전기화학적 공법

전기화학적 보수공법은 다양한 방법을 이용해 콘크리트 표면으로부터 콘크리트 내부의 강재에 전류를 유입시켜 강재의 부식을 근원적으로 방지하는 공법으로는 전기방식공법, 탈염공법, 재알칼리화 공법 및 전착공법과 이들 각 공법의 적용 범위를 알아보면 표 9.3과 같다.

표 9.3 전기화학적 보수공법의 종류와 적용범위

적용대상 \ 보수공법			전기방식공법	탈염공법	재알칼리공법	전착공법
환경 조건	육상・내륙부		○	○	○	–
	해양 환경	대기중부	○	○	○	–
		물보라부	○	○	○	–
		간만대부	○	△	–	○
		해중부	○	–	–	○
구조 부재	RC		○	○	○	○
	PC		○	–	–	○
기본 구조물			○	○	○	○
신설 구조물			○	–	–	○

1) 전기방식공법

전기방식공법은 염해, 중성화 등에 의해 콘크리트내의 강재가 부식되거나 부식염려가 예상되는 강재의 방식방법으로 적용되는 공법으로서, 강재를 음극으로 하고 콘크리트 표면에 설치한 전극으로부터 $5\sim30\text{mA/m}^2$의 방식 전류를 흘려보내 콘크리트 내의 강재를 불활성 상태로 하는 공법이다.

전기방식공법에는 외부에 전극을 설치해 강제적으로 계속 방식 전류를 흐르게 하는 외부전원방식과 내부 강재에 의해 이온화 경향이 큰 아연 등의 금속을 양극재로 하여 강재와 전류를 흐르게 하여 방식전류를 확보하는 유전양극 방식이 있다.

2) 탈염공법

탈염공법은 염분이 침입해 콘크리트 내의 강재를 부식시키고 있거나 부식시킬 가능성이 있는 경우에 적용되는 비파괴 보수공법으로서, 전기방식보다 더욱 센 전류, 전압을 가한 전기분해로 염화물 이온을 표면으로 끌어내는 공법이다(전기방식에서 사용되는 전류는 1mA인 반면에 본 기술은 1A로서 100배의 차이가 있다). 가설한 외부 전극과 콘크리트 내의 강재와의 사이에 약 1A/m^2의 직류전류를 1~2개월간 흘려 콘크리트 내의 염분을 콘크리트 밖으로 내보내도록 하는 방식이다.

3) 재알칼리화 공법

재알칼리화 공법은 중성화에 의해 콘크리트 내의 강재를 부식시키고 있거나 부식시킬 가능성이 있는 경우에 적용되는 비파괴 보수공법으로서, 가설한 외부 전극과 콘크리트 내의 강재와의 사이에 약 1mA/m^2의 직류전류를 약 1주간 흘려 가설강재가 보유한 알칼리성 용액을 콘크리트 내에 강제 침투시켜 알칼리성을 회복시키는 공법이다.

4) 전착공법

전착이란 전기분해에 의하여 전해질이 갈라져 나와 전극의 표면에 들러붙는 것으로 전착공법은 콘크리트 내의 강재를 음극으로 하고 해수 중에 양극과의 사이에 직류의 미세전류를 수개월간 흐르게 하여 해수 중에 존재하는 칼슘 이온과 마그네슘 이온 등을 콘크리트 구조물의 균열부와 표층부에 탄산칼슘과 수산화마그네슘이 안정된 화합물로 석출되게 하여 균열부를 충전시키고 표층부를 치밀화하는 공법이다.

(5) 봉합공법

1) 걸쇠(⊂형철근) 붙임 공법

비교적 단면이 얇은 구조물(철근을 배근할 수 없을 정도)에 사용하고, 상판의 균열 보수 등에 이용된다. 공법은 균열에 수직형의 철근(걸쇠)을 설치하고, 에폭시수지 모르타르 등을 충전하는 방법이다.

2) 강봉앵커 공법

앵커의 정착이 충분한 콘크리트 구조물의 비교적 큰 구조균열, 콜드조인트 등의 보강에 사용할 수 있는 공법이다. 균열 혹은 조인트 부에 주입재를 주입한 후 균열에 따라 강봉을 경사지게 좌우 교차로 삽입해 가는 방법으로 강봉 길이는 비교적 긴 것(150mm 이상)이 사용된다.

3) 프리스트레스 도입공법

프리스트레스 도입공법은 PS강재를 균열에 대해 직각으로 조여 붙이는 방향으로 배치하고, 이에 프리스트레스를 도입하는 공법이다.

(6) 방수공법

콘크리트 구조물의 보수 중에서 구조물 내를 관통하는 누수는 중요한 문제이다. 토목구조물의 누수에는 지하수압에 의한 누수 등도 있지만, 대개 구조물의 균열 및 콘크리트 내부의 결함이 주원인이다. 방수공법의 일반적인 절차를 보면 다음과 같다.

① 누수되고 있는 균열 부분을 V 절삭하여 충분히 청소하고 물로 씻는다.
② 방수 시멘트가 경화하기 전에 충전개소에 강하게 눌러 넣어 굳을 때까지 누른다.
③ 충전할 때에는 먼저 누수원의 주위에서부터 충전한다.
④ 누수량이 많을 때는 누수원에 호스를 삽입해 호스 주위를 방수 시멘트로 굳힌다.
⑤ 방수 시멘트가 경화한 후, 호스를 빼고 나무쐐기로 막아 방수 시멘트를 강하게 채워 넣는다.
⑥ 마지막으로 구조면과 평평하게 되도록 마무리한다.

(7) 표면피복 공법

콘크리트 구조물의 표면을 수지계와 폴리머시멘트계 재료로 피복함으로써 수분, 탄산가스, 산소 및 염분 등을 차단해 열화 진행을 억제하고 구조물 내구성을 향상시키는 공법이다. 표면피복재에 요구되는 성능은 열화 손상 요인, 시공환경 조건 등에 따라 다르지만, 일반적으로는 상술한 차단성 이외에 기존 콘크리트와의 부착성, 내균열성, 내알칼리성, 내후성 등이 뛰어나야 한다.

표면피복 공법은 도막피복 공법과 모르타르피복 공법으로 크게 분류된다. 도막피복 공법이란 일반적으로 유기계 재료를 얇게 겹쳐 바르는 공법이고, 모르타르피복 공법은 전자의 하층도포(하도)와 중층도포(중도)에 해당하는 부분을 어느 정도의 두께를 가진 무기계 재료의 층으로 치환하는 공법이다. 이 중에서 불균질재, 복합재이거나 보수성이 있는 콘크리트에 대해 가장 유효한 마감공법은 유기질계인 도막피복 공법이다. 어느 공법도 부분적인 피복은 피하고 외면에 접하는 면의 전면에 대해 실시하는 것이 좋다.

9.3 보강공법

구조물의 보강은 일반적으로 원 설계시의 구조성능을 회복시키는 것이 목표지만, 부재의 열화상황을 콘크리트 내부 깊숙이까지 파악하는 것이 곤란하고 공용중인 구조물에 대한 공사가 요구되므로 시공상 제약조건을 수반하는 점 등을 고려할 필요가 있다. 시공상황에 따라 성능이 크게 변동되는 보강공법의 채택은 피해야 한다.

한편, 콘크리트 구조물에 보강을 필요로 하는 요인으로서는 내구성 열화, 과대한 균열, 과대한 변형, 진동장해 등의 발생과 과도한 하중에 의한 손상 등이 있다. 이에 대해 콘크리트 구조물의 보강방법은 보강 대상부재의 단면을 증대시키는 방법, 보강 대상부재에 강재 등의 보강재를 설치하는 방법, 새로운 구조부재를 설피하거나 지지점을 새롭게 추가함으로써 보강 대상부재의 응력을 경감시키는 방법 등이 있다.

콘크리트 구조물의 내하성능에는 휨모멘트, 전단력, 축력 및 강성이 있다. 콘크리트 구조물의 구조 열화는 이들 내하성능이 저하됨으로써 발생한다. 따라서 열화 구조물의 보강계획에 있어서는 어떤 내하성능의 회복(보강목적)을 목표로 하는지를 명확히 하여 적절한 공법을 선정하고 보강효과를 확인해야 한다.

장대지간 부재에서 큰 균열과 변형이 발생되고 있는 부재에서는 휨모멘트의 증대를 목표로 하는 보강을 실시한다. 이 방법에는 인장응력을 받는 부분에 강재와 탄소섬유시트 등을 에폭시수지로 접착하는 방법과 콘크리트를 증설하여 부재 단면을 크게 하는 방법이 있다. 휨모멘트의 증대를 목표로 하는 방법에서는 신구부재 계면의 전단력 전달이 특히 중요하기 때문에 이 부분에 신뢰성이 높은 전단키(shear key)를 배치할 필요가 있다.

콘크리트는 인장력이 약하기 때문에 큰 전단력이 발생하면 사인장응력과 직각방향으로 경사균열(전단균열)이 발생한다. 철근콘크리트 부재는 전단균열이 발생하면 외력의 증대에 저항하는 내력과 변형능력에 문제가 발생하기 때문에 큰 전단균열이 발생한 경우에는 시급하게 보강해 줄 필요가 있다. 또한, 기둥 4면 둘레에 철근콘크리트를 감아올리는 보강방법도 있다. 기둥 등 큰 축방향력을 받는 부재에 대해서는 축방향 저항력을 증대시키는 보강을 필요로 하는 경우가 있다. 진동장해나 과도한 변형을 일으키고 있는 부재에서는 강성을 증대시키는 것이 보강목적이 된다. 이 경우에는 부재에 철근콘크리트를 증설하는 것으로도 효과가 있다.

9.3.1 보강공법의 종류

현재, 일반적으로 채용되고 있는 보강공법의 종류를 분류하면 표 9.4와 같다. 이들 보강방법으로부터 대상 교량의 보강방법을 선정하는 경우에는 발생하고 있는 균열 메커니즘, 열화 정도, 부위, 부재, 보강효과, 시공성, 경제성 및 공사 중 주변 환경에 미치는 영향 등에 대해 배려할 필요가 있다.

표 9.5는 구조물의 역학적 특성을 변경시켜 성능향상을 도모하는 주된 공법의 예를 각각의 목적별로 분류하고 일반적으로 적용할 수 있는 대상부재 등을 나타낸 것이다. 기존의 공법 중에서 적용 사례가 많고 시공 및 성능 파악 기술이 비교적 정비되어 있는 공법으로서, 두께증설공법, 접착공법, 감기공법, 외부케이블 공법을 들 수 있다. 실제 보강에서는 이들 공법을 조합하여 실시하는 경우도 있다.

9.3.2 각종 보강공법

(1) 교체공법

교체공법은 열화된 부재의 일부 또는 전부를 철거하고, 새로운 콘크리트로 교체하거나 프리캐스트 부재로 교체하거나 하여 내하력을 회복, 향상시키는 보강공법이다. 내하력을 향상시키기 위해서는 배근량의 대폭적인 증가나 강판 접착, 두께증설공법 등 타공법과의 병용을 고려할 필요가 있다.

(2) 두께증설공법

두께증설공법에는 각각 상부면 두께증설공법과 하부면 두께증설공법으로 구분할 수 있다. 상부면 두께증설공법은 상판 콘크리트 상부면을 절삭, 연마, 청소한 후, 강섬유보강콘크리트를 타설해 상판두께를 늘려 필요한 성능향상을 도모하는 상판 상부면 두께증설공법과 이에 보강철근을 배치해 필요한 성능향상을 도모하는 철근보강 상부면 두께증설공법으로 다시 나눌 수 있다. 상판 상부면 두께증설공법은 주로 상판의 전단에 대한 내하성능 향상을 목적으로 한 것으로 중립축의 상승에 수반되는 저항 휨모멘트의 상승도 기대할 수 있다.

표 9.4 보강공법의 종류

목 적		보강공법
보강 사용성 회복 또는 향상	콘크리트 부재교체	교체공법
	콘크리트 단면증가	두께증설공법
		콘크리트 감기공법
	부재 추가	종방향거더 증설공법
	지지점 추가	지지공법
	보강재 추가	강판부착공법
		연속섬유시트 부착공법(FRP부착공법)
		강판감기공법
		FRP감기공법
	프리스트레스 도입	프리스트레스 도입공법

표 9.5 주된 보강공법의 예와 적용부재

보강·사용성 회복의 목적	대책 개요	주된 공법 예[1]	적용부재					
			전반	보	기둥	슬래브	벽[2]	슈
콘크리트 부재	부재교체	교체공법		○	○	◎	◎	
	단면두께증설	두께증설공법		○		◎		
	부착	부착공법		◎	○	◎	○	
	감기	감기공법			◎		○	
	프리스트레스 도입	외부케이블 공법		◎	○	○		
구조체	보(거더)증설	증설공법		◎		◎	◎	
	벽증설	증설공법						
	지지점증설	증설공법		◎		◎		
	면진화	면진공법	◎					◎

주 1) 두께증설공법 : 상부면 두께 증설 공법, 하부면 두께증설공법
　　부착공법 : 강판부착공법, 연속섬유시트 부착공법(FRP부착공법)
　　감기공법 : 강판감기공법, 연속섬유시트 감기공법, RC감기공법, 모르타르뿜칠공법, 프리캐스트 패널감기공법
　　　　프리스트레스 도입 : 외부케이블 공법, 내부케이블 공법
　　증설공법 : 보(거더)증설공법, 내진벽 증설공법, 지지점증설 공법
　2) 벽식교각을 포함함
　　◎ : 실적이 비교적 많은 것
　　○ : 적용이 가능하다고 사료되는 것

한편, 철근보강 상부면 두께증설공법은 단면 내에 보강철근을 배치함으로써 연속교의 중간 지점부의 주거더, 주상판과 내민 상판부 등의 부모멘트에 대한 내하성능 향상을 목적으로 하고 있다. 상판 상부면 두께증설공법에서는 기존의 아스팔트포장과 상판콘크리트 상부면을 절삭하고, 절삭면을 연마, 청소한 후, 강섬유 보강콘크리트를 60mm 정도의 비교적 얇은 층으로 타설한다. 하부면 두께증설공법은 주로 상판 하부면에 철근 등의 보강재를 배치하고, 주로 두께증설재료로 부착성이 높은 모르타르를 이용해 흙손 바르기 혹은 뿜질 시공에 의해 두께를 늘려 일체화함으로써 필요한 성능 향상을 도모하는 공법이다.

(3) 감기공법

감기공법은 기존 콘크리트 부재의 주위에 콘크리트를 추가 타설하여 저항단면을 증가시킴으로써 내하력을 회복, 증가시키는 공법이다. 교각의 기존 콘크리트 표면을 치핑하고 삽입근을 시공한 후에 축방향 철근, 띠철근 및 거푸집을 설치하고, 신(新) 콘크리트를 타설하여 일체화한 콘크리트 감기 공법이다. 감기공법은 보강재의 종류 등에 따라 강판 감기공법, 연속섬유시트 감기공법, RC 감기공법, 모르타르 뿜칠공법, 프리캐스트패널 감기공법 등이 있으며, 감기공법은 내진보강 대책으로 이용되는 경우가 있다.

(4) 지지공법

지지공법은 기존 콘크리트 부재의 중간부를 새롭게 증설한 부재로 지지하고, 기존 부재 지간을 단축함으로써 내하력을 회복 혹은 향상시키는 공법이다. 보나 슬래브의 지지점 사이에 새롭게 교각을 설치하여 지간을 단축한다. 또한 새로운 교각을 설치할 수 없는 경우에는 보의 양측에 강재 보를 설치하여 기존 콘크리트 부재를 지지하고 작용단면력을 감소시키는 방법도 있다.

(5) 강판부착공법

강판부착공법이란 주로 콘크리트 부재의 인장응력 작용면에 강판을 설치하고 강판과 콘크리트의 공극에 주입용 접착제를 압력을 가해 주입하여 콘크리트 부재의 인장응력면에 강판을 접착시켜 강판에 인장재로서의 효과를 기대하는 것으로 휨 및 전단 보강에 적용하는 공법이다. 콘크리트면과 강판과의 공간에 주입용 접착제를 주입하는 것으로 균열 내에도 주입제가 침입해 균열 개폐를 구속하는 효과도 기대할 수 있다.

또한, 박스거더 등의 측면에 강판을 접착시켜 전단보강에 대한 효과도 기대할 수 있다. 강교 RC 상판에 대해서는 상판 하부면에 강판을 접착시켜 휨보강과 전단보강에 대한 효과를 기대할 수 있다.

(6) 연속섬유시트(FRP) 부착공법

연속섬유시트 부착공법이란 주로 콘크리트 부재의 인장응력과 사인장응력 작용면에 1방향 혹은 2방향으로 배치한 보강재 혹은 현장에서 함침 접착제를 함침・경화시킨 FRP (Fiber Reinforced Polymer)의 연속섬유시트를 접착하여 기존 부재와 일체화시킴으로써 필요한 성능 향상을 도모하는 공법이다.

연속섬유시트 부착공법은 콘크리트의 휨모멘트 작용방향으로 적용하면 철근의 응력저감 및 응력분산 효과가 있다. 또한, T거더교와 박스거더교의 복부면에 적용하면 부재의 전단보강 효과가 있지만 슬래브교에는 적용이 곤란하다. 박스거더의 복부면에 충분한 정착면적을 확보할 수 있는 경우는 전단보강 효과도 기대할 수 있다.

연속섬유시트 부착공법에 사용하는 프라이머 및 함침접착수지는 에폭시수지가 일반적으로 이용되고 있으며, 적용시 섬유시트와의 적합성을 고려하여 사용해야 한다. 또한, 섬유의 단위 면적당의 중량(g/m^3)이 큰 섬유시트를 사용하는 경우에는 함침 접착수지의 함침성에 대해서 충분히 주의할 필요가 있다. 함침 접착수지로서 일반적으로 이용되고 있는 에폭시수지는 자외선 열화가 우려되기 때문에 표면 도장에 이용하는 상도재는 내후성이 뛰어난 것을 선정해야 한다. 아울러, 박스거더 내에서는 자외선의 영향을 받지 않기 때문에 표면도장은 불필요하다.

(7) 프리스트레스 도입공법

프리스트레스 도입공법은 PS강재를 이용해 콘크리트 구조물 일부에 프리스트레스를 도입하여 부재의 휨 및 전단 내력을 회복 혹은 향상시키는 보강공법으로, 콘크리트 부재의 강성증가와 균열을 감소시킬 수 있다. 프리스트레스 도입에는 내부케이블 방식과 외부케이블 방식이 있다. 어느 쪽도 긴장재의 배치 계획에서는 기존 부재의 구조형식, 보강할 부재 혹은 부위의 강도, 지지부재에의 영향, 미관, 시공성, 경제성 등을 검토할 필요가 있다.

9.3.3 연속섬유 보강재료

(1) 연속섬유 보강재의 종류

연속섬유 보강재란 탄소섬유, 아라미드섬유 등의 연속섬유와 에폭시수지 등의 합성수지를 조합시킨 것으로, 콘크리트 부재의 보수와 보강에 이용되고 있다. 연속섬유 보강재는 직경이 5~20mm 정도의 매우 가는 연속섬유를 집속하고, 에폭시수지 등의 결합재를 함침시켜 성형하여 제조된다. 이들 재료는 일반적으로 탄소섬유가 많이 이용되며, 아라미드 섬유, 유리 섬유 순으로 이용되고 있다. 연속섬유 보강재로 이용되는 섬유의 특징은 다음과 같다.

1) 탄소섬유

탄소섬유는 고강도, 고탄성, 고내식성 등의 특징을 가지며, 첨단 복합재료를 지탱하는 섬유로서 중심을 담당하고 있다. 또한 원료에 따라서 PAN(폴리아크릴로니트릴, Polyacrylonitrile)계와 피치계로 대변되고 있다.

2) 아라미드섬유

아라미드섬유는 탄소섬유와 동등의 고강도를 갖고 있다.

3) 비닐론섬유

비닐론섬유는 시멘트계 매트릭스에 대한 부착성이 뛰어나고, 석면재를 대신하는 단섬유 보강 재료로서도 기대되고 있다.

4) 유리섬유

유리섬유는 고강도이며 인성도 크고 가격이 가장 싼 이점이 있지만, 내알칼리성에 있어 다소의 약점이 있다.

(2) 연속섬유 보강재의 특성

연속섬유 보강재에 이용되고 있는 연속섬유 소재의 성질은 표 9.6와 같다. 섬유 그 자체의 강도는 PS강재의 수배로 극히 고강도이다. 이 때문에 각 섬유에 가능한 한 균등한 응력이 생기도록 섬유에 장력을 연속적으로 부가할 수 있는 수지를 함침시켜 성형하는 방법이 사용되고 있다.

최근 제조되고 있는 봉상과 격자상 등의 연속섬유 보강재의 형상은 여러 가지가 있다. 봉상 중에서도 섬유를 직선상으로 한 것, 스트랜드(strand) 형태로 만든 것, 꾸러미 형태로 만든 것이 있고, 표면에 섬유를 감아 붙이거나 모래를 고착해 부착강도를 증대시킨 것 등도 있다. 보수·보강에 이용되는 연속섬유시트는 가는 연속섬유 소재를 일정한 방향으로 배열시켜 면상으로 가공한 것이고, 그 두께는 일반적으로 0.1~0.4mm 정도이다.

표 9.6 연속섬유의 일반적 성질

성질 \ 종류		탄소섬유				아라미드섬유		유리섬유		폴리에틸렌 섬유	폴리비닐알코올 섬유	금속섬유
		피치계		PAN(폴리아크릴로니트릴)계		전방향족폴리아미드	방향족폴리에틸아미드	E-유리	내알칼리 유리			
		범용	고강도/고탄성	고강도	고탄성							
물리적 성질	단섬유 직경(㎛)	7~20	8~14	7~8	7~8	12	12	8~12	8~12	50~100	14	13
	밀도(g/cm³)	1.5~1.8	1.8~.2	1.7~.8	1.8~1.9	1.45	1.39	2.6	2.27	0.97	1.25~1.3	7.74
	인장강도(MPa)	500~1,200	2,450~3,430	3,500~4,500	2,500~2,700	2,750	3,040	35,00	1,800~3,430	1,500~3,500	700~1,500	4,400
	인장 탄성계수 × 10^4 (MPa)	50~10.0	17.7~78.5	23.0~24.0	35.0~40.0	13.1	7.0	7.3	6.9~7.4	8.0~10.0	1.1~3.7	200.0
	신도율(%)	2~2.5	0.4~1.5	1.4~1.5	0.6~0.8	2.3	4.4	4.8	2~3	4	7.0	–
내화학약품성	염산	○	◎	◎	◎	×	○	×	–	◎	○	×
	황산	◎	◎	◎	◎	×	○	×	–	◎	○	×
	초산	○	◎	◎	◎	×	○	×	–	◎	○	×
	수산화나트륨	◎	◎	◎	◎	○	○	△	○	◎	○	◎
	내해수성	◎	◎	◎	◎	○	○	△	–	◎	○	×
	아세톤	◎	◎	◎	◎	◎	–	◎	–	◎	○	◎
	벤젠	◎	◎	◎	◎	◎	○	◎	–	◎	○	◎
	가솔린	◎	◎	◎	◎	◎	○	◎	–	◎	○	◎

주) ◎ : 매우 뛰어남 , ○ : 비교적 양호, △ : 약간 불량, × : 불량

(3) 연속섬유 보강재의 특징

1) 경량

섬유 및 수지의 비중이 작기 때문에 연속섬유 보강재는 극히 경량이고, 그 밀도는 강재의 1/3 이하이다.

2) 고강도

인장강도는 500~1,900MPa의 범위로 섬유의 종류에 따라 폭이 넓다. 봉상으로 사용실적이 많은 탄소섬유 및 아라미드섬유 보강재의 인장강도는 PC강재와 동등하거나 1.5배 정도로서 구조재로 이용하는 경우 장점을 살릴 수 있다.

3) 탄성계수

탄성계수는 $(0.3\sim2.1)\times10^5$MPa의 범위로 강재와 거의 같은 것에서부터 1/7 정도까지의 것으로 강도에 비해 낮다. 단, 탄소섬유의 시트상 연속섬유 보강재에서는 고탄성 형식으로 6.0×10^5MPa 정도의 것도 있다.

4) 내식성

일반적으로 강재와 같은 부식 문제가 없어 엄한 환경에서 적용이 가능하다. 탄소섬유는 화학약품에 대해 안정하기 때문에 연속섬유 보강재의 내식성은 결합재에 의해 지배된다.

5) 내화성

연속섬유 보강재에 이용되는 섬유의 인장강도에 대한 내화성은 보통 강재보다 못하고, 결합재로서 이용되는 수지도 사용 온도가 150℃로 낮기 때문에 연속섬유 보강재의 내화성은 일반적으로 강재보다도 낮으므로 내화성능이 요구되는 구조물의 설계에서는 피복크기 등에 대해서 배려할 필요가 있다.

(4) 연속섬유 보강재의 적용

연속섬유 보강재는 섬유 및 결합재의 종류, 섬유 함유율, 표면처리 방법 등에 따라 다르기 때문에 이용할 재료의 특성을 잘 파악한 다음에 사용하는 것이 중요하다.

1) 철근과 PC강재 대신 이용하는 연속섬유 보강재

연속섬유 보강재의 성질은 통상의 강재와 상당히 다르기 때문에 이를 철근 혹은 PS

강재에 대신 이용하려고 하는 경우에는 연속섬유 보강재가 소성역을 갖지 않는 취성재료이기 때문에 부재의 소성 회전능력을 기대할 수 없고, 휨모멘트의 재분배도 허용할 수 없다.

연속섬유 보강재의 파괴에 의해 부재 저항력이 정해지는 경우에 대한 설계상의 배려가 필요하다. 취성재료이면서 낮은 탄성계수이기 때문에 전단저항력 산정식 등 종래의 철근콘크리트 설계식은 적용할 수 없는 경우가 많다. 연속섬유 보강재의 휨 가공부에서는 인장강도가 저하된다. 연속섬유 보강재의 강도는 약간의 손상으로도 저하될 우려가 있다.

2) 시트상 연속섬유 보강재

시트상 연속섬유 보강재는 기존 구조물의 보수와 보강에 이용된다. 이 공법은 연속섬유시트에 에폭시수지 등의 함침 접착수지를 함침시켜 콘크리트 부재의 표면에 부착시키는 것이다. 시공성의 장점과 경량성으로 종래의 강재와 콘크리트를 이용한 보수, 보강공법 대신의 새로운 유효한 공법으로서 주목 받고 있다.

연속섬유시트는 섬유의 방향성에 따라 1방향 강화시트와 2방향 강화시트로 분류되지만 보수, 보강에는 1방향 강화 시트를 이용하는 경우가 많다. 이를 기둥과 보 부재에 대해 부재축과 직교 방향으로 부착하면 전단보강, 부재 축방향으로 부착하면 휨보강이 된다. 연속섬유시트에 의한 휨모멘트에 대한 보강인 경우, 저항력 증가는 시트의 극한변형률을 고려해 통상의 휨 이론으로 산정할 수 있다.

연속섬유시트는 토목분야에서는 교각의 내진보강 및 설계용 차량하중의 등급상향에 따른 교량의 전단보강과 상판의 휨보강에 가장 많이 적용된다. 그 밖에도 터널의 보수나 보강, 해양구조물의 보강, 옹벽의 보강, 기초의 보강 등에 폭넓게 적용되고 있다.

9.4 안전점검 및 정밀안전진단

9.4.1 일반

(1) 목적

안전점검 및 정밀안전진단의 목적은 현장조사 및 각종 시험에 의해 시설물의 물리적·

기능적 결함과 내재되어 있는 위험요인을 발견하고, 이에 대한 신속하고 적절한 보수·보강 방법 및 조치방안 등을 제시함으로써 시설물의 안전을 확보하고자 함에 있다.

(2) 안전 및 유지관리계획 수립

시설물의 안전관리에 관한 특별법 제4조에 따라 관리주체는 소관 시설물별로 안전 및 유지관리계획을 수립하여 체계적이고 일관성 있는 안전점검 및 정밀안전진단이 수행될 수 있도록 해야 한다. 안전관리 업무의 흐름은 그림 9.6과 같다.

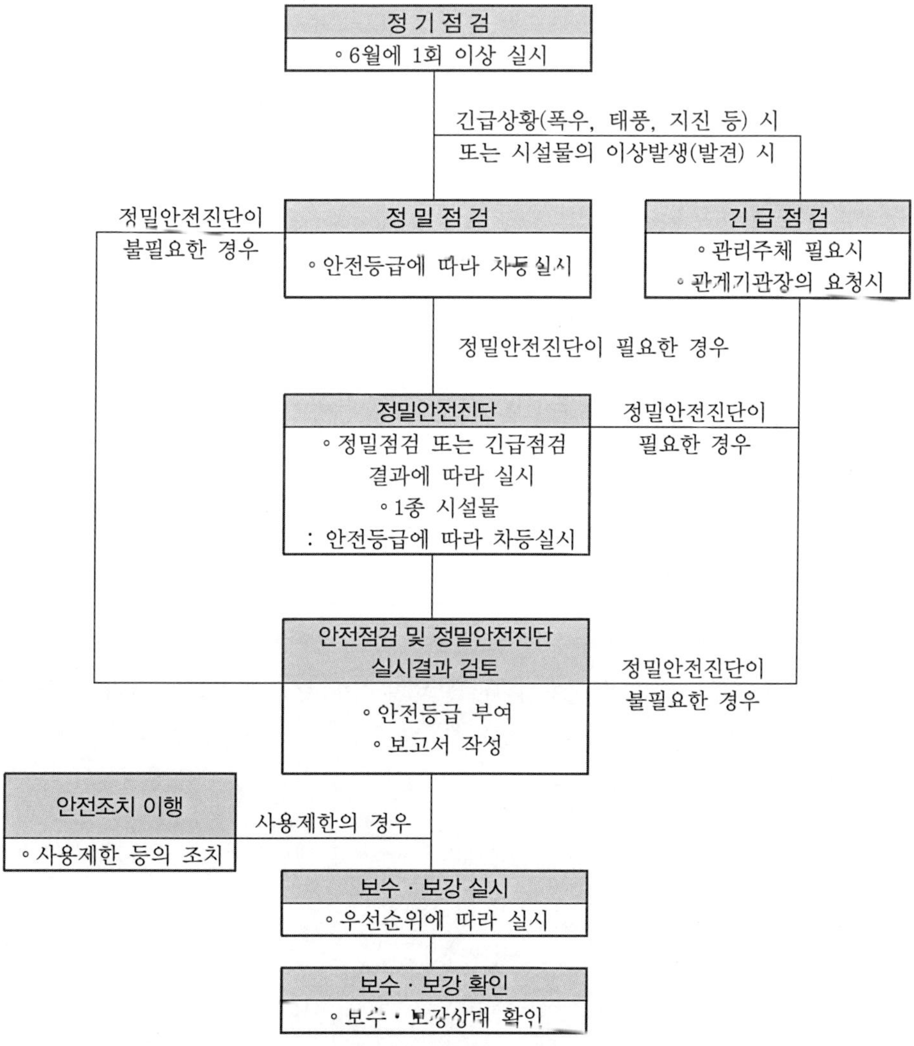

그림 9.6 안전관리 업무 흐름도

9.4.2 안전점검 및 정밀안전진단의 종류

(1) 정기점검

정기점검은 경험과 기술을 갖춘 사람에 의한 세심한 외관조사 수준의 점검으로서 시설물의 기능적 상태를 판단하고 시설물이 현재의 사용요건을 계속 만족시키고 있는지 확인하기 위한 관찰로 이루어진다. 점검자는 시설물의 전반적인 외관형태를 관찰하여 중대한 결함을 발견할 수 있도록 세심한 주의를 기울여야 하며, 중대한 결함에 해당하는 경우는 다음과 같다.

① 시설물기초의 세굴
② 교량 교각의 부등침하
③ 교량 받침의 파손
④ 터널지반의 부등침하
⑤ 항만계류시설중 강관 또는 철근콘크리트파일의 파손·부식
⑥ 댐본체의 균열 및 시공이음의 시공불량 등에 의한 누수
⑦ 건축물의 기둥·보 또는 내력벽의 내력손실
⑧ 하구둑 및 제방의 본체, 수문, 교량의 파손·누수 또는 세굴
⑨ 폐기물매립시설의 차수시설 파손에 의한 침출수의 유출
⑩ 시설물의 철근콘크리트의 염해 또는 중성화(탄산화)에 따른 내력손실
⑪ 절토·성토사면의 균열·이완 등에 따른 옹벽의 균열 또는 파손

점검자 및 관리주체는 정기점검 실시결과 중대한 결함이 있는 경우에는 시설물의 안전관리에 관한 특별법 제11조에 따라 즉시 관계행정기관의 장에게 통보하여야 한다. 관리주체는 정기점검 실시결과 필요할 경우 결함의 정도에 따라 긴급점검 또는 정밀안전진단을 실시하는 등 필요한 조치를 취하여야 한다. 그림 9.7에는 정기점검의 흐름을 도식적으로 나타냈다.

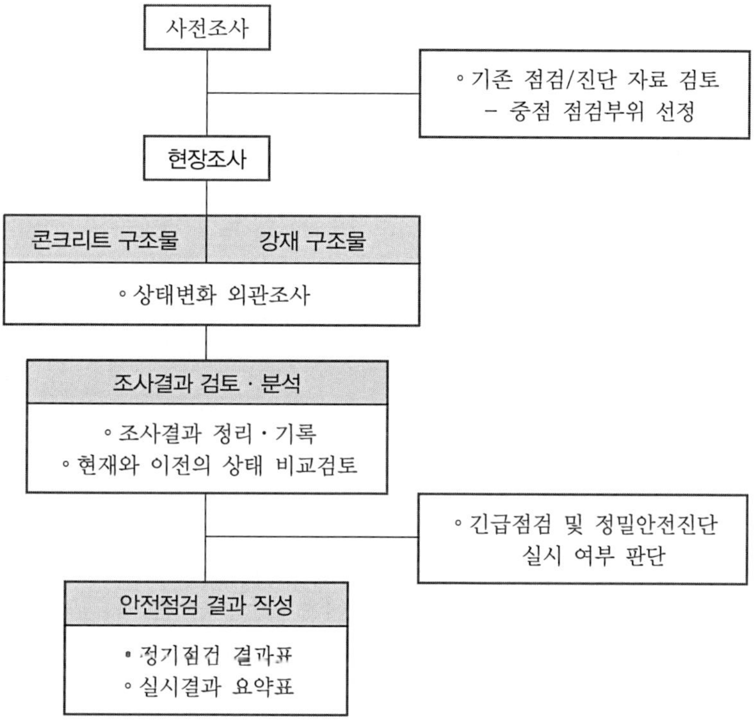

그림 9.7 정기점검 흐름도

(2) 정밀점검

정밀점검은 시설물의 현 상태를 정확히 판단하고 최초 또는 이전에 기록된 상태로부터의 변화를 확인하며 구조물이 현재의 사용요건을 계속 만족시키고 있는지 확인하기 위하여 면밀한 외관조사와 간단한 측정 · 시험장비로 필요한 측정 및 시험을 실시한다.

외관조사 및 측정 · 시험 결과와 이전의 안전점검 및 정밀안전진단 실시결과에서 발견된 결함의 진전 및 신규발생을 파악하여 시설물의 주요 부재별 상태를 평가하고 이전의 안전점검 및 정밀안전진단 실시결과의 상태평가 결과와 비교 · 검토하여 시설물 전체에 대한 상태평가 결과를 결정하여야 하며, 결함부위 등 주요 부위에 대한 외관조사망도 작성 등 조사결과를 도면으로 기록하여야 한다. 또한 내진설계 여부를 확인하고, 시설물에 중대한 결함이 발생하는 등 필요한 경우에는 해당 부위에 대하여 안전성 평가를 실시할 수 있다.

정밀점검 실시결과 결함이 광범위하게 발생하는 등 정밀안전진단이 필요하다고 판단될 경우에는 점검자는 관리주체에게 즉시 보고하여야 하며, 관리주체는 정밀안전진단을 실시하여야 한다.

(3) 긴급점검

긴급점검은 관리주체가 필요하다고 판단한 때 또는 관계행정기관의 장이 필요하다고 판단하여 관리주체에게 요청한 때에 실시하는 정밀점검 수준의 안전점검이며 실시목적에 따라 손상점검과 특별점검으로 구분한다.

1) 손상점검

손상점검은 재해나 사고에 의해 비롯된 구조적 손상 등에 대하여 긴급히 시행하는 점검으로 시설물의 손상정도를 파악하여 긴급한 사용제한 또는 사용금지의 필요 여부, 보수・보강의 긴급성, 보수・보강작업의 규모 및 작업량 등을 결정하는 것이며 필요한 경우 안전성평가를 실시하여야 한다. 점검자는 사용제한 및 사용금지가 필요할 경우에는 즉시 관리주체에 보고하여야 하며 관리주체는 필요한 조치를 취하여야 한다.

2) 특별점검

특별점검은 기초침하 또는 세굴과 같은 결함이 의심되는 경우나, 사용제한 중인 시설물의 사용여부 등을 판단하기 위해 실시하는 점검으로서 점검시기는 결함의 심각성을 고려하여 결정한다. 그림 9.8에는 정밀점검 및 긴급점검의 흐름을 도식적으로 나타냈다.

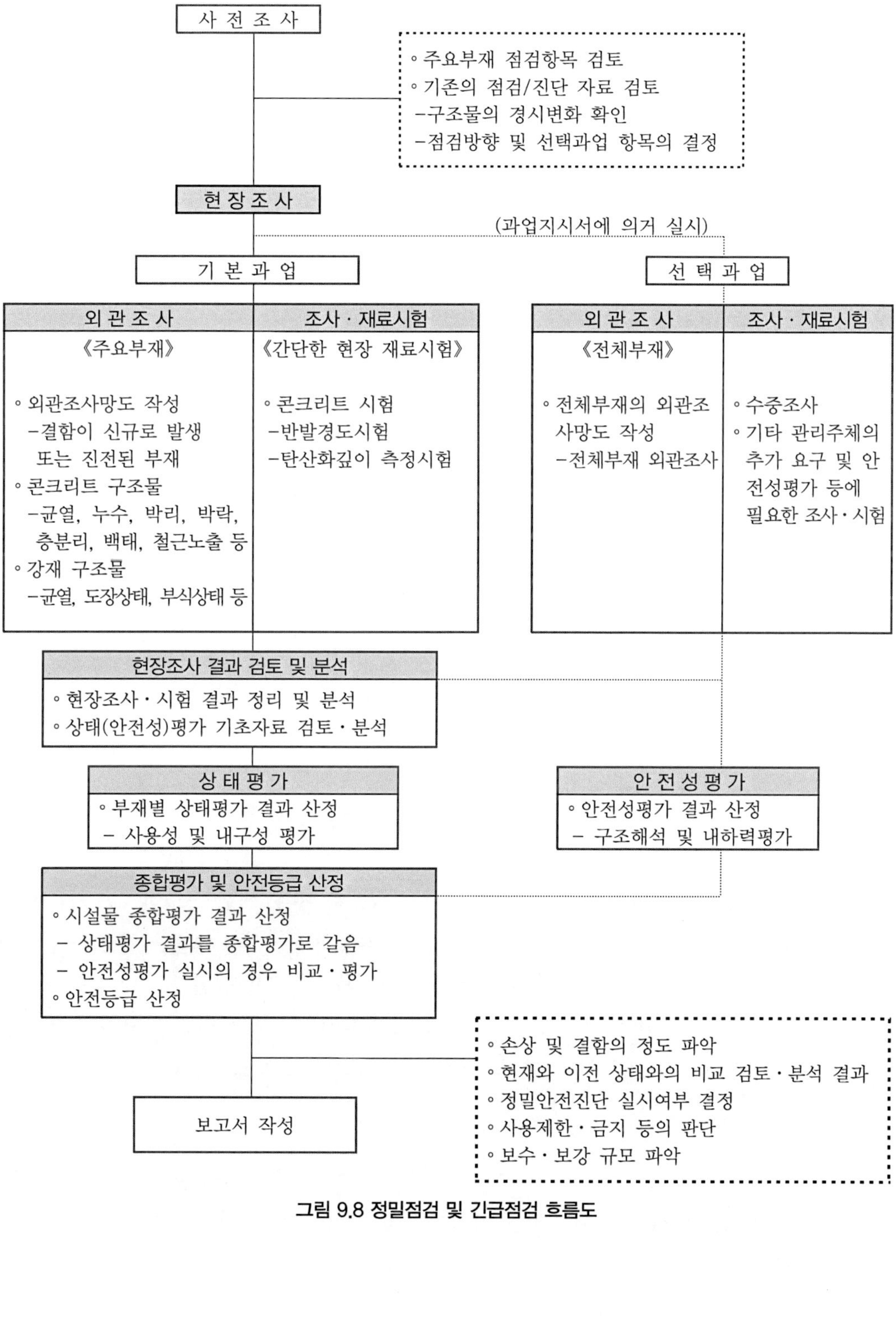

그림 9.8 정밀점검 및 긴급점검 흐름도

(4) 정밀안전진단

정밀안전진단은 관리주체가 안전점검을 실시한 결과 시설물의 재해 및 재난 예방과 안전성 확보 등을 위하여 필요하다고 인정하는 경우에 실시하며, 정기적으로 실시한다. 정밀안전진단은 안전점검으로 쉽게 발견할 수 없는 결함부위를 발견하기 위해 정밀한 외관조사와 각종 측정·시험장비에 의한 측정·시험을 실시하여 시설물의 상태평가 및 안전성평가에 필요한 데이터를 확보한다. 현장조사시 필요한 경우 교통통제 및 안전조치를 취하여야 하며 시설물 근접조사를 위한 접근장비와 필요시 수중카메라 등 특수장비와 잠수부 등 특수기술자도 투입하여야 한다. 결함의 유무 및 범위에 대한 확인이 필요한 때에는 현장 재료시험과 기타 필요한 재료시험을 병행하여야 한다. 전체구조물의 표면에 대한 외관조사 결과는 도면으로 기록하여야 하며, 구조물 전체 부재별 상태를 평가하고 시설물 전체에 대한 상태평가 결과를 결정하여야 한다.

정밀안전진단에서는 시설물의 결함 정도에 따라 필요한 조사·측정·시험, 구조계산, 수치해석 등을 실시하고 분석·검토하여 안전성평가 결과를 결정하여야 한다. 또한 필요한 경우에는 구조물의 사용성, 내진성능 등도 평가하여야 한다. 정밀안전진단 결과 보수·보강이 필요한 경우에는 보수·보강방법을 제시하여야 한다. 이 경우 보수·보강 시 예상되는 임시 고정하중(공사용 장비 및 자재 등)이 현저하게 작용하는 상황에 대한 구조 안전성평가를 포함하여야 한다. 그림 9.9에는 정밀안전진단의 흐름을 도식적으로 나타냈다.

1) 초기점검

초기점검은 시설물관리대장에 기록되는 최초로 실시되는 정밀점검을 말한다. 신설 시설물의 경우는 사용검사 후 6개월 이내에 시행토록 한다. 또한 구조변경이 있을 때에도 초기점검이 필요하다. 초기점검은 해당 분야의 전문지식과 경험을 갖춘 자에 의하여 수행되어야 하며, 필요한 경우 구조해석 검토를 실시하여야 한다. 초기점검은 구조물의 초기거동을 바탕으로 설계, 시공, 구조 재료상의 하자여부 확인 및 향후 유지관리에 필요한 초기 기준치를 설정하려는데 그 목적이 있다.

2) 정기점검

정기점검은 육안관찰이 가능한 개소에 대하여 성능 저하나 열화 및 하자의 발생 부위 파악을 위해 실시한다. 점검자는 시설물의 전반적인 외관조사를 통하여 심각한 손상인 결함의 유무를 발견할 수 있도록 세심한 주의를 기울여야 하며, 이상 거동이 발견되는 경우 정밀진단을 의뢰해야 한다.

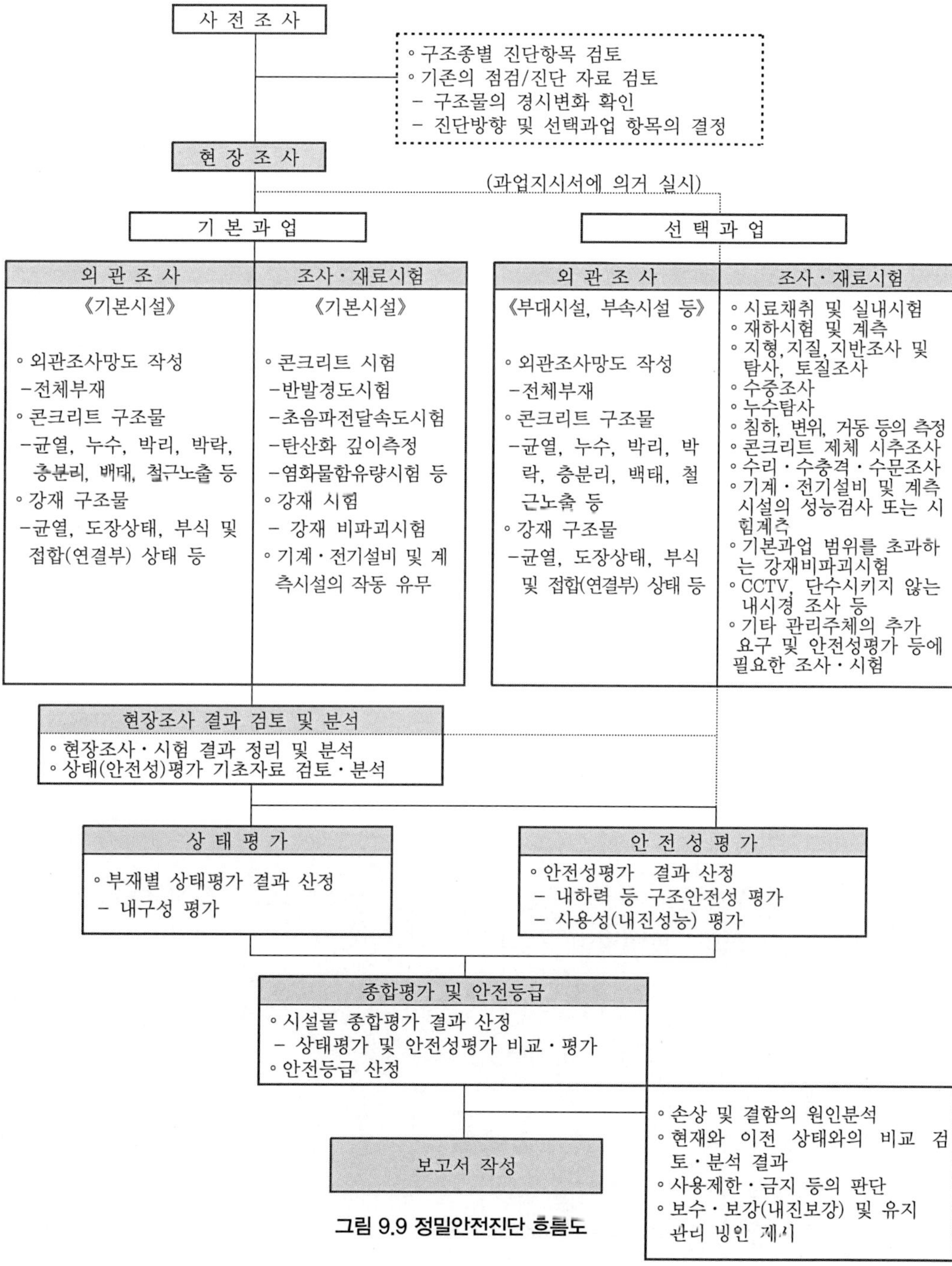

그림 9.9 정밀안전진단 흐름도

3) 정밀점검

정밀점검은 안전진단 기관에 의해 정기적으로 구조물의 거동을 심도 있게 파악하기 위해 실시하는 안전점검이다. 정밀점검은 구조물의 거동을 외관조사와 현장조사 및 설계도서 등을 검토하여 평가해야 한다.

4) 긴급점검

긴급점검은 지진이나 풍수해 등과 같은 천재, 화재 및 차량 및 선박의 충돌 등 긴급사태에 대해 구조물의 손상 정도에 관한 정보를 신속히 얻기 위하여 실시하는 점검이다. 점검 항목과 범위 및 방법은 구조물의 중요도, 긴급사태의 정황 등에 따라 정한다.

(4) 정밀안전진단

정밀안전진단은 점검결과나 구조물에 이상 거동이 나타날 때, 구조물의 안전성에 관한 보다 상세한 정보를 얻기 위해 실시한다. 정밀안전진단은 점검 이상의 범위나 수준에서 외관조사나 구조재료의 성능조사 및 구조해석 등을 통하여 구조물의 안전성을 평가하여야 하며, 필요시 재하시험을 실시하여야 한다.

(5) 평가 및 판정

콘크리트 구조물의 유지관리를 위한 평가 및 판정은 안전점검 및 정밀안전진단의 결과에 따라 실시한다. 콘크리트 구조물의 계속 사용 여부 및 보수・보강의 필요성 여부는 구조물의 안전성과 사용성 및 내구성 등을 고려하여 종합적으로 판정하여야 한다.

1) 상태평가

구조물의 이상거동에 대한 상태평가는 다음의 3가지 항목으로 구성하여, 이들 평가 결과는 안전성과 사용성 및 내구성에 따라 평가한다.

① 구조물의 열화상태에 대한 평가는 구조물에 발생한 과도한 균열이나 콘크리트의 박락, 철근의 부식, 층 분리, 누수, 해체, 재료분리, 처짐, 변형, 박리 등의 증상에 대하여 실시한다.

② 구조물의 성능 저하상태에 대한 평가는 과하중이나 지진, 진동 및 화재 등의 손상 부위에 대하여 실시한다.

③ 구조물의 하자상태에 대한 평가는 설계나 시공, 재료 및 상세에 대하여 실시한다.

2) 종합판정

구조물에 대한 종합판정은 구조물의 중요도에 따라 안전성과 사용성 및 내구성 등을 고려하여 실시하여야 한다. 보수·보강 및 안정화 등을 실시한 구조물에 있어서 소정의 효과가 있는지의 여부에 대한 확인은 일정 기간 동안의 정기점검 평가·판정하여야 한다.

9.4.2 유지관리 대책

(1) 유지관리 대책

구조물의 평가·판정 결과에 기초하여 유지관리 대책이 필요한 경우는 유지관리의 구분을 고려하여 보수·보강 및 안정화, 사용 제한 혹은 철거 가운데 적절한 것을 선정하여야 한다. 콘크리트구조물의 보수·보강, 안정화, 사용 제한, 철거는 열화원인이나 손상의 정도에 따라 적절한 방법과 시기에 실시해야 한다.

1) 보수·보강 및 안정화

보수를 실시하여야 할 경우의 보수공법은 내구성이 좋은 것으로 하여야 하며, 보수는 열화를 일으킨 구조물의 내구성 등 주로 내력 이외의 기능을 회복시키기 위해 실시하는 것이다. 내구성, 방수성 등의 기능은 보수 공사의 양·부에 따라 결정적인 영향을 받기 때문에 정밀한 시공을 해야 한다. 보강을 실시한 경우의 보강공법은 내구성이 좋고, 저하된 내력을 회복시킬 수 있는 것으로 하여야 하며, 보강에 요구되는 성능은 시공 효과에 따라 크게 지배되므로 정밀한 시공을 해야 한다. 구조체에 진행되고 있는 바람직하지 않는 상황이나 원인을 중지 또는 제거시키기 위하여 그라우팅 등의 안정화 조치를 취해야 한다.

2) 사용제한

지진, 화재, 충돌 등의 돌발적인 현상에 의한 손상을 입은 구조물에 대하여는 응급조치를 실시함과 동시에 하중규제, 통행금지, 속도제한 등을 실시하여야 한다. 점검결과에 의해 성능저하가 현저하고, 그 사용성에 문제가 있다고 판단된 경우에는 정밀안전진단을 실시하여 적절한 조치를 해야 한다. 구조물의 사용을 제한할 경우 구조물의 잔존수명 확보 가능성이 분명하다고 판단될 때에는 보수·보강 대신 사용제한 조치를 취해도 좋다.

3) 철거

해체공법은 환경조건, 안전성, 해체 후의 처리, 공사기간 등을 고려한 후 대상 구조물에 적합한 공법으로 선정하여야 한다. 이 경우 단독의 공법이 아니라 2~3종류의 해체공법이 조합되는 것이 일반적이며, 특히 환경과의 관계, 안전성, 해체 폐기물의 처리, 공기, 경제성 등에 충분한 배려를 하여야 한다.

(2) 보수

콘크리트 구조물의 보수는 열화와 손상 및 하자에 대하여 충분한 조사를 하고, 구조의 특성, 중요도, 시공성, 유지관리, 내구성 등을 고려하여 그 구조물의 중요도에 따라 적절한 보수 수준을 정하여 실시하여야 한다.

1) 보수계획

보수방법은 열화와 손상 및 하자에 의한 단면이나 표면 상태를 회복시키는 것을 목적으로 하여야 한다. 보수에 있어서의 요구수준은 구조물의 현 상태 수준 이상으로 하여야 한다.

2) 시공 및 검사

보수설계 수준 이상의 성능이 발휘하도록 소정의 순서에 따라 확실한 시공을 실시하여야 한다. 공정마다 관리 항목과 그 기준을 설정한 뒤에 이를 토대로 시공관리를 실시한다. 필요에 따라서는 재료검사 및 시공검사를 실시한다.

(3) 보강

콘크리트 구조물의 보강은 보강수준을 만족하는 적절한 방법에 의해 실시하여야 한다.

1) 보강계획

보강계획은 해당 구조물에 적용된 시방서나 진단보고서 결과 등에 기초를 두어 실시하는 것으로 한다. 보강공법은 점검, 진단, 판정에 기초하여 소정의 보강수준을 만족시키는 방법 중에서 재료, 구조, 시공, 내구성 등을 고려하여 경제적인 것을 선택하여야 한다.

2) 시공 및 검사

보강에 대한 시공을 할 경우에는 기존 구조물을 손상시키는 일이 없도록 세심한 주의를 기울여야 한다. 기존 구조물에 대한 바탕 처리는 설계조건을 만족시키도록 적절히 실시하여야 한다. 사용할 재료는 KS 등의 규정에 의하여 시험을 실시하는 것으로 한다. 보강 완료 후 설계에 정해진 조건에 부합된 시공이 되었는가의 여부를 검사하여야 한다.

(4) 안정화

콘크리트 구조물의 내·외적 상황이나 원인에 의하여 이상 거동이 일어난 것을 중지 또는 제거시키기 위하여 적절한 안정화 조치를 취하여야 한다.

1) 안정화 계획

콘크리트 구조물의 안정화 방법은 이상 거동의 상황이나 원인을 제거하는 수준에서 실시하는 것으로 한다. 안정화 조치의 요구수준은 균열의 진행이나 변형 및 지반침하 등을 중지시키는 것으로 한다.

2) 안정화 검사

안정화 조치가 소정의 조건에 부합된 것인가를 확인하기 위하여 일정기간 동안 정기검사를 실시하여야 한다.

(5) 기록

콘크리트 구조물의 유지관리를 적절히 실시하기 위하여 점검, 진단, 파정, 보수·보강, 안정화 조치 등의 결과를 필요에 따라 기록하고 보존하여야 한다. 기록의 내용과 기록의 보존기간은 유지관리의 구분에 따라 정하여야 한다. 기록방법은 소요의 내용이 적절히 표현 가능하며, 필요한 기간, 용이하게 표현된 내용을 판독할 수 있는 방법으로 실시하여야 한다.

CHAPTER

10

역청재료

CHAPTER

10 역청재료

10.1 개요

일반적으로 역청재료(bituminous material)란 점착성, 소성, 방수성, 내산성 등의 성질을 이용하여 도로의 포장재료, 방진재, 토양안정재, 방수제, 도료 및 줄눈재로 사용되는 재료를 말한다. 상태에 따라서 메탄가스(CH_4)와 같은 기체, 가솔린, 등유, 경유와 같은 액체, 반고체 또는 아스팔트, 피치 파라핀과 같은 석유까지도 포함한 모든 재료를 가리킨다. 역청재료 중에서 토목재료로 사용되는 것은 주로 아스팔트, 타르 및 이것을 원료로 한 유제로서 유기질재료 특성을 가지고 있기 때문에 점착성, 소성, 방수성, 내산성과 같은 성질을 이용하여 도로의 포장재, 토질 안정재, 주입재, 방수재, 호안재료, 도포재, 이음재 등 광범위하게 사용되고 있다.

10.2 아스팔트

아스팔트는 석유를 구성하는 성분 중 경질의 부분이 인위적으로 또는 자연적으로 증발하고 남은 흑색 또는 흑갈색의 반고체의 교상물질로서 가열하면 서서히 액화되는 성질을 갖고 있다. 아스팔트는 점착성이 큰 반고체의 끈끈한 물질로서 열에 녹기 쉽고, 방수, 내수, 내구성을 갖고 있으며, 얻을 수 있는 자원에 따라서 일반적으로 천연 아스팔트와 석유 아스팔트(인공 아스팔트)를 분류한다.

10.2.1 천연 아스팔트

천연 아스팔트는 지표의 낮은 부분에 퇴적물로서 생긴 이른바 레이크 아스팔트, 다공질의 암석 틈 사이에 침투해서 생긴 록 아스팔트, 모래 속에 천연 아스팔트가 침투된 샌드 아스팔트가 있다. 천연 아스팔트는 석유질 원유가 지구표면을 흘러나와 있거나, 암석에 스며들어 노출상태에 있을 때 오랜 기간이 경과함에 따라서 휘발성 유류가 태양, 기후, 바람 등의 영향으로 증발하여 자연적으로 제조된 것이다. 석유질 원유는 아스팔트 이외에도 인(phosphorus), 휘발유(gasoline), 등유, 경유 등 몇 가지 원유재료를 함유하고 있다. 석유질 원유가 지구 표면에 도달하면 이 휘발성 유류는 아스팔트 피치(pitch)라고 불리는 잔여물만 남고 증발한다. 즉, 지표상에 자연의 힘에 의하여 산출된 아스팔트를 천연 아스팔트라 하며, 접착제, 방수제 및 방부제 등으로 사용되었으나, 이것을 공학적인 도로포장용 재료로 사용하게 된 것이다.

천연 아스팔트의 종류 및 특성을 분류하면 다음과 같은 것이 있다.

1) 록 아스팔트(Rock asphalt)

천연 아스팔트가 석회암, 사암 등의 다공질 암석 사이에 스며든 것으로 유럽에서 옛날부터 널리 사용되었으나 품질이 일정하지 못한 단점이 있다.

2) 레이크 아스팔트(Lake asphalt)

지표의 낮은 부분에 퇴적물로서 생긴 것으로 남미의 Trinidad섬 및 베네주엘라 북부 해안, Bermudes에서 생산되는 것이 유명하다.

3) 아스팔타이트(Asphaltite)

천연석유가 암석의 갈라진 틈 사이에 침투한 후 지열이나 공기 등의 작용으로 장시간 그 내부에서 중합 또는 축합반응을 일으켜 탄성력이 풍부한 불론 아스팔트(blown asphalt)와 흡사한 화합물이 된 것으로 길소나이트(gilsonite), 그라하마이트(grahamite), 그란스피치(glance pitch) 등이 있다.

10.2.2 석유 아스팔트

석유 아스팔트(인공 아스팔트, petroleum asphalt)는 원유를 인공적으로 증류하여 제조된 잔유물을 원료로 한 것이다. 흑색 또는 흑갈색의 탄화수소 화합물로서 아스팔트를 인공적으로 제조하는 것은 아스팔트 재료의 정제가 주목적이 아니고 휘발성 유류를 정제하는 과정에서 부산물로 얻어진다. 제조방법에 따라 스트레이트 아스팔트(straight asphalt)는 그 자체 그대로 혹은 유화아스팔트, 컷백아스팔트 등으로 내부분 도로포장용으로 사용되고, 블론 아스팔트(blown asphalt)는 주로 방수용으로 사용되며 성질과 용도에 따라서 분류하면 다음과 같다.

1) 스트레이트 아스팔트(Straight asphalt)

원유 중의 아스팔트 성분이 열에 의한 변화가 생기지 않도록 하여 증기증류법 또는 감압증류법에 의해 가솔린, 등유 등을 적당히 제거하여 만든 것이다. 이 아스팔트는 연화점이 비교적 낮고 감온성이 크고, 햇빛과 열에 약하므로 일정한 형태를 유지하기가 어렵다. 저온에서 부서지기 쉽지만 신장성, 점착성, 방수성이 풍부한 특징을 가지고 있다. 주요 용도는 도로, 활주로, 댐 등의 포장용 혼합물의 결합재로 사용된다. 또 가벼운 정도의 공기취입 세미블론 아스팔트(semiblown asphalt)도 보통 스트레이트 아스팔트(straight asphalt)의 일종으로 취급한다.

2) 블론 아스팔트(Blown asphalt)

스트레이트 아스팔트까지 정제하기 이전의 잔류유에 일반적으로 파라핀계 석유의 감압 찌꺼기 기름을 200~320℃로 가열하여 공기를 불어 넣어 아스팔트 성분이 화학변화를 일으키게 한 것이다. 이 아스팔트는 융점이 높고, 감온성이 작고, 탄성력이 풍부하며 연화점이 높아 열에 의하여 쉽게 유동하지 않고, 내구성, 내충격성이 크며 소성을 가지며, 화학적으로 안정적이고, 신장성, 점착성, 방수성 등이 있다.

10.3 아스팔트의 성질

(1) 물리적 성질

1) 비중(Specific gravity)

일반적으로 스트레이트 아스팔트의 비중은 25℃에서 1.0~1.1 정도이다. 액체 또는 고체인 역청재의 비중은 원료의 산지 및 제조방법, 혼입물, 온도 등의 영향에 따라 다르다. 스트레이트 아스팔트는 같은 원료와 동일 공정으로 만들어졌더라도 침입도가 작을수록 비중은 크게 나타난다. 블론 아스팔트의 비중은 대체로 1.02~1.07 정도이다. 일반적으로 침입도가 작을수록 또 황의 함유량이 많을수록 비중이 크다.

2) 점도(Viscosity)

점도란 아스팔트의 반죽질기와 부착력을 나타내는 것으로서 중요한 성질이다. 즉, 아스팔트가 유동하려 할 때 여기에 저항하는 성질을 나타낸다. 아스팔트는 저온에서는 고체지만 고온에서는 액체 상태로 되고, 온도에 따라 점도의 변화가 심하다. 일반적으로 아스팔트의 점도는 온도의 상승에 따라 감소하고 120℃가 되면 용해된다. 점도를 측정하는 시험법으로는 일반적으로 Engler법, Red Wood법, Saybolt법, Stomer법 등이 있다.

3) 연성도(Ductility)

연성도란 아스팔트의 연성을 나타내는 수치로 온도에 따라 크게 변화하므로 측정시의 온도를 일정하게 해야 한다. 연성도시험은 보통 25±0.5℃를 기준으로 일정하게 유지한 상태에서 시료의 양단을 잡아당겨 시교가 끊어질 때까지 늘어난 길이를 cm 단위로 표시한다. 스트레이트 아스팔트는 연성도가 크지만 블론 아스팔트는 아주 작다.

4) 침입도(Penetration)

침입도는 소성을 갖는 아스팔트의 반죽질기를 물리적으로 측정하는 것으로서 일정한 온도(25℃), 하중(100g), 시간(5sec)을 기준으로 하여 침의 관입깊이를 이용하여 아스팔트의 관입 저항 정도를 나타낸다. 일반적으로 침입도는 온도의 상승에 따라 증가하며, 스트레이트 아스팔트가 블론 아스팔트보다 변화 정도가 심하다. 침입도가 큰 아스팔트는 추운 지방에 사용하는 것이 좋다. 침입도는 [관입량(관입깊이)/0.1mm]로 구한다.

5) 연화점(Softening point)

연화점은 고체상에서 액상으로 되는 과정 중에 아스팔트가 어느 일정한 점성에 도달했을 때의 온도로 나타낸다. 아스팔트는 여러 가지 화합물의 혼합물이므로 명확한 융점은 존재하지 않지만 이것을 서서히 가열하면 온도가 상승하면서 점차로 연화하여 액상으로 된다. 연화점을 측정하는 방법은 다음과 같으며, 일반적으로 환구법(R&B)이 사용된다.

① 환구법(Ring and Ball method, R&B),

② Kraemer-Sarnow법(K&B),

③ Weadrinet법

④ Ubbelohde법

스트레이트 아스팔트의 경우 침입도가 작을수록 연화점은 높으며 대략 30~60℃ 정도이다. 블론 아스팔트는 동일 침입도의 스트레이트 아스팔트보다 연화점이 높으며 70~130℃정도이다.

6) 감온성(Temperature susceptibility)

아스팔트는 온도에 따라 반죽질기의 변화가 매우 크다. 이와 같이 온도변화에 따라 반죽질기가 변화하기 쉬운 정도를 감온성이라 한다. 온도와 점도의 관계는 포장용 아스팔트의 경우에 매우 중요한 성질이다. 아스팔트 포장은 온도변화에 따른 팽창수축 뿐만 아니라 정적・동적재하에 저항할 수 있는 탄성이 있어야 한다. 그러므로 아스팔트는 감온성이 낮은 것이 요구되는데, 스트레이트 아스팔트는 일반적으로 블론 아스팔트보다 감온성이 크다.

7) 인화점(Flash point)과 연소점(Burning point)

인화점은 아스팔트를 가열하여 불을 가까이 하는 순간에 인화할 때의 온도를 나타내며, 계속 가열하여 인화한 불꽃이 5초 동안 계속될 때의 온도를 연소점이라 한다. 아스팔트의 인화점은 원유의 종류, 제조방법, 침입도에 따라서 일반적으로 250~ 350℃의 범위에 있고, 연소점은 인화점보다 25~60℃ 정도 높다. 아스팔트 중에는 비점(boiling point)가 낮은 휘발성 성분이 포함되어 있기 때문에 가열하게 되면 인화될 위험이 있다. 또 자연발화 온도란 산소 중에 액상 또는 고체의 역청재를 넣을 경우 재료가 자연 발화하는 최저온도를 말한다.

8) 침입도 지수(Penetration Index : PI)

침입도 지수는 온도에 따른 아스팔트의 경도를 나타내는 지수로서 그 값이 크면 온도에 따른 영향을 적게 받는다. 250℃에서 침입도를 P, 연화점을 T라 하면 침입도 지수는 식 (10.1)로 구한다.

$$\frac{\log 800 - \log P}{T - 25} - \frac{20 - \Pi}{10 + \Pi} \times \frac{1}{50} \tag{10.1}$$

실제 아스팔트에서의 침입도지수는 +8~−2.6이며 침입도지수가 클수록 감온성이 저하되어 겔 형태에 가깝게 된다. PI값에 의하여 아스팔트를 분류하면 다음과 같다.

- 보통형(스트레이트 아스팔트)의 경우 : $-2<PI<2$
- 피치(pitch)형 : $PI \le -2$
- 불론형(블론 아스팔트)의 경우 : $PI \ge 2$

9) 취성(Brittleness)

아스팔트는 저온에서 취성을 나타내며, 정량적으로 나타내는 방법으로는 플라스(Fraass)의 파괴점 시험방법이 있다. 이 파괴점은 아스팔트의 종류, 원유의 산지 및 제조법에 따라서 다르며, 스트레이트 아스팔트의 경우에는 침입도가 클수록, 동일 침입도에서는 PI가 높을수록 낮은 경향을 나타낸다. 아스팔트의 취성은 한랭지에서 동적하중이 작용하는 아스팔트에서 특히 중요하다.

10) 강성(Rigidity)

아스팔트이 점탄성의 거동을 강성이라고 하는데, 일반적으로 탄성재료의 단성계수에 상당한다. 아스팔트의 강성은 재하 시간이 길수록, 온도가 높을수록, 침입도가 클수록, PI가 클수록 작은데, 아스팔트의 응력에 의한 변형은 온도와 시간의 영향이 크기 때문에 Van der Poel(1954년)은 식 (10.2)와 같은 강성식을 제안했다.

$$S = \frac{f}{\epsilon} \tag{10.2}$$

여기서, S는 강성, f는 재하응력, ϵ은 변형률을 가리킨다.

11) 열팽창계수

아스팔트의 열팽창계수는 상온에서 200℃까지의 범위에서 $(6.0\sim6.2)\times10^{-4}$/℃, 타르는 $(5.5\sim6.5)\times10^{-4}$/℃ 정도이다.

12) 비열(Specific heat) 및 열전도율

아스팔트의 비열은 아스팔트의 제조 및 가열시 중요한 인자이다. 비열이 큰 아스팔트일수록 많은 양의 열량을 흡수하기 때문에 온도변화에 의한 팽창계수를 억제하는 경향이 있으며, 일반적으로 0.4~0.6cal/g,℃ 정도이다. 온도가 t℃인 아스팔트의 비열은 식 (10.3)으로 구한다.

$$비열 = \frac{1}{\sqrt{d}}(0.388 + 8.1 \times 10^{-4}t)\ (\mathrm{Cal/g \cdot ℃}) \tag{10.3}$$

여기서 d는 15℃에서의 비중, t는 온도(℃)를 나타낸다. 또, 아스팔트는 열의 불량도체로서 열전도율은 대략적으로 0.12~0.12kcal/m · h · ℃ 정도의 값을 갖는다.

(2) 화학적 성질

아스팔트는 원소분석 시험결과 산소 1.1~2%, 질소 0.15~0.25%, 황 0.3~3.25%를 일반적으로 포함하고 있으며 그 외에 약간의 니켈, 철, 칼슘 등의 금속 성분을 함유하고 있는 탄화수소이다. 석유 나프타에 녹는 성분을 말텐(maltene), 사염화탄소에 녹는 성분을 아스팔텐(asphaltene), 사염화탄소에 녹지 않고 이황화탄소에 녹는 성분을 카벤(carbene), 이황화탄소에 녹지 않는 성분의 카보이드, 말텐 중에서 규조토 등에 흡착되는 성분을 수지(resin), 흡착되지 않는 성분을 오일(oil)이라고 한다. 아스팔트의 화학적 성질을 알아보면 다음과 같다.

① 아스팔트는 유기용제에 의해서 용해되는데, 일반적으로 진한 황산, 질산 및 묽은 질산에는 용해되지만, 진한 염산에 대해서는 상온에서 잘 용해되지 않는다. 또한 용제에는 벤졸(benzol), 이황화탄소(CS), 사염화탄소(CCL_4), 석유나프타 등이 있으며 아스팔트중의 산성분의 일부의 알칼리 용액과 반응하여 유화 또는 변색한다.

② 아스팔트는 가열하면 일부 증발이 일어나 액상으로 된다. 300℃ 이상으로 가열하면 증발이 일어나며 450℃ 이상에서 분해를 촉진하고 마지막에 탄소가 남는다.

③ 아스팔트에 파라핀이 존재하면 저온에서 취화되는 원인이 되고, 고온에서는 점성이 증가하여 부착력이 감소되어 안정도를 해치기 때문에 파라핀의 함유량을 5%까지로 제한하고 있다.

10.4 아스팔트 혼합물

아스팔트는 단독으로 사용하는 경우가 거의 드물고 골재, 충전재 등과 혼합하여 사용하는 경우가 많다. 골재는 아스팔트 혼합물 중에서 골조의 작용을 하며 지지력, 하중의 분산효과, 마찰저항성 등의 중요한 역할을 한다. 일반적으로 굵은 골재는 부순돌, 잔골재는 강모래가 주로 사용된다. 충전재는 잔·굵은 골재의 공극을 메울 뿐만 아니라 아스팔트와 일체가 되어 성질을 개선해 준다. 충전재는 0.074mm체를 70% 이상 통과하는 무기물질의 미세 분말로서 일반적으로 석회암 분말이 사용된다. 즉, 충전재는 아스팔트 혼합물 총 중량중 3~10% 정도를 차지하여 그 양은 적지만, 아스팔트 혼합물의 강도, 충격저항성을 증가시키며, 아스팔트의 감온성을 적게 하고, 신장성, 점착성을 해치지 않으며 저온시 취성화와 노화를 방지하는 효과가 있다. 한편, 아스팔트 혼합물의 석분량이 증가하면 안정도가 증가하고, 침입도가 증가하면 시공성은 좋아지지만, 세사량이 증가하면 공극률은 감소한다.

(1) 포장용 가열 아스팔트 혼합물

포장용 가열 아스팔트 혼합물의 표준배합은 아스팔트 플랜트에서 혼합물을 가열상태로 혼합하여 제조하며, 가열 아스팔트 혼합물의 표준배합은 표 10.1과 같다. 일반적으로 골재는 120~170℃, 아스팔드는 130~160℃로 가열한다. 가열혼합물은 안정성, 휨성, 마찰저항성, 수밀성, 내구성 등이 필요하며 이것에 대한 많은 시험방법이 제안되고 있다.

아스팔트 포장단면 구성은 그림 10.1과 같으며, 표층은 거의 아스팔트 혼합물로 형성되며 기층은 주로 시멘트콘크리트 재료로 구성된다.

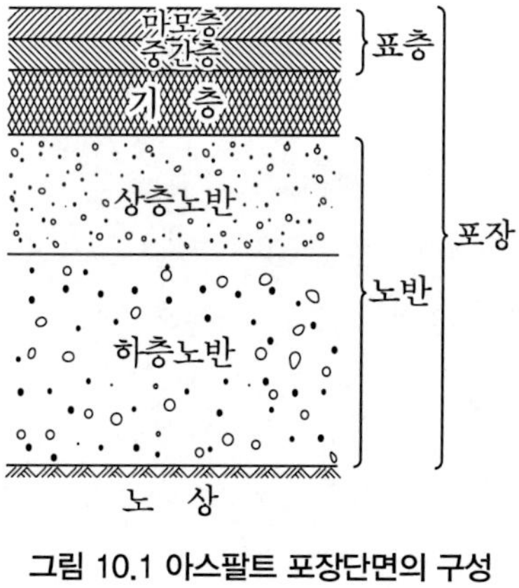

그림 10.1 아스팔트 포장단면의 구성

표 10.1 가열 아스팔트 혼합물의 표준배합

<table>
<tr><th colspan="2">종류</th><th>조립도 아스팔트콘크리트</th><th colspan="2">밀입도 아스팔트콘크리트</th><th>수정 topeka</th></tr>
<tr><td colspan="2">용도</td><td>기층</td><td colspan="2">표층</td><td>표층</td></tr>
<tr><td colspan="2">마무리 두께(cm)</td><td>4~6</td><td>5~6</td><td>4~5</td><td>3~5</td></tr>
<tr><td colspan="2">최대 입경</td><td>20</td><td>20</td><td>13</td><td>13</td></tr>
<tr><td rowspan="9">통과중량 백분율(%)</td><td>25</td><td>100</td><td>100</td><td>-</td><td>-</td></tr>
<tr><td>19</td><td>95~100</td><td>95~100</td><td>100</td><td>100</td></tr>
<tr><td>13</td><td>70~90</td><td>75~90</td><td>95~100</td><td>95~100</td></tr>
<tr><td>No.4</td><td>35~55</td><td>45~65</td><td>55~75</td><td>65~80</td></tr>
<tr><td>No.8</td><td>20~35</td><td colspan="2">35~50</td><td>50~65</td></tr>
<tr><td>No.15</td><td>10~22</td><td colspan="2">18~29</td><td>25~40</td></tr>
<tr><td>No.30</td><td>6~16</td><td colspan="2">13~23</td><td>-</td></tr>
<tr><td>No.50</td><td>4~12</td><td colspan="2">6~16</td><td>8~20</td></tr>
<tr><td>No.100</td><td>2~6</td><td colspan="2">4~8</td><td>4~8</td></tr>
<tr><td colspan="2">아스팔트량(%)</td><td>4.5~6.5</td><td colspan="2">5.0~7.0</td><td>6.0~8.0</td></tr>
<tr><td colspan="2">아스팔트 침입도</td><td>60~80</td><td colspan="2">80~100, 100~120</td><td></td></tr>
</table>

(2) 상온혼합식 아스팔트 혼합물

굵은 골재, 잔골재, 필러를 골재로 하고 여기에 액체 아스팔트(아스팔트 유제)를 적당량 혼합한 것을 상온 혼합식 아스팔트 혼합물이라 부른다. 보통 아스팔트 포장공사에서 가열 아스팔트 혼합물이 많이 쓰이지만, 상온 혼합식 아스팔트 혼합물은 경량차량 통행을 위한 간단한 아스팔트 포장공사나 노면의 패인 홈이나 포장굴착 후의 복구 같은 유지보수에 매우 편리하게 사용된다.

(3) 가열혼합식 아스팔트 혼합물

굵은 골재, 잔골재, 필러 또는 잔골재, 필러 등으로 된 골재의 스트레이트 아스팔트를 적당량 혼입하여 가열 혼합한 것을 가열혼합식 아스팔트 혼합물이라고 한다.

1) 구스(Guss) 아스팔트

구스 아스팔트는 투수성이 거의 없으며 내구성이 우수하여 교량의 상판포장 등에 사용된다. 입도가 잘 조정된 골재와 적당한 경도의 아스팔트로 만들어진 가열혼합물로서, 고온시 혼합물의 유동성을 이용하여 흘러 넣으며, 방수 및 마찰저항성이 크고, 저온시 균열 발생이 적은 장점이 있다.

아스팔트 침입도는 20~60 정도의 것이 사용되며, 아스팔트 플랜트의 골재는 1~2.5mm 입도의 골재가 40~55%, 0.074mm 이하의 충전재가 20~27%, 나머지 2.5~0.074mm이다. 아스팔트 함유량은 혼합물의 7~10% 정도이다.

2) 매스틱 아스팔트(Mastic asphalt)

매스틱 아스팔트는 잔골재, 필러에 다량의 아스팔트를 가열 혼합하여 제조한 것으로서, 공극률이 매우 작고 유동성이 풍부한 특징이 있으며 주로 수리구조물의 유입공법에 이용된다.

3) 아스팔트콘크리트

굵은 골재, 잔골재, 필러로 된 입도 조성이 양호한 골재에 스트레이트 아스팔트를 적당량 가열 혼합한 혼합물로서, 주차장, 도로, 공항 등의 아스팔트 포장에 사용된다. 아스팔트콘크리트는 교통조건, 기상조건, 시공조건 및 경제조건에 따라 여러 가지 종류로 분류된다.

(4) 모래반죽(Sand mastic)

아스팔트를 골재층에 주입하여 골재 공극을 충전하여 골재 층의 안정성을 높일 수 있다. 이를 위해 아스팔트(침입도 40~100) 18~20%, 모래 60~72%, 충전재 10~20%를 아스팔트 플랜트에서 혼합하여 모래반죽을 제조한다.

(5) 박리 방지제

아스팔트와 골재의 부착력을 향상시키며, 물이 존재할 경우에 골재 면에서 아스팔트막의 박리를 방지하기 위하여 아스팔트, 타르 등의 역청재료에 소량을 가하는 첨가제이다.

10.5 아스팔트의 특성과 용도

아스팔트는 석유의 발전과 더불어 대량 생산되면서 건설 및 화학공업용 재료로 널리 이용되고 있나. 아스팔트는 점착성이 크고 방수성이 풍부하며, 절연재로서 내력이 뛰어나다. 그리고 점성과 감온성을 가지고 있고 물에 용해되지 않고 불투수성이어서 방수재로 사용되며 석유정제의 과정에서 최후의 잔류물로 얻을 수 있기 때문에 비교적 값이 싸다. 또한 점착성이 크고, 광물질 재료와 부착성이 좋기 때문에 결합재, 접착재로 이용되고 사용 목적에 맞추어 반죽질기를 변화시킬 수 있어 시공성이 풍부한 재료이다.

10.5.1 각종 아스팔트의 특성

(1) 커트백 아스팔트(Cut-back asphalt)

커트백 아스팔트는 침입도 60~120 정도의 비교적 연한 액체 아스팔트(liquid asphalt)의 한 종류로서 스트레이트 아스팔트에 적당한 휘발성 용제(flux)를 가하여 유동성을 좋게 한 것이다. 일반적으로 아스팔트는 가열하지 않으면 안 되는데 반해, 커트백 아스팔트는 사용하는 용제와의 단순한 혼합에 의해 점도를 일시적으로 저하시킨 것으로서 상온에서 시공이 가능한 장점이 있어서 대부분의 도로포장에 사용되고 있다. 커트백 아스팔트는 단순한 용제와의 혼합용해의 상태로 존재한다. 그래서 커트백 아스팔트는 사용용제, 즉 커트백유의 양과 질에 따라 제품의 성질을 크게 좌우된다. 현재 사용되고 있는 커트백유의 대부분은 석유유출물이며 커트백 아스팔트 성분 중 중량으로 10~45% 정도 차지한다.

커트백 아스팔트는 사용한 커트백유의 증발속도의 차이에 따라 중유를 이용한 휘발성이 낮은 완속경화(SC, slow curing), 케로신(kerosene) 등을 이용한 중속경화(MC, medium curing), 가솔린, 나프타 등을 이용한 휘발성이 높은 급속경화(RC, rapid curing)의 3종류로 나누어진다. 양생시간은 휘발성이 큰 용제일수록, 그리고 용제량이 적을수록 짧고, 굳은 아스팔트일수록 짧다. 즉, SC는 양생시간이 길고, RC는 짧으며 MC는 그 중간이다.

(2) 고무혼입 아스팔트(Rubberized asphalt)

고무를 아스팔트에 혼입하여 아스팔트의 성질을 개선한 것으로서 추운 곳에서의 도로포장에 사용된다. 보통 스트레이트 아스팔트에 분말, 고형으로 된 천연고무나 합성고무를 2~5%정도 첨가하여 일정시간 교반한 다음 균일하게 혼합하여 제조한 아스팔트를 고무혼입아스팔트라 한다. 일반적으로 침입도는 60~150, 연화점은

45~55℃에서 100℃ 사이다. 고무혼입 아스팔트는 스트레이트 아스팔트와 비교하여 감온성이 작고 응집성 및 부착력, 탄성 및 충격 저항, 내후성, 마찰계수가 큰 장점을 가지고 있다.

(3) 수지혼입 아스팔트(Plastic asphalt)

수지혼입 아스팔트는 아스팔트에 고무 대신에 에폭시수지(epoxy resin), 폴리이소프렌수지(polyisoprene resin), 네오프렌고무(neoprene rubber) 등의 고분자 재료를 아스팔트에 혼입하여 아스팔트의 인성, 내충격성, 부착성, 열안정성을 도모하고 저온에서의 취성을 개선시킨 것이다. 이들 재료 중에서 에폭시수지 아스팔트는 신도와 감온성이 작고, 열, 용제, 중하중에 잘 견디기 때문에 비행장의 포장에 사용되기도 한다.

(4) 세미블론 아스팔트(Semi-blown asphalt)

세미블론 아스팔트는 스트레이트 아스팔트에 공기취입(blowing) 조작을 가해 감온성을 개선시키고, 60℃에서의 점도를 높인 포장용 아스팔트이다. 60℃에서의 점도는 보통 스트레이트 아스팔트에 비해 3~5배 크고, 여름철 포장의 유동성 방지에 효과적이다.

(5) 촉매 아스팔트

촉매 아스팔트는 촉매를 이용하여 아스팔트의 화학구조와 콜로이드 구조를 개선하여 수지혼입 아스팔트와 유사하게 개질한 것으로서 가격이 비싸고 점도가 높아 시공성이 약간 떨어지는 단점이 있다.

10.5.2 아스팔트의 용도

아스팔트의 용도는 표 10.2와 같이 정리할 수 있다.

표 10.2 아스팔트의 용도

분 야		이 용 현 황
토목재료	포장용	가열 아스팔트 혼합물용으로 스트레이트 아스팔트가 더욱 많이 이용되고 있다. 가공제품으로는 유제 아스팔트, 커트백 아스팔트나 프라이머 또는 태크코오트재로 이용된다.
	수리용	제방의 호안, 댐이나 수로의 라이닝, 방파제의 기초보강이나 댐제체의 센터코어(center core)의 불투수층 등에 많이 이용된다.
	기타	터널의 방수나 철도의 노상 등에 줄눈재로 이용된다.
건축재료		방수, 방습 또는 접합의 목적으로 건축물의 옥상이나 벽 등에 많이 이용된다.
공업용 재료		아스팔트 단독이 아닌 가공 또는 첨가제를 가하여 파이프의 라이닝이나 코팅재와 같은 방청용 도료로 사용된다. 자동차의 언더코트재, 목재의 방부 등 다방면에 이용된다.
농업용 재료		사막지역의 농업개발을 위해 지표 근처의 지반에 침투수를 방지하는 불투수층이나 용수로의 누수방지용 라이닝, 녹화취부공의 침식방지나 양생제 등으로 최근 특별하게 이용되고 있다.

10.6 역청유제

역청유제(Bituminous emulsion)는 역청을 미립자의 상태에서 수중에 분산시킨 것으로서 아스팔트유제가 사용된다. 역청유제에는 아스팔트유제(asphalt emulsion)와 타르유제(tar emulsion)가 포함되지만 수요의 대부분은 아스팔트유제이다. 아스팔트유제는 지름 1~5μm 의 아스팔트 미립자를 수중에 분산시킨 콜로이드(colloid) 액체로서 특수한 것은 아스팔트 중에 물방울을 미세한 입자로 분산시켜 점도를 낮춘 것도 있다. 아스팔트유제는 골재 위에 살포하거나, 골재와 혼합시키면 분해를 일으켜서 물과 아스팔트가 분리된다. 그러면 수분은 서서히 증발하고 골재의 표면에 아스팔트 피막이 남아 접착효과를 나타낸다. 역청유재가 골재와 접촉했을 때 일어나는 분해 작용은 골재의 종류, 입도, 표면상태, 흡수 및 표면수 등에 의하여 영향을 받는다. 역청유제는 그 구조 및 사용되는 유화제의 종류에 따라 다음과 같이 나눈다.

1) 점토계 유제

유화제로서 벤토나이트(bentonite), 점토 무기 수산화물과 같이 물에 녹지 않는 광물질을 수중에 분산시켜 역청재(알칼리성 유화액)를 가하여 유화시킨 것이다.

2) 음이온계 유제

음이온계 유제는 유화제로서 고급 지방산 비누, 합성선세제, 황산에스테르염, 지방산설포 화합물 등의 적당한 표면활성제(유화제)를 첨가하여 알칼리성 수용액 중에 아스팔트 입자를 분산시켜 생성한 미립자 표면을 전기적으로 부(−)전하로 대전(electric charge)시킨 것이다.

3) 양이온계 유제

양이온계 유제는 질산 등의 산성 수용액 중에 아스팔트를 분산시켜 미립자를 정(+) 전하로 대전시켜 안정화시킨 것으로 부착성이 좋다. 아스팔트 유제는 가열 없이 사용하며 골재와 혼합하여 포설하면 수분의 일부는 침투하고 일부는 증발하여 유제는 분해되고 아스팔트만 남아서 골재표면에 피막을 형성하여 점착력을 나타내어 골재와 결합한다. 분해속도에 따라서 급속응결(RS ; rapid setting), 중속응결(MS ; medium setting), 완속응결(SS ; slow setting)로 나누어진다.

10.7 기타 역청재료

(1) 컬러 결합재

아스팔트포장을 착색 또는 색을 선명하게 하는 것은 미관상뿐만 아니라 도로의 기능과 안전성 향상에 큰 역할을 한다. 착색 또는 색을 선명하게 하기 위한 방법으로는 천연 또는 인공의 선명한 골재를 사용하는 방법과 착색 결합제를 사용하는 방법이 있다. 선명한 골재를 사용하는 방법은 백색에 가까운 실리카 모래나 석회석 등의 천연골재, 인공적으로 제조한 백색 골재를 사용하는 것으로서, 포설 당시는 아스팔트 때문에 흑색을 나타내지만 표면의 아스팔트가 마모되면서 포장면은 시멘트콘크리트에 가까운 색이 된다. 또한, 포장면에 입상의 알루미늄을 뿌려 포장의 반사율을 높여 사고를 예방하는 경우도 있다. 컬러 결합제를 사용하는 방법은 백, 적, 황, 녹 등 임의의 색으로 착색할 수 있는 장점이 있다.

(2) 역청 이음재

콘크리트 포장의 이음재료로서 이음판과 주입 이음재가 있으며, 이것은 포장 이음재의 완충재 또는 방수재로 사용된다. 이음판은 양질의 블론 아스팔트를 주요 성분으로 하며, 여기에 적당량의 섬유류, 광물질 분말, 고무 등을 첨가 혼합한 것을 판 모양을 갖는 소정의 크기로 성형한 것이다. 이음판에는 코르크판, 코르크고무판, 고무스폰지판, 합성수지 스폰지판과 같은 고탄성 이음판이 있고, 역청섬유판, 목재판과 같은 중탄성 이음판 및 아스팔트판과 같은 저탄성판이 있다. 이들은 적당한 압축성과 복원성을 가지며 내후성이 우수하며 온도의 변화를 잘 받지 않고 저장, 취급, 시공이 간단하다.

주입 이음재는 아스팔트 주입재, 고무혼입 아스팔트 주입재, 타르 주입재, 탄성타르 주입재, 고무수지계 주입재가 있다. 주입 이음재는 주입이 쉽고 주입온도가 높지 않고 부착력이 풍부하며 내후성이 우수할 뿐만 아니라 한냉시에 벗겨지거나 균열이 생기지 않아야 한다.

10.8 타르

타르(Tar)는 석유원유, 석탄, 수목 등의 유기물의 건류 또는 증류에 의해서 얻어지는 암흑색의 액상인 비교적 휘발성을 가진 액체유출물이다. 타르의 주성분은 방향족 화합물이며, 특유의 냄새를 가지고 있다. 타르에는 콜타르(coal tar), 피치(pitch), 가스타르(gas tar) 및 포장용타르(road tar) 등이 있으며, 토목재료로 주로 사용되는 것은 콜타르와 가스타르이다. 타르는 자연적인 자원이 없기 때문에 인공적으로 제조되며, 인공아스팔트처럼 증류과정으로 가공처리한 생산품이다.

(1) 콜타르(Coal tar)

석탄의 건류에 의하여 얻어지는 가스 또는 코크스(coke, 코크)를 제조할 때 생기는 부산물을 콜타르라고 한다. 또한 건류 정도에 따라서 고온타르, 저온타르로 나눈다. 콜타르는 흑색의 점액체이며 비중은 1.0~1.3 정도로서 유리탄소량이 많을수록 증가한다. 탄소량이 많으면 부착력이 감소하므로 결합재로서는 부적당하다. 아스팔트보다 감온성이 적고 연화점 및 인화점이 낮으며 연성도 작은 특징이 있다.

가스제조를 목적으로 하는 석탄 가스로에서 생기는 것을 가스하우스타르(gas house tar), 코크스 제조를 목적으로 할 때 코크스로에서 생기는 것을 코크스오븐타르(coke oven tar)라 한다. 한편, 콜타르를 도로용에 적합하도록 정제한 것을 도로용타르(road tar)라 한다.

(2) 가스타르(Gas tar)

경유를 분해하여 수성가스를 제조할 때 부산물로서 생긴 것을 수성 가스타르(water gas tar)라고 한다. 수성 가스타르는 콜타르와 비교하여 점성이 작고, 유리탄소량도 적다.

(3) 피치

피치(Pitch)는 타르를 다시 분류한 것으로 온도의 상승에 따라 얻어지는 유분은 비점이 낮은 순서에 따라서 경유, 중유, 중간유(middle oil), 안트란센유(anthracene oil) 등이 유출되고 최후에 남는 잔류물로서 피치가 얻어지는데 이를 보통 경질피치라 한다. 피치의 비중은 비교적 크며 유리 탄소량이 많고 연화점이 높으며 증발감량도 적으나 인화점이 높은 특징이 있다.

(4) 포장용 타르(Paving tar)

제조된 상태 그대로의 타르를 조제 타르라 하는데, 물과 혼합 유기물을 많이 포함하고 있어서 도로포장에 그대로 사용하기에는 부적당하다. 따라서 이를 다시 증류하여 수분, 경유, 나프타 등을 유출하여 정제한 타르를 포장용 타르라고 한다. 포장용 타르는 비중 1.10~1.25로 액체 또는 반고체로서 온도변화에 의한 점도의 변화가 크다. 또 인화점이 낮고 연소점과 인화점의 차이가 적으므로 사용할 때 주의해야 한다. 포장용으로 다음과 같은 타르들이 사용되고 있다.

1) 잔류 타르(Residual tar)

코크스 가마 또는 석탄 가스 가마에서 얻어진 타르를 적당한 온도로 증유한 것이다.

2) 커트백 타르(cut-back tar)

증류로부터 얻어진 잔류타르나 연질 피치를 경유, 안트라센유로써 용해한 것으로 널리 사용되고 있다.

3) 혼성 타르

잔류타르, 커트백 타르, 커트백 타르에 20% 이내의 석유 아스팔트 등의 다른 역청재료를 혼합한 것이다.

한편 포장용 타르는 스트레이트 아스팔트와 같이 포장용 결합재로 사용되지만 포장의 성질에서는 차이점이 있으며, 그 성질을 비교하면 표 10.3과 같다.

표 10.3 포장용 타르와 스트레이트 아스팔트와의 성질 비교

항목	포장용 타르	스트레이트 아스팔트
주성분	방향족 탄화수소	지방족 탄화수소
상태	액체에서 반고체	반고체
냄새	특유한 냄새가 있음	없음
증발성분	5~23% 있음	없음
페놀류	5% 이하 있음	없음
나프탈린	6% 이하 있음	없음
유리탄소	25% 이하 있음	없음
비중	1.10~1.26	1.00~1.05
시용시 가열온도	110℃ 이하의 온도에서 가열사용	140~110℃에서 가열사용
감온성	PI : -2 이하, 크다	PI : -2~+1, 적다
내유성	양호	불량
투수성, 흡수성	아스팔트보다 매우 적다	적다
침투성	아스팔트보다 매우 양호	-
골재에 대한 접착성	물이 있어서 잘 접착함	물이 있으면 접착성이 불량
작업성	낮은 온도에서도 양호	온도가 낮아지면 불량

CHAPTER

11

강 재

CHAPTER

11 강재

11.1 개요

콘크리트는 압축강도에 비해 인장강도가 매우 작은 재료이기 때문에 하중작용에 의해 인장응력이 발생하는 부분에는 인장강도가 높은 재료를 이용하여 보강해야 할 필요가 있다. 콘크리트 보강용 강재로서는 철근, PS 강재, 철골이 있으며, 기타 용접철망, 철근격자, 강섬유 등도 있다.

건설재료로 사용되는 강재가 콘크리트 보강재로서 적당한 이유는 열팽창계수가 콘크리트와 거의 같아 온도변화에 의한 내부응력의 발생이 없고, 부동태 피막을 형성하여 부식을 어느 정도 방지하며, 항복(yielding) 후에도 파괴에 이르기까지 큰 변형능력을 갖고 있어, 취성적인 콘크리트에 인성을 부여할 수 있다는 것이다.

11.2 강재의 종류

강재의 성질은 탄소함유량에 따라서 순철, 강, 선철의 3가지로 분류되고, 토목구조물에 일반적으로 많이 사용되는 것은 강이다. 강에는 일반적으로 사용되고 있는 보통강과 특수 용도로 사용되는 특수강이 있다. 특수강은 또다시 화학성분에 따라서 다음과 같이 탄소강과 합금강으로 분류된다.

11.2.1 탄소강(Carbon Steel)

철과 탄소(0.04~1.7%)의 합금을 탄소(보통)강이라고 한다. 탄소 이외에 함유된 Si, Mn, P, S, Cu 등이 탄소강의 성질에 영향을 미친다. 탄소강은 함유하는 탄소(C)량에 따라 기계적인성질이 다른데, 표 11.1과 같이 구분할 수 있다.

표 11.1 탄소강의 분류

종 별	탄소함유량(%)	인장강도(MPa)	신장률(%)	경도(H_B)	용 도
특수 극연강	0.08이하	320~360	30~40	95~100	박판, 전신선
극연강	0.08~0.12	360~420	30~40	80~120	리벳, 용접관
연강	0.12~0.20	380~480	24~36	100~130	철골, 철근, 볼트, 너트
반연강	0.20~0.30	440~550	22~32	120~145	교량, 보일러용판
반경강	0.30~0.40	500~600	17~30	140~170	볼트, 강널말뚝
경강	0.40~0.50	580~700	14~26	160~200	레일, 자동차 클러치
최경강	0.50~0.80	650~1000	11~20	180~235	레일, 나사, 축

11.2.2 합금강(Alloy Steel)

합금강은 강의 성질을 개선하거나 향상시킴으로서 소정의 성질을 갖게 하기 위하여 한 종류 또는 여러 종류 이상의 특수 원소를 일정량 이상 함유시킨 강으로 물리적, 화학적 성질을 개선하여 여러 가지 목적에 적합하도록 제조한 강이다. 강은 그 특성과 용도에 따라서 구조용강, 공구강, 내열강, 고장력강, 베어링강(bearing steel), 용수철강, 피아노선재, 내후성강 등으로 나눈다. 토목재료로 많이 사용하는 강재는 형강, 강널말뚝, 봉강, PS강재 등이 있다.

1.3 강재의 성질

11.3.1 물리적 성질

탄소량이 0.1~0.3% 정도인 강재의 물리적 성질을 표 11.2에 나타냈다.

표 11.2 강재의 물리적 성질

밀 도	열팽창계수	비 열	열전도율	탄성계수
7.85	12×10^{-6}/℃ (20~100℃)	0.42×10^{3}J/kg · m (20~100℃)	0.12 W/m · K (30℃)	2.0×10^{5}MPa

11.3.2 역학적 성질

(1) 인장강도

강재의 인장강도 시험은 금속재료 인장시험 방법(KS B 0802)에서와 같이 최대하중을 시험편 단면적으로 나눈 값을 인장강도라고 한다. 강재의 휨시험은 금속재료 휨시험 방법(KS B 0804)의 규정을 따른다.

(2) 압축강도

압축시험에 의한 항복점이나 영계수(Young's modulus) 등의 값은 보통 인장시험 경우에서 구한 값과 같다고 생각해도 좋다. 시험편이 긴 경우에는 최대의 압축하중은 항복하중보다 낮으며 이 경우에는 좌굴(buckling)에 의해 내하력이 정해진다.

(3) 충격강도

충격시험의 목적은 강재의 인성(toughness)을 판단하는 것이며, 충격시험 결과로부터 시험편을 파괴하는데 필요한 에너지 또는 충격값(impact value)을 충격강도라고 부른다. 즉, 충격에너지를 그 절단면부의 원래의 단면적으로 나눈 값이다. 충격시험에는 샤르피(Charpy) 충격시험과 아이조드(Izod) 충격시험이 있다.

(4) 피로강도

구조물 및 기계 부품의 파손이나 사고의 원인은 강도가 부족해서 발생한 파괴보다는 주로 인장강도 이하의 반복적인 하중재하에 의한 재료의 피로파괴가 원인이 된다. 피로강도는 강의 성질 중에서도 설계상 중요한 요인이 된다.

(5) 지연파괴

지연파괴란 인장응력이 정적으로 작용할 때 어느 시간이 경과한 후 돌연 파괴하는 현상으로서 정적피로 파괴라고도 한다. 인장강도가 1200MPa 이상의 강도를 가진 고장력강 또는 PS강봉, 고장력 볼트 등에서는 이 현상에 대해 특히 주의를 필요로 한다. 수소취성과 응력부식 균열 등이 지연파괴의 원인이 된다.

11.3.3 화학적 성질

철은 공기 중 또는 수중에서 탄산가스와 물의 작용으로 산화하며 수산화철, 즉, 녹이 조직 내부에까지 퍼져 강을 부식시킨다. 녹은 순철이 가장 심하다. 콘크리트 정도의 약한 알칼리에 대해서는 거의 영향을 받지 않는다.

11.4 철 근

토목공사에 사용되는 철강 제품의 종류는 구조재료로부터 토목공사용 가설재에 이르기까지 매우 광범위하다. 철근을 분류하면 철근콘크리트용 봉강과 철근콘크리트용 재생봉강으로 나눌 수 있으며, 한국산업규격(KS)에 규격화되어 있다.

11.4.1 철근의 역학적 성질

철근의 응력-변형률 곡선은 그림 11.1에서와 같이 철근의 품질에 따라서 그 형상이 차이가 있다. 일반적으로 열간 압연봉강의 경우는 명확한 항복점과 항복영역이 나타나지만, 고강도로 갈수록 항복영역의 길이는 짧고 파괴시의 신장도 작아진다. 한편 냉간 가공한 봉강과 PS 강재와 같이 열처리 등에 의해 고강도화 된 강재에서는 연강과 같은 명확한 항복현상은 나타나지 않고 파괴시의 신장도 작다. 이와 같이 명확한 항복점이 나타나지 않는 철근에 대해서는 그림 11.2에 나타낸 바와 같이 잔류변형률이 일정치가 되는 점을 취한 후, 이점에서부터 응력-변형률 곡선의

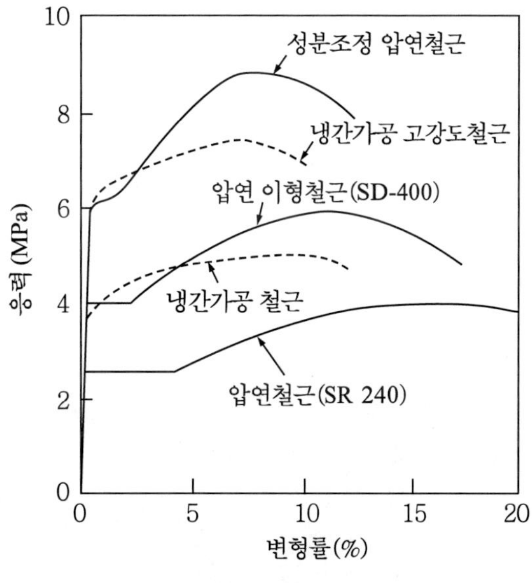

철근의 응력-변형률 곡선의 예

접선 OA(그림 11.2 참조)에 대한 평행선을 그어 곡선과 교차하는 점을 항복점으로 취한다. 잔류변형률은 일반적으로 0.2%로 본다.

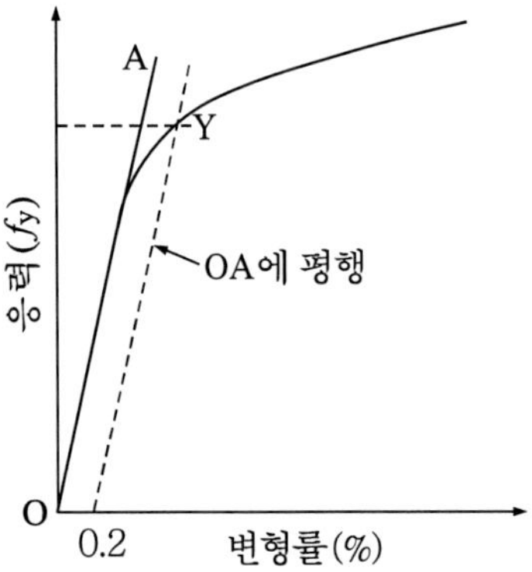

그림 11.2 냉간 가공 철근의 항복점

표 11.3 원형 봉강과 이형 봉강의 종류 및 기호(KS D 3504)

종류	기호
원형 봉강	SR240
	SR300
이형 봉강	SD300 A
	SD300 B
	SD350
	SD400
	SD500

11.4.2 철근콘크리트 봉강

(1) 종류 및 기호

철근콘크리트 보강에 사용하는 봉강으로는 열간압연으로 만든 원형 봉강과 이형 봉강이 있다. 철근으로 사용되는 봉강에는 단면이 원형인 원형철근과 이형인 이형철근이 있는데, 부착강도를 증진시키기 위해 표면에 요철을 만든 이형철근을 주로 사용한다. 원형 봉강의 종류는 두 종류, 이형 봉강의 종류는 다섯 종류가 있으며, 그 종류 및 기호는 표 11.3과 같다.

(2) 화학성분

원형 봉강 및 이형 봉강의 종류별 화학성분은 표 11.4와 같고, 탄소당량 C_{eq}는 다음 식에 따라 구한다.

$$C_{eq} = C + \frac{Mn}{6} + \frac{(Cr + V + Mo)}{5} + \frac{(Cu + Ni)}{15}$$

여기에서 C, Mn, Cr, V, Mo, Cu 및 Ni는 각 성분의 무게 백분율이다.

(3) 기계적 성질

철근콘크리트에 사용되는 철근의 종류 및 기계적 성질을 표 11.5에 나타냈으며, 원형봉강 및 이형봉강의 항복점 또는 0.2% 내력, 인장강도, 연신율 및 굽힘성은 이 표를 따른다. 굽힘성의 경우는 철근의 외측에 균열이 생겨서는 안 된다.

표 11.4 원형봉강 및 이형봉강의 종류별 화학성분(KS D 3504)

<table>
<tr><th rowspan="2">종류의 기호</th><th colspan="7">화학성분(%)</th></tr>
<tr><th>C</th><th>Si</th><th>Mn</th><th>P</th><th>S</th><th>N</th><th>C_{eq}</th></tr>
<tr><td>SR240</td><td rowspan="6">-</td><td rowspan="6">-</td><td rowspan="6">-</td><td rowspan="6">0.05 이하</td><td rowspan="6">0.05 이하</td><td rowspan="6">-</td><td rowspan="6">-</td></tr>
<tr><td>SR300</td></tr>
<tr><td>SD300</td></tr>
<tr><td>SD350</td></tr>
<tr><td>SD400</td></tr>
<tr><td>SD500</td></tr>
<tr><td>SD400W</td><td rowspan="2">0.22 이하
(0.24 이하)</td><td rowspan="2">0.60 이하
(0.65 이하)</td><td rowspan="2">1.60 이하
(1.70 이하)</td><td rowspan="2">0.05 이하
(0.055 이하)</td><td rowspan="2">0.05 이하
(0.055 이하)</td><td rowspan="2">0.012 이하
(0.013 이하)</td><td rowspan="2">0.50 이하
(0.52 이하)</td></tr>
<tr><td>SD500W</td></tr>
</table>

(주) 괄호안의 값은 제품분석의 경우에 적용한다.

표 11.5 철근의 종류 및 기계적 성질(KS D 3504)

<table>
<tr><th rowspan="2">종류 기호</th><th rowspan="2">항복점 또는 0.2% 항복강도(N/mm^2)</th><th rowspan="2">인장강도 (N/mm^2)</th><th rowspan="2">인장시험편</th><th rowspan="2">연신율(%)</th><th colspan="2">굽힘성</th></tr>
<tr><th>굽힘 각조</th><th>안쪽 반지름</th></tr>
<tr><td rowspan="2">SR240</td><td rowspan="2">240 이상</td><td rowspan="2">380 이상</td><td>2호</td><td>20 이상</td><td rowspan="2">180°</td><td rowspan="2">공칭지름의 1.5배</td></tr>
<tr><td>3호</td><td>24 이상</td></tr>
<tr><td rowspan="2">SR300</td><td rowspan="2">300 이상</td><td rowspan="2">440 이상</td><td>2호</td><td>18 이상</td><td rowspan="2">180°</td><td>지름 16mm 이하 공칭지름의 1.5배</td></tr>
<tr><td>3호</td><td>20 이상</td><td>지름 16mm 초과 공칭지름의 1.5배</td></tr>
<tr><td rowspan="2">SD300</td><td rowspan="2">300 이상</td><td rowspan="2">440 이상</td><td>2호에 준한 것</td><td>16 이상</td><td rowspan="2">180°</td><td>D16 이하 공칭지름의 1.5배</td></tr>
<tr><td>3호에 준한 것</td><td>18 이상</td><td>D16 초과 공칭지름의 2배</td></tr>
<tr><td rowspan="3">SD350</td><td rowspan="3">350 이상</td><td rowspan="3">490 이상</td><td>2호에 준한 것</td><td>18 이상</td><td rowspan="3">180°</td><td>D16 이하 공칭지름의 1.5배</td></tr>
<tr><td rowspan="2">3호에 준한 것</td><td rowspan="2">20 이상</td><td>D16 초과 D11 이하 공칭지름의 2배</td></tr>
<tr><td>D51 공칭지름의 2배</td></tr>
<tr><td rowspan="2">SD400</td><td rowspan="2">400 이상</td><td rowspan="2">560 이상</td><td>2호에 준한 것</td><td>16 이상</td><td rowspan="2">180°</td><td rowspan="2">공칭지름의 2.5배</td></tr>
<tr><td>3호에 준한 것</td><td>18 이상</td></tr>
<tr><td rowspan="2">SD500</td><td rowspan="2">500 이상</td><td rowspan="2">620 이상</td><td>2호에 준한 것</td><td>12 이상</td><td rowspan="2">90°</td><td>D25 이하 공칭지름의 2.5배</td></tr>
<tr><td>3호에 준한 것</td><td>14 이상</td><td>D25 초과 공칭지름의 3배</td></tr>
<tr><td rowspan="2">SD400W</td><td rowspan="2">400 이상</td><td rowspan="2">560 이상</td><td>2호에 준한 것</td><td>16 이상</td><td rowspan="2">180°</td><td rowspan="2">공칭지름의 2.5배</td></tr>
<tr><td>3호에 준한 것</td><td>18 이상</td></tr>
<tr><td rowspan="2">SD500W</td><td rowspan="2">500 이상</td><td rowspan="2">620 이상</td><td>2호에 준한 것</td><td>12 이상</td><td rowspan="2">90°</td><td>D25 이하 공칭지름의 2.5배</td></tr>
<tr><td>3호에 준한 것</td><td>14 이상</td><td>D25 초과 공칭지름의 3배</td></tr>
</table>

(4) 모양 및 치수

1) 이형철근의 공칭단면적, 공칭직경 및 공칭둘레

공칭직경, 공칭단면적 및 공칭둘레는 이형철근의 단면 형상에 관계없이 표 11.6에 나타낸 단위무게(단위길이당 질량(kg/m))와 같은 단위중량을 갖는 원형봉강의 직경, 단면적 및 둘레로 나타낸다. 공칭단면적, 공칭둘레 및 단위무게의 산출방법은 다음과 같다.

① 공칭단면적(S)= $\frac{0.7854 \times d^2}{100}$

(d는 공칭직경이고, 유효숫자 넷째 자리에서 반올림한다.)

② 공칭둘레(ℓ)= $0.3142 \times d$

(d는 공칭직경이고, 소수점 이하 첫째 자리에서 반올림한다.)

③ 단위무게= $0.785 \times S$

(S는 공칭단면적이고, 소수점 이하 셋째 자리에서 반올림한다.)

표 11.6 철근의 치수, 무게 및 마디의 허용차(KS D 3504)

호칭명	단위무게 (kg/m)	공칭 지름(d) (mm)	공칭 단면적(S) (cm^2)	공칭 둘레(l) (cm)	마디의 평균간격 최대값 (mm)	마디 높이 최소값 (mm)	마디 높이 최대값 (mm)	마디틈 합계의 최대값 (mm)	마디와 직선과의 각도
D6	0.249	6.35	0.3167	2.0	4.4	0.3	0.6	5.0	45°이상
D10	0.560	9.53	0.7133	3.0	6.7	0.4	0.8	7.5	
D13	0.995	12.7	1.267	4.0	8.9	0.5	1.0	10.0	
D16	1.56	15.9	1.986	5.0	11.1	0.7	1.4	12.5	
D19	2.25	19.1	2.865	6.0	13.4	1.0	2.0	15.0	
D22	3.04	22.2	3.871	7.0	15.5	1.1	2.2	17.5	
D25	3.98	25.4	5.067	8.0	17.8	1.3	2.6	20.0	
D29	5.04	28.6	6.424	9.0	20.0	1.4	2.8	22.5	
D32	6.23	31.8	7.942	10.0	22.3	1.6	3.2	25.0	
D35	7.51	34.9	9.566	11.0	24.4	1.7	3.4	27.5	
D38	8.95	38.1	11.40	12.0	26.7	1.9	3.8	30.0	
D41	10.5	41.3	13.40	13.0	28.9	2.1	4.2	32.5	
D51	15.9	50.8	20.40	16.0	35.6	2.5	5.0	40.0	

2) 리브 및 마디

이형봉강의 마디는 전 길이에 걸쳐 거의 일정한 간격으로 분포하고 동일 모양, 치수를 가져야 한다. 치수가 호칭 D16 이상인 이형 봉강의 마디 부근은 응력 집중이 적은 모양이어야 한다. 그림 11.3과 같이 축선 방향의 돌기를 리브(rib)라 하고, 축선 방향과 직각을 이루는 돌기를 마디라고 한다.

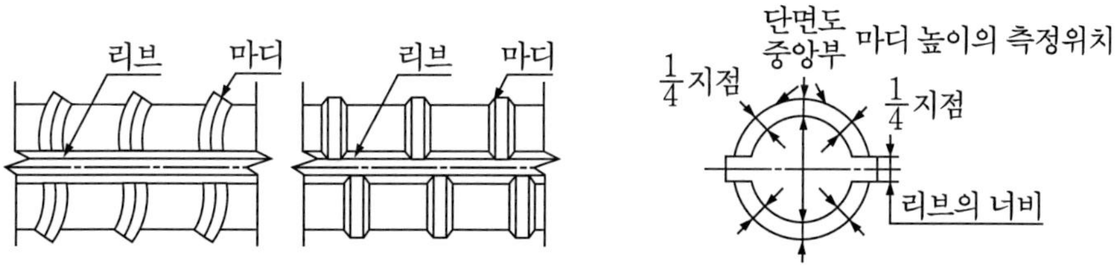

그림 11.3 이형철근의 모양(KS D 3504)

3) 표준길이

이형 봉강의 표준길이는 표 11.7에 따른다.

표 11.7 이형 봉강의 표준길이(KS D 3504) (단위 : m)

3.5, 4.0, 4.5, 5.0, 5.5, 6.0, 6.5, 7.0, 8.0, 9.0, 10.0, 11.0, 12.0

(주) 코일의 경우에는 적용하지 않는다.

11.5 PS 강재

11.5.1 PS 강재의 성질

프리스트레스트 콘크리트의 긴장재로 사용되는 PS 강재는 PS 강선, PS 강연선 및 PS 강봉으로 구분된다.

(1) 응력-변형률

콘크리트에 프리스트레스를 부여할 목적으로 사용되는 PS강재는 긴장력이 크고 감소되지 않도록 해야 하므로 충분히 큰 값의 긴장력을 부여할 필요가 있다. 이 때문에 철근에 비해 높은 강도를 가진 고강도 강재가 이용된다.

(2) 크리프와 릴랙세이션

PS 강재를 일정한 높이의 인장응력(예를 들면 0.2% 항복점을 어느 정도 초과하는 정도의 응력) 하에서 긴장해 두면 시간의 경과와 함께 신장이 차츰 증가되는 현상을 크리프(creep)라 한다. 반면, PS 강재를 비교적 높은 인장응력(예를 들면 0.2% 항복점에 가까운 응력)으로 긴장해서 일정 길이로 유지해 두면 시간의 경과와 함께 PS 강재의 인장이 감소되는 현상을 응력완화(relaxation)라 한다.

(3) PS 강선

콘크리트와의 부착강도를 증가시키기 위해 특수한 단면 또는 표면의 형상으로 성형한 이형강선이 있다. PS 강봉의 신장률은 5% 이상, 응력완화는 1.5% 이하로 규정되어 있다. 최근에는 응력완화가 특히 작은 강선도 시판되고 있다. PS용 PS 강선과 PS 강연선의 종류 및 명칭을 표 11.8 및 11.9에 나타내었다

표 11.8 PS 강선의 종류 및 호칭

종류		기호	명칭
PS 강선	원형선 및 이형선	SWPS1 및 SWPD1	(2.9mm) (3.5mm) (4.5mm) 5mm (6mm) 7mm 8mm 9mm

표 11.9 PS 강연선

종류			기호	명칭
PS 강연선	2연선		SWPS2	2.9mm 2연선
	이형 3연선		SWPD3	2.9mm 3연선
	7연선	A종	SWPS7A	(7연선 6.2mm) 7연선 9.3mm 7연선 10.8mm 7연선 12.4mm 7연선 15.2mm
		B종	SWPS7B	7연선 9.5mm 7연선 11.1mm 7연선 12.7mm 7연선 15.2mm

11.5.2 PS 강봉

(1) 종류 및 기호

프리스트레스트 콘크리트에서 사용하는 PS 강봉은 제조방법에 따라 인발 강봉, 압연 강봉 및 열처리 강봉으로 구분한다. PS 강봉의 종류 및 기호는 표 11.10에 정리했으며, 호칭은 표 11.11에 정리하였다.

표 11.10 PS 강봉의 종류와 기호 (KS D 3505)

종 류			기호(SI단위)
원형 봉강	A종	2호	SBPR 785/1030
	B종	1호	SBPR 930/1080
		2호	SBPR 930/1180
	C종	1호	SBPR 1080/1230
이형 봉강	B종	1호	SBPD 930/1080
	C종	1호	SBPD 1080/1230
	D종	1호	SBPD 1275/1420

표 11.11 PS 강봉의 호칭(KS D 3505)

종 류	호칭명	비 고
원형 봉강	9.2mm, 11mm, 13mm, (15mm), 17mm, (19mm), (21mm), 23mm, 26mm, (29mm), 32mm, 36mm, 40mm	(　)를 붙인 명칭의 강봉은 사용하지 않는 것이 바람직하다.
이형 봉강	7.4mm, 9.2mm, 11mm, 13mm	

(주) ( )의 강봉은 사용하지 않는 것이 바람직하다

(2) 기계적 성질

PS 강봉의 기계적 성질은 표 11.12와 같다.

표 11.12 PS 강봉의 기계적 성질(KS D 3505)

기호(SI단위)	0.2% 항복강도(MPa)	인장강도(MPa)	연신율(%)	릴랙세이션 값(%)
SBPR 785/1030	785 이상	1030 이상	5 이상	4.0 이하
SBPR 930/1080	930 이상	1080 이상	5 이상	4.0 이하
SBPR 930/1180	930 이상	1180 이상	5 이상	4.0 이하
SBPR 1080/1230	1080 이상	1230 이상	5 이상	4.0 이하
SBPD 930/1080	930 이상	1080 이상	5 이상	1.5 이하
SBPD 1080/1230	1080 이상	1230 이상	5 이상	1.5 이하
SBPD 1275/1420	1275 이상	1420 이상	5 이상	1.5 이하

(3) 모양 및 치수

1) 모양

PS 강봉은 봉 모양 또는 코일 모양이 있다. 원형 봉강은 평활한 표면을 가지며, 이형 봉강은 거의 둥근 단면을 갖고 일정한 돌기 혹은 오목함을 연속 또는 일정한 간격으로 둔다.

2) 치수 및 허용차, 공칭단면적

원형 봉강의 표준지름 치수 및 허용차, 공칭단면적은 표 11.13에 따른다. 한편, 이형 봉강의 공칭 지름 및 공칭단면적은 표 11.14에 따른다. 다만, 이형 봉강의 지름 허용차는 규정하지 않는다.

표 11.13 원형 봉강의 표준지름, 허용차 및 공칭단면적(KS D 3505)

<table>
<tr><th>호칭명</th><th>표준지름(mm)</th><th>허용차(mm)</th><th>공칭면적(mm²)</th></tr>
<tr><td>9.2mm</td><td>9.2</td><td rowspan="6">−0.2
플러스(+) 쪽은 규정하지 않는다.</td><td>66.48</td></tr>
<tr><td>11mm</td><td>11.0</td><td>95.03</td></tr>
<tr><td>13mm</td><td>13.0</td><td>132.7</td></tr>
<tr><td>(15mm)</td><td>15.0</td><td>176.7</td></tr>
<tr><td>17mm</td><td>17.0</td><td>227.0</td></tr>
<tr><td>(19mm)</td><td>19.0</td><td>283.5</td></tr>
<tr><td>(21mm)</td><td>21.0</td><td rowspan="7">−0.6
플러스(+) 쪽은 규정하지 않는다.</td><td>346.4</td></tr>
<tr><td>23mm</td><td>23.0</td><td>415.5</td></tr>
<tr><td>26mm</td><td>26.0</td><td>530.9</td></tr>
<tr><td>(29mm)</td><td>29.0</td><td>660.5</td></tr>
<tr><td>32mm</td><td>32.0</td><td>804.2</td></tr>
<tr><td>36mm</td><td>36.0</td><td>1018.0</td></tr>
<tr><td>40mm</td><td>40.0</td><td>1257.0</td></tr>
</table>

표 11.14 이형 봉강의 공칭지름 및 공칭단면적

호칭명	표준 지름(mm)	공칭 면적(mm²)
7.4mm	7.4	40.0
9.2mm	9.2	64.0
11mm	11.0	90.0
13mm	13.0	125.0

11.6 철 금속

철강의 주성분은 철(Fe)이며, 이 외에도 탄소(C), 규소(Si), 망간(Mn), 인(P), 황(S) 등을 함유하고 있다. 금속은 산화철을 포함한 철광석을 용융하여 환원 분리하여 얻은 선철을 원료로 하여 제조한다.

(1) 선철

선철(Pig iron)은 철광석을 제철소의 용광로에서 환원하여 만들며 제강시 주원료가 된다. 선철은 주원료인 철광석에 환원제인 코크스와 용제인 석회석을 미리 배합하여 용광로에 투입한 후, 700~900℃의 가열된 공기를 보내어 생산한다. 선철은 탄소(C), 규소(Si), 망간(Mn), 인(P), 황(S), 크롬(Cr), 니켈(Ni) 등과 같은 원소를 포함하고 있으나, 그 중에서 탄소(C)가 가장 많으며, 3%를 넘는 경우도 있다. 함유탄소의 결합상태에 따라 선철은 비교적 경질이고 수축이 커서 주조가 곤란하고 기계부품에 적합하지 않은 백선철(white pig iron)과 연질로서 강도가 작아 절삭하기 쉽고 녹는점이 낮아 유동성이 크며 수축이 작아 주조에 적합한 회선철(gray pig iron)로 구분한다. 선철은 원료의 성질 및 용융 온도에 의하여 다양한 성질이 얻어지는데, 선철에 철 찌꺼기를 섞어 융해하여 주물의 주조용으로 만든 것을 일반적으로 주철이라고 부른다.

(2) 연철

규소(Si) 함유량이 많은 선철을 깐 용광로 위에서 반유동 상태까지 가열한 후 연철을 분리해 낸다. 연철은 취성이 많고 진동, 충격에 대한 저항성이 크다. 강철보다는 아연 도금이 쉽고 부착이 양호하다. 또한 연철(wrought iron)은 각종 제관용, 전기, 기계 부속품 등에 쓰인다.

(3) 주철

주철(Cast iron)은 선철에 규소 및 철 부스러기 등을 가하여 융해하고 필요한 성분을 갖도록 한 것으로서 탄소 함유량이 2~4% 정도 되며 가열화면 성질이 변한다. 주철은 압축강도(700MPa)는 강하지만 인장강도(150~350MPa)가 약하여 깨지기 쉽다. 즉, 용강로에서 철광석을 환원해서 직접 주입한 것을 주철이라고 한다. 주철은 92~96%의

철을 함유하고 나머지는 크롬, 규소, 망간, 유황, 인 등을 포함하고 있다. 이들을 주철의 5원소라고 하는데, 이들 5원소의 함유량은 표 11.15와 같다.

표 11.15 5원소의 함유량

주성분	탄소(C)	규소(Si)	망간(Mn)	인(P)	황(S)
함유량(%)	2.0~6.67	0.5~3.0	0.3~1.2	0.01~0.08	0.02~0.15

주철은 탄소가 화합탄소냐 유리탄소냐에 따라 회주철과 백주철로 구분되는데, 백주철보다 회주철이 많이 사용된다. 주철은 탄소와 규소의 양, 주조 후의 냉각속도에 크게 영향을 받으며, 냉각속도가 느릴수록, 탄소량이 많을수록 또 규소가 많을수록 회주철이 되기 쉽다.

1) 회주철(Gray cast iron)

회주철은 흑연의 양이 많은 주철을 서서히 냉각시킨 것으로서 깨진 면이 회색이며 재질은 비교적 연하고 점성이 있다. 비중은 약 7.2, 융점은 약 1,200~1,250℃이다. 회주철 중에서 인장강도가 200~ 300MPa인 것은 고급품이다.

2) 백주철(White cast iron)

백주철은 흑연의 양이 적은 주철을 급냉시킨 것으로서 깨진 면이 흰색이며 재질은 딱딱하여 깨지기 쉽고, 단단하지만 가공이 어렵다. 비중은 약 7.0, 융점이 약 1,100℃이다. 또한, 수축률이 커서(2% 내외) 주조가 곤란하다.

3) 반주철(Mottled cast iron)

반주철은 회주철과 백주철을 혼합한 조직으로서 깨진 면이 회백색이며 반점상(斑點狀)이다.

11.7 강(Steel)

11.7.1 제조법에 의한 분류

(1) 평로법(Hearth furnace process)

축열식에서 공기를 가열하여 선철이나 철 부스러기 등을 용해하고 내부의 불순물을 산화 연소하여 선철의 탄소 함유량을 줄이는 방법을 평로법이라고 한다.

(2) 전로법(Converter process)

전로법은 용해된 선철을 로에 넣고 산소의 흡입만으로 불순물을 제거시키는 방법으로 평로 제강법에 비해 쉽게 탄소를 제거할 수 있고 저탄소강의 제조에 많이 사용된다.

(3) 전기로법(Electric furnace process)

전기로법은 전기열에 의하여 원료를 용해시켜서 강을 만드는 것으로, 제강에 필요한 여러 가지 반응을 자유롭게 조작할 수 있고, 합금강이나 주강 등 특수 용도를 가진 강의 제조에 이용되지만 생산량은 적다.

(4) 도가니법

도가니로 용해 제강하는 방법으로 공구 등에 적합한 우수한 강을 얻을 수 있으나 대량생산에 부적합하여 고급 특수강을 만들 때에 한하여 사용되고 가격이 비싸다.

11.7.2 강의 열처리

강은 적당한 온도로 가열 냉각함으로써 그 조직을 바꿀 수 있으며, 가공법, 강도, 점성 등의 성질을 개선하거나 압연 또는 주조시 잔류 응력을 제거할 수 있다. 열처리는 목적에 따라 다음과 같이 여러 가지가 있다.

(1) 불림(Normalizing)

불림이란 결정립을 미세화하고 조직을 균일하게 하여 강력한 재료로 만들기 위한 목적으로 변태점 이상의 온도를 가열하여 적당한 시간을 두고 공기 중에서 서서히 냉각하는 열처리 방법이다. 불림을 가하면 강 속의 내부 변형과 응력이 제거되고 성분도 평형상태로 된다.

(2) 풀림(Annealing)

풀림은 거칠고 큰 조직의 강재의 조직을 조정하고 내부 응력을 제거하기 위해 높은 온도(800~1000℃)로 30분~1시간 정도 두었다가 용광로 속에서 서서히 냉각시키는 방법이다. 강의 가공으로 인한 내부응력의 제거하기 위해 사용된다.

(3) 담금질(Quenching or Hardening)

담금질은 높은 온도로 가열한 후 물 또는 기름 속에 투입하여 급히 냉각하여 강의 질을 경화 시키는 것이다. 탄소량이 0.4% 이하의 강에서는 담금질이 곤란하다. 냉각액은 물이나 기름을 쓰는데 물이 가장 많이 쓰인다. 강의 강도와 경도를 증가시키기 위해서 사용한다. 담금질은 고온에서 마르텐사이트(martensite)라고 하는 매우 단단한 조직을 얻는데에 목적이 있다. 담금질 온도의 범위는 탄소량에 따라 변화하며 탄소량이 증가감에 따라 온도를 낮춘다. 담금질의 효과는 탄소량에 따라 다르며 인장강도 및 경도는 탄소량이 증가함에 따라 증가한다.

(4) 뜨임질(Tempering)

뜨임질은 담금질을 한 강에 인성을 주기 위하여 변태점 이하의 적당한 온도에서 가열한 다음 냉각시키는 조작을 말한다. 담금질을 한 강의 인성과 충격에 대한 저항성을 높이기 위해 사용한다. 뜨임질을 하면 재료의 경도와 강도는 감소하지만 신장률과 단면 수축률 및 충격값은 증가한다. 특히, 온도가 가장 큰 영향을 미치기 때문에 필요한 경도 및 인성을 얻기 위해서는 250~300℃로 재가열하여 공기 중에서 천천히 냉각시킨다.

11.7.3 주강

주조로는 만들기 힘들고, 주물로는 강도와 취성이 부족한 구조 재료의 제조시 탄소량 1% 이하의 용해강을 모래 주물에 주입해서 필요한 형상 치수로 만든 것을 주강(steel casting)이라고 한다. 규소 및 망간의 양이 특히 많고, 주조성이 있는 것이 특징이다. 주강의 성질은 탄소강과 비슷하지만 인성은 떨어진다. 주강은 주조용재에 있어서 주철로는 강도가 불충분한 경우에 사용한다.

11.8 비철금속

구조용으로 사용되는 비철금속 재료로서는 알루미늄, 알루미늄합금강이나, 강합금 이외의 티타늄, 아연, 니켈 등이 있다. 이들 재료들에 대한 개발과 성능 개선이 활발하게 이루어짐에 따라 사용 범위도 많이 확장되었으나 토목재료용으로 알루미늄, 알루미늄 합금 이외의 사용은 아직도 매우 부진한 상황이다.

본 절에서는 주로 알루미늄과 알루미늄합금에 관하여 설명한다. 알루미늄과 알루미늄 합금은 매우 가벼우며 비중은 철이나 동의 약 1/3 정도로서 용도에 따라 강도를 달리 얻을 수 있다. 또한, 내식 내후성이 좋고 가공성이 좋아 판, 압출형 관, 봉, 선형 등 여러 가지 모양의 제품을 쉽게 제조할 수 있어 구조용으로 널리 이용된다.

11.8.1 알루미늄(Aluminium)

보통 알루미늄의 순도는 98~99.5%이고, 불순물로서 카드뮴, 철 등을 함유하고 있으며 금속재료 중 가장 가볍다. 또한 합금성이 좋고 가공도 용이하다. 알루미늄의 기계적 성질을 표 11.16에 정리했다

표 11.16 알루미늄의 기계적 성질

항 목	수 치
인장강도	420~490MPa
항복강도	370~420MPa
전단강도	290MPa
영계수	73GPa
포아송비	0.33(1/3)
연신율	9~13%
브리넬경도	120~130
선팽창계수	2.16×10^{-5}/℃
중량	2800kg/m^3

11.8.2 알루미늄 합금

알루미늄에 구리, 망간, 마그네슘, 규소 등을 가하여 주조한 것을 듀랄루민이라 한다. 듀랄루민은 비중이 작고 강도가 커서 항공기, 자동차, 기계부품, 교량용재, 건축용재

등에 쓰인다. 알루미늄 합금의 장점으로서는 경량성과 우수한 성형성, 가공성 이외에도 취성파괴의 염려가 없고 미관이 우수하며 내식성이 좋다는 것이다. 토목구조물 중 교량에 알루미늄 합금의 적용 예가 있으며, 외국에서는 완전 알루미늄 합금 교량도 있다. 알루미늄 합금은 표 11.17보는 것과 같이 탄소강과 비교하여 비중이 1/3, 영계수가 약 1/3이다. 단위중량 당 강도의 경우 탄소강의 몇 배에 이르므로 경량이면서 고강도라는 것을 알 수 있다.

표 11.17 알루미늄 합금과 탄소강의 강도 비교

항 목	탄소강	알루미늄 합금
비중	7.8	2.7~2.9
영계수(GPa)	210~220	63~80
항복강도(MPa)	210~600	210~500
인장강도(MPa)	320~800	380~550

11.8.3 구리 및 구리합금

(1) 구리(Copper)

구리는 점성이 큰 금속으로 전연성이 풍부하여 가공하기 쉬우며, 열과 전기의 양도체이며 동판, 전선, 관 등으로 가공된다. 구리가 다른 금속보다 우수한 점은 전기 및 열 양도체이고, 부식이 잘 되지 않으며, 색깔이 아름답고 유연하다. 아연, 주석, 니켈 등과 합금하면 귀금속의 성질을 가진다. 구리의 기계적 성질은 표 11.18과 같다.

표 11.18 구리의 물리적 성질과 기계적 성질

물리적 성질		기계적 성질	
비중	8.93	인장강도	① 140~200MPa
융점	1083℃		② 340~360MPa
선팽창계수	1.409×10^{-6}/℃(−191~16℃) 1.678×10^{-6}/℃(40℃)	항복강도	① 45~60MPa ③ 220~250MPa
비열	0.0919cal/g·℃		② −
열전도율	0.923/cm·sec·℃		③ 60MPa
비저항	$1.72\times10^{-6}\Omega\cdot$cm	영계수	① − ② 121~123GPa

(주) 표에서 ①→주물, ②→압연성, ③→압연 후 풀림

(2) 구리합금

1) 황동(Brass)

황동은 구리와 아연(40% 이하)의 합금으로서 주조나 가공이 쉽고 내식성이 크고 외관이 아름다우며 값이 싸서 판, 관, 선 등에 사용된다. 황동은 500~600℃까지의 온도에서 온도의 상승에 따라 인장강도와 연신율이 감소한다.

2) 청동(Bronze)

청동은 구리와 주석(15% 이하)의 합금이다. 청동의 물리적 성질은 표 11.19와 같다. 주석의 함유량에 따라 색깔, 비중 등이 변화하며, 기계적 성질도 주석의 함유량에 따라 달라진다.

3) 인청동(Phosphor bronze)

탈산 또는 조직 성질 개선을 위하여 미량의 인을 첨가한 합금이다. 주석청동에 비하여 주조가 용이하나 기계적 성질 및 내식성이 우수하다.

표 11.19 비철금속의 물리적 성질

항목	놋 쇠	청 동	니 켈	주 석	납	아 연
색	아연 50% 황금색	주석 5% 동적색	–	은백색	청백색	청백색
융점	–	–	–	231.8	327.4	419.47
비중	아연 50% 8.3	주석 10% 8.80	8.845	백색 7.28 회색 5.8	11.94 10.69	7.04~7.16
선팽창계수 ($\times 10^{-6}$/℃)	아연 27% 1.859	1.73~1.76	1.279	2.2345	2.924 (40℃)	3.12 (0~100℃)
비열 (cal/・℃/g)	아연 40% 0.0917	–	0.1065 (20℃)	0.0541 (20℃)	0.0309 (20℃)	0.0931 (20~100℃)
열전도율 (cal/cm/s/℃)	0.246	주석 10% 0.099	0.201 (0℃)	0.155 (20℃)	0.0838 (20℃)	0.269 (20℃)
비저항 ($\times 10^{-6}\Omega$ ・ cm)	아연 30~40% 5.8~6.2	–	6.9	11.4	20.8 (20℃)	6.0 (20℃)

11.8.4 기타 비철금속

(1) 니켈-구리 합금

전기도금을 제외하고는 토목재료로 니켈(nickel)을 그대로 사용하는 경우보다 합금으로 사용하는 경우가 많다. 니켈 함유량이 50% 정도까지는 비열, 비저항, 인장강도, 경도가 증가하나 열팽창계수, 연신율은 감소한다. 니켈의 기계적 성질은 표 11.20과 같다.

표 11.20 니켈의 기계적 성질

항 목		인장강도(MPa)	항복점(MPa)	연신율(%)	브리넬 경도
주 물		350~420	140~210	20~30	80~100
봉		490~560	140~210	40~50	90~110
박판(상온 압연)		630~770	600~740	1~2	130~160
선재	경	840~980	770~920	1~2	-
	연	460~530	140~210	20~30	-

(2) 주석(Tin)

주석은 청백색의 광택이 있고, 전성과 연성이 풍부하고, 상온(18℃)에서 가공이 용이하며, 주로 합금재료로 사용한다. 얇은 강판에 주석 도금한 것을 양철판(주석도금 철판)이라고 한다. 주석의 기계적 성질은 표 11.21과 같다.

표 11.21 주석, 납, 아연의 기계적 성질

항목	주석	납	아연
인장강도(MPa)	24~40	20	① 47 ② 80~240
연신율(%)	35~40	50	① 15 ② 18
영계수(×10^4 MPa)	4.0~5.5	1.5~1.7	① 7.75 ② 8.45
브리넬 경도	12~14	6.9	-

(주) 표에서 ①→보리넬 주물, ②→압연재

(3) 납(Lead)

주로 방수, 위생공사에 쓰이고 수도 급수관으로 중요한 재료이다. 유연하고 전연성이 풍부하나 인장강도가 작다. 순납은 내식성이 풍부하나 불순물 특히 산화물이 있는 경우나 외력과 부식작용이 동시에 작용하는 경우에 부식되기 쉽다.

(4) 아연(Zinc)

아연은 철강의 녹 방지용 피복제 그리고 함석판(아연도금 철판)의 제조와 놋쇠의 합금 재료로 사용된다. 상온에서는 취성이나 100~150℃에서 전연성이 증가하며 공기 중에서 탄산가스와 수분이 공존하면 표면에 염기성 얇은 막이 생기므로 산화방지에 유용하다.

CHAPTER

12

석 재

CHAPTER 12 석 재

12.1 개요

석재란 지구표면에 자연적으로 노출된 암석을 토목공사용으로 사용하기 위해 가공한 암석 또는 천연의 암이나 돌을 총칭한 것이다. 우리나라의 경우 국토의 약 70%가 산지이고, 그 산지의 약 70% 정도가 우수한 재질의 화강암으로 형성되어 있어서 역사적으로도 석탑 등 건설공사에 다양하게 이용되어 오고 있다. 석재는 불연성으로 내구성, 내마모성이 풍부하고 압축강도가 크며 외관이 좋은 천연재료이기 때문에 목재와 함께 건설공사뿐만 아니라 장식용 재료로 옛날부터 널리 사용되어 왔다. 그러나 근래에 와서 콘크리트 및 콘크리트제품이 석재의 용도를 거의 대체하여 석재의 사용이 점차 감소되었다. 최근에는 포장, 기초재와 같은 부재료 및 미관을 요구하는 장식재로 주로 사용되고 있으며, 콘크리트와 병용하거나 구조물의 미관을 위한 장식재로 사용하는 경우가 많다. 건설용 석재는 다음과 같은 조건을 갖고 있어야 한다.

1) 생산적 조건 : 가공이 쉬워야 한다.
2) 구조적 조건 : 강도, 내구성, 내마멸성이 커야 한다.
3) 장식적 조건 : 겉모양이 아름답고 방수, 방습성이 있어야 한다.
4) 경제적 조건 : 가격이 싸야 한다.

12.2 암석의 분류

12.2.1 지질학적 분류

암석은 성인(지질학적)에 따라 화성암, 퇴적암, 변성암 등으로 구분할 수 있다. 암석이 지표상에 분포된 면적은 변성암을 변성되기 전의 화성암과 퇴적암으로 환원시켜 생각할 경우 퇴적암이 75%, 화성암이 25%를 차지하고 있다.

(1) 화성암(Igneous rock)

화성암이란 마그마가 식어서 생성된 암석이다. 즉, 지구 내부에 용융상태로 있는 마그마(magma)가 지표 또는 지표 근처에서 냉각되어 응고된 것을 화성암이라고 한다. 응고된 위치 또는 규산(SiO_2) 성분의 양에 따라 조직이 다르고, 대체로 강도가 크다. 우리나라 지반의 약 70% 정도가 화강암이다.

1) 화강암(Granite)

화강암은 주성분이 석영, 장석, 운모, 휘석, 각섬석 등이다. 조직이 균일하고 강도 및 내구성이 크며 외관이 아름답기 때문에 장식재로 쓸 수 있으며, 흑운모, 각섬석, 휘석 등을 포함하게 되면 검은 색을 나타내며, 산화철(Fe_2O_3)을 포함하면 미홍색을 띈다. 또한 균열이 적기 때문에 큰 재료를 채취할 수 있지만, 내화성이 약해 고열을 받는 곳에는 적당하지 않고, 경도 및 자중이 커서 가공 및 시공에 불리하다. 화강암의 물리적, 기계적 성질은 표 12.1과 같지만 함유 광물의 종류와 양에 따라 매우 상이하다.

표 12.1 화강암의 물리적 성질과 기계적 성질

밀도 (g/cm^3)	흡수율 (%)	선팽창계수 (10^{-5}/℃)	비열 (cal/℃g)	강도(MPa)			영계수 (MPa)	포아송비	마모감량 (%)	인성
				압축	휨	인장				
2.5~3.0	0.2~1.7	0.342 ~1.190	0.19	63.1~ 304.0	9~20	2.4~ 9.4	43,000 ~61,000	0.17~ 0.25	2.0~4.8	5~19

2) 섬록암(Diorite)

유색 광물이 많고 화강암에 비해 어두운 색이며 세립으로 석질이 딱딱하고 돌눈이 없으므로 가공이 힘들다. 색조는 아름답지 못하여 주로 구조용 재료로 사용된다.

3) 현무암(Basalt)

아름다운 주상 절리를 갖고 있으며 일반적으로 비중이 2.7~3.1로 크고, 안산암과 같이 내화성이 있으나 가공이 어렵기 때문에 부순돌로 많이 사용한다.

4) 안산암(Andesite)

조직이 치밀하여 강도, 내구성 크고, 내화성이 비교적 풍부하다. 판상 또는 주상의 절리가 있어 채석 및 가공이 용이하지만 큰 재료를 얻기 어렵다. 주성분은 사장석, 휘석, 각섬석, 운모, 석영 등이며, 치밀하지 못한 것도 있으므로 구조용으로 사용할 때에는 재질을 잘 선택할 필요가 있다. 조직 및 색조가 일정하지 않고, 일반적으로 어두운 색이 많다. 안산암은 암 종에 따라 차이가 있으나 물리적 성질은 표 12.2와 같다.

표 12.2 안산암의 물리적 성질과 기계적 성질

비중 (g/cm^3)	흡수율 (%)	선팽창계수 (10^{-5}/℃)	강도(MPa)			영계수 (MPa)	마모감량 (%)	마모경도	인성	결합력	공극률 (%)
			압축	휨	인장						
2.58~2.75	0.49~4.72	0.414~1.025	56.5~233.8	6.7~17.9	2.9~10.0	23,800~40,400	1.5~5.8	1.52~18.8	10~51	11~340	0.1~10.8

(2) 퇴적암(Sendimentary)

기존 암석이나 점토가 풍화작용이나 침식작용에 의해 퇴적 고결하여 생성된 암석이다. 즉, 지표의 암석이나 화산 분출물이 물, 바람 등의 물리적 작용으로 운반되어 지표 또는 하천, 바다, 호수 등에 파쇄된 것이 퇴적하여 생성된 암석이다.

1) 응회암(Tuff)

화산재 또는 화산 모래가 응고된 것을 말하며 질이 연하고 거칠며 유공질이므로 흡수량이 많다. 따라서 동해의 피해를 받아 풍화하기 쉬우나 열에 강하며 무게가 가볍고 질이 연하여 가공이 용이하다. 색상이 좋은 것은 장식용으로 사용된다.

2) 사암(Sand stone)

암석의 붕괴에 의해서 생긴 모래, 자갈이 수중에 침전 퇴적되어 점토나 탄소물질 등의 고결재에 의하여 경화 생성된 것으로 모래 입자의 크기가 0.6mm 이하의 것을 사암이라고 한다. 그 종류로는 규산질 사암, 함철 사암 등이 있다.

3) 혈암(Shale)

모래가 불완전하게 응고된 것으로서 주로 점토이며, 토목용 재료로서는 판석, 부순돌로 이용되고 시멘트의 원료로도 많이 사용된다.

4) 점판암(Clay slate)

점토 또는 이토가 물속에서 침전되어 지압에 의해 층상으로 굳어진 것을 점판암이라고 한다. 중량이 매우 가벼우며, 흡수량이 적고 외관이 아름답기 때문에 지붕, 판석재, 온돌용, 벼루돌 등에 사용된다.

5) 석회석(Lime stone)

석회물질이 침전, 응고한 것으로 동식물의 유체가 퇴적한 것이 많다. 주성분은 탄산석회($CaCO_3$)이며, 석영, 황철광 등을 포함하고 있다. 암질은 연하고 경도는 3~3.5이므로 가공하기가 쉽다.

6) 규조토(Diatom earth)

담수나 해수에 생기는 단세포 식물인 규조의 유해로서, 비중은 2.2로 경량이며, 미세한 분말 모양이며, 공극이 크고 가용성 규산을 다량으로 함유하므로 포졸란재로서 콘크리트공사에 사용된다. 주성분은 가용성 규산(SiO_2)이며, 색조는 백색, 회색, 담갈색, 담황색, 담청색 등 여러 가지인데 그 종류는 수천 종에 달한다.

7) 화산재(Volcanic ash)

화산재는 응고한 화성암의 분해 생성물과 화산으로 분출된 재가 지상 또는 하천 바닥에 침전되어 생성된 것이다. 성분으로는 규산, 알루미나, 마그네시아 등을 포함한 분말이고, 함유된 가용성 실리카는 석회와 화합해서 수경성을 나타내는 특성이 있으므로 시멘트의 혼화재료로서 이용된다. 색조는 신선한 것은 담회색이지만 공기 중에 노출된 경우에는 철분의 산화로 인하여 진한 색을 나타낸다.

(3) 변성암(Metamorphic rock)

화성암 및 퇴적암이 지각변동이나 마그마 등의 압력 및 열에 의하여 변화하여 생성된 암석이다. 즉, 화성암 또는 기존의 퇴적암이 지각 변동, 지열의 작용 등을 받아 압력작용 및 화학작용 등에 의해서 조직이 변화한 암석을 변성암이라 한다.

1) 편마암(Gneiss)

화강암 또는 섬록암과 동일한 광물 성분으로 구성되어 있으며 재질이 균일하지 못하므로 중요한 공사재료로는 부적당하다. 내화성이 부족한 성질 등도 화강암과 비슷하여 일반적으로는 화강암으로 취급하고 있다.

2) 편암(Schist)

수성암 층 속의 상부에 속하는 가장 오래된 것이 변질되어 생긴 암석을 편암이라 한다. 석영과 장석이 주성분이고 각종 광물을 포함하고 있으며, 암질이 치밀하여 가공이 어려워 공사용 재료로 이용하기에 부적당하여, 주로 바닥에 까는 돌, 돌담, 비석 등에 이용된다.

3) 대리석(Marble)

변질에 의해서 생긴 결정질 석회암의 총칭이며, 일반적으로 층상을 이루고 직각 속에 끼여 있다. 석회암이 변화하여 결정질이 뚜렷하게 나타난 것으로 내화력이 약하고, 강도는 상당히 크지만 내구성이 약하고 풍화되기 쉬우므로 옥외에 사용되는 경우는 거의 없으며 아름다운 광택을 내는 특징을 가지고 있으므로 실내 장식용으로 많이 쓰인다.

12.2.2 압축강도에 의한 분류

암석을 압축강도에 의해 분류하면 표 12.3과 같이 경석, 준경석, 연석으로 분류할 수 있다. 또한, 암석의 온도에 따른 압축강도를 보면 그림 12.1과 같다.

표 12.3 암석의 압축강도에 의한 분류(KS F 2530)

종 류	압축강도(MPa)	흡수율(%)	겉보기 비중(g/cm^3)
경석	50 이상	5 미만	2.5~2.7
준경석	10~50	5~15	2.0~2.5
연석	10 이하	15 이상	2.0 이하

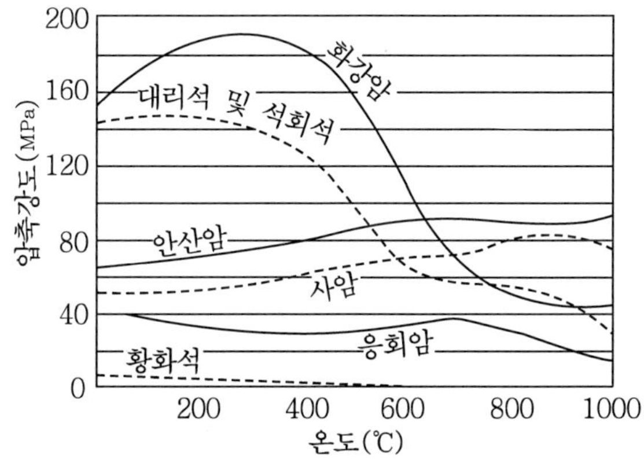

그림 12.1 석재의 온도와 압축강도

12.3 암석의 구조

암석에는 특유의 규칙적인 배열을 가진 천연적인 갈라진 금이 있는데, 이것은 채석과 가공에 이용된다.

(1) 절리(Joint)

화성암에 있는 특유의 천연적으로 갈라진 틈을 절리라 하며, 암석은 절리에 따라 채석하게 된다. 절리는 화성암, 변성암, 퇴적암 어느 것에서나 생기며, 특히 화성암에서 많이 볼 수 있다. 평행한 모양의 절리를 층리라 하고, 방향이 불규칙적인 절리를 편리라 한다. 절리는 형태에 따라 다음과 같이 분류한다.

1) 주상절리(Columnar joint) : 돌기둥을 배열한 것과 같은 모양으로 주로 화성암에서 생긴다.
2) 판상절리(Platy joint) : 수성암, 안산암 등에서 주로 생기며 판자를 겹쳐놓은 모양이다.
3) 구상절리(Spheroidal joint) : 암석의 노출부가 양파처럼 생긴 절리로 되어 있는 절리로 돌출두부에 많다.
4) 괴상절리(Lenticular joint) : 암석 생성시 냉각으로 인해 생기는 불규칙한 절리로서 주로 화강암에서 볼 수 있다.

(2) 층리(Bedding Stratification)

수성암이 변성한 퇴적암이나 변성암의 일부에서 흔히 볼 수 있는 평행상의 절리를 층리라고 한다. 층이 퇴적할 때 계절, 기후, 해면, 수류의 변화 및 생물의 번식상태의 변화 등의 원인으로 층리의 방향은 퇴적 당시의 지표면과 거의 평행하다.

(3) 편리(Schistosity)

편리는 절리로서 변성암에서 주로 나타나며 그 방향이 불규칙적이고 엽편상(葉片狀)의 암석, 얇은 판자 또는 편도(扁桃 : 작은 모양) 모양으로 작게 갈라지는 성질을 말한다.

(4) 석리(Texture)

암석을 구성하고 있는 조암 광물의 조성상태에 따라 생기는 암석 조직상의 갈라진 눈 모양을 석리라고 한다.

(5) 석목(Rift)

암석의 가공이나 채석에 이용되는 것으로 암석 중에는 일정한 방향으로 갈라지기 쉬운 금을 석목 또는 돌눈이라 하며, 서로 직교하는 세면으로 되어 있고, 두면은 절리와 평행하다. 특히 화강암에서 석목이 분명하다.

(6) 벽개(Cleavage)

광물은 일정한 면에서 잘 갈라지는데 석재가 잘 가라지는 성질을 벽개(劈開)라고 한다. 이와 같이 갈라지는 방향을 벽개면이라고 하고, 벽개를 가지고 있지 않은 석재의 면을 단구(斷口)라 한다.

12.4 암석의 성질

12.4.1 물리적 성질

(1) 비중

진비중은 건조 석재를 미세한 분말로하여 르샤틀리 비중병으로 측정한다. 석재의 비중이 클수록 질이 좋고 강도가 크며, 조암광물의 성질, 비율, 공극의 정도 등에 따라 달라진다. 일반적으로 석재의 비중은 겉보기 비중을 말하며, 보통 2.65 정도이지만, 암석의 종류에 따라 표 12.4와 같이 약간 차이가 있으며 겉보기 비중은 식 (12.1)로 구한다.

$$\text{겉보기 비중} = \frac{W_1}{W_3 - W_2} \tag{12.1}$$

여기서, W_1 : 20g 이상의 입방체 시험체의 절대건조 공기 중의 중량(g)
W_2 : 96시간 증류수에 담근 후의 수중에서 측정한 중량(g)
W_3 : 96시간 증류수에 담근 후의 공기 중에서 측정한 중량(g)

(2) 흡수율

암석의 흡수율은 풍화, 파괴, 내구성과 관계가 많다. 흡수율이 크면 다공성이며 동해를 받기 쉬우며, 강도와 내구성이 저하된다. 흡수율은 공극을 채우고 있는 물의 중량의 시료중량에 대한 백분율로 나타낸다.

$$\text{흡수율} = \frac{W_3 - W_1}{W_1} \times 100(\%) \tag{12.2}$$

(3) 공극률

암석의 공극률이란 암석에 포한된 전 공극과 겉보기의 체적과의 비를 말한다. 일반적으로 공극률은 식 (12.3)으로 계산한다.

$$\text{공극률} = \frac{W_3 - W_1}{V} \times 100(\%) \tag{12.3}$$

여기서, W_1 : 20g 이상의 입방체 시험체의 절대건조 공기 중의 중량(g)
W_3 : 96시간 증류수에 담근 후의 공기 중에서 측정한 중량(g)
V : 직접 계량한 시료의 용적(mℓ)

표 12.4 암석의 물리적 성질

성질 / 암석명	비중(g/cm^3)	공극률(%)	흡수률(%)	선팽창계수($\times 10^{-6}$/℃)
화강암	2.61~2.72	–	0.1~0.4	0.34~1019
안산암	2.36~2.86	0.1~10.8	0.5~0.7	0.41~1.03
현무암	2.71~3.10	0.0~22.8	1.4~10.0	0.36~0.90
응회암	2.0~2.5	–	1.30~2.0	–
사암	2.05~2.67	1.6~26.4	0.7~13.8	0.67~1.17
점판암	2.65~2.81	0.0~3.6	0.18~0.25	0.63~0.88
사문암	2.75~2.90	–	0.18~0.40	–
대리석	2.67~2.75	0.3~2.0	0.02~0.25	0.69~0.92

(4) 풍화

석재는 오랜 세월동안 물리적, 화학적 작용을 받아서 변질되고 조직과 겉모양이 상당히 변하는데 이 작용을 풍화라고 한다. 풍화에 강한 순서는 화강암, 안산암, 응회암, 석회암, 대리석의 순서이다.

(5) 열팽창계수

암석은 조광 성물에 따라 온도변화에 따라 열팽창계수가 다르며, 암석은 온도변화에 의하여 암석 내부에서 복잡한 온도응력이 발생하여 암석붕괴의 한 원인이 되기도 한다. 암석의 열팽창계수는 표 12.5와 같다.

표 12.5 암석 종류에 따른 열팽창계수($\times 10^{-4}$/℃)

온도(℃) / 종류	300	500	600	750	900	1,060
화강암	0.101	0.063	0.137	0.339	0.337	0.0264
안산암	0.023	0.051	0.124	0.105	0.086	0.093
응회질 안산암	–	0.030	0.023	0.035	0.035	–
응회암	0.027	–	0.035	0.070	0.094	0.211
석회암	0.090	0.170	0.220	–	–	–

12.4.2 역학적 성질

(1) 강도

암석의 강도는 압축강도가 제일 크고 인장강도는 압축강도의 1/10~1/20 정도이다. 또 강도는 비중과 대략 비례하며 강도가 큰 순서는 화강암, 대리석, 안산암, 사암, 응회암의 순서이다. 인장, 휨 및 전단강도는 압축강도에 비하여 매우 작으므로 암석을 구조용으로 사용할 경우 주로 압축력을 받는 부분에 사용한다. 일반적으로 암석은 인장강도가 작으므로 암석의 인장강도를 이용한 구조물은 거의 없다. 또한, 암석의 휨강도는 압축강도에 비교해서 훨씬 작다.

압축강도 시험시 KS F 2519에 따라 공시체의 크기는 100mm×100mm×200mm로 하며 식 (12.4)로 계산한다.

$$압축강도(\sigma_c)= \frac{P}{A}\ (\mathrm{MPa}) \tag{12.4}$$

여기서, P는 파괴하중(N), A는 단면적(mm^2)이다.

(2) 마모 시험

로스엔젤레스 시험기와 데발 시험기가 사용되며, 로스엔젤레스 시험기는 1분에 30~33회의 회전수로 500~1000번 회전시킨다.

$$마모율= \frac{W_1 - W_2}{W_1} \times 100(\%) \tag{12.5}$$

여기서, W_1는 시험전의 절대 건조 중량(g), W_2는 닳음시험 후 1.7mm체에 남은 것의 절대 건조 중량(g)이다.

(3) 탄성계수

암석 중에는 현무암, 경사암 등과 같이 일정 응력까지는 응력과 변형률 곡선이 거의 훅크의 법칙에 따르며 탄성계수가 일정한 것들과 화강암, 사암 등과 같이 훅크의 법칙에 따르지 않고 응력의 증가와 함께 탄성계수의 값이 증가하는 것들이 있다. 표 12.6에는 암석의 역학적 성질인 강도, 탄성계수, 포아송비를 정리했다.

표 12.6 암석의 역학적 성질

성질 암석명	압축강도 (MPa)	휨강도 (MPa)	인장강도 (MPa)	탄성계수 (×10^{4}MPa)	포아송비
화성암	63.1~304.0	9.0~20.0	2.4~9.4	4.30~6.10	0.17~0.25
안산암	56.5~234.0	6.7~17.9	2.9~10.0	2.38~4.04	-
응회암	8.6~37.2	2.3~6.0	0.88~3.5	2.39~3.09	-
사암	26.6~238.0	5.4~9.4	2.5~2.9	1.72~2.09	0.09~0.33
점판암	42.5~164.0	50.2~79.5	25.5	8.78~10.71	-
대리석	94.0~232.0	3.2~30.6	3.8~10.7	2.85~8.40	0.22~0.35
현무암	46.7~272.0	-	4.0~8.0	9.69	-

(4) 내구성

암석의 내구성을 확인하기 위해서는 퇴색시험, 팽창계수의 측정, 동결시험, 내산, 내알칼리성, 내화 시험 등을 해야 하며, 사용 장소의 풍토, 기후 및 노출상태에 따라 다르다. 암석의 내구성은 표 12.7과 같고, 내구성을 지배하는 요인은 다음과 같다.

1) 조직 : 조암 광물이 미립·등립일수록 내구성이 크며, 공극률이 크고 흡수율이 큰 다공질 암석은 동해를 받기 쉽고 내구성이 떨어진다.
2) 조암 광물 : 조암 광물의 풍화의 정도에 따라 내구성이 다르다.
3) 노출 상태 : 같은 암석이라도 사용 장소의 풍토, 기후, 노출 상태의 차이가 풍화에 영향을 준다.

표 12.7 암석의 내구성

석 재	내구년	석 재	내구년
화 강 암	75~200	석 회 석	20~40
대 리 석	60~100	사암조립	5~15
석 영 암	75~200	사암세립	20~50
백 운 석	30~500	사암경질	100~200

(5) 내화성

암석은 열의 부도체이므로 내부의 열응력과 조암광물 하나하나의 열팽창계수가 서로 다르기 때문에 고온에서 파괴된다. 일반적으로 석재는 500℃ 정도까지는 거의 피해를 입지 않는다. 내화력은 1000℃ 이상의 고온에 견디는 응회암이 크고 사암, 안산암, 점판암, 화강암의 순이다. 화강암은 300℃에서 광택이 없어지고 800℃ 이상이면 부서진다. 그림 12.2에는 어느 일정 온도까지의 고열에 견디지만, 일정 온도를 넘으면 급격히 파괴되는 성질을 가진 암석의 온도와 압축강도와의 관계를 나타냈다.

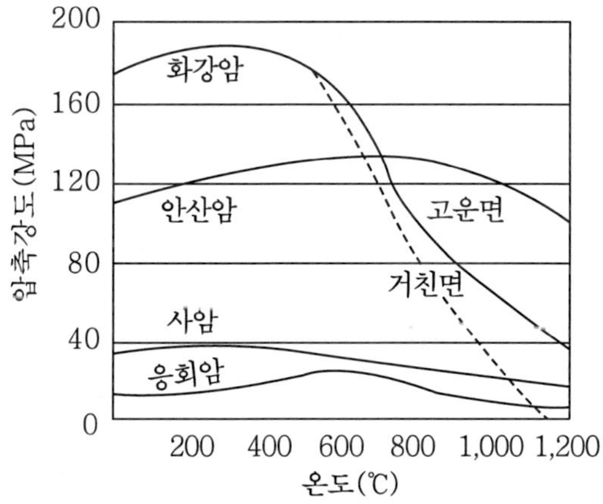

그림 12.2 석재의 내화 강도

12.5 암석의 조성

암석을 구성하고 있는 광물을 조암광물이라고 한다. 암석의 대부분은 여러 종류의 광물성분을 함유하고 있으며, 그 결합상태는 암석의 종류에 따라 각각 다르다. 중요 조암광물의 물리·화학적 성질은 표 12.8과 같다.

표 12.8 조암광물의 성질

광물명	색	화학성분	비중	경도	성 질
석 영	무색투명	무수규산 SiO_2	2.65	7	산 및 풍화에 대한 저항력이 크다.
장 석	백~홍색 담색~암회	Al, Ca, Na, K 등의 규산 화합물	2.60~2.70	6	풍화에 대한 저항력이 작다.
운 모	백, 담백 ~검정색	K, Al 등의 규산화합물 혹은 Fe, Mg의 화합물을 포함	2.80~2.90	2.5	비늘 모양에 벽개, 흑운모는 특히 분해하기 쉽다.
각섬석	검정색	Fe, Al, Ca, Mg 등의 규산화합물	2.90~3.60	5~6	육각주 모양의 결정
휘 석			3.30~3.60		팔각주 모양의 결정, 풍화에 대한 저항성이 크다.
감람석	암록~황록색	Fe, Mg의 규산염	3.40	7	단주결정, 분해 풍화하기 쉬움
사문석	백담색~녹색	Fe, Mg의 규산화합물	2.60	2.5~5.0	감람석, 휘석, 각섬석에서 변질하여 생긴 것
방해석	무색 투명~담색	탄산석회 $CaCO_3$	2.70	3	산에 녹기 쉽고 CO_2가 생기며 벽개
백운모	백색~잡색	Ca, Mg의 탄산염	2.85	3.5~4.0	묽은 산에 녹으나 방해석보다 심하지 않음
석 고	백색	황산석회의 수화물 $CaSO_4 \cdot 2H_2O$	2.30~2.40	1.5~2.0	입상, 편상, 섬유 모양으로 결합되어 있음

12.6 암석의 조직

(1) 결정질

암석이 전부 결정질(rystallimity) 물질로 된 것을 완정질(holocrystalline), 전부가 유리질 물질로 구성되고 결정을 이루지 않은 것을 유리질 또는 비정질(glassy or amorphous)이라고 한다. 한편, 이 두 가지가 혼합되어 있는 것을 반정질(hypocry-stalline)이라 한다. 완정질 또는 반정질 결정립이 육안으로 보일 정도의 크기일 때 현정질(phanerocrystalline), 현미경으로 보이는 경우에는 미정질(microcrystalline)이라고 부른다.

(2) 입상조직

완정질암석의 주성분 광물이 거의 같은 크기의 결정립으로 된 조직을 말하며, 이것을 등입상 또는 입상조직(equigranular)이라고 한다.

(3) 반상조직(斑狀組織)

주성분 광물과 현저하게 다른 소형의 결정립의 집합체 또는 유리질 중의 결정립이 산재하는데 이것을 반상조직(prophyritic)이라 한다.

(4) 선상조직(線狀組織)

암석을 관찰해 보면 조암광물 중에서 같은 종류의 광물 성분이 어느 일정한 방향에 선과 같이 발달되어 있는 것을 발견할 수 있다. 이와 같은 내부조직을 가진 암석을 선상조직이라 한다.

CHAPTER

13

목 재

CHAPTER

13 개 요

13.1 개요

목재(Timber)는 강재와 콘크리트의 발전 보급으로 인하여 이용 범위가 한정되어 있으나, 토목 · 건축 재료로서 널리 사용되어 왔다. 최근에는 목재를 쉽게 구할 수 없을 뿐만 아니라 연소되거나 부식되기 쉬운 점, 수분의 변화에 따른 치수 변화가 큰 점, 특히 토목용 구조재료로서의 사용은 점차로 감소하여 가설이나, 거푸집 재료, 나무 말뚝, 침목 등에 사용되지만, 장식재 및 수장 등의 건축 재료로서는 아직도 중요한 위치를 차지하고 있다. 목재의 장 · 단점은 다음과 같다.

(1) 목재의 장점

① 무게에 비하여 강도가 크다.
② 가볍고 취급 및 가공이 쉽다.
③ 온도에 대한 신축이 비교적 작다.
④ 공급량이 풍부하여 입수가 쉽고 가격이 비교적 싸다.
⑤ 충격, 진동 등을 잘 흡수한다.
⑥ 열, 음향, 전기 등의 전도성이 작다.
⑦ 산, 염분에 대한 저항성이 크다.

(2) 목재의 단점

① 재질과 강도의 균일성이 없다.
② 함수량의 변화에 의한 팽창 수축 및 변형이 크다.
③ 내구성, 내화성이 거의 없다.
④ 공기 중에서 부식이 쉽게 된다.

⑤ 긴 재료를 얻기가 어렵다.

13.2 목재의 분류

공사용으로 사용되는 목재는 일반적으로 성장 상황, 외관, 재질 및 용도 등에 따라 다음과 같이 분류한다.

- 목재의 분류
  - 성장
    - 외장수
      - 침엽수: 소나무, 전나무, 솔송나무, 노송나무, 적송 등
      - 활엽수: 참나무, 느티나무, 오동나무, 나왕, 박달나무 등
    - 내장수 : 대나무, 종려나무, 야자나무 등
  - 재질
    - 연재 : 주로 침엽수류(전나무, 가문비나무, 솔송나무 등)
    - 경재 : 주로 활엽수류(벗나무, 단풍나무, 자작나무, 계수나무 등)
  - 용도
    - 구조용재
    - 장식재

토목공사용 목재로는 주로 침엽수인 연재(soft wood)가 사용되고, 경재(hard wood)는 질이 단단한 활엽수이며, 표 13.1에 연재와 경재를 구분하여 정리했다.

표 13.1 토목공사용 목재

연재		경재	
나무명	용도	나무명	용도
소나무	동바리, 거푸집, 교각, 기초말뚝교각,	밤나무	침목, 지지재, 가구, 기구
해송	기초말뚝, 침목, 동바리	느티나무	선박, 차량, 가구, 기계기구
노송나무	교각, 교판, 침목, 동바리	졸참나무	침목, 가구, 나무통
삼나무	비계, 전주, 교판	너도밤나무	침목, 곡목세공, 선박
낙엽송	기초말뚝, 교각 동바리, 전주	떡갈나무	공구, 차량, 기구

13.3 목재의 조직구조

나무에서 구조용 재료로 사용되는 것은 줄기 부분이다. 춘재(spring wood)는 봄에 조직이 생긴 부분으로서 세포가 크고, 유연하고 옅은 색이며, 추재(autumn wood)는 조직이 치밀하고 단단하며 색깔도 짙다. 나이테는 추재와 다음 년도에 형성된 춘재 사이의 동심원을 말하며 일반적으로 침엽수가 활엽수보다 명확하게 나타난다. 목재의 중요 성분은 목재를 조성하고 있는 물질 중 목질부에서 가장 많은 양을 차지하고 있는 셀룰로오스(cellulose)로서, 목질 건조중량의 60% 정도이며 나머지 대부분이 리그닌(lignin)으로 20~28% 정도이다. 그 외에 세포막을 구성하는 셀룰로오스와 세포 상호간의 접착제의 역할을 하는 탄닌(tannin) 및 수지(resins) 등이 포함되어 있다.

1) 수피

나무의 횡단면을 살펴보면 그림 13.1과 같이 제일 바깥에 있고 나무줄기의 표층을 말하며, 수목을 보호하는 부분이다.

2) 형성층

나무에서 가장 중요한 점질의 조직으로서 이층의 모세포가 분열하여 새로운 목질을 내부에 형성하여 나무가 점차 바깥쪽으로 성장한다(그림 13.1 참조). 봄에 형성된 부분은 비교적 연약하고 여름과 가을철에 이루어진 부분은 치밀하다.

3) 변재

변재(Sap wood)는 나무 줄기의 바깥 부분으로 수피에 접하고, 수액의 이동, 전달과 양분을 저장해 두는 부분이다(그림 13.1 참조). 변재는 연질이고, 흡수성이 커서 수축변형이 크고 강도나 내구성이 작다. 목질부분의 중앙부는 비교적 어두운 색으로 외측에 가까운 부분은 밝은 색을 나타내는데 이 부분을 변재라고 한다.

4) 심재

심재(Heart wood)는 수심과 변재 사이에 있는 진한 색깔을 띤 부분이다. 수목이 성장하면 변재가 심재로 변하며, 수분이 적고, 단단하며 강도와 내구성이 크다. 또한 나무 중앙부의 암색을 띤 부분이 시간이 경과함에 따라 활동이 둔해져 수지, 고무질, 색소 등이 퇴적되어 암색을 나타낸다(그림 13.1 참조). 변재와 심재와의 구분은 분명하지 않지만 노목이 될수록 변재 부분이 적다.

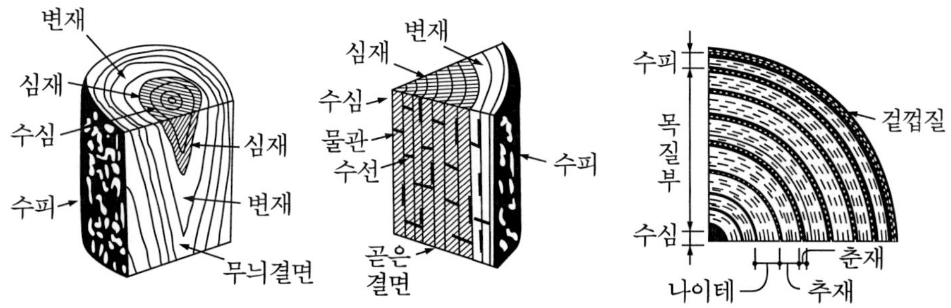

(a) 목재의 조직 (b) 나무줄기의 횡단면

그림 13.1 목재의 조직과 나무 줄기의 횡단면도

13.4 목재의 성질

13.4.1 물리적 성질

(1) 비중

목재는 측정할 때의 함유 수분에 따라서 중량과 용적이 변화하기 때문에 비중도 함유 수분의 정도에 따라서 다르다. 목재의 비중은 단위용적중량(g/cm^3)에 상당하는 값으로서 일반적으로 기건비중(density in air dry)를 말하며, 0.3~0.9 정도이나 경우에 따라서 절건비중(density in oven dry)로 나타낼 수도 있다.

목재의 중량은 목재 조직의 비중과 함수량에 따라 변하는데 목재 내부는 공극이 포함되어 있으므로 목재를 건조시키면 겉보기 중량이 가벼워진다. 목재의 공극을 제외한 실제 부분의 비중을 진비중이라고 하며 나무의 종류에 관계없이 1.48~1.56 정도의 값을 갖는다. 추재는 춘재보다 비중이 크며, 추재율의 증가에 따라 침엽수는 직선적 또는 포물선적으로 비중이 증가한다. 비중이 크면 목재의 압축강도는 커지고, 구조설계에 유리하다. 목재의 비중은 식 (13.1)로 구한다.

$$\text{비중} = \frac{W}{V} \tag{13.1}$$

여기서, W 는 시험체의 무게(g), V는 무게 측정시의 시험체 부피(cm^3)이다. 함수상태에 따라 비중을 분류해 보면 다음과 같다.

1) 생목의 비중

벌채 직후의 중량을 나타내는 것으로서 목재의 운반 등에 필요하다. 함수량은 목재의 종류에 따라 다르다. 변제는 심재보다 다량의 수분을 함유하므로 심재보다 생목의 비중이 더 크다.

2) 기건비중

목재 성분 중 수분을 공기 중에서 제거한 상태의 비중을 말한다. 즉 보통 목재의 비중을 말하며, 공기 중의 습도와 평형이 될 때까지 건조한 상태(기건상태)에서의 비중을 말한다. 목재의 기건비중은 0.3~0.9 정도이다.

3) 절건비중

목재를 105±5℃에서 목재 중의 수분을 완전히 제거한 상태에서의 비중을 말한다. 기건비중에 대하여 침엽수의 경우 약 92%, 활엽수의 경우 약 93%이다.

4) 포수비중

수중에서 포화상태의 비중으로서, 수중 구조물의 설계시 참고자료로 사용된다. 한편, 목재는 보통 공기 중에서 건조시키므로 비중은 기건상태로 나타내며 목재 이용시 가장 중요하다. 목재의 중량은 기건상태를 기준으로 하며, 주요 목재의 기건비중은 표 13.2과 같다.

표 13.2 목재의 기건비중

기건비중	침엽수	활엽수
0.3~0.4	화백나무	오동나무
0.4~0.5	가문비나무, 전나무, 삼록	참목
0.5~0.6	비자나무, 나한백, 노송나무, 소나무	자작나무, 계수나무
0.6~0.7	솔송나무, 흑송, 낙엽송	단풍나무, 밤나무, 벚나무
0.7~0.8	-	느티나무, 너도밤나무, 졸참나무, 티크
0.8 이상	-	떡갈나무, 복가시나무

(2) 함수율

함수율이란 목재 중량에 대한 목재에 함유된 수분의 중량비로서, 수분은 소위 수액이라고 하는 것과 물외에 뿌리로부터 빨아올린 광물질, 목재 중에 생성되는 유기물질을 포함한다. 벌채 직후 목재는 유리수와 세포수를 모두 함유하고 있지만, 목재를 건조시키면 먼저 유리수가 증발한 다음 세포수가 증발하는데, 이 때 한계에서의 함수상태를 섬유포화점(fiber saturation point, FSP)이라고 한다.

목재의 함수비와 강도는 반비례한다. 즉 목재는 함수율이 증가하면 압축강도가 감소한다. 섬유포화점의 함수율은 절대건조중량의 25~30% 정도이다. 공기건조시의 함수비는 보통 15% 내외이다. 함수율은 함유 수분의 중량과 목재 절대건조중량과의 백분율로 나타내며 식 (13.2)로 구한다.

$$함수율(\%) = \frac{W_1 - W_2}{W_2} \times 100 \tag{13.2}$$

여기서, W_1는 건조 전 시험편 중량(습윤중량, g), W_2는 절대건조 시험편 중량(건조중량, g, 105±5℃)이다.

13.4.2 역학적 성질

(1) 압축강도

목재의 압축강도 시험방법은 KS F 2206에 규정하고 있다. 목재의 강도는 비중이 클수록 크다. 압축하중이 작용할 때의 강도로서 섬유방향의 압축강도를 종압축강도, 섬유에 직각방향의 압축강도를 횡압축강도라고 한다. 횡압축강도는 종압축강도와 비교하여 매우 작고 명확한 값을 나타내지 않는다. 목재의 강도는 함수량과 반비례하며, 세포벽 내에 수분이 포함되었을 경우의 강도는 절대 건조시 강도의 30% 정도이다. 심재는 변재보다 강도 및 내구성이 크다. 목재는 섬유에 평행방향의 압축력을 받게 된다. 섬유에 평행(세로 압축강도 33~55MPa)하게 압축력을 가하면 아주 강하고, 가로방향(직각방향) 압축강도는 세로방향(섬유방향) 압축강도의 10~20% 정도이다. 목재의 강도는 함수량과 반비례한다.

그림 13.2에는 목재의 압축강도 시험시 응력-변형률 곡선의 예를 나타냈다. 이 그림에서 곡선 1, 3, 5, 7은 섬유에 평행한 방향 그리고 곡선 2, 4, 6, 8은 섬유의 직각방

향으로 압축시험 시의 하중-변형률 곡선을 나타낸 것이다. 섬유에 직각방향의 압축강도가 낮은 것은 섬유에 평행방향의 전단강도가 낮은 점과 마찬가지로 목재의 큰 단점 중 하나이다.

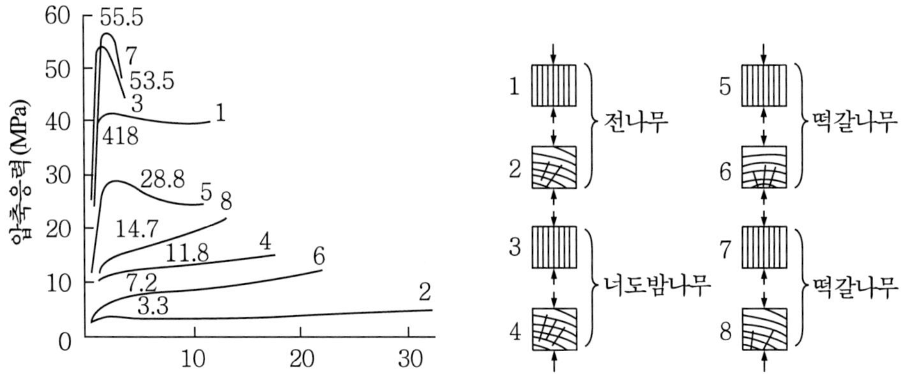

그림 13.2 목재의 응력-변형률 곡선

(2) 인장강도

목재의 인장강도 시험방법은 KS F 2207에 규정하고 있다. 세로방향의 인장강도는 80~140MPa로서 세로 압축강도의 약 2.5배 정도이지만 목재에 인장하중이 작용할 때의 강도로서 목재의 섬유방향의 인장강도를 종 인장강도, 섬유에 직각방향의 강도를 횡인장강도라 한다. 공기중 건조목재의 종인장강도는 침엽수재의 경우 50~150MPa, 활엽수재의 경우 20~ 260MPa 정도이다. 한편 목재의 섬유에 직각 방향의 인장강도는 세로 방향의 인장강도에 비해 훨씬 낮다(7~20% 정도).

(3) 휨강도

목재의 휨강도 시험방법은 KS F 2208에 규정하고 있다. 목재는 휨재로써 사용하는 일이 많고, 목재의 휨강도의 크기는 55~120MPa 정도이고, 세로 압축강도의 약 1.5배이다. 목재는 휨을 받는 부재로 사용하는 경우가 많으므로 휨강도는 여러 강도 중에서 중요한 것 중의 하나이다. 휨 강도를 지배하는 것은 압축과 인장 및 전단강도이나, 목재는 압축에 대한 성질과 인장에 대한 성질이 크게 상이하다. 휨강도(f_r)는 보통 단순보(simple beam)에 중앙 집중하중을 가할 때를 고려하여 식 (13.3)과 같이 계산한다.

$$f_r = \frac{3\,P\,l}{2\,b\mathrm{h}}\,(\mathrm{MPa}) \tag{13.3}$$

여기서, P는 최대하중(N), b는 시편단면의 폭(mm), l은 지간(mm), h는 시편 단면의 높이(mm)이다.

(4) 전단강도

목재의 전단강도 시험은 KS F 2209에 규정하고 있다. 목재에 전단력이 작용할 때의 파괴 응력을 말한다. 목재의 파괴는 대부분 섬유에 평행하는 평행방향의 수평전단에 의하는 경우가 많으며 그 크기는 인장강도의 1/10 정도에 불과하고, 섬유에 직각 방향의 전단강도의 크기는 5~12MPa 정도이다. 목재가 구조부재로 사용될 때 전단력을 받는 경우가 많으므로 실용적으로 중요하지만 실제로는 전단력 이외에 압축력이나 휨 응력이 동시에 작용하기 때문에 순수한 값을 얻기가 어렵다.

(5) 경도

목재의 경도(hardness) 측정시험은 KS F 2212에 규정하고 있다. 어떤 물체에 다른 물체를 압입시킬 때 저항하는 힘으로서 물체의 단단한 정도를 말한다. 즉 톱으로 절단할 때의 저항을 구하는 것과 같이 여러 가지 방법이 있다. 목재에는 강구(직경 10mm)를 목재의 표면에서 0.32mm 만큼 압입시킬 때 요하는 하중을 측정해서 나타내고 있다.

브리넬 경도(Brinell hardness)란 하중(P)에 의하여 직경(D) 10mm인 강구를 목재 표면에서 눌렀을 때 우묵하게 패인 흔적의 표면적으로 하중을 나눈 값을 말한다(식 13.4 참고).

$$\text{경도} = \frac{P}{\pi D\,t} \tag{13.4}$$

여기서, P는 하중(N), D는 강구의 직경(10mm), t는 흔적의 깊이(mm)이다.

(6) 허용응력

구조물에 하중이 작용할 때 부재에 실제로 생겨도 지장이 없는 응력을 허용응력이라 하고 식 (13.5)로 계산한다.

$$\text{허용응력} = \frac{\text{파괴강도}(P)}{\text{안전율}} \tag{13.5}$$

(7) 탄성계수

목재의 응력과 변형은 어느 정도 훅크의 법칙에 따르며 보통 압축에 대한 탄성계수는 인장에 대한 탄성계수보다 낮다. 표 13.3에는 목재의 탄성계수 및 포아송비를 나타냈다.

표 13.3 목재의 탄성계수 및 포아송비

수종		나이테폭 (mm)	함수율 (%)	비중	영계수 (×10², MPa)			포아송비			전단탄성계수 (×10², MPa)		
					섬유 방향	반지름 방향	접선 방향	나무결 면내	마구리 면내	엇결 면내	섬유 방향	접선 방향	반지름 방향
침엽수	삼나무	6.0	15.0	0.33	75	6.0	3.0	0.40	0.60	0.90	6.5	3.5	0.15
	가문비나무	2.0	15.0	0.39	110	4.5	0.40	0.60	0.65	5.5	4.5	0.20	
	적송	1.5	13.5	0.51	120	12.5	6.5	0.40	0.60	0.65	10.0	5.5	0.45
활엽수	너도밤나무	2.0	14.5	0.62	125	13.5	6.0	0.40	0.50	0.65	10.0	6.5	2.0
	느티나무	5.0	13.5	0.70	105	19.0	12.5	0.40	0.60	0.60	11.5	8.5	4.5
	떡갈나무	2.5	14.0	0.83	165	19.0	9.5	0.40	0.55	0.70	16.5	9.0	4.5

13.5 목재의 내구성

목재는 사용기간의 경과에 따라 정도의 차이는 있으나 재질적인 저하나 변질이 생긴다. 목재는 마모, 풍화, 부식, 화재 등에 의하여 내구성이 감소된다. 목재 및 목질 재료의 보존, 내구성 확보의 기본 조건은 생리적 열화 및 물리적 열화에도 불구하고 온도와 수분의 관리에 달렸다. 불리한 조건을 피할 수 없을 때에는 처치방법을 강구할 필요가 있으며, 특히 부패·충해에 대해서는 약제로 처리한다.

13.5.1 방부법

목재의 부식은 주로 세균류의 작용에 의한 경우가 많으며, 목재 내부의 목질이 파괴되기 때문이다. 부식균은 20~30℃ 사이에서 활동이 가장 왕성하다. 균류는 목재의 습도가 80% 정도가 부식균의 활동이 가장 활발해지고, 15% 정도로 건조시키면 번식이 중단된다. 지하 수위 이하에 박은 기초 말뚝이나 수중에 완전히 침지된 목재가 썩지 않는 것은 앞의 조건 중에서 한 가지가 빠졌기 때문이다. 이것은 균류가 발육하지 않는 경우의 좋은 예라고 할 수 있다.

목재의 방부 처리법은 양분을 균류에 대하여 부적당하게 하기 위한 방법으로써 방부제를 목재 표면에 도포하는 표면처리법과 목재 중에 주입하는 방부제 주입법이 있다. 목재의 방부제를 분류하면 다음과 같다.

1) 유성 방부제

① 크레오소트(creosote)유
② 콜타르
③ 아스팔트
④ 유성 페인트

2) 수용성 방부제

① 페놀산
② 염화아연
③ 황산구리

3) 유용성 방부제

① PCP
② 케로신

(1) 표면처리법

1) 표면탄화법

목재의 표면을 3~10mm 정도 태워서 탄화시키는 방법으로 탄화된 부분이 습기를 흡수하므로 1~2년이 지나면 방부효과가 없어진다.

2) 약제도포법

충분히 건조시킨 목재의 표면에 콜타르, 크레오소오트(creosote)유, 염화아연($ZnCL_2$), 황산구리, 페인트, 바니시, P.C.P.(C_6CL_6OH ; penta chloro phenol) 등을 칠하는 방법이다.

3) 약제침적법

방부제 용액 중에 목재를 몇 시간 또는 며칠 동안 침지시키는 것으로 액을 가열하면 15mm 정도까지 침투한다.

(2) 방부제 주입법

1) 상압 주입법

방부제인 크레오소트(creosote) 용액 속에 목재를 담가두는 방법으로서 보통 온도에서 10~14일 동안 담가 둔다. 가열 용액(80~90℃)일 때는 1~4시간 넣어 둔 다음 냉 용액 속에 1~4시간 넣어 둔다.

2) 가압 주입법

압력용기 속에 목재를 넣고 7~12기압의 고압에서 온도 80~90℃의 방부제인 크레오소트 용액을 주입하는 방법이다. 이 방법은 약제를 조절할 수 있고, 시공이 빠르며 효과가 크다. 가압주입법의 종류는 다음과 같다.

① 베셀(Bethel)법 : 강재 원통 속을 진공으로 한 후 온도를 70℃로 유지하고 목재를 넣고 0.7~1.3(MPa)의 압력으로 크레오소트액을 주입시키는 방법

② 로리(Lorry)법 : 베셀법과 흡사하지만 크레오소트액을 진공상태에서 주입하지 않고 주입하는 방법

③ 루핑(Rupping)법 : 베셀법을 개량한 것으로 처음에 목재에 압축공기를 가한 후 크레오소오트액을 가압, 주입시키는 방법

④ 베네트Burnet)법 : 주입조작은 베셀법과 같으나 크레오소트액 대신 염화아연을 주입시키는 방법

⑤ 부세리(Boucherie)법 : 목재를 벌채한 직후 높이 6~12m의 탱크(tank)에서 1~1.5%의 황산용액을 생목 통나무에 주입시키는 방법

3) 침지법

상온에서 방부제 용액 중에 목재를 수일간 침적시켜 주입하는 방법으로 용액을 가열시키면 효과가 커진다.

13.5.2 방충법

목재를 파먹는 곤충으로는 흰개미와 넓적 나무좀이 대표적이다. 이러한 해충 중에서 가장 해를 크게 미치는 것은 흰개미인데 그 종류가 매우 많다. 흰개미는 세계에서 약 2,000종류가 있으며, 일반적으로는 흰개미의 피해는 습윤한 목재에 많으며, 건물의 통풍 건조에 유의함이 필요하다. 바다에서 사용하는 목재는 바다 벌레의 침식을 받는 경우가 많다. 바다 속의 선체에 구멍을 뚫어 침입하는 벌레를 선식충(ship worms)라고 한다. 이것에 대한 피해 방지법으로는 목재 표면을 금속재료, 도관콘크리트 등으로 피복하는 방법이 효과적이고, 또한, 적당한 방충제인 크레오소트를 주입하는 방법도 있다.

13.6 목재의 건조

목재는 사용하기 전에 반드시 건조(seasoning)시켜야 하며, 목재를 물 속에 침수시키면 농도가 줄어들어 건조가 쉽게 되고 건조시일을 단축할 수 있다. 목재 건조방법에는 자연건조법과 인공건조법이 있다.

(1) 자연건조법

건조에 시간이 오랜 걸리며 건조의 정도를 일정하게 할 수 없다.

1) 공기건조법

옥외에 목재를 쌓아 놓고 기건상태가 될 때까지 건조시키는 방법으로써, 특별한 설비가 필요 없으므로 경비가 적게 들고 작업이 쉬우며 건조의 결과도 양호한 편이다. 그러나 건조기간이 길고 건조범위가 제한되어 있어 용도에 따라 건조 부족현상이 발생할 수 있고, 비나 이슬, 빛 등에 방치할 경우 부패균의 발생이나 변색, 균열 등의 결점이 있다.

2) 수중건조법

공기건조법을 침수법이라고도 한다. 공기건조를 하기 전에 목재를 물속에 3~4주 동안 담가서 수액을 수중에 용출시키는 방법으로써, 건조하면 비틀림을 방지하는 효과가 있고, 공기건조의 시간을 단축할 수 있고, 변형 및 균열이 적으나 취성이 커지며, 수축에 의한 결점은 적어지나 재질이 파손되기 쉽고 강도가 저하된다.

(2) 인공건조법

인공건조법은 건조실내의 온도와 습도를 조절하여 갈라짐을 막을 수 있고 용도에 따라 함수율을 알맞게 조절할 수 있으며, 공기건조법에 비하여 건조시간을 줄일 수 있으나 시설비가 많이 든다. 인공건조법에는 다음과 같은 종류가 있다.

1) 끓임법(Boiling method)

목재를 가마솥 안에 넣고 뜨거운 물에 끓여서 수액을 추출하여 건조시키는 방법이다. 목재의 두께 2.5cm당 약 1시간 정도 끓이며, 자비법이라고도 한다. 이 방법은 침수법에 비하여 시간을 상당히 단축시킬 수 있지만 장시간 끓이게 되면 목재의 유기질이 파괴되고, 강도 및 탄성이 저하되어 목재 고유의 빛깔을 잃는 단점이 있다. 끓임이 끝나면 목재를 공기건조 시킨다.

2) 열기건조법(Hot air method)

밀폐된 실내에 목재를 넣고 가열한 공기를 가하여 건조시키는 방법으로, 열기의 온도를 급히 상승시키면 표면경화, 변형, 균열, 변색 등이 생길 수 있으므로 처음에는 38~45℃ 정도로 하고, 6~12시간 후 45~84℃ 정도가 되도록 서서히 가열해야 한다.

3) 증기건조법(Steam method)

증기 가마 속에 두께 약 2.5cm의 목재를 넣고 밀폐한 후 6~12시간 동안 0.15~3(MPa)의 증기 압력으로 건조시키는 방법이다. 즉, 수증기를 목재에 보내어 건조시키는 방법이며, 이 방법은 조작과 설비가 비교적 간단하고 살균효과가 크므로 널리 사용되고 있으며 증기처리 후 저압으로 증기를 빼내어 방부제를 주입할 수 있다.

4) 훈연법(Smoke method)

짚이나 톱밥 등을 태워서 그 연기로 건조시키는 방법이다.

5) 고주파건조법

고주파 유전가열을 응용한 것으로써, 목재를 내부에서 균등하게 가열할 수 있고, 그때 중심부위 증기압이 높고 외부와의 증기압 차이에 의하여 매우 급속히 수분을 증발시킬 수 있고 아울러 조절도 가능하다. 그러나 건조비가 비싸기 때문에 현재의 적용대상은 한정되어 있다.

13.7 목재의 가공품

목재의 가공품에는 합판(plywood), 마루판, 적층강화 목재 등이 있다. 합판은 단판(veneer)을 일반적으로 3매판, 5매판, 7매판 등(3~15층) 홀수 매수로 하고, 두께는 보통 1~3mm 정도로 하며, 너비와 길이는 용도에 따라서 다르지만 표준제품의 경우 3×6판(91cm×182cm), 4×6판(121cm×242cm) 등을 기준으로 한다.

토목공사용으로는 목리 방향이 직교하도록 압축, 접착한 것으로 콘크리트 거푸집으로 사용되고, 구조용으로는 적층강화 목재가 사용된다. 합판을 베니어판이라고 하며 베니어란 원래 목재를 얇게 한 것을 말하며, 단판이라고도 부른다. 이 단판을 몇 장 포개어 접착제로 붙여 만든 판을 베니어합판 혹은 베니어판이라 하며, 다음과 같은 특성을 지니고 있다.

① 광폭의 1매판이 얻어진다.
② 우량재를 얇은 판으로 사용함으로써 이용도가 높다.
③ 목재가 지니고 있는 마디 · 구멍 등의 결점을 제거하거나 분산시킬 수 있다.
④ 단판의 목리를 직교로 적층 · 접착함으로서 재질을 균질화시킬 수 있다.
⑤ 수지와 약품의 침투처리를 쉽게 할 수 있다.

최근 접착제의 현저한 진보에 따라 베니어판도 크게 개량되어, 내구성이 좋고 우수한 제품이 만들어져 콘크리트의 거푸집 등에도 이용되고 있다. 합판은 그 제조방법에 따라 그림 13.3과 같이 세 가지로 나눌 수 있다.

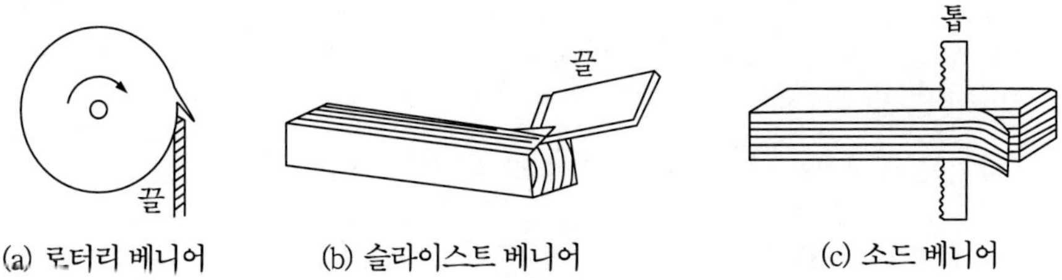

그림 13.3 단판을 만드는 방법

(1) 합판의 제조방법

1) 로터리 베니어(Rotary veneer)

그림 13.3(a)에서와 같이 증기로 가열한 둥근 원목을 연하게 한 후 나이테에 따라 연속적으로 얇게 깎아낸 것으로 넓은 폭의 단판이 얻어지며 낭비가 거의 없다. 최근에는 많이 사용하는 방법이다.

2) 슬라이스드 베니어(Sliced veneer)

그림 13.3(b)에서와 같이 증기로 가열, 연화시킨 통나무를 곧은결이 나오도록 얇게 자른 것과 같이 끌로 각목을 얇게 절단한 것으로서 아름다운 결을 장식용으로 이용하려고 할 때 자유롭게 만들 수 있는 특징이 있다.

3) 소드 베니어(Sawed veneer)

그림 13.3(c)와 같이 보통의 판자를 만드는 것과 같이 얇은 세로방향의 작은 톱으로 잘라 만든 단판으로서 아름다운 나무결이 얻어지고 단단한 목재일 경우 사용한다. 고급의 합판에 사용되나 톱밥이 많아 비경제적이며, 공업적인 용도에는 거의 사용되지 않는다.

(2) 합판의 특징

1) 열이나 소리를 전달하지 않는다.
2) 내구성, 내습성이 크다.
3) 외관이 아름다운 판자의 결이 나타난다.
4) 폭이 넓은 판을 쉽게 얻을 수 있다.
5) 곡면으로 된 판을 얻을 수 있다.
6) 제품이 규격화되어 사용에 능률적이다.
7) 팽창, 수축 등에 의한 변형이나 방향에 따른 강도의 차이가 거의 없다.

(3) 합판의 종류

합판은 내구와 내수성에 따라 다음과 같이 나누어 볼 수 있다.

1) 완전 내수성 합판
2) 고도 내수성 합판

3) 보통 내수성 합판
4) 비내수성 합판

(4) 섬유보드

섬유보드(Fiber board)는 목재 또는 기타의 식물을 섬유화하여 성형한 판상의 총칭인데, 비중에 따라 세미 하드보드, 하드보드 등이 있으며, 그 품질이 크게 다르고 용도도 다양하다. 섬유보드의 특징을 알아보면 다음과 같다.

1) 대체로 재질에 비등방성이 적고, 큰 판재 재료를 얻을 수 있다.
2) 용도에 따라 비중이나 두께를 선택할 수 있다.
3) 못 박기나 절단이 목재와 같으며 표면이 평활하고 치밀하여 도장이나 인쇄에 적합하다.
4) 특수한 성형이 가능하다.

(5) 기타 가공판

합판 이외에도 조각판(particle board), 집성재, 적층판(laminated wood with veneers), 마루판(flooring) 등이 있다.

참고문헌

국토해양부, "콘크리트표준시방서", 한국콘크리트학회, 2009.

국토해양부, "콘크리트구조기준", 한국콘크리트학회, 2012.

건설교통부, "도로설계편람", 2008.

민창식, 철근콘크리트공학, 구미서관, 2013.

송하원, 박상순, 조호진, 변근주, "수화발열과 수분이동을 고려한 초기재령 콘크리트의 균열저항성 평가", 한국콘크리트학회 소위원회 발표집, pp. 88-106, 1999.

송하원, 박상순, 변근주, "초기재령에서 균열을 갖는 콘크리트의 염화물 침투해석", 대한토목학회논문집, 제21권, 제 6-A호, pp. 925-936, 2001.

윤영철 외, 철근콘크리트공학, 구미서관, 2014.

윤재환, "포틀랜드 시멘트 및 콘크리트", 세진사 제2판, 1994.

한국콘크리트학회, "콘크리트 혼화재료", 기문당, 2001.

한국콘크리트학회, "최신콘크리트공학", 기문당, 2005.

한국콘크리트학회, "콘크리트 양생", 콘크리트시공기술위원회, 콘크리트 실무 매뉴얼 KCI PM303.1-10

AASHTO, "AASHTO Guide for Design of Pavement Structures", 1986.

AASHTO T 260, "Standard Method of Test for Sampling and Testing for Total Chloride ion in Concrete and Concrete Raw Materials", 1993.

ACI Standard 211.1, "Standard Practice for Selecting Proportions for Normal, Heavyweight, and Mass Concrete", ACI Manual of Concrete Practice, Part 1, 1991.

ACI Committee 212 Report, "Chemical Admixtures for Concrete", ACI Materials Journal, Vol.86, No.3, pp.297-327, 1989.

ACI Committee 214, "Recommended Practice for Evaluation of Strength Test Results of Concrete", ACI Manual of Concrete Practice, Part 2, 1991.

ACI Committee 221, "Guide for Use of Normal-weight Aggregates in Concrete", ACI Manual of Concrete Practice, Part 1, 1989.

ACI Committee 212, "Guide for Use of Admixtures in Concrete", ACI Journal, pp. 646-676, 1991.

ACI Committee 228, "In Place Methods for Determination of Strength of Concrete", ACI Materials Journal, Vol.85, No.5, pp.446-71, 1998.

ACI Committee 305, "Hot Weather Concreting", ACI Materials Journal, Vol.88, No.4, pp.417-36, 1991.

ACI Committee 306, "Cold Weather Concreting", ACI Manual of Concrete Practice, Part 2, 1991.

ACI Committee 318, "Building Code Requirements for Reinforced Concrete", Building Code Commentary, ACI 319R, 1983.

ACI Committee 363, "State-of-the-Art Report on High-Strength Concrete", ACI Journal, pp.364-411, 1984.

ACI, "Designing for Creep and Shrinkage in Concrete Structures", SP-76, 1983.

ACI Manual of Concrete Practice, 1992.

찾아보기

제3판 **토목재료학** 정가 18,000원

저자 : 류만용 · 윤영철

발행인 : 임해진
발행처 : 도서출판 구미서관

인쇄 : 2016년 8월 10일 제3판 1쇄
발행 : 2016년 8월 17일 제3판 1쇄

등록 : 1979년 6월 29일 No.9–6호

주소 : 서울시 마포구 신촌로 2길 5-15 구미빌딩
전화 : 02–333–1101
팩스 : 02–335–2201
http://www.goomibook.com

ISBN : 978–89–8225–158–0 (93530)